湿地生态学
Wetland Ecology

姜　明　武海涛　白军红　等编著

SHIDI SHENGTAIXUE

中国教育出版传媒集团
高等教育出版社·北京

内容简介

湿地与森林、海洋并列为全球三大生态系统，与其他生态系统同步维持着地球的生态平衡，其独特的生态功能是不可替代的。湿地丰富的动植物资源不仅具有研究价值，还能为人类的生产生活提供基础物质支撑。全球气候变化与人类活动加剧的背景下，气温升高、极端降水事件增加、海平面上升等显著影响着湿地的分布和功能。

湿地生态学是湿地科学的核心内容。本书系统阐述湿地生态学的发展历程，全面汇总和梳理国内外湿地生态学的研究进展，并总结当前我国湿地生态研究领域存在的问题；同时详细介绍湿地生态系统的群落结构、功能、生态过程、演化规律及其与理化因子和生物组分之间的相互作用过程、机制及生态效应等；并提出针对我国湿地生态学研究的展望。

本书可供生态学、生物学、环境科学、资源科学、地理学等专业的教师、本科生、研究生和科研人员使用，也可作为湿地保护、湿地公园建设等领域管理人员的参考书。

图书在版编目（ＣＩＰ）数据

湿地生态学 / 姜明等编著 . -- 北京：高等教育出版社,2023.7

ISBN 978-7-04-059614-4

Ⅰ.①湿… Ⅱ.①姜… Ⅲ.①沼泽化地-系统生态学
Ⅳ.①P941.78

中国国家版本馆 CIP 数据核字（2023）第 010277 号

| 策划编辑 | 李冰祥 殷 鸽 | 责任编辑 | 殷 鸽 贾祖冰 | 封面设计 | 李沛蓉 | 版式设计 | 李彩丽 |
| 责任绘图 | 李沛蓉 | 责任校对 | 刁丽丽 | 责任印制 | 赵义民 | | |

出版发行	高等教育出版社	咨询电话	400-810-0598
社　　址	北京市西城区德外大街 4 号	网　　址	http://www.hep.edu.cn
邮政编码	100120		http://www.hep.com.cn
印　　刷	北京中科印刷有限公司	网上订购	http://www.hepmall.com.cn
开　　本	787mm×1092mm 1/16		http://www.hepmall.com
印　　张	22.25		http://www.hepmall.cn
字　　数	550 千字	版　　次	2023 年 7 月第 1 版
插　　页	3	印　　次	2023 年 7 月第 1 次印刷
购书热线	010-58581118	定　　价	79.00 元

本书如有缺页、倒页、脱页等质量问题，请到所购图书销售部门联系调换
版权所有　侵权必究
物 料 号　59614-00

本 书 主 编

姜　明　武海涛　白军红　张明祥
卜兆君　于洪贤　神祥金

其他编写人员
（按姓名拼音排序）

陈鹭真	段　勋	管　强	何池全	侯志勇	李　峰
刘　建	刘奕雯	芦康乐	吕宪国	钱法文	盛春蕾
孙志高	仝　川	王国栋	王学雷	王延吉	郜　敏
谢永宏	薛振山	阎百兴	严承高	杨瑞蕊	姚允龙
于晓菲	袁宇翔	张佳琦	张振卿	张仲胜	祝　惠
邹元春					

序

  湿地是世界上生物多样性最丰富、单位生产力最高的自然生态系统,被誉为"生命的摇篮",具有极重要的涵养水源、维持生物多样性、调蓄洪水、调节气候、净化水质、固定二氧化碳等功能,被誉为"地球之肾",是人类生存与发展不可或缺的自然资源。

  由于人类长期不合理开发与环境污染,湿地大量丧失,生态功能退化,生态系统服务供给能力大幅度下降,是全球性生态危机的一个重要表征。保护湿地生态系统已成为国际社会普遍关注的热点。1971 年,来自 18 个国家的代表在伊朗拉姆萨尔共同签署了《关于特别是作为水禽栖息地的国际重要湿地公约》(简称《湿地公约》),目的是通过地方、区域、国家的保护措施及国际合作,保护及合理利用湿地,为全世界的可持续发展做出贡献。我国高度重视湿地保护,1992 年加入《湿地公约》,2022 年 6 月 1 日起施行《中华人民共和国湿地保护法》,将湿地保护纳入国家战略。

  有效保护湿地生态系统需要科学的支撑。我们需要深入认识和了解湿地生态系统,明确在人类活动与气候变化的双重干扰下,湿地生态系统的形成、发育、演化、结构和功能、生态过程及其与环境因子的相互关系等,研究退化湿地生态系统的恢复、湿地生态保护,合理利用技术、采取措施与提出系统解决方案。

  《湿地生态学》一书就是在当前湿地保护任务紧迫、湿地生态学快速发展的背景下,在中国生态学学会重点分支学科发展研究项目支持下,由中国生态学学会湿地生态专业委员会组织完成的一本著作。该书详细介绍了湿地的定义和基本特征、湿地生态学的研究对象、科学体系以及湿地生态学发展历程;系统地描述了湿地生态系统的类型和组成,分析了湿地生态系统的形成与演化;阐述了湿地生态水文、湿地生物地球化学循环及生物多样性的过程与驱动机制,构建了湿地生态系统服务评估体系;结合具体恢复案例,提出了湿地生态恢复的理论、原则和技术体系,以及湿地对全球变化的响应,系统论述了我国湿地保护体系及重要成果,提出了湿地生态学学科未来发展的对策与建议。

  该书作为基础理论著作,全面介绍了湿地生态学领域的相关基础知识以及研究前沿。希望该书的出版能够在湿地生态学相关领域的科研人员及高等院校师生学习湿地生态知识、开展湿地生态研究、从事湿地生态保护与管理的过程中起到参考和借鉴作用。

美国国家科学院外籍院士

中国生态学学会理事长

前　言

　　湿地是介于陆地和水体之间的负地形或岸边带及其所承载的水体、土壤与生物相互作用所形成的特殊地理综合体,同时兼有水、陆两种生态系统的特点。湿地与森林、海洋并列为全球三大生态系统,与其他生态系统同步维持着地球的生态平衡,其独特的生态功能是不可替代的。湿地丰富的动植物资源不仅具有研究价值,还能为人类的生产生活提供基础物质支撑。湿地具有抵御洪水、涵养水源、补给地下水等诸多水调节功能,以及控制污染、调节气候、固定 CO_2、提供野生动植物栖息地和维护区域生态平衡等生态功能。保护湿地、维护湿地的生态功能,对于自然生态系统的调节和优化具有重要意义,并能改善生态状况,促进经济社会可持续发展。

　　全球气候变化背景下,气温升高、极端降水事件增加、海平面上升等显著影响着湿地的分布和功能。气候变化对湿地生态系统造成影响,使生物多样性明显减少,内陆湿地物种以及沿海与海洋物种数量下降;极端气候条件还可以导致湿地退化消失。而湿地生态系统遭到破坏后可能会出现水体中氮、磷过剩,进而导致藻类迅速增长及鱼类死亡的状况,这会使得可利用淡水资源更为缺乏。当前,人类日益增长的用水需求和洪涝、干旱等灾害使得湿地比以往任何时候都更需要可持续发展。除了气候变化以外,湿地生态系统还受人类活动的影响。人类为了经济效益,不断对湿地进行开发和利用,使得湿地的面积不断减少,污染加重,物种多样性遭到破坏。气候变化和人类活动对湿地产生的影响已成为政府有关部门和科研工作者关注的焦点之一。如何全面了解、保护以及恢复湿地生态系统已是不容忽视的科学问题。

　　作为生态学的重要分支学科,湿地生态学是湿地科学的核心内容。本书系统阐述湿地生态学的发展历程,全面汇总和梳理国内外湿地生态学的研究进展,总结当前我国湿地生态研究领域存在的问题;同时详细介绍湿地生态系统的群落结构、功能、生态过程、演化规律及其与理化因子和生物组分之间的相互作用过程、机制及生态效应等;并提出针对我国湿地生态学研究的展望。本书第 1 章为绪论,介绍湿地的定义和基本特征,以及湿地生态学的研究对象和发展历程;第 2 章介绍湿地生态系统的类型,主要包括滨海湿地生态系统和内陆湿地生态系统;第 3 章分别从环境、植物、鸟类和鱼类等方面介绍湿地生态系统的组成,总结湿地动植物对环境的适应;第 4 章介绍湿地生态系统的形成与演化;第 5 章介绍湿地生态系统的功能以及服务价值评估;第 6 章系统阐述湿地的生态水文过程,包括湿地的关键水文过程、水文周期、生态需水、人为活动与气候变化对湿地水文过程的影响、水文过程变化对湿地生态系统的影响以及湿地生态水文模型;第 7 章围绕湿地生物地球化学循环的内容展开介绍;

第 8 章主要分析湿地生态系统的保护与管理,包括退化湿地生态系统的恢复与重建,湿地对全球气候变化的响应与适应策略,以及湿地生态系统的保护体系;第 9 章通过分析大量的湿地生态学文献,阐述湿地生态学的发展趋势,并提出对我国湿地生态学未来发展的展望。

本书是中国生态学学会重点分支学科发展研究项目成果之一。本书作者团队主要由中国生态学学会湿地生态专业委员会的骨干成员及湿地领域的专家组成。全书由中国生态学学会湿地生态专业委员会主任姜明研究员制定提纲,姜明、武海涛、白军红、张明祥、卜兆君、于洪贤和神祥金负责统稿和定稿。各章节作者名单如下:第 1 章由武海涛、神祥金、管强、芦康乐编写,第 2 章由张明祥、仝川、神祥金、陈鹭真、王延吉编写,第 3 章由何池全、谢永宏、侯志勇、卜兆君、钱法文、于洪贤、李峰编写,第 4 章由张振卿、王学雷编写,第 5 章由神祥金、刘建、张佳琦、杨瑞蕊、刘奕雯编写,第 6 章由姚允龙、武海涛编写,第 7 章由白军红、张仲胜、邹元春、于晓菲、段勋、郗敏、孙志高编写,第 8 章由姜明、吕宪国、张明祥、袁宇翔、阎百兴、祝惠、薛振山、严承高编写,第 9 章由王国栋、姜明、盛春蕾编写。

由于湿地生态系统的复杂性,湿地生态学还有无限的探索空间,希望本书的出版可以推动湿地生态学科进一步发展。本书涉及内容广泛,难免有疏漏与不当之处,敬请读者批评指正。本书作为中国生态学学会系列研究丛书的分册之一,在出版过程中得到了中国科学技术协会的资助,特此致以衷心的感谢。

编者

2022 年 2 月 21 日

目　录

绪　　论

人类社会和湿地息息相关。地球上自从有了人类,就注定了人类与湿地的必然联系。湿地是介于水陆之间具有独特生境的过渡性生态系统,是负地形或岸边带及其所承载的水体、土壤与生物相互作用所形成的特殊地理综合体。湿地具有丰富的动植物资源,是世界上生物多样性最丰富、单位生产力最高的自然生态系统之一。在抵御洪水、调节径流、改善气候、控制污染、美化环境和维护区域生态平衡等方面发挥着重要作用,被誉为"地球之肾""生命的摇篮""文明的发祥地"和"物种基因库"。湿地与森林、海洋并列为全球三大生态系统。保护湿地、维护湿地生态功能的正常发挥,对于维护生态平衡,改善生态状况,促进经济社会可持续发展具有重要的科学意义和应用价值。

湿地由于具有广泛的食物链和丰富的生物多样性,也被称为"生物超市"。它为许多动植物提供了独特的生境,因此在自然景观中具有重要作用。在全球尺度上,湿地被誉为"二氧化碳接收器"和"气候稳定器";湿地还具有稳定水源供给、改变洪涝和干旱状况、净化水质、保护海岸线和调节地下水等功能。在较小的尺度上,湿地价值还表现在作为许多化学物质、生物物种和基因的源、汇和库。

当前湿地生态学研究已成为国际上生态学、环境科学、地学等领域的一个新的研究热点,广大学者正试图通过不同的角度对湿地的结构、功能、过程、动态等各个方面进行更深入的了解和认识,从而找出使湿地的开发和保护相协调的方式。本章主要阐述了湿地的定义、基本特征以及湿地生态学的研究对象、研究内容和发展历程。

1.1　湿　　地

1.1.1　定义

湿地是地球上生物多样性最丰富的生态系统和人类最重要的生存环境之一。由于湿地类型的多样性、分布的广泛性、面积的差异性、淹水条件的易变性以及湿地边界的不确定性,加上不同学者的学科方向和研究目的的差异,目前尚无统一的、被普遍认同的湿地定义。目前对湿地定义主要划分为两大类:一类是学者从科学研究角度给出的定义,强调湿地的本质属性;另一类是管理者从湿地保护与管理角度给出的定义。正如 Mitsch 和 Gosselink(2000)在《湿地》(Wetlands)一书中对湿地概念的评述,由于认识上的差异和目的的不同,不同的人对湿地定义强调的内容不同,如湿地科学家考虑的是伸缩性大、全面而严密的定义,便于进行湿地分类、野外调查和研究;湿地管理者则关心管理条例的制订,以阻止或控制湿地的人为改变,因此需要准确而有法律效力的定义。

最早的关于湿地的定义之一,由美国鱼类与野生动物保护协会于 1956 年在报告集《美国的湿地》(通常称为通报 39)中提出,即"湿地"是指被浅水或暂时性积水所覆盖的低地。一般包括草本沼泽(marsh)、灌丛沼泽(swamp)、苔藓泥炭沼泽(bog)、湿草甸(wetmeadow)、泡沼(pothole)、浅水沼泽(slough)以及滨河泛滥地(bottom land),也包括生长挺水植物(emergent plant)的浅水湖泊或浅水水体,但河、溪、水库和深水湖泊等稳定水体不包括在内。该定义强调了湿地作为水禽生境的重要性,包括了 20 种湿地类型,直到 20 世纪 70 年代一直是美国所用的主要湿地分类基础,但该定义未对水深作规定。

1977 年,美国军事工程师协会在《清洁水法案》中给出了如下湿地定义:"湿地是指那些地表水和地面积水浸淹的频度和持续时间很充分,能够供养那些适应于潮湿土壤的植物的区域。通常包括灌丛沼泽、苔藓泥炭沼泽以及其他类似的区域。"这一定义只给出一项指标(即植被),主要是为了管理中应用简便。

1979 年,美国鱼类与野生动物保护协会提出了较为综合的定义,被科学家经过多年的考证后采纳。这一定义发表在《美国的湿地和深水生境分类》研究报告中:"湿地是处于陆地生态系统和水生生态系统之间的转换区,通常其地下水位达到或接近地表,或者处于浅水淹覆状态。湿地必须至少具有以下一个特征:① 至少是周期性地以水生植物(hydrophytic plant)为优势;② 基质以排水不良的水成土壤为主;③ 土层为非土质化土(nonsoil),并且在每年生长季的部分时间被水浸或水淹。"当前,这一定义在美国最为广泛地被湿地科学家所接受,为美国的湿地分类和湿地综合详查提供了依据。

20 世纪 90 年代初期,美国国家科学院下属的委员会出版了《湿地:特征和边界》,将湿地定义为"一个依赖于在基质的表面或附近有持续的或周期性的浅层积水或水分饱和的生态系统,并且具有相应的物理、化学和生物特征。通常湿地的诊断特征为水成土壤和水生植物。除了特殊的物理、化学和生物条件或人为因素使得这些特征消失或发育受到阻碍,湿地一般应具备上述特征"。和美国鱼类与野生动物保护协会的定义一样,这个定义也使用了"水成土壤""水生植物"等名词。

1995 年,美国农业部通过其下属的土壤保护组织(即现在的自然资源保护局),开始关注湿地的定义。湿地被定义为"一种土地,它:① 具有一种占优势的水成土壤;② 经常被地表水或地下水淹没或水分饱和,生长有适应水饱和土壤环境的典型水生植物;③ 在正常情况下,至少生长有一种这样的植物"。出于某些因素的考虑,这个定义没有包括阿拉斯加农业开发潜力很高的土地。这一基于农业的定义,强调的是水成土壤。

加拿大学者将湿地定义为"水淹或地下水位接近地表,或水分饱和时间足够长,从而促进湿成和水成过程;并以水成土壤、水生植物和适应潮湿环境的生物活动为标志的土地"。这一定义强调了潮湿的土壤(wetsoil)、水生植物和"多种"生物活动。

英国学者 Lloyd 等(1993)定义湿地为"一个地面受水浸润的地区,具有自由水面。通常是四季存水,但也可以在有限的时间段内没有积水。自然湿地的主要控制因子是气候、地形和地质。人工湿地还有其他控制因子"。

日本学者认为,"湿地的主要特征:第一是潮湿,第二是地下水位高,第三是至少在一年的某段时间内,土壤是处于水分饱和状态的。"这一说法充分表明,日本当前在湿地问题上强调水分和土壤,但忽略植物。

1971 年,在世界自然保护联盟(International Union for Conservation of Nature,IUCN)的主持下,在伊朗的拉姆萨尔(Ramsar)会议上通过了《关于特别是作为水禽栖息地的国际重要湿地公约》(Convention on Wetlands of International Importance Especially as Waterfowl Habitat)(简称《湿地公约》)。《湿地公约》中对湿地的定义是:"天然或人工、长久或暂时的沼泽地、泥炭沼泽或水域地带,带有静止或流动的淡水、半咸水或咸水水体,包括低潮时水深不超过 6 m 的水域;同时,还包括与湿地毗邻的河岸和海岸地区,以及位于湿地内部的岛屿或低潮时水深不超过 6 m 的海水水体。"

我国学者多是从地理学和生态学角度,强调湿地作为地理综合体、水陆过渡带或一种土地类型的特征。我国学者认为,湿地是介于陆地系统和水体系统的过渡地带,由水、陆系统相互作用形成的自然综合体;具有地表长期或季节性积水或土壤饱和、明显厌氧条件下的土壤过程和适应湿生环境的动植物等既不同于陆地系统也不同于水体系统的特殊性质(刘兴土,2005;吕宪国,2004,2008)。

可见,国内外对湿地的定义有多种,虽然各有侧重,但基本都从水、土、植物三个要素出发,将多水(积水或饱和)、独特的土壤和适水的生物活动作为湿地的基本要素。湿地具有的特殊性质——积水或淹水土壤、厌氧条件和相应的动植物——在本质上既不同于陆地系统,也不同于水体系统。

1.1.2　基本特征

湿地兼有水、陆两种生态系统的特点,同时,湿地的形成、发育和生态系统特征也具有特殊性。

湿地生态系统是指位于长期或季节性积水或淹水的水陆过渡地带,以水生或湿生生物为主体的湿地生物群落与非生物环境之间相互作用,并进行能量转换和物质循环流动的自然综合系统。

湿地生态系统具有某些与水体生态系统相同的特征,如基质因经常性滞水而处于厌氧环境,具有藻类、脊椎动物和无脊椎动物等。同时,湿地也具有某些与陆地生态系统相同的特征,如湿地经常发育土壤,生长维管植物。所以,湿地生态系统在结构和功能上既不完全同于水体生态系统又不完全同于陆地生态系统,而是单独的一类生态系统,湿地生态系统的生物组成及其环境要素特征与水体生态系统和陆地生态系统都有本质的区别。

1.1.2.1　特殊的形成途径

湿地分布具有广泛性和不均匀性,但其成因都是水体系统和陆地系统相互作用。湿地的形成一般有两种主要途径。一种为水域湿地化过程,由于水体系统水位、营养状况、面积和形状、水体底部地形和植物地理条件等发生变化,水体系统不断淤积使淹水深度变浅,并伴随水生植物的发育,形成湿地。另一种为陆地湿地化过程,陆地系统由于河流泛滥、排水不良、地下水水位接近地表或涌水等作用而形成湿地。平坦的盆地或河谷,如果下层由不透水层的黏土沉积物构成,而且周期性或长期被流动缓慢或静止的水过饱和,容易产生沼泽化过程。

1.1.2.2　显著波动的多水环境

多水环境是湿地的根本特征。水文的波动性决定了湿地生态系统土壤的氧化还原的波动性、湿地生物的水陆兼性和湿地生态系统的生态交错带和生态过渡带特征。

湿地在空间分布上处于陆地系统和水体系统之间,对水文状况非常敏感。水文控制着湿地生物和非生物特征。绝大多数湿地水流和水位是动态变化的,具有淹水频率、淹水持续时间、淹水周期等特征。湿地水文周期是湿地的生态特征之一。

1.1.2.3　丰富的生物多样性

湿地的区位过渡性、结构复杂性和景观的异质性可为不同生态位的生物提供多样性的生境,使得湿地成为生物多样性的富集区和生命活跃区(Batzer and Boix,2016)。高度丰富的生物多样性支撑功能是沼泽湿地的三大生态功能之一,也是其区别于其他陆地生态系统的重要生态特征。湿地具有巨大的食物链和丰富的遗传物质,拥有丰富的野生动植物资源,是众多野生动植物,特别是珍稀水禽的繁殖地和越冬地。

1.1.2.4　特殊基质

湿地的基质主要为淹水形成的土壤和成土物质,一般包括有机土壤、矿质土壤和未经过成土过程的沉积物。其特征之一为许多湿地的有机残体积累大于分解,形成有机物质积累,在一些湿地中会形成泥炭。

水文条件对湿地土壤的物理和化学特征影响很大,如营养物质的有效性、基质下层的缺氧程度、土壤盐度、沉积物的性质和 pH 值等。淹水使细粒矿物质和有机物质沉积在湿地中,增加了湿地的养分。持续淹水的湿地土壤具有相对稳定的厌氧环境。季节性淹水的湿地土壤,氧化还原过程交替变化。湿地的氧化还原过程对湿地生物地球化学循环有重要意义。

1.1.2.5　特殊的物质循环规律

从养分循环的角度来看,湿地与陆地系统的主要区别是,前者有更多的养分储存在有机沉积物中,并随着泥炭沉积或有机物输出等形成自己的特殊循环规律。湿地与水体系统一样,一般情况下养分长期储存在沉积物和泥炭中。但是,湿地与以浮游生物为主的深水系统相比储存的养分更多。湿地植物通常被形容成"养分泵",把养分从厌氧性的沉积物中带到地表系统。

湿地独特、多样的水文条件对生物化学过程有显著的影响,不仅导致物理化学结构的变化,还导致湿地内物质空间运动的变化。同时,这些过程通过与周围生态系统进行水-沉积物的交换和利用植物摄入,还导致有机物质输出。这些过程反过来也影响着湿地的生产力。

水分输入是湿地的一个主要营养源,水分流出时也常从湿地中带走生物和非生物物质。一些湿地以比陆地系统高的速率向河流、河口持续输出有机碳。

从大尺度来看,陆地系统在物质输移过程中,主要起着物质"源"的功能,在外营力的作用下向湿地系统和深水系统输送物质。深水系统一般起着物质"汇"的功能,是陆源物质的接收器。湿地既具有物质"源"的功能,也具有物质"汇"的功能。

1.1.2.6　动态变化特征

湿地是在形成、发育和生态功能方面以水为主导因素的生态系统。动态变化是湿地的重要特征,包括湿地面积、结构和功能的改变。一方面,湿地处于水体系统和陆地系统的交界处,水体系统和陆地系统的变化都会使湿地发生变化。湿地的淹水时间和淹水频率受地貌、气候等多种自然因素影响,经常处于变化之中。湿地的变化是湿地的自然过程。另一方面,人类活动加剧了湿地变化过程。

1.2　湿地生态学

1.2.1　定义与研究对象

湿地生态学是研究湿地生态系统的群落结构、功能、生态过程和演化规律及其与理化因子和生物组分之间相互作用的过程、机制及其生态效应等,从而指导人类与环境的协调发展的学科。作为生态学的重要分支学科,湿地生态学也是湿地科学的核心内容(刘兴土,2006)。

湿地生态学是由诸多有关学科交叉形成的新学科,研究内容丰富多样。根据研究的关注点和学科基础不同,湿地生态学的研究对象具有不同的表征方式,如湿地生态系统中的土壤、水文、动植物研究,将湿地生态系统作为一个整体的研究,以及与地理学、环境科学、生态学、景观生态学等学科交叉而进行的不同侧面的研究。

从生态系统角度来看,湿地生态学主要研究湿地生态系统的结构和功能,湿地生态系统的物质循环、能量流动和信息传递。湿地生态系统组成可归纳为两大部分:生物部分(生物群落)和非生物部分(无机环境)。非生物部分包括媒介(水、空气、土壤),基质(泥、泥炭等),物质代谢原料[太阳能(光)、CO_2、营养元素、H_2O、O_2、有机物]等。湿地生态系统是生物群落及其多水环境相互作用的统一体,并且在系统内部因能量流动而形成一定的营养结构、生物多样性和物质循环(如喜湿生物与非生物之间的物质交换)。

从景观角度来看,湿地生态学更多地从景观生态学的角度考虑湿地景观斑块与廊道的组成结构与功能,关注湿地景观格局变化、景观设计与布局,研究中尺度和大尺度背景下湿地景观多样性指数、景观破碎度指数、景观聚合度指数、优势度指数等。分析景观格局有助于分析景观组成单元的形状、大小、数量和空间组合,有助于评价宏观区域生态环境状况及发展趋势,同时也有助于探索自然因素与人类活动对景观格局及动态过程的影响。

从资源角度来看,湿地资源是指湿地中具有社会有效性和相对稀缺性的应用物质及其功能。湿地在一定的时间和条件下,能够为人类提供当前和未来的福利,具有经济价值;同时又直接或间接地对人类生态系统的良性循环起着积极的作用,具有生态价值。根据湿地的用途,可将湿地资源分为生产资源、景观资源和科研资源;按属性,可分为土地资源、水资源、气候资源、生物资源、泥炭资源等。本书根据湿地的各个组成要素所发挥的作用及湿地的利用方式,将其分为湿地水资源、土地资源、生物资源、矿产资源及能源、景观旅游资源和科研资源。湿地生态学包括湿地资源调查与评价,湿地资源生产潜力及预测,湿地资源理论研究,湿地资源合理开发利用的方式与途径,湿地资源保护和恢复途径,新技术、新方法在资源管理中的应用。

从环境角度来看,湿地环境是湿地环境要素的基本特征和各要素之间相互作用、相互联系、相互制约的本质体现。湿地发育依赖于自然地理和生物环境,水文、能量和养分有效性尤其重要。环境梯度是指由于太阳能和地质、地貌等因素的长期相互作用,环境因子沿某一方向发生有规律的变化。熟悉环境梯度将有助于理解湿地过程和湿地生态系统分类。影响环境梯度变化的环境因子主要分为四类。第一类为可作为资源的环境因子,如土壤养分、水分条件及光照等。第二类为对植物有直接生理作用、但不能作为资源被消费的因子,如温度、胁迫(毒性、pH 值等)。第三类为干扰异质性因子。第四类为生物因子,如竞争、演替状态、捕食等。对于一个大的地理尺度,地质历史时期一些事件的影响也应考虑在内。但是,在研究环境梯度特征时,很难把这些因子之间的相互作用区分开,往往是几个因子的综合作用。例如,沿着海拔梯度,不仅温度条件发生变化,而且经常伴随着水分、光照条件的改变。目前研究比较多的是纬度梯度(热力梯度)、重力梯度(水分梯度、海拔梯度)、化学势梯度(包括土壤养分梯度)和演替梯度。环境梯度反映地表地质及其对排水、地下水交换、洪水和养分流动的影响。同时,梯度变化又影响湿地内部的生物过程,尤其是植物分解的速率。如果植物分解速率小于植物生长速率,则会形成泥炭累积。这一过程会逐渐使潜水面之上的根系层升高,环境条件变得更加干燥、贫瘠,导致植物群落的改变。

1.2.2　研究内容

湿地生态学研究的主要内容包括湿地生态系统的形成、发育和演化,湿地生态系统的结构与功能,湿地生物多样性,湿地生态系统的生态过程,湿地生态系统评价,以及湿地生态系统的保护、恢复与重建等方面(陆健健等,2006;姜明等,2018)。

1.2.2.1　湿地生态系统的形成、发育和演化

近几十年来,湿地生态系统形成、发育和演化的研究内容已经不仅包括湿地形成、发育、演化、退化和消亡过程,还逐渐发展到对人类的影响及湿地的恢复。研究方法已经由定性描述开始向定量化发展,手段由简单的资料查阅和野外调查发展到 3S 技术(遥感、地理信息系统、全球导航卫星系统)、同位素测年法等宏观和微观先进方法的应用(Zhang et al., 2010)。研究技术从简单的历史典籍考证和传统野外调查,逐渐发展到利用遥感动态监测技术、地理信息系统和同位素特征法等,结合各种数学方法、模型模拟及 3S 集成技术应用(王国平和吕宪国,2008;刘润红等,2017)。

(1)湿地生态系统的形成及发育

湿地生态系统的形成过程受限于自然地理条件及人类活动干扰,同时受湿地生态系统

的多样性、过渡性及复杂性影响。水文因素是湿地形成和发育的先决条件,也是至关重要的环境因素。人类活动可以改变湿地形成的影响因素和形成条件,进而影响湿地的形成和发育(殷书柏和吕宪国,2006)。此外,湿地生态系统的形成对湿地水分、土壤和植被等区域因素的需求很高,还受到大尺度地质地貌和气候等因素的影响(吕宪国,2008)。

地质地貌因素是制约湿地形成和发育的关键因素,能为湿地发育提供构造背景与空间,控制湿地形成所必需的负地形及汇水条件(赵魁义等,1999)。除地质地貌因素以外,气候变化背景下的降水量与温度不同的组合形式同样是湿地形成和发育的控制因素(吕宪国,2008)。

(2) 湿地生态系统的演化过程

湿地生态系统演化是指在自然及人为因素影响下,湿地形成、演变及消失的过程,是湿地生态系统结构和功能的调整变化,以及湿地类型转化为另一种类型的过程,也是生物群落与环境之间不断相互作用表现出来的一个动态过程(张绪良等,2009)。湿地生态系统演化包括植被的演化以及生物类群和环境因子随时间所发生的变化;而对于有泥炭积累的湿地,泥炭数量也可作为湿地发育的一项指标(吕宪国,2008)。湿地演化的驱动因子包括自然驱动因子(水文因子、土壤因子和气候因子等)及人为驱动因子(人口因素、土地过度利用等)。20世纪90年代,随着遥感等新兴技术和研究方法的兴起,湿地生态系统演化以植物群落的演替为表征对象,因此,演化研究逐渐从宏观的景观演变研究发展到对湿地植被时空演替的研究。湿地生态系统的演化分为空间演化和时间演化两种模式。

1.2.2.2 湿地生态系统的结构与功能

湿地生态系统的结构与功能研究主要是研究湿地生态系统各组成要素在时间上和空间上相对有序的稳定状态、食物链和食物网的组成及其量的调节以及各种功能等,其目的是进一步明确湿地生态系统结构和功能的关系,更好地提升对湿地生态功能的分析和掌控力度,从而通过合理的措施与途径,进一步优化湿地保护工作的最终效果。

湿地生态系统的基本结构由湿生、中生和水生植物、动物及微生物等生物因子以及与其密切相关的阳光、水和土壤等非生物环境,通过物质循环和能量流动共同构成。湿地生态系统的结构使得物质和能量在生态系统中流动、转化和储存,共同体现了生态系统的功能特征(佘国强和陈扬乐,1997)。湿地生态系统功能是指湿地实际或潜在支持和保护生态系统与生态环境的过程,以及支持和保护人类活动与生命财产的能力。湿地生态系统功能是发生在湿地物理、生物和化学组分之间的、一般或特化的相互作用及转化过程,它可以提供满足和维持人类生存和发展所需的条件及过程(陈宜瑜和吕宪国,2003),这种生态功能不仅服务于当地居民,对于整个生态景观和周边环境来说也具有相当重要的意义。湿地水文功能、生物地球化学功能和生态功能通常被视为湿地生态系统的三大功能,其中,湿地水文功能往往是湿地生物地球化学功能和生态功能赖以发挥的前提。

(1) 湿地水文过程与功能

湿地水文过程在湿地形成、发育、演替直至消亡的全过程中起着直接而重要的作用(章光新等,2018)。湿地水文研究是认识湿地生态系统的结构、过程与功能的主要方式之一。湿地水文情势制约着湿地环境的生物、物理和化学特征,从而影响湿地类型的分异以及湿地的结构与功能(吕宪国,2008)。水文过程通过调节湿地植被、营养动力学和碳通量之间的相互作用而影响着湿地地形的发育和演化,改变并决定了湿地的下垫面性质及特定的生态系统响应。水文条件是湿地类型和湿地过程得以维持的唯一决定性因子。流域生态水文过程的变化能在较大程度上反映区域内下垫面的变化过程,湿地生态水文过程能有效地表征湿地所具有的独特水文界面。湿地所具有的负地形条件以及湿地沉积物的松散性或多孔性,使得湿地具有较强的蓄水能力。某种程度上,湿地既有明显的显性蓄水空间,又存在较大的隐性蓄水空间,所以,可将湿地视为一个大型的生态水库,具有较强的洪水调节能力。而具有较大的水面和库容的湿地,往往是区域水利工程体系中的一个重要枢纽,因此,湿地也承担着缓洪、治洪和蓄水灌溉的重要任务。通常认为,湿地水文功能是指湿地在蓄水、调节径流、均化洪水、减缓水流风浪侵蚀、补给或排出地下水及截留沉积物等方面的作用,这些功能主要体现在水循环和水土保持方面(蔡晓明,2000;章光新等,2008),还体现在维持湿地特有的生物地球化学过程和生物多样性方面。湿地水文与水动力、湿地水文与生态演变、湿地生态需水、湿地水文功能、气候变化对湿地的影响和湿地恢复重建与水文调控等逐渐成为不同湿地生态水文模型及相关的湿地研究工作的主题(姚允龙和王蕾,2008;黄翀等,2010;章光新等,2018)。

(2)湿地生物地球化学过程与功能

湿地生物地球化学过程是指 C、H(H_2O)、O、N、P 和 S 等生命必需元素在湿地土壤和植物之间进行的各种迁移转化和能量交换过程,包括化学元素的转化及循环过程、地表水中可溶性物质的迁移转化过程以及泥炭和无机物的积累过程(宋长春等,2018)。这些过程为生物的生命活动提供所需的元素和养料,提高水质状况,影响含水层及大气的化学状况(吕宪国,2005)。湿地有其独特的元素地球化学循环,其间许多化学迁移和转化过程不为其他生态系统所共享。湿地土壤在淹水时形成强还原区,但在水-土界面上常形成一个氧化薄层。湿地与陆生和水生生态系统类似,因为它们都可能是富营养或贫营养系统;当然它们之间也存在一些差异,特别是在沉积物贮存养分及植被在不同养分循环中的功能方面差异较大(王国平和刘景双,2002)。目前,国内外对湿地元素化学循环过程侧重研究 C、N、S、P 等常量元素,但在 Cd、As、Pb、Hg、Fe 等重金属元素和微量元素的迁移、转化和循环,元素循环与生态功能的关系,净化水质,农药迁移和降解的过程与机理研究等领域也都取得了明显进展(吕宪国,2008)。

1.2.2.3 湿地生物多样性

湿地生态系统作为一种特殊的具有多种功能的生态系统,其生物多样性资源非常丰富,湿地生物多样性对于湿地生态系统功能的维持具有重要的意义(武海涛等,2006)。湿地生态系统独特的水文、土壤、气候等条件所形成的独特生态位为丰富多彩的生物提供了复杂而完备的特殊生境。湿地生物多样性是所有的湿地生物种类、种内遗传变异和它们生存环境的总称。其特点不仅体现在生态系统类型的多样性上,也体现在湿地动物和植物多样性上(娄彦景等,2006;武海涛等,2008)。湿地动物群落复杂多样,是湿地资源和生态系统的重要和活跃的组成部分,包括哺乳类、鸟类、两栖类、爬行类和鱼类以及无脊椎动物等,不同区域类型的湿地动物在群落区系、组成和生物学形态特征上差异较大;植物作为湿地生态系统的建设者,为动物提供了栖息地和食物等资源。湿地植物多样性和动物多样性的关系是密不可分的。目前湿地植物多样性研究主要在沿海湿地、低温高寒沼泽湿地、河流湖泊湿地和人工湿地中开展。湿地植物分布格局及其形成机制是湿地植物多样性研究的核心内容。

当前,国内外对湿地生物多样性的研究主要集中在湿地生物多样性所包含的具体内容(遗传多样性、物种多样性和生态系统多样性),湿地生物多样性与能量和生态系统稳定性的关系,人类活动对湿地生物多样性的影响(湿地垦殖、外源污染物的输入),湿地生物多样性评价以及湿地生物多样性面临的威胁、保护与可持续性等方面。由于受自然和人为因素的干扰,湿地生物多样性面临严重威胁,湿地生态系统功能受到破坏,亟须开展湿地生物多样性保护和研究工作,通过对湿地的生物多样性资源进行评价,开展湿地生物监测,探讨关于湿地生物多样性保护及湿地资源合理利用的措施(赵魁义等,2008),为湿地生物多样性保护提供科学依据。

1.2.2.4 湿地生态系统的生态过程

湿地生态系统的生态过程主要研究湿地生态系统的水循环与水文生态过程,碳、氮循环过程及生态效应,明确湿地水文、关键生物和生物地球化学过程、景观格局响应气候变化和高强度人类活动的规律与机理,揭示湿地生态过程的基本规律与机制(邓伟等,2003;宋长春,2003a,2003b;刘景双,2005)。湿地生态系统生态过程包含湿地生态系统中的生物过程(有机物生产)、化学过程(营养物质循环)和物理过程(能量流动)及其相互关系,以及这些过程与湿地功能的关系(何池全和赵魁义,2000)。有机物生产、营养物质循环和能量流动是湿地生态系统不可分割的过程,也是湿地生态系统中的主要过程。

有机物生产是湿地生态系统生态过程的生物过程的基础,生产者处于主导地位。由于湿地大部分时间处于淹水状态,地下水位高于植物根系或者接近植物根系所在的基质,有机质分解速率低,导致积累。而分解和初级生产之间的平衡也决定着湿地生态系统中有机质是否积累及积累速率(胡忠亚,2010;王莉雯和卫亚星,2012)。在初级生产和分解平衡的基础上,土壤有机质的积累反映了水分和温度的作用,积累程度取决于不同的分解作用,与初级生产的过程相比,微生物的分解过程对水分和温度的区域性差别更为敏感(何池全和赵魁义,2000)。

湿地中营养物质循环是生物地球化学过程的简化。在大部分土壤营养库中,细菌和真菌生物量所占的比例并不大,但这些生物可频繁地固定氮和磷,使这部分元素在分解后无法被吸收(Saggar et al.,1981)。湿地因其富含有机质、滞水和厌氧等条件,是典型的沉积环境,有利于金属元素的沉积与富集。湿地中氮、硫和磷的循环过程则更为复杂,尤其是对于具有多价态的变价元素而言,湿地中的还原环境或氧化还原环境交替,易导致变价元素形态和过程的多样性,从而影响湿地生态系统的相关功能(王国平等,2001)。

能量流动是湿地生态系统存在的基础,一切生命活动都离不开能量的流动和转化,没有能量的流动,就没有生态系统。湿地植物通过光合作用固定太阳能,这是生态系统的能量的主要来源,群落的光合作用速率取决于影响植被内部光合器官的自然条件。湿地有大量可利用的水,部分来自地层,部分来自植物叶面等,使湿地中多数有效能量以潜热方式散失,少数通过增加表面温度的方式散失（Grime，1977）。

1.2.2.5 湿地生态系统评价

湿地生态系统评价主要包括湿地健康评价、湿地环境影响评价、湿地生态价值评价和湿地生态风险评价。湿地生态系统评价的关键在于评价指标体系的建立和评价指标权重的确定。4种评价在研究本质上具有一定的相似性，它们均依据研究目的，选取评价指标，对其进行量化分析得到评价结果，得出湿地利用、保护和管理的最佳方式，为制定合理的湿地保护对策提供依据。湿地健康评价是湿地评价研究的新领域，它将生态系统健康的概念和研究方法应用到湿地生态系统评价研究中，强调湿地生态系统提供特殊功能的能力和维持自身有机组织的能力（崔保山和杨志峰，2002）。湿地健康评价侧重湿地生态系统健康概念、诊断指标、预警模型、健康恢复和研究尺度问题，最终建立生态、社会、经济和文化相结合的评价模式（崔保山和杨志峰，2002）。湿地环境影响评价的主要内容是从保护和可持续利用角度，科学地论证湿地开发活动可能对湿地环境造成的影响，提出降低不利影响的方案、湿地资源可持续利用的对策与环保措施（俞穆清等，2000；武海涛和吕宪国，2005）。湿地生态系统的脆弱性决定了其受到现代人类大规模产业活动的影响。湿地生态价值评价是将湿地生态系统的生态服务功能转化为货币形式，直观地反映湿地的功能和作用（欧阳志云等，1999），包括直接利用价值、间接利用价值、选择价值和存在价值。湿地生态风险评价侧重于研究湿地生态系统主要的自然和人为要素风险源可能对湿地造成的危害，并提出科学的解决措施。

湿地生态系统评价从性质上还可以分为定性评价和定量评价。湿地定性评价多是对湿地资源、湿地功能、湿地生态系统特征以及湿地自然保护区的管理模式等方面进行概括性的描述，并对湿地开发利用、管理和保护过程中存在的问题现状进行评价，提出解决问题的措施和途径，确定今后的发展方向。湿地定量评价首先根据评价目的和原则，建立符合区域特征的湿地评价指标体系（欧阳志云等，1999），然后进行评价指标分级处理和量化处理，利用统计方法计算湿地综合评价指数，对研究区域进行生态类型、功能等级的划分并得出评价结论（何池全等，2001）。

1.2.2.6 湿地生态系统的保护、恢复与重建

随着湿地退化问题的不断加重，逐步恢复和重建退化湿地生态系统，促进受威胁的湿地物种的生态恢复，进而建立健康的湿地生态系统，已引起大量学者的广泛关注。湿地生态系统的保护、恢复与重建研究主要侧重研究湿地生态系统退化过程与驱动机制，建立评估湿地生态风险和确定多尺度生态安全阈值的方法，提出湿地生态恢复标准与目标，发展湿地修复与重建的理论、途径与关键技术，构建以生态保护为目标的湿地生态系统优化管理模式（吕宪国等，2005）。

（1）湿地生态系统退化及分类评价

湿地生态系统的保护、恢复与重建研究是从生态系统整体角度出发，开展湿地生态系统演替与退化机制研究。湿地退化是指在不合理的人类活动或不利的自然因素影响下，湿地生态系统的结构和功能弱化甚至丧失，并引发系统的稳定性、恢复力、生产力以及服务功能

在多个层次上发生退化的过程。湿地退化包含了生物、土壤和水体的退化,这三部分相互影响、相互制约,并最终导致湿地生态环境功能的退化。湿地退化的分类评价从多方面进行评估,如湿地健康评价强调,湿地生态系统能否提供特殊功能(如洪水调蓄和水质净化等)和维持自身有机组织是判断湿地是否发生退化的重要指标(崔保山和杨志峰,2002);湿地环境影响评价从保护和可持续利用角度,科学地论证湿地开发活动对湿地退化造成的影响(俞穆清等,2000);湿地生态风险评价侧重于研究湿地主要风险源(自然、人为等因素)对湿地造成的危害,这些不确定的事故或灾害可能导致生态系统结构和功能的损伤,从而加剧湿地生态系统的退化。

(2)退化湿地恢复理论与重建技术

退化湿地恢复与重建通过湿地生境恢复、湿地水文状况恢复和湿地土壤恢复等生物、生态技术或生态工程对退化或消失的湿地进行修复和重建。湿地生态恢复的效果取决于湿地生态系统的自我维持能力。在退化湿地生态恢复技术中,退化湿地植被恢复技术是重要组成部分;退化湿地土壤恢复技术主要是通过生物、生态手段达到控制湿地土壤污染、恢复土壤功能的目的;由于水文过程决定了动植物区系和土壤特征,退化湿地水文恢复技术是湿地恢复的关键(Alho,2008)。目前湿地恢复理论需要在大量退化湿地成功恢复实践的基础上做进一步总结完善,多学科合作将是未来研究中实现退化湿地成功恢复的关键。

(3)退化湿地恢复标准与目标

退化湿地受到的干扰通常指湿地生态过程及功能的削弱或失衡,包括湿地面积变化、水文条件改变、水质改变、湿地资源的非持续利用及外来物种的入侵等多种类型(陆健健等,2006)。退化湿地恢复成功的标准研究相对较少,迄今为止一直没有定论。根据不同的地域条件,不同的社会、经济和文化背景要求,湿地恢复的目标主要包括恢复废弃矿地等极度退化的生境,提高退化土地的生产力,减少对湿地景观的干扰,以及对现有湿地生态系统进行合理利用和保护,维持其生态功能。总体来讲,湿地生态恢复的目标是通过适当的生物和工程技术,逐步恢复退化湿地生态系统的结构和功能,以达到自我维持状态。

1.2.2.7 湿地生态系统的监测与评估

湿地生态系统监测就是采用科学的、先进的、可比较的方法在一定时间或空间内对特定类型的湿地生态系统结构与功能的特征要素进行野外的定位观测与测量,定量获取湿地生态系统状况及其变化信息的过程。它可用于揭示湿地生态系统的形成和演化的规律,构建湿地生态系统模型,以此来阐明湿地退化的原因,评价湿地生态系统的健康状况,摸索湿地保护的路径(吕宪国,2008)。而要对湿地的功能、湿地管理、湿地生态系统的物质循环等方面进行描述,就要选取大量的数学模型作为辅助的设计工具,增加对湿地变化过程的了解,提高人们对湿地过程的认识。

湿地调查与监测是全面了解和掌握湿地生态系统及其组成要素分布和变化的主要手段。20 世纪 60 年代初,我国开展了针对全国范围内的浅水湖泊、沼泽和泥炭资源的调查,调查区包括三江平原、若尔盖高原、青藏高原、新疆维吾尔自治区、神农架、横断山、沿海地区以及黄河和长江中下游地区等。20 世纪 80 年代初期卫星影像最早被应用于湖泊、芦苇沼泽和海岸湿地调查规划中(张养贞等,1993)。在 1995—2003 年和 2009—2013 年,我国先后两次对全国范围内的湿地资源进行了调查,基本掌握了全国湿地的分布、类型、变化情况以及威胁因子等。在湿地监测研究中,监测的方法和手段是关键。建立完善的湿地生态监测体系、提高监测水平,能确保湿地资源可持续利用及生态系统的健康发展。20世纪初,受技术条件限制,湿地的相关研究是零星的和非系统的,湿地监测基本采取定点、定时的人工实地采样方法,内容相对简单,基本限于对湿地的分类、分布和数量的调查。随着技术的发展,自动化仪器逐渐被应用于湿地监测中,主要体现在湿地面积监测、水质监测和气象监测等方面。20世纪60年代,湿地监测进入卫星遥感监测阶段。近年来,雷达遥感技术和高光谱遥感技术在湿地监测中得到更广泛的应用,成为对湿地实现全天候监测的主要技术手段(薛振山等,2012)。在湿地定位监测方面,长期的野外生态系统定位观测是揭示生态系统结构与功能变化规律的重要手段。科学研究从一开始就对湿地野外长期定位观测非常重视,并逐渐丰富和完善观测手段与方法。2013年,由中国科学院、原国家林业局和一些高校联合组建了"中国湿地生态系统观测研究野外站联盟"。通过一系列湿地野外台站的建立,完善了我国湿地监测网络体系的构建,为我国湿地的调查及监测提供了强有力的支撑。

湿地是独特的生态系统,是环境变化的敏感区域。湿地环境评估模型不仅包括湿地水文模型和湿地水文生态模型,还有湿地植物生长模型、湿地净化功能模型以及湿地景观动态变化研究模型等。由于水文过程在湿地中的特殊地位,进一步研究湿地水文模型对湿地水资源管理、生物多样性保护、全球气候变化研究等方面具有重要的意义。湿地水文模型主要评估湿地水文过程、湿地功能、湿地水循环和水量平衡等。湿地水文模型是在概念模型基础上采用数学语言对湿地水文过程进行定量描述,多数情况下需要借助计算机对数学模型进行求解。湿地的最本质特征是"湿",过量的水分所产生的作用控制着湿地的形成与发展。湿地水文生态模型模拟湿地水文与生态相互作用的机制、过程、格局以及二者之间的关系(吕宪国,2008)。

1.2.3 发展历程

1.2.3.1 湿地生态学的产生与发展

湿地生态学研究源于湖沼学,湿地生态学的发展大体经历了萌芽时期(19世纪末以前)、形成时期(19世纪末—20世纪中期)、发展时期(20世纪中期—20世纪80年代)和繁盛时期(20世纪80年代至今)四个阶段(刘兴土,2006)。

萌芽时期 该时期的湿地生态学研究以湿地原生资源的利用为主,主要起源于对鱼、盐和泥炭的研究和利用。湖沼学的概念是由瑞士学者 Forel 在 1892 年首先提出。作为湖沼学的创始人,Forel 通过在日内瓦湖的多年工作奠定了湖沼学的理论和方法基础(邓红兵等,1998;Wetzel,2000)。

形成时期 进入19世纪90年代,人们对湿地生态学的研究开始由感性转变为理性,并开始走向综合化和系统化,当时世界湿地生态学研究活动主要集中在欧洲各国。俄国分别在科星湖和爱沙尼亚建立了第一个湖泊观测站和沼泽实验站,使得湖沼生态学研究不断深入。直到20世纪中期,苏联对湿地生态学研究处于垄断地位,不论是在湖泊、沼泽资源考察还是在湖沼学理论方面,都处于世界领先地位。

发展时期　随着科技的发展和人们对湿地认识的不断深化,湿地生态学研究的范围逐渐扩展,中心由欧洲转向北美洲。美国和加拿大在 20 世纪中期以后,开始逐渐重视湿地研究,依靠其雄厚的经济力量和先进的技术手段后来居上,在国际上处于领先地位。尤其是到了 20 世纪 70 年代末,运用现代生态理论进行湿地研究,成立了一批湿地研究中心,研究领域迅速扩大,对河口湿地、海滨湿地、近海水域进行了大规模研究。发达国家湿地研究的广泛开展也促进了发展中国家湿地研究的起步。但总的说来,该时期世界湿地生态学研究的中心仍是北美和西欧地区。

繁盛时期　以 1982 年在印度召开的第一届国际湿地会议为标志(王宪礼和李秀珍,1997),世界湿地研究掀起了一个又一个高潮,各国对湿地研究越来越重视,国际合作与交流频繁进行。尤其进入 21 世纪以后,随着科学技术的进步和人们生态环保意识的加强,湿地生态学进入了蓬勃发展期。主要归因于以下几个方面:一是对湿地生态系统的功能有了充分的认识,而湿地生态系统遭受的严重破坏也已经引起了广泛的关注,使得湿地生态研究工作拥有了巨大的动力;二是遥感和地理信息系统的发展为湿地研究提供了先进的技术手段,使研究工作更加经济、快速、精确和高效,成为推动学科发展的助推器;三是景观生态学的兴起为湿地生态学研究注入了新的活力,对区域尺度上的湿地综合研究起到了启发和指导作用。当前相关国际组织加强了世界各国的湿地保护,自《湿地公约》诞生,越来越多的国家和地区加入,保护和合理利用湿地越来越引起世界各国的高度重视,已成为国际社会普遍关注的热点。

1.2.3.2　我国湿地生态学研究的发展

我国早在古代就对湿地有所认识,在《礼记·王制》《禹贡》《水经注》和《徐霞客游记》等地理古籍中都有关于湿地的记载。近代我国湿地生态学研究主要是从 20 世纪 60 年代开始的(王宪礼和李秀珍,1997)。1961 年,东北师范大学的柴岫和郎惠卿分别在《地理》杂志、《人民日报》等刊物上撰文倡导沼泽研究。20 世纪 80 年代以前,沼泽泥炭研究一直是我国湿地研究的特色,东北师范大学沼泽教研室、中国科学院长春地理研究所沼泽教研室在三江平原、长白山、大兴安岭、小兴安岭、若尔盖高原做了许多工作(吕宪国,2002)。至 20 世纪 80 年代中期,我国学者开始关注湿地问题,并使"湿地"这一概念广泛传播。中国科学院长春地理研究所(现中国科学院东北地理与农业生态研究所)、中国科学院水生生物研究所和中国科学院南京地理与湖泊研究所及有关高校科研部门分别对全国范围内的沼泽、湖泊和水生生物进行了大量综合研究。1988 年,黄锡畴先生主编出版了《中国沼泽研究》一书,对我国多年来的沼泽研究进行了系统、科学的论述(黄锡畴,1988)。随着《中国湿地研究》的出版和中国科学院湿地研究中心的成立,我国湿地生态学研究进入了全面发展时期(陈宜瑜,1995)。我国于 1992 年 7 月 31 日正式加入了《湿地公约》,并将"湿地的保护与合理利用"列入《中国 21 世纪议程》和《中国生物多样性保护行动计划》的优先发展领域。近几十年来,我国在湿地生态研究领域做了很多工作,但与国外特别是发达国家相比还有一定的差距,体现在理论体系尚未健全、技术手段相对落后等方面。当前我国湿地生态学领域在基础理论研究方面仍存在很多不确定性,同时在应用方法和示范推广等方面尚未形成系统的研究,这些都在一定程度上制约了湿地生态学的发展,同时使得湿地生态系统的保护和可持续发展方面面临严峻的考验(姜明等,2018)。

思 考 题

1. 湿地的内涵和范围是什么?
2. 湿地生态学的发展历程和各时期的特点有哪些?
3. 湿地生态学作为新兴的交叉学科,其学科体系的组成及核心是什么?
4. 新时期,在环境的不断变化下,湿地生态学的历史使命、湿地科学研究的重要方向和关键科学问题是什么?

参 考 文 献

蔡晓明. 2000. 生态系统生态学. 北京:科学出版社.

陈宜瑜. 1995. 中国湿地研究. 长春:吉林科学技术出版社.

陈宜瑜,吕宪国. 2003. 湿地功能与湿地科学的研究方向. 湿地科学,1:7-11.

崔保山. 1999. 湿地生态系统生态特征变化及其可持续性问题. 生态学杂志,2:43-49.

崔保山,杨志峰. 2002. 湿地生态系统健康评价指标体系 I . 理论. 生态学报,22(7):1005-1011.

邓红兵,王庆礼,蔡庆华. 1998. 流域生态学——新学科,新思想,新途径. 应用生态学报,9:443-449.

邓伟,潘响亮,栾兆擎. 2003. 湿地水文学研究进展. 水科学进展,14:521-527.

国家林业局,等. 2000. 中国湿地保护行动计划. 北京:中国林业出版社.

何池全,崔保山,赵志春. 2001. 吉林省典型湿地生态评价. 应用生态学报,12:754-756.

何池全,赵魁义. 2000. 湿地生态过程研究进展. 地球科学进展,15:164-171.

何勇田,熊先哲. 1994. 试论湿地生态系统的特点. 农业环境科学学报,6:275-278.

胡忠亚. 2010. 沉积有机质的形成作用对沉积有机质物质组成的影响. 硅谷,1:3.

黄翀,刘高焕,王新功,等. 2010. 不同补水条件下黄河三角洲湿地恢复情景模拟. 地理研究,29:2026-2034.

黄锡畴. 1988. 中国沼泽研究. 北京:科学出版社.

姜明,邹元春,章光新,等. 2018. 中国湿地科学研究进展与展望——纪念中国科学院东北地理与农业生态研究所建所 60 周年. 湿地科学,16:279-287.

刘景双. 2005. 湿地生物地球化学研究. 湿地科学,3:302-309.

刘润红,梁士楚,赵红艳,等. 2017. 中国滨海湿地遥感研究进展. 遥感技术与应用,32:998-1011.

刘兴土. 2005. 东北湿地. 北京:科学出版社.

刘兴土. 2006. 沼泽学概论. 长春:吉林科学技术出版社.

娄彦景,赵魁义,胡金明. 2006. 三江平原湿地典型植物群落物种多样性研究. 生态学杂志,4:364-368.

陆健健,何文珊,童春富,等. 2006. 湿地生态学. 北京:高等教育出版社.

吕宪国. 2002. 湿地科学研究进展及研究方向. 中国科学院院刊,17:170-172.

吕宪国.2004.湿地生态系统保护与管理.北京:化学工业出版社.

吕宪国.2005.湿地过程与功能及其生态环境效应.科学中国人,4:28-29.

吕宪国.2008.中国湿地与湿地研究.石家庄:河北科学技术出版社.

吕宪国,刘吉平,殷书柏.2005.湿地生态系统管理:人与湿地和谐共处.中国绿色时报:1-14.

欧阳志云,王如松,赵景柱.1999.生态系统服务功能及其生态经济价值评价.应用生态学报,10:635-640.

佘国强,陈扬乐.1997.湿地生态系统的结构和功能.湘潭师范学院学报(社会科学版),3:77-81.

宋长春.2003a.湿地生态系统对气候变化的响应.湿地科学,1:122-127.

宋长春.2003b.湿地生态系统碳循环研究进展.地理科学,23:622-628.

宋长春,宋艳宇,王宪伟,等.2018.气候变化下湿地生态系统碳、氮循环研究进展.湿地科学,16:424-431.

王国平,刘景双.2002.湿地生物地球化学研究概述.水土保持学报,16:144-148.

王国平,吕宪国.2008.沼泽湿地环境演变研究回顾与展望——纪念中国科学院东北地理与农业生态研究所建所50周年.地理科学,28:309-313.

王国平,张玉霞,高峰.2001.吉林省西部地区重要湿地及其生态环境功能.水土保持学报,15:121-124.

王莉雯,卫亚星.2012.盘锦湿地净初级生产力时空分布特征.生态学报,32:6006-6015.

王宪礼,李秀珍.1997.湿地的国内外研究进展.生态学杂志,16:58-62.

武海涛,吕宪国.2005.中国湿地评价研究进展与展望.世界林业研究,18:49-53.

武海涛,吕宪国,姜明,等.2008.三江平原典型湿地土壤动物群落结构及季节变化.湿地科学,6:459-465.

武海涛,吕宪国,杨青,等.2006.土壤动物主要生态特征与生态功能研究进展.土壤学报,2:314-323.

薛振山,姜明,吕宪国,等.2012.农业开发对生态系统服务价值的影响——以三江平原浓江-别拉洪河中下游区域为例.湿地科学,10:40-45.

姚允龙,王蕾.2008.基于SWAT的典型沼泽性河流径流演变的气候变化响应研究.湿地科学,6:198-203.

殷书柏,吕宪国.2006."泥炭气候成因说"的探讨.地理科学,26:321-327.

俞穆清,田卫,周道玮,等.2000.湿地资源开发环境影响评价探析.东北师范大学学报(自然科学版),32:84-89.

张绪良,张朝晖,谷东起,等.2009.辽河三角洲滨海湿地的演化.生态环境学报,18:1002-1009.

张养贞,华润葵,李玉勤.1993.陆地卫星图像在三江平原沼泽调查中的应用.地理科学,13:49-56.

章光新,陈月庆,吴燕锋.2019.基于生态水文调控的流域综合管理研究综述.地理科学,39:1191-1198.

章光新,武瑶,吴燕锋,等.2018.湿地生态水文学研究综述.水科学进展,29:737-749.

章光新,尹雄锐,冯夏清.2008.湿地水文研究的若干热点问题.湿地科学,2:105-115.

赵魁义,陈毅峰,娄彦景,等.2008.湿地生物多样性保护.北京:中国林业出版社.

赵魁义,孙广有,杨永兴,等.1999.中国沼泽志.北京:科学出版社.

Alho CJR. 2008. Biodiversity of the Pantanal:Response to seasonal flooding regime and to environmental degradation. Brazilian Journal of Biology,68:957-966.

Batzer DP,Boix D. 2016. Invertebrates in Freshwater Wetlands:An International Perspective on Their Ecology. New York:Springer,1-24.

Cowardin L,Carter V,Golet F,et al.1979. Classification of wetlands and deepwater habitats of the United States. US Department of the Interior/Fish and Wildlife Service.

Grime JP. 1977. Evidence for the existence of three primary strategies in plants and its relevance to ecological and evolutionary theory. The American Naturalist,111:1169-1194.

Lloyd JW,Tellam JH,Rukin N,et al. 1993. Wetland vulnerability in East Anglia:A possible conceptual framework and generalized approach. Journal of Environmental Management,37:87-102.

Mitsch WJ,Gosselink JG. 2000. Wetlands. New York:Van Nostrand Reinhold Company.

Saggar S,Bettany JR,Stewart JWB. 1981. Sulfur transformations in relation to carbon and nitrogen in incubated soils. Soil Biology and Biochemistry,13:499-511.

Wetzel RG. 2000. Freshwater ecology:Changes,requirements,and future demands. Limnology,1:3-9.

Zhang L, Wang MH, Hu J, et al. 2010. A review of published wetland research, 1991—2008: Ecological engineering and ecosystem restoration. Ecological Engineering,36:973-980.

第 2 章

湿地生态系统类型

2.1 概　　述

湿地分类早在 1900 年左右就开始了,当时仅是对欧洲和北美泥炭地的分类。此后,不同国家根据他们的研究结果提出了各自不同的湿地分类系统。我国对于湿地分类的研究始于 20 世纪 70 年代,主要是对沼泽和滩涂的分类研究。由于湿地研究的目的和方法不同以及湿地的地域性存在差异等原因,湿地分类表现出明显的不同。

无论是国内还是国外,对湿地分类的研究一般可以把湿地分类方法分为成因分类法、特征分类法和综合分类法三大类(倪晋仁,1998)。成因分类法根据形成湿地的气候和地貌条件(包括地貌部位、地质基底条件、地貌外动力条件等)来区别湿地,它多是描述性的。特征分类法根据湿地的水文条件、植被类型等表观特征和内在的动力活动特征的不同来区别湿地,分类的依据具有更多的定量化成分。综合分类法是基于前两种分类方法发展起来的,这种方法既能反映湿地的成因及湿地分类中不同层次的诸多自然表观特征,又能反映湿地不同层次特征的相似性。

湿地分类方法中,影响力最大的是 Cowardin 和 Golet 于 1979 年提出的分类法(Cowardin and Golet,1979)。根据 Cowardin 和 Golet 提出的分类方法,湿地可以划分为系统、亚系统、类、亚类和优势种 5 个层次。其分类方法是:首先根据不同的成因类型把湿地分成五大系统(即海洋湿地、河口湿地、河流湿地、湖泊湿地和沼泽湿地),再根据湿地的水文特征分成亚系统,根据占优势的植被生命形态和基底组成等湿地外貌特征把亚系统分成湿地类,按照植被的不同把湿地类细分成湿地亚类,用附加的优势种特征描述较为特殊的湿地特征。Cowardin 和 Golet 的分类方法具有分类全面、易于操作的优点,因而已成为美国湿地资源登记和管理的基础(Cowardin and Golet,1995)。我国对湿地分类采用的体系主要有《湿地公约》分类、《全国湿地资源调查技术规程(试行)》分类、《土地利用现状分类》(GB/T 21010—2017)和第三次全国国土调查工作分类。

2.1.1 《湿地公约》分类

随着《湿地公约》缔约方数目的增加,《湿地公约》第四届缔约方大会制定了专门的分类体系,以快速确定每块湿地所代表的主要栖息地类型。该体系沿用了 Cowardin 和 Golet 的分类思想,定义更加简单明了,主要应用于对湿地的保护和管理。经过多年的发展,该体系包含 3 大类(1 级)42 小类(2 级),具体分类情况见表 2.1。

表 2.1 《湿地公约》分类标准

1 级	海洋和海岸湿地	内陆湿地	人工湿地
2 级	永久性浅海水域	永久性内陆三角洲	水产池塘
	海草床	永久性的河流	水塘
	珊瑚礁	时令河	灌溉地
	岩石性海岸	湖泊	农用洪泛湿地
	沙滩、砾石与卵石滩	时令湖	盐田
	河口水域	盐湖	蓄水区
	滩涂	时令盐湖	采掘区
	盐沼	内陆盐沼	废水处理场所
	潮间带森林湿地	时令碱水、咸水盐沼	运河、排水渠
	咸水、碱水潟湖	永久性的淡水草本沼泽、	地下输水系统
	海岸淡水湖	泡沼	
	海滨岩溶洞穴水系	泛滥地	
		草本泥炭地	
		高山湿地	
		苔原湿地	
		灌丛湿地	
		淡水森林沼泽	
		森林泥炭地	
		淡水泉及绿洲	
		地热湿地	
		内陆岩溶洞穴水系	

　　从湿地分类尺度上看,《湿地公约》列出的类别仅提供一个很宽泛的框架,体现的是全球尺度下的湿地类型的层、级结构特征(李玉凤和刘红玉,2014)。《湿地公约》的分类将地球陆地上所有水体、被水饱和浸渍的土地以及受沿海潮汐影响的地带都划入湿地的范畴。《湿地公约》分类基于全球尺度,综合考虑各缔约方湿地分布范围和特点。《湿地公约》分类有利于管理者划定湿地的管理边界,有利于建立流域联系,以阻止或控制流域不同地段的人为破坏。但其分类标准相对简单,不能满足我国湿地科学研究中对湿地分类的要求。因此,目前在我国的湿地研究中多采用由《湿地公约》分类发展而来的分类标准,或者采用研究者自己制定的分类标准,这就造成我国湿地分类标准多样、湿地类型不统一、信息共享性差的

问题(崔丽娟和张曼胤,2007)。

2.1.2 《全国湿地资源调查技术规程(试行)》分类

2009—2013年,原国家林业局开展了第二次全国湿地资源调查,于2009年发布了《全国湿地资源调查技术规程(试行)》,其中的湿地分类系统是在《湿地公约》分类系统的基础上,综合考虑了湿地成因、水文特征和植被类型等要素进行的分类(唐小平和黄桂林,2003),包括了《湿地公约》所有的湿地类型(表2.2)。2009年12月发布的《湿地分类》(GB/T 24708—2009)将湿地分为3级,共包括34小类。第1级将全国湿地生态系统分为自然湿地和人工湿地两大类,自然湿地往下依次分为第2级(4类)、第3级(30类)。人工湿地相对比较简单。各级分类依据如下:第1级按成因进行分类;第2级中,自然湿地按地貌特征进行分类,人工湿地按主要功能用途进行分类;第3级中,自然湿地主要以湿地水文特征进行分类,包括淹没的时间、水质咸淡程度、湿地水源等特征因子。一些较为复杂的湿地类型还采用了植被形态特征(如沼泽湿地)和基质性质(如滨海湿地)进行分类。

表2.2　《全国湿地资源调查技术规程(试行)》湿地分类系统

1级	2级	3级
自然湿地	滨海湿地	浅海水域/潮下水生层/珊瑚礁/岩石海岸/沙石海滩/淤泥质海滩/潮间盐水沼泽/红树林/海岸性咸水湖/海岸性淡水湖/河口水域/三角洲、沙洲、沙岛
	河流湿地	永久性河流/季节性或间歇性河流/洪泛平原湿地/喀斯特溶洞湿地
	湖泊湿地	永久性淡水湖/季节性淡水湖/永久性咸水湖/季节性咸水湖
	沼泽湿地	藓类沼泽/草本沼泽/沼泽化草甸/灌丛沼泽/森林沼泽/内陆盐沼/地热湿地/淡水泉或绿洲湿地
人工湿地	人工湿地	库塘/运河、输水河/水产养殖场/稻田、冬水田/盐田

与《湿地公约》分类系统相比,该分类系统将河口水域拆分成河口水域和三角洲、沙洲、沙岛,将海滨岩溶洞穴水系归并到岩石海岸;将内陆湿地的永久性内陆三角洲归并到洪泛平原湿地和草本沼泽,将草本泥炭地、高山湿地、苔原湿地、森林泥炭地分别归并到藓类沼泽、草本沼泽、森林沼泽、沼泽化草甸及季节性淡(咸)水湖,将泛滥地归并到洪泛平原湿地;将内陆岩溶洞穴水系归并到喀斯特溶洞湿地;将人工湿地的水塘和蓄水区归并到库塘,将灌溉地拆分为稻田、冬水田和运河、输水河,将农用洪泛湿地归并到洪泛平原湿地,将采掘区归并到库塘,将地下输水系统归并到喀斯特溶洞湿地。

该湿地分类系统基于我国资源普查的需要,依据我国的湿地分布特征等进行分类,体现的是国家尺度下湿地类型的结构特征。目前对人工湿地分类的系统研究比较少,主要是根据湿地用途对农村人工湿地进行了较详细的分类,但是对城市人工湿地的分类研究基本处于空白阶段(唐小平等,2013)。

2.1.3   《土地利用现状分类》(GB/T 21010—2017)

《土地利用现状分类》(GB/T 21010—2017)秉持满足生态用地保护需求、明确新兴产业用地类型、兼顾监管部门管理需求的思路,主要依据土地的利用方式、用途、经营特点和覆盖特征等因素,按照主要用途对土地利用类型进行归纳、划分,完善了地类含义,细化了二级类型划分,调整了地类名称,增加了湿地归类(表 2.3)。

表 2.3   湿地归类表

湿地类	《土地利用现状分类》	
	类型编码	类型名称
湿地	0101	水田
	0303	红树林地
	0304	森林沼泽
	0306	灌丛沼泽
	0402	沼泽草地
	0603	盐田
	1101	河流水面
	1102	湖泊水面
	1103	水库水面
	1104	坑塘水面
	1105	沿海滩涂
	1106	内陆滩涂
	1107	沟渠
	1108	沼泽地

注:此表仅作"湿地"归类使用,不以此划分部门管理范围。

最新标准将具有湿地功能的沼泽地、河流水面、湖泊水面、坑塘水面、沿海滩涂、内陆滩涂、水田、盐田等二级类型归类为湿地大类,实现了土地分类与《湿地分类》(GB/T 24708—2009)相衔接,同时实现通过统计获得湿地数据的目的,可最大限度避免部门数据由于分类及统计口径差别造成的冲突,充分发挥土地调查成果对生态文明建设的基础支撑作用。但该分类方法较简单,仅仅从土地利用的角度,在耕地、林地、草地、水域及水利设施用地中对湿地进行了归类,类型方面存在部分重叠,类型较少且不够全面。

2.1.4   第三次全国国土调查工作分类

2017 年开始的第三次全国国土调查,是一次基础国情国力调查,也是一项事关重大国策制定的基础性工作。主要任务是全面查清全国土地资源和利用状况,系统细化和完善全国国土基础数据。在土地分类上,采用《第三次全国国土调查工作分类》,对部分地类进行了归并或细化。其中,湿地为一级类,包含 8 个二级类(表 2.4),在分类上参考了《土地利用现状分类》(GB/T 21010—2017)。

表 2.4 第三次全国国土调查工作中的湿地分类

一级类		二级类		含义
编码	名称	编码	名称	
00	湿地			指红树林地,天然的或人工的,永久的或间歇性的沼泽地、泥炭地,盐田,滩涂等
		0303	红树林地	沿海生长红树植物的土地
		0304	森林沼泽	以乔木植物为优势群落的淡水沼泽
		0306	灌丛沼泽	以灌丛植物为优势群落的淡水沼泽
		0402	沼泽草地	以天然草本植物为主的沼泽化的低地草甸、高寒草甸
		0603	盐田	用于生产盐的土地,包括晒盐场所、盐池及附属设施用地
		1105	沿海滩涂	沿海大潮高潮位与低潮位之间的潮浸地带,包括海岛的沿海滩涂,不包括已利用的滩涂
		1106	内陆滩涂	河流、湖泊常水位至洪水位间的滩地;时令湖、河洪水位以下的滩地;水库、坑塘的正常蓄水位与洪水位间的滩地,包括海岛的内陆滩地,不包括已利用的滩
		1108	沼泽地	经常积水或渍水,一般生长湿生植物的土地,包括草本沼泽、苔藓沼泽、内陆盐沼等,不包括森林沼泽、灌丛沼泽和沼泽草地

对比《土地利用现状分类》(GB/T 21010—2017),该工作分类中将水田划为耕地一级类,河流水面、湖泊水面、水库水面、坑塘水面和沟渠划为水域及水利设施用地一级类。

2.2 我国湿地面积与分布

2.2.1 全国湿地总面积

根据《湿地公约》技术要求,第二次全国湿地资源调查对全国单块面积 8 hm^2 以上(含 8 hm^2)的所有湿地及宽度 10 m 以上、长度 5 km 以上的河流湿地开展了湿地类型、面积、分布、植被和保护状况的调查。调查结果表明,全国湿地总面积 5360.26×10^4 hm^2,湿地率 5.58%。

　　除港、澳、台外,湿地面积 5342.06×10^4 hm^2。其中,自然湿地面积 4667.47×10^4 hm^2,占 87.37%;人工湿地面积 674.59×10^4 hm^2,占 12.63%。各类湿地面积及比例见图 2.1。

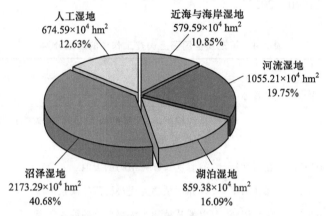

图 2.1　各类湿地面积及比例示意图

　　本次调查结果显示,我国湿地规模仅次于加拿大、俄罗斯和美国,位于世界第四位,亚洲第一位。但从湿地覆盖状况看,我国湿地率远低于世界 8.6% 的平均水平。人均占有湿地面积仅为 0.04 hm^2,是世界人均占有湿地面积的 1/5。

2.2.2　各地湿地面积

　　各地各类湿地资源情况见表 2.5。

表 2.5　各地各类湿地面积统计表　　　　　　　　单位:10^4 hm^2

省(区、市)	湿地总面积	自然湿地				人工湿地
		滨海湿地	河流湿地	湖泊湿地	沼泽湿地	
合计	5342.06	579.59	1055.21	859.38	2173.29	674.59
北京市	4.81	0	2.27	0.02	0.13	2.39
天津市	29.56	10.43	3.23	0.36	1.09	14.45
河北省	94.19	23.19	21.25	2.66	22.36	24.73
山西省	15.19	0	9.69	0.31	0.81	4.38
内蒙古自治区	601.06	0	46.37	56.62	484.89	13.18
辽宁省	139.48	71.32	25.15	0.29	11.01	31.71
吉林省	99.76	0	22.35	11.20	52.74	13.47
黑龙江省	514.33	0	73.35	35.60	386.43	18.95
上海市	46.46	38.66	0.73	0.58	0.93	5.56

续表

省（区、市）	湿地总面积	自然湿地				人工湿地
		滨海湿地	河流湿地	湖泊湿地	沼泽湿地	
江苏省	282.28	108.75	29.66	53.67	2.80	87.40
浙江省	111.01	69.25	14.12	0.89	0.07	26.68
安徽省	104.18	0	30.96	36.11	4.29	32.82
福建省	87.10	57.56	13.51	0.03	0.02	15.98
江西省	91.01	0	31.08	37.41	2.58	19.94
山东省	173.75	72.85	25.78	6.26	5.41	63.45
河南省	62.79	0	36.89	0.69	0.49	24.72
湖北省	144.50	0	45.04	27.69	3.69	68.08
湖南省	101.97	0	39.84	38.58	2.93	20.62
广东省	175.34	81.51	33.79	0.15	0.36	59.53
广西壮族自治区	75.43	25.90	26.89	0.63	0.24	21.77
海南省	32.00	20.17	3.97	0.06	0	7.80
重庆市	20.72	0	8.73	0.03	0.01	11.95
四川省	174.78	0	45.23	3.74	117.59	8.22
贵州省	20.97	0	13.81	0.25	1.10	5.81
云南省	56.35	0	24.18	11.85	3.22	17.10
西藏自治区	652.90	0	143.45	303.52	205.43	0.50
陕西省	30.85	0	25.76	0.76	1.10	3.23
甘肃省	169.39	0	38.17	1.59	124.48	5.15
青海省	814.36		88.53	147.03	564.54	14.26
宁夏回族自治区	20.72	0	9.79	3.35	3.81	3.77
新疆维吾尔自治区	394.82	0	121.64	77.45	168.74	26.99

注：港、澳、台资料暂缺。

按湿地面积统计，排名前 10 位的省（区、市）湿地面积均超过了 $150 \times 10^4 \ hm^2$，其湿地面积之和占 74.0%；排名后 10 位的省（区、市）湿地面积之和仅占 5.2%。

按湿地类统计，滨海湿地分布在我国沿海的江苏、广东、山东、辽宁、浙江、福建、上海、广西、河北、海南和天津；河流湿地主要分布在西藏、新疆、青海、黑龙江、内蒙古、四川、湖北、湖南、甘肃和河南，占总河流湿地面积的 64.3%；湖泊湿地主要分布在西藏、青海、新疆、内蒙古、江苏、湖南、江西、安徽、黑龙江和湖北，占总湖泊湿地面积的 94.68%；沼泽湿地主要分布在青海、内蒙古、黑龙江、西藏、新疆、甘肃、四川、吉林、河北和辽宁，占总沼泽湿地面积的

98.39%；人工湿地主要分布在江苏、湖北、山东、广东、安徽、辽宁、新疆、浙江、河北和河南，占总人工湿地面积的 66.13%。

2.2.3 我国湿地分布

我国是目前全球已知湿地类型最齐全的国家之一，湿地面积最大的 5 类湿地为永久性河流、沼泽化草甸、草本沼泽、永久性咸水湖和永久性淡水湖，分别占调查湿地面积的 13.31%、12.95%、12.14%、7.82% 和 7.43%；面积最小的 5 类湿地为喀斯特溶洞湿地、淡水泉或绿洲湿地、潮下水生层、藓类沼泽和珊瑚礁，5 类湿地面积之和仅占调查湿地面积的 0.02%。特别是我国青藏高原的诸多湖泊、沼泽湿地，孕育了长江、黄河、澜沧江等大江大河，被誉为"亚洲水塔"。我国湿地孕育了丰富的生物多样性资源，本次调查统计野生植物 4220 种，野生动物 2312 种，其中野生动物中湿地鸟类 231 种，国家重点保护鸟类 49 种。

我国从寒温带到热带、从平原到高原山区都有湿地分布，既显示出地带性规律，又有非地带性或地区性差异，而且表现出一个地区有多种湿地类型分布和一种湿地类型分布在多个地区的特点。78.84% 的沼泽湿地分布于东北平原、大兴安岭、小兴安岭和青藏高原，而 72.90% 的盐沼分布于西北干旱半干旱的柴达木盆地。78.58% 的湖泊湿地分布于长江中下游平原和青藏高原，其中有 42.01% 的湖泊湿地和 80.65% 的咸水湖分布在青藏高原上。河流湿地主要分布于东部气候湿润多雨的季风区。近海与海岸湿地分布于沿海，杭州湾以北多为沙质和淤泥质海滩，杭州湾以南多为岩石性海滩。人工湿地 50% 以上分布于我国水利资源比较丰富的东部季风区，包括东北地区、长江中下游地区、黄河中上游地区和东南沿海地区。

根据《全国湿地保护工程规划（2002—2030 年）》，全国湿地资源划为东北、黄河中下游、长江中下游、滨海、东南和南部、西南、西北干旱半干旱和青藏高原八个湿地保护工程区（表 2.6）。

表 2.6 各区域湿地面积、所占比例及湿地率

工程分区	湿地面积/10^4 hm²	所占比例/%	湿地率/%
合计	5342.06	100.00	63.43
东北湿地区	1021.73	19.13	8.30
黄河中下游湿地区	227.59	4.26	2.66
长江中下游湿地区	613.77	11.49	7.58
滨海湿地区	805.61	15.08	31.33
东南和南部湿地区	97.45	1.82	2.60
西南湿地区	157.19	2.94	1.54
西北干旱半干旱湿地区	628.91	11.77	2.60
青藏高原湿地区	1789.81	33.51	6.82

2.3　滨海湿地生态系统

　　滨海湿地是一类分布于海岸带与浅海区域(即海洋生态系统和陆地生态系统过渡带)、受到潮汐影响的湿地生态系统。由于海陆过渡带的复杂性和多样性,植被覆盖、植被类型、水文特征和沉积物类型等存在差异,滨海湿地类型较多,且无统一的分类标准。本节主要对潮间带沼泽生态系统(包括滨海盐沼生态系统和感潮淡水沼泽生态系统)、潮间带森林湿地中的红树林生态系统、海草床生态系统以及珊瑚礁生态系统进行阐述。

2.3.1　潮间带沼泽生态系统

　　潮间带沼泽(tidal marsh)(又称滨海沼泽、感潮沼泽)是滨海湿地中一个重要的类型,主要沿海岸线(coast)、河口以及入海河流河口区河流滨岸分布,均不同程度地受到潮汐的影响。对于分布在河口区域的潮间带沼泽,Odum(1988)按照盐度的不同进一步分为:感潮淡水沼泽(freshwater marsh)(盐度<0.5‰)、感潮寡盐水沼泽(oligohaline marsh)(0.5‰≤盐度<5.0‰)、感潮中盐水沼泽(mesohaline marsh)(5.0‰≤盐度<18.0‰)和感潮咸水沼泽(滨海盐沼)(salt marsh)(18.0‰≤盐度≤35.0‰)。感潮寡盐水沼泽和感潮中盐水沼泽又被统称为半咸水(或微盐水)沼泽(brackish marsh)(Barendregt et al. ,2006)。

2.3.1.1　滨海盐沼

(1)发育过程、生境与生物特征

　　滨海盐沼湿地发育于潮间带淤泥质滩涂,经历着潮汐有规律的水淹过程。滨海盐沼湿地的形成首先需要一定的地形地貌条件以保障足够的沉积物输入及就地沉积。河口、海湾和沙洲等地形地貌条件能够很好地阻拦海浪冲击,易于使来自海洋或河流上游的沉积物在一定区域内逐渐沉积,最终形成滨海盐沼湿地。在滨海盐沼形成早期,潮沟十分发达,它承接着盐沼湿地与外界海洋系统之间的物质、能量和信息交换等重要功能,对于盐沼湿地沉积过程起着至关重要的作用,此时,盐沼湿地沉积物的纵向和横向沉积速率均较快。随着盐沼的逐渐发育,盐沼高程提高,潮沟数量逐渐减少,沉积速率逐渐下降。滨海盐沼植被具有显著的减流削浪、促淤固滩的作用。

　　滨海盐沼湿地的上、下缘边界通常由潮汐范围决定,盐沼湿地上边界可以延伸到高潮带上缘,通常在平均高潮线和大潮最大高潮线之间(Beeftink,1977)。根据盐沼湿地的高程和潮水水淹状况,盐沼又被分为高位盐沼(high marsh)和低位盐沼(low marsh)。高位盐沼受潮水影响较弱,盐沼地表经常连续10余天暴露于空气中;而低位盐沼地表则几乎每天均有一段时间被潮水淹没。

　　出现在滨海盐沼生态系统中的植物多为耐盐植物,包括禾本科草本植物、杂草和矮灌木等,其中禾本科草本植物优势显著。盐沼植物的植物区系多为世界分布型,体现出明显的隐域性植被特征。主要的草本植物属有:米草属(*Spartina*)、藨草属(*Scirpus*)、碱蓬属

（*Suaeda*）、碱茅属（*Puccinellia*）、盐草属（*Distichlis*）、盐角草属（*Salicornia*）、补血草属（*Limonium*）、灯心草属（*Juncus*）、芦苇属（*Phragmites*）、獐毛属（*Aeluropus*）、薹草属（*Carex*）和结缕草属（*Zoysia*）等。

　　滨海盐沼植物群落的分布往往具有明显的成带现象。成带现象的机制可能有几个方面，包括植物群落对于环境变化的响应，如潮间带具有相对规律的潮汐变化、水淹状况和盐度变化，也可能是植物物种间正反馈和负反馈作用。在近海方向往往发育一些更能耐受盐水浸泡的植物群落，如薹草属、米草属和碱蓬属植物；而在向岸方向则逐渐变为芦苇属、獐毛属和灯心草属植物。

　　滨海盐沼植物群落物种多样性较低，往往形成单一植物的"纯群落"，其主要原因是盐沼生境受到高盐度以及强烈潮汐过程的影响，这些恶劣的生存环境使得只有少数耐盐、耐潮汐胁迫的植物能够繁衍生存。滨海盐沼植物多为胁迫耐受者，但是在胁迫程度较低的生境，它们可以生长得更好。为了耐受极端环境，它们必须降低光合速率或将光合作用的产物更多地分配给用于适应胁迫的器官。深埋的根茎、发达的通气组织、较小的叶面积等性状都被认为是其适应胁迫的代价。

　　盐沼生态系统除了高等植物外，还生活着大量的低等植物，包括附生藻类（绿藻和蓝藻等）和底栖硅藻。此外，还分布着大量微生物，包括真菌、好氧和厌氧细菌以及厌氧古菌，它们可以分解盐沼湿地表层聚集的植物枯落物、沉积物或土壤中的植物根系凋落物，进而形成盐沼湿地地下土壤"蓝碳"碳库。此外，盐沼生态系统还向河口、海洋输送大量有机营养颗粒及溶解性有机碳。

　　盐沼生态系统中生活着大量的软体动物、蟹类、鱼类、虾类、鸟类和昆虫类，它们共同构成盐沼生态系统丰富的消费者群体。滨海盐沼由于丰富的食物供给，是众多鸟类生长、繁殖、越冬和中途停歇的重要场所，特别是温带和亚热带地区的盐沼湿地，往往是候鸟冬季南迁的重要中转站。此外，底栖动物也是滨海盐沼湿地中一类重要的动物类群，它们种类多、数量大，在滨海沼泽湿地生态系统物质循环和能量流动中具有不可替代的作用。

（2）在全球和我国的分布

　　全球的盐沼生态系统主要分布于中高纬度海岸带的潮间带，可划分为 9 个区域（Chapman，1978）：

　　北极区：主要为哈得孙海湾南岸，常年受冰冻和极端低温的影响，盐度较低，主要优势植物为薹草属，此外还有碱茅属、碱蓬属和盐角草属植物。

　　北欧区：米草属植物占据大面积的泥质滩涂，薹草、薹草、灯心草、羊茅（*Festuca*）4 个属的植物则多出现在砂质和盐度较低的区域。

　　地中海区：高盐度砂质海岸，主要分布的植物为灯心草和盐角草等。

　　北美东区：发育着较完全的盐沼生态系统，主要的植物有米草属和灯心草属，在部分区域以碱茅属和盐草属占优势。其中密西西比河三角洲盐沼湿地最为著名。

　　北美西区：地中海气候，盐沼生态系统发育不完全，主要植物有盐角草和碱蓬，一些区域分布有外来入侵种互花米草（*Spartina alterniflora*）。

　　东亚区：盐沼多发育于淤泥质海岸，主要植物有盐角草、结缕草和补血草。

　　大洋洲区：主要优势植物有碱蓬属和鼠尾粟属（*Sporobolus*）。

南美区:主要优势种有米草、补血草、灯心草和盐草等。

热带区:在高盐度泥质滩涂上分布有盐角草、补血草和米草属等植物。

盐沼生态系统在我国主要分布在大江、大河的入海河口区,三角洲以及苏北海岸的潮间带上。

辽河口位于暖温带季风气候区。辽河三角洲最南端的冲积平原上分布有大面积的盐沼湿地,高潮带下缘主要分布有盐角草群落,上缘主要分布有碱蓬群落,并形成壮观的"红海滩"盐沼植被景观,再往上到达潮上带,主要分布有大面积的芦苇(*Phragmites australis*)湿地。潮间带伴生种主要为扁秆藨草(*Scirpus planiculmis*)和水烛(*Typha angustifolia*),潮上带伴生植物主要为刺儿菜(*Cirsium setosum*)、地肤(*Kochia scoparia*)、尖头叶藜(*Chenopodium acuminatum*)和拂子茅(*Calamagrostis epigeios*)等。

黄河口位于暖温带季风气候区。黄河口湿地主要位于山东黄河三角洲国家级自然保护区,该湿地是全球暖温带保存最完整、最年轻的河口三角洲湿地,主要土壤类型为隐域性潮土和盐土,主要植被类型为芦苇群落、芦苇 + 荻(*Triarrhena sacchariflora*)群落、翅碱蓬(*Suaeda salsa*)群落和补血草(*Limonium sinense*)群落,翅碱蓬形成壮观的"红海滩"盐沼植被景观。黄河口湿地分布的灌丛主要是柽柳(*Tamarix chinensis*)群落。黄河口湿地是东北亚内陆和环西太平洋鸟类迁徙的重要中转站和繁殖地,国家级重点保护的鸟类有东方白鹳(*Ciconia boyciana*)、丹顶鹤(*Grus japonensis*)、中华秋沙鸭(*Mergus squamatus*)、大天鹅(*Cygnus cygnus*)和黑脸琵鹭(*Platalea minor*)等。

长江口位于亚热带海洋气候区。长江口崇明岛东滩和西滩、长兴岛和九段沙的沙洲上均发育有很好的盐沼湿地,主要是长江径流携带的大量泥沙在河口区沉积形成的河口沙洲湿地,具有明显的分带现象。崇明岛东滩潮位 2.7 m 以下至低潮线区域为无植被覆盖的泥质滩涂,潮位 2.7~3.8 m 区域主要分布有海三棱藨草(*Scirpus×mariqueter*)和灯心草群落,潮位在 3.8 m 以上的区域主要分布有芦苇群落,在高程较高的芦苇群落中,常见的伴生种为碱菀(*Tripolium vulgare*)、野艾蒿(*Artemisia lavandulifolia*)、水葱(*Scirpus tabernaemontani*)和水莎草(*Juncellus serotinus*)等。互花米草在崇明岛滩涂湿地入侵严重,主要入侵土著种海三棱藨草群落和芦苇群落。栖息在崇明岛东滩湿地的鸟类有 100 多种,同时分布有丰富的软体动物、蟹类、鱼类和虾类等。

杭州湾位于亚热带海洋气候区。杭州湾是钱塘江入海形成的喇叭状河口湾。杭州湾淤泥质潮滩上分布有大面积的盐沼湿地,主要优势群落为芦苇群落、大米草(*Spartina anglica*)群落和海三棱藨草群落,此外,还分布有碱蒿(*Artemisia anethifolia*)和蕓草群落等。杭州湾湿地是东亚-澳大拉西亚鸟类迁徙路线的重要中转站之一,世界濒危鸟类黑脸琵鹭、斑嘴鹈鹕(*Pelecanus philippensis*)和黑头白鹮(*Threskiornis melanocephalus*)等冬季在此停歇。

苏北滨海滩涂湿地位于现代长江口与废黄河口之间,是冲淤演变成的复杂的典型淤泥质平原海岸潮间带湿地。由于特殊的演化过程,自陆向海形成芦苇植被带和盐蒿植被带,在近海滩涂互花米草群落入侵面积较大。江苏盐城湿地珍禽国家级自然保护区位于苏北滨海滩涂湿地,是我国最大的海岸带自然保护区之一,共记录有高等植物 607 种,浮游植物 230 种,动物 1134 种,昆虫 507 种,其中有记录的鸟类达 405 种,每年约有 800 只丹顶鹤在此越冬(约占世界种群的 50%),1000 多对黑嘴鸥(*Larus saundersi*)在此栖息繁衍(占世界种群的

30% ~ 50%）。

闽江口处于中亚热带与南亚热带气候过渡区,是我国东南沿海重要的入海河口之一。鳝鱼滩湿地是分布在闽江口的最大潮汐沼泽湿地,基本属于半咸水沼泽,由海向陆方向依次分布的土著植物有藨草(*Scirpus triqueter*)、短叶茳芏(*Cyperus malaccensis var. brevifolius*)和芦苇植被带。2004年以来,外来种互花米草入侵严重,大面积的藨草群落被互花米草群落所替代;同时在不少地段,互花米草也入侵到短叶茳芏植被带和芦苇植被带,与土著植物群落形成斑块状镶嵌分布。闽江口湿地是东亚-澳大拉西亚鸟类迁徙路线上的一个重要驿站,每年吸引数十万只水禽在此栖息觅食,其中包括许多世界性濒危鸟类,如黑嘴端凤头燕鸥(*Thalasseus bernsteini*)、勺嘴鹬(*Eurynorhynchus pygmeus*)和黑脸琵鹭等。

2.3.1.2 感潮淡水沼泽生态系统

感潮淡水沼泽分布在盐度小于0.5的河口区域,主要受河流上游径流淡水的影响,不规律地受到天文大潮和风暴潮诱发的海洋潮水上溯的影响,这类沼泽则主要分布在入海河流河口区半咸水沼泽的上部、潮水能够影响到的上限区域。感潮淡水沼泽植物群落多为湿生草本植物。感潮淡水沼泽包括高位沼泽、低位沼泽、淤泥滩和沟渠等。在以上感潮淡水沼泽类型中,高位沼泽植物多样性往往最高,低位沼泽往往在高位沼泽下部的洼地发育,淤泥滩上植物生长稀疏,多为一年生草本植物。

相对河口典型盐沼和半咸水沼泽湿地,感潮淡水沼泽湿地植物多样性明显增加。感潮淡水沼泽湿地分布的植物多为耐盐物种,在北美沿海主要有某种薹草(*Carex sp.*)、窄叶香蒲(*Typha angustifolia*)、水生菰(*Zizania aquatica*)、假泽兰(*Mikania scandens*)和水菖蒲(*Acorus calamus*)等。此外,在高位沼泽还分布有一些灌木,如风箱树(*Cephalanthus occidentalis*)等。在低位沼泽往往生长有挺水植物,如轮状酸模(*Rumex orbiculatus*)、水菖蒲、禾叶慈姑(*Sagittaria graminea*)和梭鱼草(*Pontederia cordata*)等。在淤泥滩上稀疏生长的一年生草本植物有沼生丁香蓼(*Ludwigia palustris*)、沼生水马齿(*Callitriche palustris*)等。

感潮淡水沼泽湿地为野生动物提供了很好的栖息环境,具有丰富的食物供给,还可以与海鱼溯河产卵地的河流相连。与河口半咸水沼泽湿地相比,感潮淡水沼泽湿地具有更多的脊椎动物种类,包括淡水蛇和麝鼠(*Ondatra zibethicus*)。感潮淡水沼泽湿地可以为鸟类提供很好的筑巢环境。沿着淡水沟渠生长有大量的淡水蚌类。

海平面上升及上游径流淡水流量的减少均会使盐水入侵加剧,并威胁到感潮淡水沼泽湿地。此外,人类活动(如造陆和码头建设等)会直接造成感潮淡水沼泽湿地的丧失。我国主要入海大江大河河口区目前分布的感潮淡水沼泽湿地面积极小,大部分由于人类活动的破坏(包括城市用地扩张以及湿地围垦养殖等)而丧失。福建闽江河口区现仍分布着闽江上游携带泥沙淤积所形成的感潮淡水沼泽湿地,如在塔礁洲上分布有大面积的短叶茳芏群落,在局部地区分布有芦苇群落、野慈姑(*Sagittaria trifolia*)群落等。

2.3.1.3 我国潮间带沼泽面临的主要威胁

近几十年来,我国滨海潮间带沼泽遭受人类活动的强烈干扰,退化严重,主要表现在感潮沼泽湿地直接丧失,生态系统结构的破坏、功能的衰退以及生物多样性的减少。在人为因素中,城市扩张、湿地围垦养殖、开发区建设、航道开辟、海岸工程建设、海岸挖沙、油气资源开采、陆源污染物的输出等对于潮间带沼泽湿地的破坏最为直接。此外,全球变化,特别是海平面上升、盐水入侵的加剧也可能对河口感潮淡水沼泽湿地生态系统的结构、过程和功能产生影响。

2.3.2 红树林生态系统

红树林(mangrove)是指生长在热带、亚热带海岸潮间带的植物群落(林鹏,1997)。通常生长在海湾河口的淤泥质滩涂上,形成了"海上森林"的奇特景观。1991 年,国际学界在《红树林宪章》中首次界定了红树植物的范畴。根据多年研究,林鹏和傅勤(1995)提出红树林植物类型及其鉴别标准,对生长在红树林区的植物进行了界定。专一性生长在潮间带的植物被称为红树植物或真红树植物。除了卤蕨属(*Acrostichum*)和老鼠簕属(*Acanthus*)的草本植物和亚灌木,红树植物几乎全部是木本植物。那些生长在潮间带、有时成为优势种,也能在陆地非盐渍土上生长的两栖性木本植物,被称为半红树植物。红树植物和半红树植物最主要的区别在于它们在潮间带生境的生长特征,前者是专一性的而后者是两栖性的。这两种植物共同组成了红树林。在红树林中或林缘偶尔出现、但不成为优势种的木本植物,以及林下的草本植物、藤本植物和附生植物均被列入红树林的伴生物种。另外,一些虽然出现在红树林中或者林缘,但划分上属于海草或盐沼植物的物种,则不列入红树林伴生物种。

红树林生态系统(mangrove ecosystem)是由生产者(红树植物、半红树植物、红树林伴生物种和水体中的浮游植物)、消费者(兽类、鸟类、爬行类、两栖类、鱼类、昆虫、底栖动物、浮游动物等)、分解者(微生物)和无机环境共同构成的有机系统。红树林湿地指有一定面积且存在红树林的滨海湿地,包括红树林、林外光滩、潮沟和低潮时水深不超过 6 m 的水域。

2.3.2.1 生境特征

红树林海岸一般具有荫蔽、风浪小、坡度平缓和底质细腻等特点。由于地处热带和亚热带区域,红树林的生境具有高温、高湿、高盐等特性。它们对植物而言,是典型的逆境胁迫。

(1)气候

强光和烈日是红树林主要的气候特征,植物蒸腾量大。夏季的气旋、台风或飓风对红树林的机械损伤较为显著。

(2)水文

全球分布有红树林的潮间带主要有 6 种不同的地貌类型:河流作用为主的海岸(河口三角洲)、潮汐作用为主的海岸(宽阔的漏斗形海湾)、波浪作用为主的海岸(潟湖、河口浅滩、岛屿)、高波能-高河流流量复合型海岸(潟湖外的沙坝)、溺谷型海岸(港湾)和碳酸盐生境(珊瑚礁、宽广洋面上的岛屿、沙坝),这些类型之间可能互相融合。有些学者认为,红树林虽然在风浪较大的海岸线、岛屿上也有分布,但是多分布在风较小、水动力较弱的河口三角洲、潟湖和溺谷型海岸上。例如,福建九龙江口红树林分布在潮汐和波浪作用强烈的滩涂,广东深圳福田红树林则分布在溺谷型海岸。

潮汐的周期性淹水是红树林发育的重要条件。我国红树林分布区的潮汐主要有正规半日潮、全日潮和不规则半日潮三种类型。红树林的分布常与海岸线平行,呈现出带状的空间格局。由海向陆,红树林可以分布在低潮滩的后缘,潮汐淹水时间长、深度较深,分布的多是先锋物种,包括白骨壤、桐花树和海桑等;中潮带是红树林繁茂生长的区域,分布有红树、红海榄、海莲、桐花树和秋茄树等树种,植被盖度大,林冠整齐;高潮带和特大高潮带等区域潮汐淹水时间短,或只在风暴潮来临时才受到潮汐的影响,是红树林向陆地森林过渡的地带,主要分布有木榄、海莲、海漆、银叶树和一些伴生树种。

(3) 土壤

红树林的土壤受到潮汐的影响,含盐量高,最高的盐度可以达到 40 以上,是强酸性的盐土,硫、铁含量高。红树林可以生长在泥质、砂质和基岩等海岸线上,以淤泥质滩涂最为常见。在淤泥质潮滩,由于潮汐淹水的作用,土壤严重缺氧,硫以硫化氢(H_2S)的形式存在并释放。H_2S 含量丰富的还原性土壤中,铁的形态多为各种水合硫化亚铁(FeS),土壤呈现出黑色。由于长期厌氧,红树林土壤表层的枯枝落叶和死亡根系分解缓慢,土壤有机质含量高,有的红树林甚至形成了碳含量丰富的泥炭。

2.3.2.2　红树植物的生物学和形态学特征

由于热带和亚热带的高温和强光、土壤缺氧以及潮汐冲击的影响,红树植物形成了与之相适应的生物学和形态学特征(王文卿和王瑁,2007)。

(1) 胎生

一些红树植物的果实成熟后,种子不休眠而直接在母体上萌发,幼苗从母体吸收营养,渐渐突破果皮形成筷子状或笔状的胎生苗(胚轴)。胎生苗成熟后离开母体,落地后可快速发芽和存活,这就是典型的显胎生现象。秋茄树、木榄、海莲和红海榄等常见显胎生现象。还有一些种子虽然也在母体上萌发,但萌发后的胚轴短小,并未突破果皮,这是隐胎生现象,常见于桐花树和白骨壤。胎生苗在萌发的过程中获得母体提供的养分,大大缩短了种子离开母体后独立存活的时间。胎生为后代脱离母体后克服潮间带的风浪冲击和逆境胁迫提供了条件。

(2) 皮孔

红树植物植株内有发达的通气组织。皮孔是红树植物树皮的特殊结构,是体内气体向外释放的门户。皮孔能将氧气源源不断地输送到茎的栓质层,并运送到根系,缓解地下根系的厌氧胁迫。皮孔常常分布在茎干和气生根的表面。有的植物皮孔细而密,如桐花树;有的植物皮孔大,并可以观察到栓质层,如海莲。

(3) 地上根系

红树植物由于长期适应潮汐淹水的生境,发育出发达的地上根系,这是它们适应潮汐冲击和淹水生境的典型结构(Tomlinson,2016)。红树科红树属(*Rhizophora*)的植物,如红海榄等,在其主茎离地面 1~2 m 的部位向地面方向长出气生不定根,随着这些气生不定根扎入土壤,新的不定根又从它们的分枝处长出并扎入土壤,进而形成了"铆状"的支柱根(stilt-root),将植物牢牢固定在滩涂上。新形成的支柱根往往具有比较厚的皮层,但皮层结构松弛且有很多空隙。气生不定根表面常常有粗糙的皮孔。

有些红树植物的茎基部(地下部分)横向生长出根索,并在根索上背地性生长出突出地表的气生根,即呼吸根(pneumatophore)。白骨壤属(*Avicennia*)植物具有指状呼吸根,海桑属(*Sonneratia*)植物具有笋状呼吸根,拉关木属(*Laguncularia*)则形成短而细的呼吸根。红树科木榄属(*Bruguiera*)的红树植物存在木质化、不规则形状的膝状根(knee root),它们是由从茎基部横向生长的根索弯曲而突出地表形成的,一条根索上常常有几个大小不同的突起,形成几个膝状根。膝状根木质化程度高、皮层较厚,表面也有皮孔。秋茄树和银叶树的树干基部往外生长出板状根(plank root)。板状根可以将植株牢牢地固定在淤泥质滩涂上。板状根的表面有许多皮孔。另外一些红树植物(如木果楝和海漆)具有错综复杂的表面根(surface root)。它们是在地表树干基部横向长出的根系,也可以帮助植株稳固生长和运输气体。

(4) 富含单宁

红树植物树皮单宁含量很高,起到抗虫防腐的作用。红海榄、秋茄树、海莲和角果木等红树科的植物,在剥开树皮后,植物体内的单宁被氧化形成红色的醌类或酚类物质。这便是红树植物木材呈现红色的原因。

(5) 避盐机制

红树植物具有很强的避盐能力。红树植物适应潮间带的高盐生境,可以从高盐水体中吸收淡水(Tomlinson,2016)。秋茄树、木榄和海莲的根系有非常高效的过滤系统,选择性地将海水中大部分盐分过滤在体外,被称为拒盐植物。白骨壤和桐花树的拒盐能力低,吸收到体内的多余盐分,被茎、叶上发育的专门分泌盐分的盐腺(或盐囊泡)排出体外,因此,在桐花树、白骨壤和老鼠簕的叶片上常可见白色的盐结晶,这类植物被称为泌盐植物。稀盐植物则是通过吸收大量水分和加速生长,稀释细胞内盐分浓度,并将盐分积累在茎叶的肉质化组织,维持体内盐分浓度的恒定。在高盐环境下,稀盐植物常常形成肉质化的叶片,如海桑、水芫花等。另外,红树植物可将过多的盐分转运到老叶上,并通过老叶的掉落将体内的盐分排出。

(6) 旱生结构

红树植物的生境水分充裕,但环境中很高的盐度又限制了植物对于水分的利用。同时,强光和高温加大了植物的蒸腾作用。红树植物的叶片形态和结构常常发生变化,如叶片变厚、肉质化、革质加厚、叶片变小、全缘,甚至出现深陷于表皮的气孔,以达到保水的目的(王文卿和王瑁,2007)。有些红树植物的叶片形成厚的角质或者绒毛,能够反射强光。

(7) 繁殖体漂浮

红树植物能利用洋流和潮汐传播后代、扩大种群。大部分红树植物的果实、种子和胚轴的密度低于海水,可以随海水漂流。显胎生红树植物的胚轴角质层厚,水椰、银叶树和木果楝的果实有纤维质厚壁,均可漂流数月,实现远距离传播。海桑属植物的浆果漂浮时间不长,但果实开裂后,木质化的种皮可以帮助种子漂流很长时间。只有桐花树是例外,它的隐胎生胚轴密度高于海水,传播能力极差。

2.3.2.3 红树林在全球和我国的分布

(1) 全球分布

在全球范围内,红树林主要分布在南北回归线之间的海岸线上。海水温度是限制红树林分布的主要原因,一般认为 20 ℃的冬季海水温度是红树林分布的临界点(Duke et al.,

1998)。受到温暖洋流的影响,红树林也可出现在更高的纬度。例如在黑潮暖流的影响下,红树林可以出现在北纬 32°的日本九州岛;在南半球,由于东澳暖流,红树林可以出现在南纬 38°的新西兰北岛(Spalding et al. ,2010)。

全球共有红树植物约 70 种,隶属于 19 个科。常见的种类隶属于红树科(Rhizophoraceae)、千屈菜科(Lythraceae)和马鞭草科(Verbenaceae),它们大多数是热带起源的物种,主要分布在热带地区。2000 年,全球红树林面积约为 1377.6 hm²,占全球陆地面积的 0.1%(Giri et al. ,2011)。目前,红树林分布在全球 118 个国家或地区,其中印度尼西亚、澳大利亚和巴西是全球红树林面积最大的 3 个国家,其红树林总面积占全球红树林总面积的 36.7%(表2.7)。

(2) 在我国的分布

我国的红树林主要分布在亚热带区域,南起海南三亚的榆林港(18°09′N),北至福建福鼎的沙埕港(27°20′N),包括海南、广西、广东、福建、台湾、香港和澳门等地,在全球属于红树林天然分布的北缘。福建福鼎只有秋茄树分布。1950 年,秋茄树被引种到浙江乐清(28°25′N)并定居下来,因此乐清是红树植物人工引种的北界。根据实地调查和遥感解译,目前我国红树林总面积约为 2×10⁴ hm²。表 2.8 汇总了近年来我国红树林分布的面积数据。

表 2.7　全球红树林面积前十名的国家(Giri et al. ,2011)

序号	国家	面积/hm²	占全球总面积的百分比/%	所在地区
1	印度尼西亚	3112989	22.6	亚洲
2	澳大利亚	977975	7.1	大洋洲
3	巴西	962683	7.0	南美洲
4	墨西哥	741947	5.4	北美洲
5	尼日利亚	653669	4.7	非洲
6	马来西亚	505386	3.7	亚洲
7	缅甸	494584	3.6	亚洲
8	巴布亚新几内亚	480121	3.5	大洋洲
9	孟加拉国	436570	3.2	亚洲
10	古巴	421538	3.1	北美洲

表 2.8　我国红树林面积

地点	面积/hm²					
	原国家林业局(2002 年)	但新球(2014 年)	Chen(2015 年)	Hu(2015 年)	贾明明(2015 年)	贾明明(2020 年)
海南	3930	4736	3667	3702	4020	4466
广西	8375	8781	6849	7089	6803	9628

地点	面积/hm²					
	原国家林业局（2002 年）	但新球（2014 年）	Chen（2015 年）	Hu（2015 年）	贾明明（2015 年）	贾明明（2020 年）
广东	9084	19751	8136	7311	10448	12676
福建	615	1184	675	499	944	912
浙江	21	20	8	6.12	55	24
台湾	—	—	410	170	404	304
香港			544	435		
澳门	—	—	13	7		
全国	22025	34472	20302	19219.12	22674	28010

注：原国家林业局（2002 年）的数据来自国家林业局森林资源管理司，2002；但新球（2014 年）的数据来自但新球等，2016；Chen（2015 年）的数据来自 Chen et al.，2017；Hu（2015 年）的数据来自 Hu et al.，2018；贾明明（2015 年）和（2020 年）的数据来自贾明明等，2021。括号中为调查时间。

我国红树林中的植物以较耐高温的物种为主，如白骨壤、秋茄树和桐花树。这些物种的植株较为矮小，在福建福鼎，秋茄树株高一般在 2~3 m。海南省的海岛滩涂面积大，红树植物物种丰富，群落类型多样，是我国红树植物的分布中心。由于年均温高，水椰、瓶花木、红榄李和红树等在热带地区常见的红树植物也能分布到海南。

近年来我国开展了红树植物的引种工作，引进一些未在我国天然分布的红树植物种类。1985 年起，海南东寨港先后从孟加拉国引进了无瓣海桑（*Sonneratia apetala*），从墨西哥引进了阿吉木（*Aegialitis annulata*）、美洲红树（*Rhizophora mangle*）和拉关木等。目前，无瓣海桑和拉关木被广泛引种到我国各个红树林区。无瓣海桑成为我国红树林造林的主要物种，造林面积占我国人工红树林的 50% 以上（Chen et al.，2009）。

据王文卿和王瑁（2007）统计，我国有红树植物 24 种，半红树植物 12 种，是世界上同纬度地区红树植物物种最丰富的区域之一。2016 年，在海南儋州发现了拉氏红树（*Rhizophora × lamarckii*）在我国的新分布（罗柳青等，2017）；2018 年，在海口发现了无瓣海桑和杯萼海桑的杂交种（*Sonneratia* sp.）（未发表数据），至今我国有红树植物 26 种（表 2.9）。所有的红树植物和半红树植物在海南均有分布。广东、广西和海南的红树林面积最大，种类最多。由南到北，红树植物的物种数逐渐减少。

表 2.9　我国红树植物和半红树植物种类

种名	归类
小花老鼠簕（*Acanthus ebracteatus*）	红树植物
老鼠簕（*Aca. ilicifolius*）	红树植物
卤蕨（*Acrostichum aureum*）	红树植物

种名	归类
尖叶卤蕨(*Acr. speciosum*)	红树植物
桐花树(*Aegiceras corniculatum*)	红树植物
白骨壤(*Avicennia marina*)	红树植物
海漆(*Excoecaria agallocha*)	红树植物
红榄李(*Lumnitzera littorea*)	红树植物
榄李(*L. racemosa*)	红树植物
水椰(*Nypa fruticans*)	红树植物
木榄(*Bruguiera gymnorhiza*)	红树植物
海莲(*B. sexangula*)	红树植物
尖瓣海莲(*B. × rhynchopetala*)	红树植物
角果木(*Ceriops tagal*)	红树植物
秋茄树(*Kandelia obovata*)	红树植物
红树(*Rhizophora apiculata*)	红树植物
红海榄(*R. stylosa*)	红树植物
拉氏红树(*R. × lamarckii*)	红树植物
瓶花木(*Scyphiphora hydrophyllacea*)	红树植物
杯萼海桑(*Sonneratia alba*)	红树植物
海桑(*S. caseolaris*)	红树植物
卵叶海桑(*S. ovata*)	红树植物
拟海桑(*S. × gulngai*)	红树植物
海南海桑(*S. × hainanensis*)	红树植物
海桑的新杂交种(*Sonneratia* sp.)	红树植物
木果楝(*Xylocarpus granatum*)	红树植物
玉蕊(*Barringtonia racemosa*)	半红树植物
海杧果(*Cerbera manghas*)	半红树植物
苦郎树(*Clerodendrum inerme*)	半红树植物
海滨猫尾木(*Dolichandrone spathacea*)	半红树植物
银叶树(*Heritiera littoralis*)	半红树植物
莲叶桐(*Hernandia nymphaeifolia*)	半红树植物
黄槿(*Hibiscus tiliaceus*)	半红树植物
水芫花(*Pemphis acidula*)	半红树植物

续表

种名	归类
阔苞菊(*Pluchea indica*)	半红树植物
水黄皮(*Pongamia pinnata*)	半红树植物
钝叶臭黄荆(*Premna serratifolia*)	半红树植物
杨叶肖槿(*Thespesia populnea*)	半红树植物

2.3.2.4 红树林的生态服务功能及面临的威胁

(1) 生态服务功能

作为热带、亚热带沿海滩涂上独特的森林资源,红树林具有巨大的经济、生态和社会效益。红树林能够防风护岸、调节微气候、缓解海平面上升、减缓海岸侵蚀,提供重要的生态系统服务(Costanza et al.,2014)。热带地区的夏季风暴潮频发,其中,台风对我国沿海乃至部分内陆地区的村庄和农业生产影响很大。作为抵御风暴潮的天然屏障,红树林有效减缓了风速,保护着陆地的村庄。因此,红树林也被称为"海岸卫士"。它还能过滤陆地径流、净化内陆带来的有机物质和污染物、调节滨海区域的水质和养分循环,是天然的净化器。

同时,红树林还为许多海洋动物提供栖息和觅食的理想生境,是全球水鸟迁徙的补给站和繁殖地,为重要的或濒危的海洋生物提供栖息地。红树林常被称为"水鸟的天堂"和"物种的宝库"。红树植物的凋落叶在水体中和底泥中分解形成碎屑和可溶性有机物,为浮游生物和底栖动物提供了丰富的饵料。而浮游生物和底栖动物又为肉食性的鱼类和鸟类提供丰富食物,形成了碎屑食物链、捕食食物链等多样的食物关系。

近年来,由于滨海湿地生态系统能固定和储存来自大气和海洋的碳,缓解全球气候变化带来的负面影响,因此滨海湿地生态系统被称为"蓝碳"(blue carbon)生态系统(Nellemann et al.,2009)。红树林是滨海湿地"蓝碳"碳汇的主要贡献者之一,具有降低大气 CO_2 浓度、减缓全球气候变化等重要功能。红树林的净初级生产力与热带雨林相当,其固碳量占全球热带森林固碳量的 3%(Alongi,2014)。因此红树林是《联合国气候变化框架公约》(UNFCCC)认可的、清洁发展机制(CDM)中参与碳贸易的 REDD[①] 碳汇林(Yee,2010)。

(2) 面临的威胁

在全球范围内,红树林曾经和正在遭受着破坏。由于人为活动和干扰的加剧,红树林的保护和发展面临着极大的挑战,人工围垦、污染和垃圾、生物入侵、病虫害和城市化等正在吞噬着红树林。在东南亚地区,大面积的红树林被围垦转化为水产养殖塘和种植园。在我国历史上,经历了 20 世纪 60—70 年代的围海造田、80 年代的围塘养殖和 90 年代以来的城市建设,红树林面积急剧下降。由于围填海和海堤的建设,中高潮滩分布的红树林遭到破坏,导致我国现存的红树林多分布在中低潮滩(范航清和黎广钊,1997)。大规模的海堤建设也限制了红树林的造林生境,许多红树林的恢复和造林只能在低潮位的光滩进行。但这里潮

---

① REDD,减少毁林和森林退化造成的碳排放。

水淹水时间过长,红树林的造林成功率低(林鹏,2003)。

养殖业的发展、工业和生活污水的排放、海洋垃圾等对红树林威胁巨大。污水还会对底栖动物、鱼类和鸟类造成更为深远的影响。在水产养殖业中应用的抗生素和农药对滨海湿地生态系统中的消费者毒害极大。海洋垃圾常常伴随着潮汐作用冲入红树林,并在红树林中堆积,对红树植物造成很大的机械损伤。互花米草入侵也危害着我国亚热带地区的红树林,它能侵占红树林自然扩散的光滩和林窗,对红树林的更新产生很大的影响。

2000 年后,我国通过多项红树林恢复计划种植红树植物,恢复了一些红树林生态系统。然而,种植过程中多选用单物种,并大量种植速生的外来种无瓣海桑和拉关木,显现出次生林结构单一等问题(Chen et al.,2009)。同时,外来种存在着与乡土红树植物竞争生态位的问题,甚至出现外来种与乡土物种的杂交,这将对原有红树林生态系统的生物多样性产生一定的影响。目前海南等地已经禁止在自然保护区及其周边地区种植外来种。

2.3.3　海草床生态系统

海草是一种在近海海水中生活、开花、产生花粉和种子的显花单子叶草本植物。海草床(seagrass bed)是一类分布于全球热带、亚热带至温带近岸浅海区域淤泥质或砂质沉积物上的滨海湿地生态系统。

2.3.3.1　海草的生物学特征

海草的地上部分为其地下根茎长出的众多分散的枝条,枝条基部又长出带状叶片。不同种的海草植物叶片数量和高度各异。海草植物个体在水中传播花粉,授粉后形成的胚珠最后发育为种子,种子随海水运动,在一定范围内漂移并最终下沉至沉积物表层,长出新的植株(有性生殖)。此外,海草也可以通过其根茎进行无性克隆繁殖。海草的叶片、枝条、根状茎和根均具有发达的通气组织,以便适应水生环境。

作为草本植物,海草能够适应海洋环境的主要机制包括以下 3 个方面:① 发达的根系系统,可抵抗潮汐和海浪;② 即使全部被海水淹没,也具有实现花粉释放和种子传播的能力及生长能力;③ 具有适盐性。海草的叶片形状各异,有丝带状、卵形、椭圆形、尖形和圆柱形等,虽然柔软但可以经受海水的运动而保持直立(中国湿地植被专业委员会,1999)。

2.3.3.2　海草在全球和我国的分布

(1) 全球分布

海草主要隶属水鳖科(Hydrocharitaceae)、大叶藻科(Zosteraceae)、海神草科(Posidoni-aceae)、丝粉藻科(Cymodoceaceae)、川蔓藻科(Ruppiaceae)和角果藻科(Zannichelliaceae)等。全球海草共有 12 个属 72 种,其中大叶藻属(*Zostera*)、喜盐草属(*Halophila*)和海神草属(*Posidonia*)为 3 个主要属(Hemminga and Duarte,2000;Short et al.,2011)。除了南极以外,海草在全球近岸浅海区域均有分布,面积占全球海洋面积的 0.1%~0.2%(Duarte,2000),其中,东半球的印度洋和西太平洋以及西半球的加勒比海近海海域是多数海草植物分布的海域(林鹏,2006),热带海域中生活的海草生物多样性最丰富(Short et al.,2007)。

海草床生态系统在全球的分布可以划分为:温带北大西洋区、热带大西洋区、地中海区、温带太平洋区、热带印度洋和太平洋区以及温带南海大洋区 6 个大区域,其中温带南海大洋区海草种类最丰富,共有 28 种;温带北大西洋区海草种类最少,仅有 5 种(Short et al., 2007)。位于印度洋和太平洋的印度尼西亚、菲律宾、巴布亚新几内亚和所罗门群岛之间的珊瑚礁三角区(coral triangle)海草种类最丰富,高达 16 种,且有许多未知种。

(2) 在我国的分布

我国现有海草 22 种,隶属于 4 科 10 属,约占全球海草种类的 30%。我国海草分布区可划分为两个区域:南海分布区和黄渤海分布区。我国南海地区位于印度洋-西太平洋的北缘,是世界热带性海草的分布中心之一。南海分布区包括海南、广西、广东、香港、台湾和福建沿海,共有海草 9 属 15 种,以喜盐草(*Halophila ovalis*)分布最广。黄渤海分布区包括山东、河北、天津和辽宁沿海,分布有 3 属 9 种,以大叶藻(*Zostera marina*)分布最广。

在我国,大叶藻属种类最多(5 种),喜盐草属次之(4 种);川蔓藻属(*Ruppia*)(3 种)、虾形藻属(*Phyllospadix*)、丝粉藻属(*Cymodocea*)和二药藻属(*Halodule*)各 2 种,针叶藻属(*Syringodium*)、泰来藻属(*Thalassia*)、海菖蒲属(*Enhalus*)和全楔草属(*Thalassodendron*)各 1 种。主要的海草种包括针叶藻(*S. isoetifolium*)、海菖蒲(*E. acoroides*)、泰来藻(*T. hemprichii*)、小喜盐草(*Halophila minor*)、二药藻(*H. uninervis*)、丝粉藻(*C. rotundata*)和丛生大叶藻(*Z. caespitosa*)等。我国现有海草场的总面积约为 8765 hm^2,南海分布区海草场在数量和面积上明显大于黄渤海分布区(郑凤英等,2013)。

我国海草从适温性方面可分为 3 个类群:热带,有海菖蒲属、泰来藻属、丝粉藻属、川蔓藻属和全楔草属;泛热带亚热带,有针叶藻属、喜盐草属和二药藻属;温带,有大叶藻属和虾形藻属(杨宗岱和吴宝玲,1984)。

2.3.3.3 海草床的生态服务功能

海草床是滨海湿地生态系统主要类型之一,具有多样的生态系统服务功能。

维系生物多样性 海草床生态系统是近海海洋生物良好的栖息场所,可为许多近海鱼类和软体动物提供产卵和养育幼体的场所。此外,海草活体可以被近海一些消费者(如鱼类、海龟和海胆等)直接食用,为海洋生物提供了大量的食物来源。

浅海水体食物网的重要基础 海草在近岸海洋生态系统食物网中至关重要,是重要的生产者,且具有较高的初级生产力。

净化水质 海草床可吸收近岸海域海水中的氮、磷等营养物,甚至降解有机污染物,具有净化近岸海水水质的功能。

蓝碳碳汇 海草通过光合作用吸收 CO_2,高植被生产力、强大的悬浮物捕捉能力以及有机碳在海草床沉积物中的低分解率和相对稳定性造就了海草生态系统巨大的固碳能力,因此,海草床是一类重要的海岸带蓝碳生态系统。全球海草床面积占海洋总面积不到 0.2%,但每年封存于海草床沉积物中的碳相当于全球海洋碳封存总量的 10% ~ 15%(邱广龙等,2014)。

稳定近海沉积物 海草床发达的根茎体系具有稳定近海岸底质的作用,可抵御风暴对近海岸底质的破坏,稳定海底沉积物。

2.3.3.4　我国海草床面临的主要威胁

我国海草床退化严重,其中人为干扰是导致其退化的主要原因,具体表现在以下四个方面:① 围填海、码头建设等直接侵占海草生长的浅水海域,使得许多海草丧失最佳生长地; ② 挖沙虫、挖螺耙贝、围网等行为直接破坏海草床;③ 大型藻类和鱼、虾、蟹、贝等经济动植物的养殖造成相关水域污染和水体交换不畅,对海草的生存构成巨大的威胁;④ 陆源污染物排放到近海海域,直接导致海水污染,造成海草床退化等。

2.3.4　珊瑚礁生态系统

珊瑚礁是海洋环境中一类独特的生态系统,由珊瑚虫分泌的碳酸钙及珊瑚虫遗骸构成珊瑚礁骨架,经过长时间的堆积、填充和胶合等生物碎屑过程形成。珊瑚礁具有极高的生物多样性和生产力,有“海洋中的热带雨林”之称。

2.3.4.1　珊瑚礁发育和生境特征

珊瑚(或称珊瑚虫)为构造简单的底栖腔肠动物,在分类上多隶属珊瑚虫纲(Anthozoa),少数隶属水螅虫纲(Hydrozoa)。在浅水海域和潮间带造礁的珊瑚主要隶属石珊瑚目(Scleractinia)。在珊瑚礁形成和发育的过程中,珊瑚与虫黄藻(Zooxanthellae)形成共生关系,并促成珊瑚钙化,最终积累形成附着于基岩或其他硬基底上的珊瑚礁。此外,水螅虫纲中的多孔螅属(Millepora),一些含钙的藻类,包括孔石藻属(Porolithon)和仙掌藻属(Halimeda),以及一些软体动物等也对珊瑚礁的形成起到重要作用。

珊瑚礁的形成需要一些关键的环境条件,包括:① 适宜的温度范围(26~28 ℃),因此,珊瑚礁仅生长在热带海域;② 充分的光照,光照是珊瑚生长的一个十分关键的限制因子,珊瑚以及共生的藻类的生长均需要充足的光照,后者在充足的光照下易于促进碳酸钙积累,因此,珊瑚礁多分布在大陆或岛屿的边缘,最适宜的水深深度在 25 m 以内;③ 优良的水质,造礁珊瑚一般喜欢清洁水质和水流交换通畅的环境,水体浑浊不易于珊瑚生长(Nybakken,1982)。

2.3.4.2　珊瑚礁生物学特征

珊瑚礁生物群落是生物多样性极高的生物群落之一。印度洋-太平洋区域构成珊瑚礁基本结构的珊瑚虫共有 86 属 1000 多种。此外,在珊瑚礁中生活的其他生物种类十分丰富,很多海洋生物喜欢生活在珊瑚礁中各种复杂的栖息空间。生活在珊瑚礁中的生物具有明显的地域性,如大西洋珊瑚礁内生活的足类甲壳动物中 90% 是地方特有种,印度洋和西太平洋则分别是 50% 和 40%(Kensley,1998)。

生活在珊瑚礁中的脊椎动物主要是体型侧扁的各种鱼类,如大堡礁水域生活的鱼类就达 1500 多种。除了鱼类,海龟等也常出现在珊瑚礁区域。生活在珊瑚礁中的无脊椎动物同样十分丰富,如太平洋区域珊瑚礁中生活的软体动物达 5000 多种,主要是腹足类和蛤类,棘皮动物也很丰富,如海星、海胆和海参等。珊瑚礁生态系统初级生产者包括浮游植物以及与珊瑚共生的虫黄藻。珊瑚礁初级生产力极高,但是由于珊瑚礁呼吸作用较强,因此,其净初级生产力不高。

2.3.4.3　珊瑚礁的类型

珊瑚礁类型丰富,根据礁体与海岸线的关系分为岸礁、堡礁和环礁;根据珊瑚礁的形态又可分为台礁、塔礁、点礁和礁滩等。

岸礁(又称裙礁)紧靠海岸线分布,构成一个位于海平面下面的平台。岸礁多分布在海岛周边海域。堡礁分布在离海岸线较远的海域,与海岸间隔着宽阔的大陆架浅海、海峡或潟湖。环礁是出露海面之上、呈环形或马蹄形的珊瑚礁,其中部往往有潟湖。

2.3.4.4　珊瑚礁在全球和我国的分布

(1) 全球分布

大多数珊瑚礁分布在赤道两侧南北回归线30°以内。全球珊瑚礁主要有3个分布区,总面积达284400 km^2(Spalding,2001)。

印度洋-太平洋分布区　珊瑚礁面积达261200 km^2,占全球珊瑚礁总面积的91.8%,主要分布在太平洋、东南亚、印度洋、红海和亚丁湾以及阿拉伯海和波斯湾,澳大利亚东部分布的大堡礁是全球面积最大的一片珊瑚礁。

大西洋-加勒比海分布区　珊瑚礁面积为21600 km^2,占全球珊瑚礁总面积的7.6%,主要分布在加勒比海和大西洋。

东太平洋分布区　有少量珊瑚礁分布,面积为1600 km^2,仅占全球珊瑚礁总面积的0.6%。

(2) 在我国的分布

我国珊瑚礁有大陆架岸礁、礁丘、深海环礁和台礁等类型,主要分布在台湾岛、海南岛、雷州半岛、北部湾海岛以及南海诸岛的周边海域,其中以南海诸岛周边海域分布的珊瑚礁最多。岸礁主要分布于海南岛的南岸、东岸和西北岸,共有岸礁岸线200 km,宽几百米到2 km;台湾岛东岸也有岸礁分布,形成典型的珊瑚礁海岸。环礁广泛分布于南海诸岛,形成数百座通常命名为岛、沙洲、暗沙或(暗)滩的珊瑚礁岛礁滩地貌体。

世界资源研究所利用1 km网格量算的我国珊瑚礁面积为7300 km^2(Burke et al.,2002)。在珊瑚礁面积大于全球珊瑚礁总面积的1%的21个国家中,我国位列印度尼西亚、澳大利亚、菲律宾、法国、巴布亚新几内亚、斐济和马尔代夫之后,为第8名(Wilkinson,2004)。

我国的造礁珊瑚虫种类丰富,在广东和广西沿海水域发现21属45种,香港水域发现21属49种,海南岛水域发现34属110种,台湾水域发现58属230种,西沙群岛水域发现38属127种,东沙群岛水域发现27属70种,南沙群岛目前已查明的有50余属约200种。

2.3.4.5　珊瑚礁面临的主要威胁

珊瑚礁是一个对环境变化十分敏感且脆弱的生态系统,许多因素均可以造成珊瑚礁的退化和受损。由于人类活动影响的范围和强度不断加剧,珊瑚礁生态系统正在面临着严重的威胁。加勒比海区域的珊瑚礁覆盖率已由20世纪70年代的50%下降到21世纪初的

10%（Gardner et al. ,2003）。此外,全球气候变暖也可能对珊瑚礁的生长造成不利的影响。在我国珊瑚礁分布的地区,大量的珊瑚礁被用来制作旅游纪念品,珊瑚灰岩被挖掘用作建筑材料和烧制石灰。此外,围垦养殖海藻、修建道路等人类活动均严重破坏着珊瑚礁生态系统。

2.4　内陆湿地生态系统

内陆湿地主要是指以木本植物和草本植物为主的沼泽、湖泊、河流、泥炭地等,是发育于陆地上除海岸带以外的湿地总称（袁莉蓉等,2014;张永民等,2008）,也是大陆水文系统的主要组成部分,受季节、水文和生物多样性等诸多因素影响。根据《湿地公约》的定义,内陆湿地生态系统包括沼泽、泥炭地、湖泊湿地和河流湿地等。内陆湿地分布广泛且类型丰富,与人类的生存、繁衍和发展息息相关,不仅为人类提供丰富的物质产品,还有巨大的调节功能和环境效益。

2.4.1　内陆湿地类型

2.4.1.1　沼泽

沼泽湿地作为最主要的湿地类型,约占全球天然湿地面积的 85%,在全球生态安全中扮演着极其重要的角色（Keddy,2010）。沼泽的特点是地表及地表下层土壤经常或长期处于过度湿润状态,具有特殊的植被和成土过程:地表生长着湿性植物和沼泽植物,有泥炭累积或虽无泥炭累积但有潜育层存在的土地（柴岫等,1963）。世界沼泽面积约 $268.3 \times 10^4 \ km^2$,其中我国的沼泽面积为 $24.56 \times 10^4 \ km^2$。

（1）沼泽形成原因

地球上的沼泽是地质、地貌、气候、水文和生物 5 个因素相互作用形成的自然综合体,其中地质、地貌和气候属于基础性因素,决定了沼泽的形成环境与空间布局（孙广友,1998）。从地质因素来看,大面积的沼泽均发育在板块作用带的边缘和构造盆地,负向构造的尺度越大,沼泽范围越大;现代沼泽地均发育在持续性沉降的第四纪构造盆地中;第四纪以来持续至全新世的地壳沉降区利于沼泽发育;上升泉和地下水溢出带能够补给沼泽,促进沼泽发育。从地貌因素来看,盆地结构利于水分的汇集,有助于沼泽的形成;地貌蚀积动力过程趋于平衡,坡面过程相对稳定,物质迁移微弱,利于沼泽发育;微型负地貌在冲积平原上促进沼泽发育。从气候因素来看,主要是由水文条件和热量条件决定,充足的降水和较高的积温促进沼泽形成（周立华,1997）;土壤表层长期过湿、排泄不畅或下渗困难利于沼泽形成;冻土地带的季节性融冻也会促进沼泽化过程。

（2）沼泽类型

根据发展阶段可分为低位、中位和高位沼泽,即富营养、中营养和贫营养沼泽;按地貌条件可分为山地沼泽、高原沼泽和平原沼泽;根据地表覆盖植被和有无泥炭累积可分为木本沼泽、草本沼泽和泥炭沼泽(刘兴土,2005a,2005b;Mitsch and Gosselink,2007)。

木本沼泽指被森林覆盖的湿地。很多木本沼泽沿较大的河流形成,关键取决于水位的天然波动(Hughes,2003)。世界上最大的几个木本沼泽均沿河流分布,如亚马孙河、密西西比河和刚果河流域(Keddy et al.,2009);其余木本沼泽多分布于面积较大的湖滨(Wilcox et al.,2007)。土壤无泥炭累积,地表覆被植物以灌丛和乔木为主;典型的植被有红树植物、沼柳和绣线菊等。木本沼泽主要包括两种类型:乔木沼泽和灌丛沼泽。灌丛沼泽产生的区域因太湿而不能形成乔木沼泽,太干而不能形成草本沼泽,必须有 50%以上的灌丛覆盖率,同时乔木的覆盖率小于 20%(罗玲等,2016)。灌丛沼泽通常会在一些突发性的事件之后产生,如洪水、砍伐、火灾或风暴等。

草本沼泽指常年积水或过湿、由草本植物主导的湿地,通常位于湖泊和溪流的边缘。土壤无泥炭积累,水位波动较大。草本沼泽通常由沼生或湿生的莎草科、禾本科和灯心草科植物主导,如果出现木本植物,则多为低矮灌丛。

泥炭沼泽指以能够形成泥炭的植物为主导的湿地。泥炭沼泽从地表覆盖物角度可以分为藓类泥炭沼泽和草本泥炭沼泽。根据养分补给的主要来源,又可分为雨养泥炭沼泽和矿养泥炭沼泽(Du Rietz,1949;卜兆君等,2005)。藓类泥炭沼泽多位于低营养和寒冷气候区(马学慧,2005),地表水呈酸性,营养物质贫乏,泥炭累积主要来自泥炭藓植物的死亡和分解,水分补给主要来自大气降水,地表植被一般由泥炭藓、莎草科和杜鹃科灌丛主导。草本泥炭沼泽位于坡地、平地或低地,水分多来自地表水或地下水(Godwin et al.,2002),故亦称"矿养泥炭沼泽"。其水呈中性或弱碱性,水位在地表上下几厘米范围内波动。植物多样性较高,地表植被通常由禾本科和莎草科植物以及灌丛主导。

(3) 地理分布

我国沼泽在地理分布和类型特征上,既显示出地带性规律,又有非地带性或地区性差异。全国有 22 个省(区、市)分布有沼泽湿地,集中分布在青藏高原、三江平原、松嫩平原、大兴安岭、小兴安岭和长白山地区,另外天山山麓、阿尔泰山、云贵高原以及各地河漫滩、湖滨和海滨也有沼泽发育(牛振国等,2009)。我国沼泽分布大体有如下特点:① 分布广而零散。我国从寒温带到热带、从沿海到内陆、从平原到山地和高原都有沼泽分布,但沼泽面积都不大,仅东北的三江平原沼泽和四川西北部的若尔盖沼泽呈集中连片分布。② 东部沼泽多于西部。我国东部地势低平,气候湿润,降水充沛,地下水和地表水丰富,利于沼泽发育,沼泽面积约占全国沼泽面积的 70%。③ 东部沼泽面积从北向南递减。东北山地和平原气候冷湿,沼泽类型多、面积大,向南至暖温带、亚热带和热带,沼泽面积迅速减小。

2.4.1.2 泥炭地

目前,学术界关于泥炭地的定义存在分歧,对于泥炭地和泥炭沼泽的概念存在两种观点。以 Gore(1983)为代表的一些专家认为两者等同,均是有机物产生且贮存远远大于分解,并具备有机物积累形成泥炭特征的生态系统。瑞典学者 Rydin 等(1999)则认为,泥炭地和泥炭沼泽有所区别。如果现代沼泽地里仍在形成和积累泥炭,则为泥炭沼泽;如果泥炭沼泽因被埋藏或疏干而停止发育,则为泥炭地。

泥炭地既包括现代的泥炭沼泽,也包括因自然或人工疏干而失去沼泽景观特征的有泥炭存在的地方,同时包括被泥沙埋没而停止发育的泥炭沼泽(柴岫,1990)。泥炭地地表经常过湿或有薄层积水,其上长有喜湿或湿生植物并有泥炭积累。泥炭地作为内陆湿地生态系统重要的组成部分,可以有效抑制大气中 CO_2 升高,在缓解全球气候变化、平衡全球碳循环方面起到重要的作用(曾竞等,2013),在工业、农业、医疗、环保和能源等方面也有着广泛的用途。泥炭地有机碳储量大、密度高,单位面积碳储量是各类陆地生态系统中最高的,同时也是吸收和排放温室气体的重要场所。

(1) 泥炭地形成原因

泥炭又称草炭或泥煤,是未完全分解和已分解的有机残体(主要是植物残体)长期积累起来的物质。泥炭地是由地表的生物活动所造成,生物死亡后的残体经过变质后,在各种各样的基底上形成生物岩(柴岫,1981),有机质含量一般占土壤干重的 30% 以上。泥炭地的生成、发展以及泥炭的积累是各种自然因素综合作用的结果,尤其是水热条件,因为水分和热量不仅决定了植物的种类和生长量,而且制约着植物残体的分解速率。气候、地质、地貌和区域水文特征则通过影响水热条件间接制约泥炭地的形成和发育。潮湿的气候、平坦或起伏和缓的地形、排水不畅的水文条件、茂盛的植被以及稳定而持久或缓慢下沉的构造条件等诸多因素的相互配合有利于形成泥炭聚积。我国泥炭地主要是全新世以来各个时期形成的,由于我国自然条件复杂多样,不同地区和不同时期泥炭地形成的条件也有差异。其中,东北寒温带、中温带湿润气候区和青藏高原以及西北高山半湿半干的高寒地区,具有气候温和、湿润或冷湿的特点,冰雪融水充足,土壤冻结时间长或有永冻层,多数地区第四纪冰川地貌发达,地面切割微弱,排水不畅,利于泥炭地发育。

(2) 泥炭地类型

形成泥炭的主要植物是泥炭藓、水藓、薹草和其他水生植物。根据泥炭形成的地埋条件、植物种类和分解程度,可分为高位、低位和中位泥炭地三类;根据泥炭的形成环境和泥炭地的地表形态特征,可将泥炭地分为苔原多边形泥炭地、冻结的丘状泥炭地、高低位镶嵌的泥炭地、毯状披盖式泥炭地、凸起贫营养泥炭地和平坦富营养泥炭地六种类型。

高位泥炭地　由大气降水补给的泥炭为高位泥炭,由温带高纬度植物埋在地层下经长期堆积炭化而形成。植物以羊胡子草属、水藓属为主,分解程度较低,氮和灰分元素含量少,酸性较强,pH 值在 4~5。高位泥炭容重较小,吸水透气性好,一般可吸持水分为其干重的 10 倍以上,适合作为无土栽培基质,但 pH 值必须调至 5.5~6.0,也可用于配制培养土。

低位泥炭地　在泥炭形成初期,低位泥炭分布于低洼积水地带,有多种水源补给。植物以生长需要无机盐分较多的薹草属和芦苇属为主(国家林业局,2015),连同冲积下来的各种植物的残枝落叶,经漫长时间的积累形成低位泥炭。植物分解程度较高,氮和灰分元素含量较多,酸性不强,肥分有效性较高,风干粉碎后可直接作为肥料使用。因其容重大,吸水和通气性较差,不宜单独作为栽培基质。

中位泥炭地　介于高位泥炭和低位泥炭之间的过渡性泥炭为中位泥炭,性状也介于两者之间,既可用于无土栽培,也可用于配制培养土。

(3) 泥炭地理分布

我国泥炭地分布广泛,资源较为丰富,东起黑龙江省抚远市三角洲,西至新疆维吾尔自治区博乐市艾比湖,北自黑龙江省漠河市,南至海南省陵水黎族自治县、三亚市一带的辽阔疆土内,都有泥炭地的分布。集中分布在东北北部的兴安岭地区、长白山地区、三江平原地区和东部沿海地区,除此之外,若尔盖高原及长江源、黄河源地区也是我国泥炭地集中分布区。各地有机碳区域积累强度差异很大,北部(黑龙江、内蒙古、新疆)低,自北向南逐渐增高(柴达木盆地、塔里木盆地和准噶尔盆地除外),自东向西或西北逐渐降低(长江中下游地区除外)。由于地带性和非地带性因素的综合作用,泥炭地分布呈现明显的不均衡性,从地域上看,泥炭地主要分布在水分和温度条件结合较好的山地、高原地区,如发育于东北大兴安岭、小兴安岭、三江平原、若尔盖高原的活泥炭地等。从时间上看,我国泥炭地主要发生在冰后期,特别是全新世以来的各个时期,尤其以全新世中期发育最为旺盛。富营养型草本泥炭地分布广而中营养型和贫营养型泥炭地很少。

2.4.1.3 湖泊湿地

湖泊湿地作为一种重要的湿地类型,为人类的生产、生活提供了丰富的资源,具有强大的生态功能,是生态安全建设的重要组成部分,具有供水、灌溉、调洪、养殖、畜牧、航运、旅游、维护生物和遗传多样性、降解污染、净化水质和控制侵蚀等多种功能,在维持区域生态平衡和促进区域社会经济发展中发挥着重要作用。

(1)湖泊湿地形成原因

湖泊湿地伴随着湖泊的形成、演化与消亡而不断形成与发育,湖泊湿地的形成可以分为青年期、成年期、老年期和衰亡期四个时期。青年期即湖泊湿地形成的初期,由于断裂活动较强,湖盆下陷较快,湖盆四周布满沉积物,这些沉积物主要是由山麓堆积与河流沉积组成的粗碎屑。成年期由于断裂下陷运动逐渐趋缓,入湖河流三角洲发育,湖盆坡度变缓,湖水变浅,沉积物以河流沉积物和湖泊沉积物为主,沉积物颗粒变细,水生植物、浮游生物大量繁殖。老年期,由于沉积物以湖泊相沉积为主并大量充填湖盆,沉积作用大于下陷作用,水域进一步缩小和变浅,水生植物大量繁殖,沉积物中含有大量的植物根系和植物残体,最后湖泊演化为湿地。

(2)湖泊类型

根据初级生产者的不同,可以将湖泊湿地分为草型湖泊湿地和藻型湖泊湿地。草型湖泊湿地的植被以水生植物为主,包括沉水植物、漂浮植物和挺水植物。一般来说,因为沉水植物对水体透明度要求较高,故草型湖泊湿地的水质较好。藻型湖泊湿地是指人为因素导致湖泊水生维管植物被大量破坏,水体中营养盐浓度过高,浮游植物大量繁殖,进而导致水域发生水华的湖泊湿地类型。由于自然条件的差异和演化阶段的不同,湖泊也显示出不同的区域特点和多种多样的类型,有浅水湖、深水湖、吞吐湖、闭流湖、淡水湖、咸水湖和盐湖等。根据成因的不同,可划分为构造湖、河成湖、火山口湖、堰塞湖、冰川湖、岩溶湖、风成湖和海成湖8个类型。

构造湖是受地质构造影响和控制而形成的湖泊,多分布在高山高原地区,部分分布在平原区,如青藏高原的青海湖、羊卓雍措和纳木措,昆仑山下的可可西里湖,云贵高原的滇池、洱海,内蒙古高原的呼伦湖,台湾的日月潭。另外,平原地区在大构造运动转折地带也有因构造差异运动和新构造运动而形成的构造湖,如长江中下游的洞庭湖、鄱阳湖和巢湖,位于中俄边界的兴凯湖等。

河成湖的形成与河流发育、变迁有关,主要分布在河流两侧。如黄河干流以南的南四湖,淮河中下游的洪泽湖、宝应湖、邵伯湖。此外,还有江汉湖群、海河洼地、华北平原大运河两侧的湖泊、松嫩平原沿嫩江和松花江两侧的湖泊等。

火山口湖是岩浆喷发形成的火山锥体由于干物质大量散失,压力急剧减少,顶部和周围岩石失去支撑力,发生塌陷形成火山洼地,待喷发的火山口休眠后,经积水成湖。我国的火山口湖主要分布在东北的长白山。这里火山活动广泛,期次多、锥体多,因而是全国火山口湖与熔岩堰塞湖最多的地区,如长白山天池火山口湖群、龙岗山火山口湖群。此外,大兴安岭东麓鄂温克旗哈尔新火山群的奥内诺尔火山顶有一个小型火山口湖,云南腾冲市有北海、大龙潭等火山口湖,广东湛江有湖光岩火山口湖,台湾宜兰平原外龟山岛上的龟头和龟尾也各有一座火山和一个火山口湖。

堰塞湖是由于火山熔岩流活动堵截河谷,或地震活动等原因引起山崩,滑坡体堵塞河床而形成的湖泊。前者主要分布在东北地区,后者主要分布在西南地区。最典型的熔岩堰塞湖是黑龙江省宁安市境内的镜泊湖,它是由火山喷发的玄武岩熔岩流在吊水楼附近形成宽40 m、高12 m 的天然堰塞堤,拦截牡丹江(松花江支流)出口形成的堰塞湖。另外,黑龙江省五大连池市郊的五大连池是由于1719—1721 年古火山再次喷发堵塞了白河所形成的念珠状的5 个湖泊。

冰川湖是由于冰川活动挖蚀形成洼坑和冰积物堵塞冰川槽谷积水而成。其特点是分布位置海拔高、面积小,多数是有出口的小湖。我国冰川湖主要分布在高海拔的喜马拉雅山东南、念青唐古拉山和青藏高原东南,如西藏南部的八宿措、多庆措,西藏东部丁青县的布神措,新疆境内博格达山北坡的天池,阿尔泰山的喀纳斯湖等。

岩溶湖是由于碳酸盐地层经流水溶蚀产生的岩溶洼地、漏斗或落水洞等被堵塞,经汇水而成的湖泊,其特点是面积不大,呈圆形、椭圆形或长条形,湖水较浅。我国岩溶湖主要分布在贵州、云南和广西的岩溶地貌发育的地区。如贵州威宁彝族回族苗族自治县的草海,云南香格里拉市的纳帕海等。

风成湖是因沙漠中丘间洼地低于浅水位,由沙丘四周渗流汇集而成。这类湖泊的特点如下:面积小,多为无出口的死水湖,湖形多变;多为时令湖,常常冬季积水成湖,夏季干涸无水,成为草海;湖泊极不稳定,随着沙丘的移动经常被淹没而消失;由于沙漠地区蒸发强烈,盐分易于积累,湖水矿化度高,大部分湖底有结晶盐析出。在巴丹吉林沙漠高大沙丘间的低地分布有数百个风成洼地湖,如伊和扎格德海子;腾格里沙漠大多是积水很少或无积水的湖盆;浑善达克沙地、科尔沁沙地和呼伦贝尔沙地中的湖泊多是残留湖,积水很少;毛乌素沙地分布有众多风成湖,多是苏打湖和富含氯化物的湖。

海成湖是在海岸变浅过程中,泥沙的沉积使部分海湾与海洋分离而成,如宁波的东钱湖,杭州的西湖,太湖及周围湖群。

(3)湖泊地理分布

我国幅员辽阔,从高山到平原,从大陆到岛屿,从湿润区到干旱区都有天然湖泊的身影,即使干旱的沙漠地区与寒冷的青藏高原也不例外。相关资料显示,全国现有大于 1.0 km² 的天然湖泊 2800 多个,总面积约为 $8×10^4$ km²,约占全国陆地面积的 0.8%,这些湖泊有的在高山,有的在平原,独特的美景让人神往。我国的湖泊湿地分布广且不均匀,全国共有 30 个省(区、市)分布有湖泊湿地,其中西藏、青海、新疆和江苏的湖泊湿地面积最大,分别占全国湖泊湿地总面积的 30.4%、14.7%、8.3% 和 7.2%。

根据湖泊地理分布、形成特点、自然环境差异、湖泊资源开发利用情况及湖泊环境整治的区域特色,可将全国划分为 5 个主要湖区:东部平原湖区、蒙新高原湖区、云贵高原湖区、青藏高原湖区和东北平原及山地湖区。长江中下游及青藏高原是湖泊分布最为密集的地区。

东部平原湖区主要包括分布于长江及淮河中下游、黄河及海河下游和大运河沿岸的大小湖泊,是我国湖泊分布密度最大的地区之一,我国著名的五大淡水湖泊鄱阳湖、洞庭湖、太湖、洪泽湖和巢湖即位于本区。本区湖泊水情变化显著,生物生产力较高。由于人类活动影响强烈,本区湖泊数量和面积锐减,湖泊水体富营养化和水质污染有逐渐加重的趋势。

蒙新高原湖区地处内陆,气候干旱,降水稀少,地表径流补给不丰,蒸发强度较大,超过湖水的补给量,湖水不断浓缩而发育成闭流类的咸水湖或盐湖。

云贵高原湖区全部为淡水湖,区内一些大的湖泊都分布在断裂带或各大水系的分水岭地带,如滇池、抚仙湖和洱海等。由于入湖支流水系较多,而湖泊的出流水系普遍较少,故湖泊换水周期长,生态系统较脆弱。

青藏高原湖区是地球上海拔最高、湖泊数量最多、面积最大的高原湖区,也是我国湖泊分布密度最大的两个稠密湖区之一。本区为长江、黄河和澜沧江等水系的源头,湖泊给水以冰雪融水为主,湖水入不敷出,干化现象显著,近期多处于萎缩状态。该区以咸水湖和盐湖为主。

东北平原及山地湖区多为外流淡水湖,主要分布在松辽平原和三江平原,由于地势低平,排水不畅,发育了大小不等的湖泊。此外,丘陵和山地还有火山口湖和堰塞湖。

2.4.1.4 河流湿地

在所有湿地类型中,河流湿地属于较为活跃的因素,众多河流最后都注入海洋,促进地表物质的迁移,推动海陆之间的物质循环。这些河流在经山地和丘陵流入海洋的过程中携带大量的泥沙,最后沉积在低洼地带和海洋中。河流湿地是我国淡水资源的重要组成部分,内陆性河流流域面积占全国总面积的 36%。根据河流流向特点,河流分为内流河和外流河。我国的河流多属于外流河,内流河主要分布在三个地区——甘新地区、藏北和藏南地区以及内蒙古地区。由于这些地区距海遥远,干燥少雨,水系不发达,因此河流极为稀少,甚至出现无流区。

(1)河流类型

根据地形、地貌特征和流经地域的不同,河流可划分为山丘区河流、平原区河流和沿海区河流。山丘区河流的主要特点是坡降大、流速快、洪水位高、水位变幅大、冲刷力强、岸坡砾石多、土壤贫瘠且保水性差。平原区河流具有坡降小、汛期高水位持续时间较长、水流缓慢、水质较差、岸坡较陡等特点。平原区河流通航,船行波淘刷作用强,河岸易坍塌。沿海区河流土壤含盐量高,岸坡易受风力引起的水浪冲刷,植物生长受台风影响大。根据河流的主导功能,河流也可划分为行洪排涝河流、交通航运河流、灌溉供水河流和生态景观河流等(岳春雷,2017)。根据河流流向特点,河流可以分为内流河和外流河。

外流河 从大兴安岭西麓起,沿东北-西南走向,经阴山、贺兰山、祁连山、巴颜喀拉山、念青唐古拉山和冈底斯山,直到我国西端的国境,为我国外流河与内流河的分界线,分界线以东、以南,都是外流河,面积约占全国河流流域总面积的 65.2%。在外流河中,发源于青藏高原的河流都是源远流长、水量很大、蕴藏巨大水利资源的大江、大河,主要有长江、黄河、澜沧江、怒江和雅鲁藏布江等;发源于内蒙古高原、黄土高原、豫西山地和云贵高原的河流,主要有黑龙江、辽河、滦河、海河、淮河、珠江和元江等;发源于东部沿海山地的河流,主要有图们江、鸭绿江、钱塘江、瓯江、闽江和赣江等,这些河流逼近海岸,流程短、落差大,水量和水力资源比较丰富。

内流河 分界线以西、以北,除额尔齐斯河流入北冰洋外,其他河流均属内流河,面积占全国河流流域总面积的 34.8%。我国的内流河区域划分为新疆内陆诸河、青海内陆诸河、河西内陆诸河、羌塘内陆诸河和内蒙古内陆诸河五大区域,其共同点是径流产生于山区,消失于山前平原或流入内陆湖泊。

(2)河流地理分布

我国河流众多,流域面积在 100 km² 以上的河流有 5 万多条,流域面积在 1000 km² 以上的河流约 1500 条。因受地形和气候的影响,河流在地域上的分布很不均匀,绝大多数河流分布在长江、黄河、珠江、松花江和辽河等流域,处在气候湿润多雨的季风区,河网密度多在 500 m·km⁻² 以上;而西北内陆气候干旱少雨,河流较少,并有大面积的无流区。

2.4.1.5 人工湿地

人工湿地指受人为活动影响而形成的湿地。人工湿地有广义和狭义之分,广义的人工湿地主要包括水库、盐田、运河、输水河、稻田和水塘等。我国的稻田主要分布在亚热带与热带地区,淮河以南地区的稻田约占全国稻田总面积的 90%。近年来北方稻田不断发展,稻田面积有扩大的趋势。全国现有大中型水库 2903 座,蓄水总量 1805×10⁸ m³,主要分布于我国水利资源比较丰富的东北地区、长江中上游地区、黄河中上游地区以及广东等,湖北、湖南、吉林和广东最多。狭义的人工湿地特指利用天然湿地生态系统物质迁移转化的原理,人工建造的用于净化污水的湿地。

(1)人工湿地类型

从工程设计角度出发,按照系统布水方式的不同,人工湿地可划分为两种类型:表面流人工湿地和潜流人工湿地。按植物的存在状态划分,人工湿地主要可划分为浮水植物人工湿地、浮叶植物人工湿地、挺水植物人工湿地和沉水植物人工湿地。

浮水植物人工湿地中,水生植物漂浮于水面,根系呈淹没状态。已被大规模应用的常见植物有风信子和浮萍。浮水植物人工湿地的自我净化功能不同于兼氧塘,因为该系统光合作用释放出的氧气都在水面上,这有效地减少了氧气在空气中的扩散。因而浮水植物人工湿地是缺氧的,它的有氧活动主要局限于根部。大多数生长于该水域内的水生植物通常处于缺氧状态,好氧程度取决于有机负荷率。

浮叶植物人工湿地中,水生植物叶子生长在水面,而根部在水底土壤中。氮主要通过挥发和利用附着在茎、叶子上的微生物去除,磷可以被浮叶植物吸收而去除。

挺水植物人工湿地中,水生植物的根系生长于基质中,茎叶部分处于基质表面以上。

沉水植物人工湿地中,水生植物完全淹没于水中,系统中水的浊度不能太高,否则会影响植物的光合作用。因此,该类型人工湿地适合处理二级出水。

(2)人工湿地地理分布

我国人工湿地主要分布于水资源比较丰富的东部季风气候区,即东北地区、长江中下游地区、黄河中下游地区和东南沿海地区。该区域是我国人口分布密集区,也是我国工农业发展的重要区域,我国人工湿地 50% 以上分布于该区。

2.4.2 内陆湿地分布

2.4.2.1 全球分布

内陆湿地广泛分布于世界各地。从炎热的赤道到寒冷的极地,从高耸的青藏高原到低洼的海岸地区,从干燥的沙漠到湿润的热带雨林,从辽阔草原到茫茫原始森林,从人烟稀少的戈壁到喧嚣繁华的城市,到处都可见内陆湿地的踪影。巴西的亚马孙河,加拿大大草原上的水泡,俄罗斯西伯利亚的寒带沼泽,非洲的维多利亚湖,青藏高原的高寒盐湖等,世界内陆湿地五彩纷呈,充满神秘色彩。

(1)亚洲

亚洲位于东半球的东北部,北东南三面分别濒临北冰洋、太平洋和印度洋。亚洲是世界第一大洲,也是除南极大陆外地势最高的大陆,高原和山地分布广阔,地势极端起伏,地貌类型极其复杂,丰富的水资源、复杂的气候和地形条件,使亚洲发育了面积广阔、种类多样的内陆湿地。

热带雨林气候区常年高温多雨,四季皆夏,年降水量在 2000 mm 以上。该区发育了大量的泥炭林、热带河口和湖泊湿地。

热带季风气候区常年高温,但有明显的湿季和干季。该区包括南亚、东南亚、菲律宾群岛、我国的海南岛和台湾岛南部,发育了面积广阔的季节性洪泛平原湿地和河口湿地。

亚热带季风气候区冬冷夏热,四季分明,降雨丰沛,主要包括我国青藏高原以东,秦岭、淮河以南和南岭山地之间的广大地区以及日本群岛的南部。长江中下游地区发育了大面积的淡水湖泊湿地,是本区内陆湿地面积最大、分布最集中的地区。朝鲜半岛和日本群岛河流稠密,水量丰富,但流程较短,在下游和入海口处常有沼泽发育。

温带季风气候区冬季寒冷干燥,夏季温暖湿润,该区包括我国秦岭、淮河以北的华北和东北地区,俄罗斯远东地区的南部,朝鲜,韩国,以及 37°N 以北的日本。在黑龙江流域中下游,由于气候冷湿、地势低平、排水不畅,夏季雨水集中时常造成河水泛滥,形成大面积集中连片的沼泽地。朝鲜半岛和日本群岛河流稠密,水量丰富,但流程较短,在下游和入海处常有沼泽发育。

温带大陆性气候区降水稀少,气候干旱,该区包括我国西北地区、蒙古和中亚诸国。这里地处内陆,温暖湿润的气流受高山阻隔很难到达,从东向西,降水越来越少,自然景观由蒙古的干旱草原逐渐向中亚的荒漠和半荒漠景观过渡。该区内流水系发达,由于蒸发强烈,在内流河的中下游和末端部分常形成大面积盐沼和咸水湖。

亚寒带大陆性气候区冬季气候严寒,最冷月平均气温为 $-30 \sim -15$ ℃,年降水量 400~

500 mm。由于该区气候冷湿、蒸发微弱,同时地势平坦、土壤永冻层广泛存在,容易形成大面积沼泽地。该区内俄罗斯西西伯利亚地区是世界上湖沼最为集中、面积最为广阔的区域。

极地苔原气候区冬季严寒漫长,可达 8 个月以上,夏季短促凉爽,包括亚洲北部北冰洋沿岸地区。该区因为濒临寒冷的北冰洋,经常乌云密布,天气冷湿,最暖月平均气温也不足 10 ℃,蒸发微弱,地面常年处于过湿状态,因而北冰洋沿岸发育有带状苔原冰沼湿地。

热带、亚热带干旱与半干旱气候区在副热带高压的控制下气候干燥,降水稀少,包括印度河下游的塔尔沙漠一直到与非洲毗邻的阿拉伯半岛。该区荒漠景观广泛发育,湿地面积相对较少,最为集中的内陆湿地分布区是伊拉克境内的美索不达米亚平原,其内的湖泊和沼泽是欧亚大陆西部迁徙水鸟最重要的繁殖基地。

(2)欧洲

欧洲位于欧亚大陆的西部,北部濒临寒冷的北冰洋,西边面向辽阔的大西洋,南隔地中海与非洲遥相对望,宛如欧亚大陆向西伸出的大半岛。受大西洋的广泛影响,欧洲海洋性气候显著,大部分地区年温差不大,降水适中。欧洲平原面积广大,河网较密,湖泊众多。极地长寒气候区斯堪的纳维亚半岛北部、冰岛和俄罗斯北冰洋沿岸地区已在北极圈以内或附近,冬季较冷,夏季凉爽短促,常年低温、阴湿多云,蒸发强度低,虽然降水量不多,但地表常年呈过湿状态,形成大面积连片分布的泥炭冰沼湿地,但是沼泽的深度较浅。该区内冰岛为世界上温泉湿地最为集中的地区之一。

亚寒带针叶林气候区位于北冰洋沿岸以南,包括北欧大部和东欧北部。这一地区散布着数以万计的湖泊,面积占该区陆地总面积的 8%~12%,大多为地质时期的构造湖和冰碛湖,湖中多岛屿。

温带海洋性气候区气候温和,降水丰富,包括西欧和中欧的大部分地区,该区河流稠密,其中著名的河流有莱茵河、易北河、卢瓦尔河、塞纳河、奥得河和维斯瓦河等。该气候区地势平坦,有大面积沼泽湿地发育。

东欧地区气候寒冷,地势低平,有大量泥炭沼泽发育。欧洲最大淡水湖——贝加尔湖与欧洲第一大河——伏尔加河等著名河流湿地均地处该区。

阿尔卑斯山地区是欧洲湖泊分布最为集中的地区之一,也是诸多河流的发源地,湖泊形成均与第四纪冰川活动有关,对于调节河水流量和小气候具有重要作用。

地中海气候区夏季炎热干燥、冬季温和多雨。包括伊比利亚半岛、亚平宁半岛、巴尔干半岛及地中海中的一些岛屿。该区地形以山地为主,平原较小,由于河流发源地一般离海不远,故河流大都短小而水流湍急,著名的多瑙河就流经该区。

(3)非洲

非洲位于欧亚大陆的西南面,东临印度洋,西濒大西洋,为世界第二大洲。非洲大陆北宽南窄,海岸平直,赤道从大陆中部横穿而过。非洲绝大部分地处热带,另有一小部分属于亚热带。干燥和暖热是非洲气候的主要特征,不少地区降水稀少,常年骄阳似火,晴空万里。这样的气候特征不利于内陆湿地的广泛发育,但季节性特征明显的洪泛平原、湖泊和沼泽在非洲大陆也有大面积分布。

河流湿地　赤道两侧尤其是 15°N—20°S 的区域,河流湿地分布最为集中。与降水的地区分布规律对应,非洲的河网密度和水文特征也有明显的地域规律。多雨区径流丰富、河网稠密,河流水量大;而干燥区河网稀疏、径流贫乏,季节性河流多。赤道多雨区的地表径流最为丰富,特别是那些迎风多雨的山地,是诸多非洲大河的发源地。例如东非高原是非洲最大的河流摇篮,与西非的富塔贾隆高原并称为非洲水塔。

沼泽湿地 尼罗河是世界第一长河,流经开罗,距开罗 20 km 处有世界面积最大的芦苇沼泽湿地。刚果河是非洲流量最大的河流,在世界大河中仅次于亚马孙河位居第二,中上游发育大面积森林和草本沼泽地。尼日尔河发源于西非富塔贾隆高原北部,该河上游和下游都属于赤道多雨气候区,但中游流经沙漠地带,入海口处水网密集,沼泽广布。赞比西河是非洲流入印度洋的第一大河,源头地区地势平坦,雨季洪水漫溢,形成广阔的沼泽湿地。

湖泊湿地 非洲虽然是一个十分干旱的大陆,但拥有的湖泊相当多,其中绝大部分集中在东非大裂谷地区,那里降水丰富,并且有众多的集水洼地,为湖泊的形成提供了有利的条件。从湖盆构造形式上看,非洲湖泊可分为裂谷型和洼地型两类,前者位于裂谷带内,一般形状狭长,湖水较深;后者发育于凹陷盆地内,水面广阔,但深度较浅。从湖水盐度上看,非洲湖泊又可分为淡水湖和咸水湖,前者分布在降水较多的湿润地区,后者散布在降水量较少的干旱地区,有间歇性河流注入,但均无出口。其中著名的有位于三国交界的非洲第一大淡水湖维多利亚湖、世界第二深湖坦噶尼喀湖等。

(4) 北美洲

自然地理上通常以巴拿马运河为界将美洲分成北美洲和南美洲。北美洲北邻北冰洋,南濒墨西哥湾,东西分别面向辽阔的大西洋和太平洋。它西北隔着狭窄的白令海峡与亚洲毗邻,东北隔着格陵兰海和丹麦海峡与欧洲相望。北美洲是世界上岛屿面积最大的洲,其中位于大陆东北面的格陵兰岛为世界第一大岛。北美大陆东西两侧均为南北绵延的山脉,东西两大山脉之间是起伏平缓的高原和平原地带,从北冰洋沿岸一直延伸到墨西哥湾。北美洲具有从寒带到热带的各种气候类型,在北美洲北部,由北向南依次为冰原气候、苔原气候和亚寒带针叶林气候。大陆东部从北向南依次为湿润大陆性气候、亚热带季风性湿润气候和热带海洋性气候;大陆西部则是温带海洋性气候、地中海气候、热带干旱与半干旱气候和热带草原气候。特殊地形和气候的共同作用,形成了面积极其广大的湿地,尤其是淡水湖泊、河流和沼泽分布广泛。

河流湿地 坐落在北美大陆西部的落基山脉是大陆最重要的分水岭,它几乎孕育了北美洲所有大河。其中著名的有北美洲流程最长、流域面积最广、水量最多的河流密西西比河,它也是世界第四长河;还有北美第二长河马更些河。

湖泊湿地 北美洲淡水湖泊面积广阔,是淡水湖面积最大、分布最为集中的洲,以大型淡水湖著称。北美洲的湖泊绝大部分属于冰川成因,因而它们大部分位于冰川活动剧烈的大陆北部。例如,美国和加拿大边境地区的五大湖就是由冰川活动形成的巨大湖群,其中苏必利尔湖是世界最大的淡水湖。

沼泽湿地 北美大陆的形状北宽南窄,大部分地区位于中、高纬度,绝大部分地区气候凉爽,这种气候特点使地表蒸发强度微弱,容易形成大面积沼泽地。在北美北部的北冰洋地区,冬季冰天雪地,夏季呈现出一望无际的灰绿色旷野,苔原冰沼土广为发育。美国佛罗里达半岛接近北回归线,属亚热带季风性湿润气候,地势低平,降水较多,是北美另一沼泽集中分布的地区。由于人为破坏,佛罗里达大沼泽只剩下南半部分。

（5）南美洲

南美洲东、北、西三面分别与大西洋、加勒比海和太平洋相接,南面隔着德雷克海峡与南极洲相望。大陆轮廓北宽南窄,形似锥体。与北美洲不同,南美洲岛屿面积很小,是除南极洲外岛屿面积最小的洲。南美洲西部矗立着世界上绵延最长的山脉——安第斯山脉,安第斯山以东古老的高原和低平的冲积平原相间分布,平原十分辽阔,高原偏居大陆东部,地面波动起伏。南美大陆 2/3 以上属于热带气候,是一个温暖的大陆,其内的亚马孙平原是世界上面积最为广阔的热带雨林气候区,奥里诺科平原、圭亚那高原西部和巴西高原的大部分则属热带草原气候。安第斯山脉东、西两侧的气候类型分布截然不同,东部有热带雨林气候、热带草原气候、亚热带季风性湿润气候、亚热带大陆性半干旱气候、温带干旱与半干旱气候等类型。西部濒临太平洋,陆地呈狭长的窄条南北延伸,自北向南依次为热带雨林气候、热带草原气候、地中海气候和温带海洋性气候,同时高山垂直气候明显。南美大陆降水丰富,在各洲中位居首位。

南美洲的河流湿地在世界上占有重要地位,全洲河流的年平均径流总量仅次于亚洲;平均径流深度居各洲之首。但南美洲是各大洲中湖泊较少的一个洲,全洲只有马拉开波湖、帕图斯潟湖和的的喀喀湖,3 个湖总面积在 8000 km^2 以上。安第斯山脉西部,哥伦比亚和厄瓜多尔的太平洋沿岸地区降水十分充沛,常形成淡水湖和森林沼泽等。安第斯山脉以东地区降水也十分丰沛,河网稠密,水量丰富,河流源远流长,发育有亚马孙、拉普拉塔和奥里诺科三大水系。亚马孙河发源于安第斯山脉的东坡,中下游地势低平,河水流速缓慢,沿河两岸沼泽、牛轭湖和河汊广泛发育。拉普拉塔水系是南美洲第二大水系,流域内降水量随季节变化显著,流域内散布数不清的小淡水湖和沼泽地。奥里诺科河流域内大都属于热带草原气候,河水流量季节性变化明显,沼泽湿地广泛发育。安第斯山脉南端气候十分湿润,湿地广为分布,主要类型有冰川湖泊、高寒湿草甸、高山苔原和沼泽等。

（6）大洋洲

大洋洲是世界上陆地面积最小的洲,包括澳大利亚大陆、新西兰的南岛和北岛、新几内亚岛以及美拉尼西亚、密克罗尼西亚和波利尼西亚三大群岛。大洋洲属热带和亚热带气候,气候炎热。

澳大利亚　澳大利亚大陆相对独立,它东临太平洋,西临印度洋,北临帝汶海,整个大陆地势低平,大部分地区气候干旱,降水量由北、东、南三面向内陆减少。与降水分布相对应,澳大利亚大陆分为西部高原无流区、从东部大分水岭起到西部高原边缘的内流区和位于北东南沿海湿润地带的外流区。无流区和内流区分布有很多季节性的咸水湖,外流区主要分布着沼泽湿地。在澳大利亚北部热带季风气候区,则分布着著名的季节性淡水洪泛平原湿地。

新西兰　新西兰四面环海,位于太平洋的西南角,中间被库克海峡隔开,分为北岛和南岛。新西兰远离世界各大陆,终年在温湿的西风控制下,雨量丰富、气候温和,除北岛北部属亚热带季风性湿润气候外,其他地区都属温带海洋性气候。新西兰的山地和丘陵占全境面积的 89%,平原面积狭小。北岛以丘陵地貌为主,新西兰最大的湖泊陶波湖就位于北岛中部;南岛山地居多,在南岛的南阿尔卑斯山东坡发育了许多湖泊。在新西兰排水不畅的洪泛平原区还发育有典型的森林沼泽。

新几内亚岛 该岛位于太平洋西南部,岛的西部属亚洲的印度尼西亚,东部属大洋洲的巴布亚新几内亚。属热带雨林气候,区内多高山,气温随海拔的降低明显升高。毛克山脉-中央岭从西北向东南斜贯全境,北部山脉和中央岭之间的山间低地多河湾、湖泊和沼泽,中央岭南部地势低平,是世界最大的沼泽地带之一。

太平洋岛屿主要是滨海中的珊瑚礁湿地类型,此处不再赘述。

(7) 南极洲

南极洲位于地球最南端,四周被浩瀚的太平洋、印度洋和大西洋所包围,远离其他大陆。南极洲几乎全部被白茫茫的冰雪所覆盖,是地球上最为酷寒的洲,拥有的冰的体积占世界冰总体积的 90%,是世界上淡水资源的宝库,也是世界上平均海拔最高的洲。南极洲有暖季(11—次年 3 月)和寒季(4—10 月)之分,降水稀少。南极洲由于自然条件恶劣,至今无人定居,是世界上保存真正自然面貌的大洲。虽然环境恶劣,但仍有一些湿地存在,多属于河流、淡水湖和咸水湖。

2.4.2.2 在我国的分布

我国是世界上湿地资源最丰富的国家之一。根据 2009—2013 年第二次全国湿地资源调查结果,我国 ≥8 hm^2 的湖泊湿地、沼泽湿地、河流湿地、近海与海岸湿地、人工湿地的总面积为 5342.06×10^4 hm^2(不包含稻田湿地和港、澳、台数据),其中自然湿地面积 4667.47×10^4 hm^2,占 87.37%。

我国也是世界上内陆湿地类型最多样的国家之一,从寒温带到热带、从平原到高原山区都有湿地分布,一个地区内常常有多种湿地类型,一种湿地类型又常常分布于多个地区,构成了丰富多样的组合类型。内陆湿地分布较为广泛,受自然条件的影响,湿地类型的地理分布有明显的区域差异。总体上,我国内陆湿地具有如下分布特点:① 东多西少,东部湿地面积占全国的 3/4;② 东部北多南少,主要集中于东北山地和平原,占全国湿地面积的 1/2;③ 西部南多北少,南部的青藏高原湿地集中分布于谷地,面积仅次于东北,约占全国湿地面积的 20%。

根据全国内陆湿地分布总体特点,考虑到不同区域独特的自然特征,尤其是与内陆湿地形成有关的水文和地貌特征,以及湿地功能、保护和合理利用途径的相似性、行政区域和流域的连续性及实际的可操作性,结合我国湿地保护管理的实际需要,将我国内陆湿地资源区划分为东北、黄河中下游、长江中下游、东南和南部、西南、西北干旱半干旱和青藏高原 7 个湿地分布区(赵其国和高俊峰,2007)。

(1) 东北湿地区

该区包括黑龙江和辽河流域,行政范围包括吉林和黑龙江全部、辽宁不临海的区域和内蒙古东北部。湿地类型以沼泽和湖泊为主,其次为河流。三江平原、松嫩平原、辽河下游平原、大兴安岭、小兴安岭山地和长白山山地是我国沼泽的集中分布区,其中三江平原是我国最大的淡水沼泽区。湖泊主要有兴凯湖、查干湖、镜泊湖、五大连池和长白山天池等。河流主要有松花江和辽河。

(2) 黄河中下游湿地区

该区包括黄河中下游地区及海河流域,行政范围涉及北京、天津、河北、山西、山东、河南和陕西全部。天然湿地以河流为主,沼泽、河口水域、三角洲等也均有分布。黄河是本区沼泽地形成的主要水源。南四湖为华北最大淡水湖,白洋淀为著名沼泽化湖泊。

(3) 长江中下游湿地区

该区包括长江中下游地区及淮河流域,行政范围涉及上海、江苏、浙江、安徽和江西全部,以及湖北和湖南中东部。长江及其众多支流河网纵横、湖泊棋布,是我国淡水湖泊分布最集中和最具有代表性的地区。鄱阳湖、洞庭湖、洪湖、太湖、巢湖和洪泽湖等是本区著名湖泊,水资源丰富,农业开发历史悠久。本区也是稻田人工湿地面积最集中的地区,是我国重要的粮食、棉、油和水产基地,也是一个巨大的自然-人工复合湿地生态系统。

(4) 东南和南部湿地区

该区包括珠江流域的绝大部分,以及东南诸河流域、两广诸河流域的内陆湿地部分,行政范围涉及福建和广东全部,以及广西中东部。本区湿地类型主要为河流,内陆沼泽和湖泊湿地较少,珠江为该区域内代表河流。

(5) 西南湿地区

该区主要为云贵高原,行政范围涉及重庆和贵州全部,云南大部,四川东部和湖北、湖南、广西西部。湿地主要分布在云南、贵州和四川的高山与高原冰蚀湖盆、高原断陷湖盆、河谷盆地及山麓缓坡等地区。本区大中型湖泊众多,著名的有云南滇池、洱海和抚仙湖,贵州的草海等,另有金沙江、南盘江、元江、澜沧江、怒江和独龙江六大水系,构成云贵高原湿地的基础。

(6) 西北干旱半干旱湿地区

该区包括内蒙古高原西部和新疆天山、阿尔泰山及准噶尔盆地、塔里木盆地,行政范围涉及宁夏全部、内蒙古西部、甘肃和新疆大部。新疆山地干旱湿地区主要分布在天山、阿尔泰山等北疆海拔 1000 m 以上的山间盆地和谷地及山麓平原-冲积扇缘潜水溢出地带。塔里木河为内流区著名的大河,新疆博斯腾湖、天池为本区的主要湖泊,位于天山海拔 2400 m 以上的巴音布鲁克湿地是大天鹅的重要繁殖地。

(7) 青藏高原湿地区

该区主要为青藏高原,行政范围涉及青海和西藏全部,四川西部,以及云南、新疆和甘肃局部。本区地势高、环境独特,高原散布着无数湖泊和沼泽,其中大部分分布在海拔 3500~5500 m。四川北部的若尔盖沼泽湿地是我国泥炭资源储量最大的泥炭沼泽区。该区的湖泊多为咸水湖,其中青海湖是我国最大的咸水湖,其他较大的湖泊还有纳木措、色林措、羊卓雍措等。我国几条著名的河流发源于本区,长江、黄河、怒江和雅鲁藏布江等的河源区都是湿地集中分布区。

2.4.3 内陆湿地特征

内陆湿地特征是指内陆湿地生物、化学及物理组分之间的结构及相互关系(崔保山,1999)。内陆湿地生态系统一般由湿生、沼生和水生植物、动物、微生物等生物因子以及与其紧密相关的阳光、水分、土壤等非生物因子所构成。其生物和非生物因子之间以及生态系统中的生产者、消费者和分解者之间都是通过营养物质循环和能量流动相互联系、相互制约的(王宪礼,1997)。总体来讲,内陆湿地生态系统具有整体性、多样性、地域性、共享性、脆弱性、高效性、过渡性和双重性。

2.4.3.1　整体性

内陆湿地生态系统的整体性体现在湿地具有涵养水源、调蓄洪水、净化环境、调节气候、支持与保护生物多样性、提供野生动物栖息地、参与全球的碳和氮循环等基本生态效益,为工业、农业、能源和医疗业等行业提供大量生产原料的经济效益,同时还有作为物种研究和教育基地、旅游休闲等社会效益,这是内陆湿地生态系统的各种组成要素间相互作用、相互制约而表现出的整体功能、用途和属性。应作为一个有机整体看待内陆湿地生态系统,而非只注重它的某种单一要素(邓培雁和陈桂珠,2003)。

2.4.3.2　多样性

内陆湿地生态系统通过系统内的物理、化学及生物过程的共同作用,表现出许多功能、用途和属性,为人类提供多种产品和服务。由于内陆湿地是陆地与水体的过渡地带,因此它兼具丰富的陆生和水生动植物资源,形成了其他任何单一生态系统都无法比拟的天然基因库和独特的生物环境,特殊的土壤和气候提供了复杂且完备的动植物群落,对于保护物种、维持生物多样性具有难以替代的生态价值。

内陆湿地的多样性特点不仅体现在生态系统类型的多样性上,也体现在生境类型的多样性和生物群落的多样性。湿地生态系统独特的水文、土壤、气候等环境条件所形成的独特的生态位为植物群落提供了复杂而完备的特殊生境。湿地生物群落是湿地特殊生境选择的结果,其组成和结构复杂多样,生物生态学特征差异很大,这主要是由于湿地生态条件变幅很大,不同类型的湿地,其生境条件有很大差异,即使同一块湿地内,其生境条件也很复杂。内陆湿地生长的植物群落包括乔木、灌木、多年生禾本科、莎草科等草本植物以及苔藓和地衣等。动物群落包括哺乳类、鸟类、两栖类、爬行类、鱼类以及无脊椎类等。湿地特殊生境的重要性特别体现在它是许多濒危野生动物(如丹顶鹤、天鹅、扬子鳄、云石斑鸭和河马等)的独特生境。因而,湿地是天然的基因库,它和热带雨林一样,在保存物种多样性方面具有重要意义(何勇田和熊先哲,1994)。

2.4.3.3　地域性

内陆湿地作为一种自然生态系统,具有空间分布的地域性。位于不同地域空间的内陆湿地可能存在着规模、类型、周边社会经济环境等方面的差异,因而所表现出的价值类型和价值大小有所不同。例如一块位于边远荒郊的湿地与一块位于城市区域内的湿地,其价值类型、作用性质、对于人类的相对重要性都是无法比较的。这并不意味着位于边远荒郊的湿地价值更小,只是不同地域的湿地相对于人类的主导价值是不同的,进行湿地价值分析时应因地而异。

2.4.3.4　共享性

内陆湿地的许多价值常常是超出特定湿地生态系统的空间范围的,湿地生产者和所有者对湿地发挥功能范围的控制力是有限的。不管所有者是否同意,特定区域的个人和社区都可共享湿地的价值。例如湿地可以在一定程度上调节区域小气候,使周边地区的人们受益,无论其是否对这块湿地具有所有权与使用权。湿地所具有的调节全球气候变化的功能可使全地球人类都从中受益。

2.4.3.5　脆弱性

内陆湿地生态系统处于水陆交界的生态脆弱带,水文、土壤和气候相互作用,形成其环境的主要因素。每一因素的改变都或多或少地导致生态系统发生变化,特别是水文,当它受到自然或人为活动干扰时,生态系统稳定性极易受到破坏,进而影响生物群落结构,改变内陆湿地生态系统。受到破坏的湿地很难得到恢复,这主要是由湿地所具有的介于水陆生态系统之间的特殊水文条件所决定的。当水量减少乃至干涸时,湿地生态系统演替为陆地生态系统;当水量增加时,该系统又演化为湿地生态系统。水文决定了系统的状态。

水文期是湿地水位的季节性模式,它是湿地水文情况的标志,它决定了湿地地表和地下水位的升降,其稳定性决定了内陆湿地生态系统的稳定性,因为水文期对营养物质的转化和营养物质对植物的有效性有显著的影响。湿地水文期或水文情况是所有输入、输出水流的整合,它主要受下列因素的影响:① 输入、输出水的平衡状况;② 地表轮廓(起伏);③ 土壤地质及地下水状况。除水文条件外,气候、环境污染、人为活动破坏等都对湿地有很重要的影响。与湿地损失或损害有关的4个主要原因是:① 水源变化;② 直接的自然变化;③ 有害污染物质流;④ 营养物输入和沉积非平衡。我国新疆的罗布泊由于水源塔里木河和孔雀河中上游用水量剧增,向下游输送的水量显著减少,到1964年即完全干涸,水草丰美的罗布泊湿地如今已沦为一片荒漠。湿地的退化乃至消失不仅直接导致湿地植物分布面积和野生动物生存环境的缩减,而且导致生物群落结构的破坏、生物多样性降低和生物资源的破坏(何勇田和熊先哲,1994)。

2.4.3.6　高效性

内陆湿地生态系统与其他生态系统相比,初级生产力较高。据报道,内陆湿地生态系统平均每年生产蛋白质 $9 \, g \cdot m^{-2}$,是陆地生态系统的 3.5 倍,部分湿地植物的生产量比小麦地的平均产量还高 8 倍(何勇田和熊先哲,1994)。内陆湿地生态系统由于其特殊的水、光、热和营养物质等条件,成为地球上最富有生产力的生态系统之一。内陆湿地多样的动植物群落是其高生产力的基础。一般说来,湿地对水文流动的开放程度是其潜在初级生产力的最重要的决定因素,其基本规律为:流动水湿地生产力>缓流水湿地生产力>静水湿地生产力。这是因为水文流动是营养物质进入湿地的主要渠道。此外,影响内陆湿地生产力的因子还有气候、水化学性质、沉积物化学性质与厌氧状况、盐分、光照、温度、种内和种间作用、生物的再循环效率及植物本身的生产潜力等。

2.4.3.7　过渡性

内陆湿地生态系统既具有陆地生态系统的地带性分布特点,又具有水体生态系统的地带性分布特点,表现出水陆相兼的过渡性分布规律(黄锡畴,1989)。位于水陆界面的交错群落分布使内陆湿地具有显著的边缘效应,这是内陆湿地具有很高的生产力及生物多样性的根本原因。内陆湿地生态系统的过渡性特点不仅表现在其地理分布上,也表现在其生态系统结构上,其无机环境和生物群落都具有明显的过渡性质。

湿地水文条件是维持湿地结构和功能的主要动力。它不仅直接影响湿地生态环境的物理化学性质(如营养物质有效性、土壤厌氧条件、盐分、酸碱度、沉积物性质等)及营养物质的输入输出,也是最终决定湿地生物群落的主要因素之一。湿地水文的过渡性使其形成了区别于陆地生境和水生生境的独特的物理化学环境。

内陆湿地植物是陆生植物和水生植物之间的过渡类型,具有适应半水半陆生境的生态特征(如通气组织发达、根系浅、以不定根方式繁殖等);内陆湿地动物群落以两栖类和涉禽为主。涉禽长期适应湿地半水半陆的生态环境,因而具有长嘴、长腿、长颈等生态特征。

2.4.3.8 双重性

内陆湿地生态系统处于由低级向高级发展、由不成熟向成熟演替的过渡阶段,因而它既具有成熟生态系统的性质,又具有不成熟(年轻)生态系统的性质。一方面,内陆湿地生态系统初级生产力高,生产量与群落呼吸量之比大于1,生产量与生物量之比小于1;湿地稳定性(对外界扰动的抗性)差,有部分净生产力输出及矿物质循环开放等特点标志着它是一个不成熟的生态系统。另一方面,内陆湿地保持的生物量高(多数湿地在泥炭中积累了大量生物量),总有机质较多,生物多样性高;湿地空间分异大,结构良好;生命循环相对较短,但食物网很复杂。这些特征标志着它是一个成熟的生态系统。内陆湿地生态系统的双重性既是湿地过渡性特点的体现,也是湿地生态系统特殊性的体现,它们是湿地生态学得以独立存在和发展的基础(何勇田和熊先哲,1994)。

思 考 题

1. 简述湿地生态系统的分类。
2. 我国湿地生态系统类型主要有哪些?
3. 简述全球滨海湿地生态系统的类型和主要分布。
4. 内陆湿地生态系统的特征有哪些?

参 考 文 献

安娜,高乃云,刘长娥. 2008. 中国湿地的退化原因、评价及保护. 生态学杂志,27:821-828.
安树青. 2003. 湿地生态工程——湿地资源利用与保护的优化模式. 北京:化学工业出版社.
卜兆君,王升忠,谢宗航. 2005. 泥炭沼泽学若干基本概念的再认识. 东北师大学报(自然科学版),37: 105-110.

柴岫. 1981. 中国泥炭的形成与分布规律的初步探讨. 地理学报, 36:237-253.

柴岫. 1990. 泥炭地学. 北京:地质出版社.

柴岫, 邱惠卿, 金树仁. 1963. 沼泽学的对象与任务. 东北师大学报(自然科学版), 1:13.

陈国栋, 张超. 2016. 天然宝库湿地. 济南:山东科学技术出版社.

崔保山. 1999. 湿地生态系统生态特征变化及其可持续性问题. 生态学杂志, 18:43-49.

崔丽娟, 庞丙亮, 李伟, 等. 2016. 扎龙湿地生态系统服务价值评价. 生态学报, 36:828-836.

崔丽娟, 张曼胤. 2007. 中国湿地分类编码系统研究. 北京林业大学学报, 3:87-92.

但新球, 廖宝文, 吴照柏, 等. 2016. 中国红树林湿地资源、保护现状和主要威胁. 生态环境学报, 25:1237-
　　1243.

邓培雁, 陈桂珠. 2003. 湿地价值及其有关问题探讨. 湿地科学, 2:136-140.

范航清, 黎广钊. 1997. 海堤对广西沿海红树林的数量、群落特征和恢复的影响. 应用生态学报, 8:240-244.

范航清, 石雅君, 邱广龙. 2009. 中国海草植物. 北京:海洋出版社.

高欣. 2006. 杭州湾湿地生物多样性及其保护. 沈阳师范大学学报(自然科学版), 24:92-95.

国家林业局. 2015. 中国湿地资源——总卷. 北京:中国林业出版社.

国家林业局森林资源管理司. 2002. 全国红树林资源报告.

何勇田, 熊先哲. 1994. 试论湿地生态系统的特点. 农业环境保护, 13:275-278.

黄锡畴. 1989. 沼泽生态系统的性质. 地理科学, 9:97-104.

贾明明, 王宗明, 毛德华, 等. 2021. 面向可持续发展目标的中国红树林近 50 年变化分析. 科学通报, 66:
　　3886-3901.

江波, 张路, 欧阳志云. 2015. 青海湖湿地生态系统服务价值评估. 应用生态学报, 26:3137-3144.

李长安. 2004. 中国湿地环境现状与保护对策. 中国水利, 3:24-26.

李玉凤, 刘红玉. 2014. 湿地分类和湿地景观分类研究进展. 湿地科学, 12:102-108.

李忠魁. 2002. 发挥水土保持效益　建设良好生态环境. 世界林业研究, 2:15-21.

梁延海, 朱万昌, 王立功. 2005. 大兴安岭湿地价值的初步评价. 防护林科技, 4:54-55.

林鹏. 1997. 中国红树林生态系. 北京:科学出版社.

林鹏. 2003. 中国红树林湿地与生态工程的几个问题. 中国工程科学, 5:33-38.

林鹏. 2006. 海洋高等植物生态学. 北京:科学出版社.

林鹏, 傅勤. 1995. 中国红树林环境生态及经济利用. 北京:高等教育出版社.

刘兴土. 2005a. 东北湿地. 北京:科学出版社.

刘兴土. 2005b. 沼泽学概论. 长春:吉林科学技术出版社.

陆健健, 何文珊, 童富春, 等. 2006. 湿地生态学. 北京:高等教育出版社.

吕宪国, 黄锡畴. 1998. 我国湿地研究进展. 地理科学, 18:293-300.

吕宪国, 邹元春. 2016. 中国湿地研究. 长沙:湖南教育出版社.

罗玲, 王宗明, 毛德华, 等. 2016. 沼泽湿地主要类型英文词汇内涵及辨析. 生态学杂志, 35:834-842.

罗柳青, 钟才荣, 侯学良, 等. 2017. 中国红树植物 1 个新记录种——拉氏红树. 厦门大学学报(自然科学
　　版), 56:346-350.

马广仁. 2016. 中国国际重要湿地及其生态特征. 北京:中国林业出版社.

马学慧. 2005. 湿地的基本概念. 湿地科学与管理, 1:56-57.

倪晋仁. 1998. 湿地综合分类研究:Ⅰ. 分类. 自然资源学报, 3:22-29.

牛振国, 宫鹏, 程晓, 等. 2009. 中国湿地初步遥感制图及相关地理特征分析. 中国科学:D 辑, 2:188-203.

欧阳志云, 王如松. 2000. 生态系统服务功能、生态价值与可持续发展. 世界科技研究与发展, 22:45-50.

邱广龙, 林幸助, 李宗善, 等. 2014. 海草生态系统的固碳机理及贡献. 应用生态学报, 25:1825-1832.

商晓东. 2009. 内蒙古大兴安岭湿地保护与利用问题研究. 硕士学位论文. 北京:中国农业科学院.

沈文英,黄凌风,郭丰,等. 2010. 海洋生态学(第三版). 北京:科学出版社.

孙广友. 1998. 沼泽湿地的形成演化. 国土与自然资源研究,4:33-35.

唐小平,黄桂林. 2003. 中国湿地分类系统的研究. 林业科学研究,5:531-539.

唐小平,王志臣,张阳武. 2013. 全国湿地资源调查技术体系设计及结果分析. 林业资源管理,6:62-69.

王文卿,王瑁. 2007. 中国红树林. 北京:科学出版社.

王宪礼. 1997. 我国自然湿地的基本特点. 生态学杂志,4:64-67.

辛琨,肖笃宁. 2002. 盘锦地区湿地生态系统服务功能价值估算. 生态学报,22:1345-1349.

杨宗岱,吴宝玲. 1984. 中国海草场的分布、生产力及其结构与功能的初步探讨. 生态学报,1:33-37.

余国营. 2001. 湿地研究的若干基本科学问题初论. 地理科学进展,20:177-183.

俞穆清,田卫,刘景双,等. 2000. 向海国家级自然保护区湿地资源保护与可持续利用探析. 地理科学,20: 193-196.

袁莉蓉,齐婷,喻光明. 2014. 内陆湿地土地利用变化的生态效应——以斧头湖为例. 海洋沼泽通报,1: 129-136.

岳春雷. 2017. 河流湿地生态修复技术探讨. 浙江林业,2:16-17.

曾竞,卜兆君,王猛,等. 2013. 氮沉降对泥炭地影响的研究进展. 生态学杂志,32:473-481.

张晓龙,李培英. 2004. 湿地退化标准的探讨. 湿地科学,2:36-41.

张晓云,吕宪国,沈松平. 2009. 若尔盖高原湿地生态系统服务价值动态. 应用生态学报,20:1147-1152.

张永民,赵士洞,郭荣朝. 2008. 全球湿地的状况、未来情景与可持续管理对策. 地球科学进展,23:416-420.

赵其国,高俊峰. 2007. 中国湿地资源的生态功能及其分区. 中国生态农业学报,15:1-4.

郑凤英,邱广龙,范航清,等. 2013. 中国海草的多样性、分布及保护. 生物多样性,21:517-526.

郑姚闽,张海英,牛振国,等. 2012. 中国国家级湿地自然保护区保护成效初步评估. 科学通报,57:207-230.

中国湿地植被专业委员会. 1999. 中国湿地植被. 北京:科学出版社.

周立华. 1997. 青海湖流域沼泽化草甸形成发育的主要气候因子. 地理科学,17:271-277.

Alongi DM. 2014. Carbon cycling and storage in mangrove forests. Annual Review of Marine Science,6:195-219.

Barendregt A,Whigham DF,Meire P,et al. 2006. Wetlands in the tidal freshwater zone. In:Bobbink R,Beltman B,Verhoeven JTA,et al.Wetlands:Functioning,Biodiversity Conservation,and Restoration. Berlin,Heidelberg: Springer,117-148.

Beeftink WG. 1977. Salt marsh. In:Barnes RSK. The Coastal-line. New York:John Wiley and Sons.

Burke L,Selig E,Spalding M. 2002. Reef at risk in Southeast Asia. Washington DC:World Resources Institute, 1-72.

Chapman VJ. 1978.Wet Coastal Ecosystem. Amsterdam:Elsevier.

Chen B,Xiao X,Li X,et al. 2017. A mangrove forest map of China in 2015:Analysis of time series Landsat 7/8 and Sentinel-1A imagery in Google Earth Engine cloud computing platform. ISPRS Journal of Photogrammetry and Remote Sensing,131:104-120.

Chen L,Wang W,Zhang Y,et al. 2009. Recent progresses in mangrove conservation,restoration and research in China. Journal of Plant Ecology,2:45-54.

Costanza R,d'Arge R,De Groot R,et al. 1997. The value of the world's ecosystem services and natural capital. Nature,387:253.

Costanza R, Groot R, Sutton P, et al. 2014. Changes in the global value of ecosystem services. Global Environmental Change,26:152-158.

Cowardin LM,Golet FC. 1979. Classification of wetlands and deep-water habitats of the United States. Washington

DC:US Fish and Wildlife Service,1-79.

Cowardin LM,Golet FC. 1995. US Fish and Wildlife Service 1979 wetland classification:A review. Vegetatio,118: 139-152.

Daily GC.1997. Nature's Services:Societal Dependence on Natural Ecosystems. Washington DC:Island Press.

Duarte CM. 2000. Marine biodiversity and ecosystem services:An elusive link. Journal of Experimental Marine Biology and Ecology,250:117-132.

Du Rietz GE.1949. Huvudenheter och huvudgränser i svensk myrvegetation. Svensk Botanisk Tidskrift,43:274- 309.

Duke NC,Ball MC,Ellison JC. 1998. Factors influencing biodiversity and distributional gradients in mangroves. Global Ecology and Biogeography Letters,7:27-47.

Gardner TA,Côté IM, Gill JA. 2003. Long-term regional-wide declines in Caribbean Corals. Science, 301: 958-960.

Giri C,Ochieng E,Tieszen LL,et al. 2011. Status and distribution of mangrove forests of the world using earth observation satellite data. Global Ecology and Biogeography,20:154-159.

Godwin KS,James PS,Donald JL,et al. 2002. Linking landscape properties to local hydrogeologic gradients and plant species occurrence in New York fens:A hydrogeologic setting(HGS) framework. Wetlands,22:722-737.

Gore AJP.1983. Mires—Swamp,Bog,Fen,and Moor. Amsterdam:Elsevier.

Hemminga MA,Duarte CM. 2000. Seagrass Ecology. Cambridge:Cambridge University Press.

Hu L,Li W,Xu B. 2018. Monitoring mangrove forest change in China from 1990 to 2015 using Landsat-derived spectral-temporal variability metrics. International Journal of Applied Earth Observation and Geoinformation,73: 88-98.

Hughes F. 2003. The flooded forest:Guidance for policy makers and river managers in Europe on the restoration of floodplain forests. The FLOBAR2 Project.

Keddy PA. 2010. Wetland Ecology:Principles and Conservation. Oxford:Cambridge University Press.

Keddy PA,Fraser LH,Solomeshch AI,et al. 2009. Wet and wonderful:The world's largest wetlands are conservation priorities. BioScience,59:39-51.

Kensley B. 1998. Estimates of species diversity of free-living marine isopod crustaceans on coastal reefs. Coral Reef,17:83-88.

Mitsch WJ,Gosselink JG. 2007. Wetlands. New York:John Wiley and Sons.

Nellemann C,Corcoran E,Duarte CM,et al. 2009. Blue Carbon:A Rapid Response Assessment. United Nations Environment Programme,GRID-Arendal.

Nybakken JW. 1982. Marine Biology—An Ecological Approach. New York:Harper and Row Publishers.

Odum WE. 1988. Comparative ecology of tidal freshwater and salt marshes. Annual Review of Ecology and Systematics,19:147-176.

Rydin H,Sjörs H,Löfroth M. 1999. Mires. Acta Phytogeographica Suecica,84:91-112.

Short FT,Carruthers TJB,Dennison WC. 2007. Global seagrass distribution and diversity:A bioregional model. Journal of Experimental Marine Biology and Ecology,350:3-20.

Short FT,Polidoro B,Livingstone SR. 2011. Extinction risk assessment of the world's seagrass species. Biological Conservation,144:1961-1971.

Spalding MD. 2001. World Atlas of Coral Reefs. Berkeley:University of California Press.

Spalding MD,Kainuma M,Collins L. 2010. World Atlas of Mangroves. London:Earthscan.

Tomlinson PB. 2016. The Botany of Mangroves(Second Edition). New York:Cambridge University Press.

Wilcox DA,Thompson TA,Booth RK,et al. 2007. Lake-level variability and water availability in the Great Lakes. US Geological Survey Circular,1311.

Wilkinson C. 2004. Status of Coral Reefs of World. Ⅵ. Townsville:Institute of Marine Science,1-302.

Yee SM. 2010. REDD and BLUE Carbon:Carbon Payments for Mangrove Conservation. Dissertation. Georgia:University of Georgia.

第 3 章

湿地生态系统的组成

湿地生态系统由湿地非生物部分和生物部分组成,非生物部分也可称为湿地非生物环境;生物部分可以分为生产者、消费者和分解者。湿地生态系统是一个独特的生态系统,主要分布在陆地生态系统和深水水体生态系统相互过渡的地区,湿地土壤永久或季节性地被水淹没。因此,湿地生态系统是湿生、中生和水生的植物、动物、微生物与环境要素之间密切联系、相互作用,通过物质交换、能量转换和信息传递所构成的占据一定空间、具有一定结构、执行一定功能的动态平衡整体(Roth,2014)。本章内容主要包括湿地环境、湿地动植物、湿地土壤微生物及湿地生物对环境的适应。

3.1　湿　地　环　境

我国位于欧亚大陆的东部,东南濒临太平洋,西北深入欧亚大陆腹地,西南与南亚次大陆接壤;南北跨越纬度约 $50°$,东西跨越经度约 $61.5°$,陆地面积 960 万 km^2;自然条件复杂、湿地分布面积大,是世界上湿地类型最丰富的国家之一,从寒温带到热带,从滨海到内陆,从平原到山地乃至高原都有湿地分布。因此,我国湿地的环境特征地域差异明显,且不同类型的湿地表现出巨大差异。

3.1.1　湿地土壤

湿地土壤是构成湿地生态系统的重要环境因子之一。湿地土壤在每年的一段时间都有积水存在,这种水土存在形式是判定一个区域是否为湿地的衡量指标。当一个生态系统土壤里的水分处于饱和状态时,土壤颗粒之间几乎没有空间供氧气存在和流动,此时的土壤处于厌氧的环境。在湿地特殊的水文条件和植被条件下,湿地土壤有着自身独特的形成和发育过程,表现出不同于一般陆地土壤的特殊的理化性质和生态功能,既是湿地化学转换发生的媒介,也是大多植物可获得的化学物质最初的贮存场所,这些性质和功能对于湿地生态系统平衡的维持和演替具有重要作用。

湿地土壤与水有着密切的联系,泛指在长期积水或生长季积水的环境条件下,生长有水生植物或湿生植物的土壤,通常被称作水成土壤。美国土壤保护署将其定义为在生长季期间,被水饱和、洪涝或蓄水足够长的时间,导致其上层部分形成嫌气环境的土壤。需氧土壤中的有机物(例如土壤生物,枯萎的植物根部、叶子、茎等)在有氧的条件下可以进行一系列的分解活动,因此有机质的积累较少。而湿地土壤长时间处于水饱和引起的"缺氧"状态,土壤中植物的根部无法获得氧气而生长,微生物无法进行好氧分解,因此土壤中的有机物分解缓慢。环境条件特殊(例如低温)的地区,土壤中有机物的分解速率非常慢,可能导致每年增加的有机物比分解的有机物还要多。有的泥炭湿地的上层土壤全部由有机物构成,植物残体过了几百年以后仍旧能够辨认。

湿地土壤有别于其他生态系统中的土壤结构,一般比较黏重,通气性、渗水性差,土壤容重和体积质量较小;因为土壤的孔隙度大,草根层厚而含水量大,持水能力较强,湿地土壤的矿物质和有机物含量均较高。湿地土壤可分为有机土和矿质土(表3.1)。美国土壤保护署定义了有机土或有机土物质:① 长期被水饱和或由人工疏水,除活根系以外,如果矿质颗粒有 60% 为 1:1 黏土,有 18% 或更多的有机碳;如果矿质颗粒没有黏土,有 12% 或更多的有机碳;如果矿质颗粒的黏土含量介于 0%~60%,有机碳的比例为 12%~18%。② 在几天或以上的时间内不被水饱和并有 20% 或更多的有机碳。如果土壤不满足以上两种条件中的任何一种,则被定义为矿质土。某些湿地的土壤也可以为矿质土,例如部分淡水沼泽或河湖滨岸森林的土壤,一般它们的土壤剖面具有层次性,最上层经常是由未分解的植物体组成的泥炭。在多水条件下,沼生植物和水生植物枯萎的有机体处于嫌气环境,不能彻底分解,剩余的植物残体逐渐堆积形成松软的泥炭层;当沼泽水分不稳定时,少雨季节,地下水位下降,沼泽变干,有机残体在好气条件下分解掉,不能形成泥炭堆积。

表 3.1　湿地有机土和矿质土的性质比较

	有机物含量/%	酸碱性	容重	孔隙度	水力传导率	持水量	养分有效性	离子交换能力	典型湿地
有机土	≥20	酸性	低	高	从低到高	高	较低	高,以氢离子为主	北方泥炭
矿质土	<20	中性	高	45%~55%	高(黏土除外)	低	高	低,以阳离子为主	河湖岸边森林

3.1.1.1　湿地土壤特征

根据杨青和齐吉平(2007)对湿地土壤的系统划分,将我国的湿地土壤分为 1 个土纲、2 个亚纲、2 个土类、12 个亚类和 69 个土族(表 3.2)。① 因为湿地土壤具有泥炭化、潜育化、潴育化的成土过程,所以将湿地土壤划分为一个土纲,即湿地土纲。② 以人为活动影响为主的成土过程来划分,湿地土壤亚纲分为自然湿地土壤和人工湿地土壤。③ 依据湿地土类主要有机表层的分解程度、性状和有机物的含量,将湿地土壤中有机物含量 ≥20% 的划为有机土,<20% 的划为矿质土。④ 依据表现性质以及化学性质,划分为淡水湿地土壤、碳酸盐湿地土壤、氯化物盐类湿地土壤和硫酸盐湿地土壤。⑤ 以水文地貌条件来划分,可分为高平原湿地土壤、低平原湿地土壤、低山谷湿地土壤、海岸滩涂湿地土壤、河岸漫滩湿地土壤和湖滨湿地土壤。一方面,从热带到极地,从沿海到内陆,从高平原到低平原都有湿地土壤发

育,表现了湿地土壤分布的广泛性;另一方面,湿地土壤分布又具有不平衡性。湿地生态环境从东到西气候条件由湿润、半湿润到半干旱再到干旱,湿地土壤也从淡水湿地土壤到碳酸盐湿地土壤;从南到北由氯化物盐类湿地土壤到淡水湿地土壤。因此,湿地土壤也具有地带性的分布特点(杨青和刘吉平,2007)。本节将对有机土和矿质土进行详细阐述。

有机土一般发育于北方泥炭地或南方深水沼泽。有机土的渗透系数有较大的变化幅度,依赖于有机物的分解程度,而厌氧环境下有机物的分解程度较低,因此有机土能保存更多的水分;又因为有机土的持水性很强,水可以随时穿过土壤,因此,只有当湿地下面有一层相对不透水的物质阻挡水渗透到地下水系统时,有机土湿地才能形成。

表 3.2　我国湿地土壤分类表(杨青和刘吉平,2007)

土纲	亚纲	土类	亚类	土族
湿地土纲	自然湿地土壤	有机土	淡水湿地有机土	高平原湿地土壤
				低平原湿地土壤
				低山谷湿地土壤
				海岸滩涂湿地土壤
				河岸漫滩湿地土壤
				湖滨湿地土壤
			碳酸盐湿地有机土	高平原湿地土壤
				低平原湿地土壤
				低山谷湿地土壤
				河岸漫滩湿地土壤
				湖滨湿地土壤
			氯化物盐类湿地有机土	高平原湿地土壤
				低平原湿地土壤
				低山谷湿地土壤
				海岸滩涂湿地土壤
				河岸漫滩湿地土壤
				湖滨湿地土壤
			硫酸盐湿地有机土	高平原湿地土壤
				低平原湿地土壤
				低山谷湿地土壤
				海岸滩涂湿地土壤
				河岸漫滩湿地土壤
				湖滨湿地土壤

续表

土纲	亚纲	土类	亚类	土族
湿地土纲	自然湿地土壤	矿质土	淡水湿地矿质土	高平原湿地土壤
				低平原湿地土壤
				低山谷湿地土壤
				海岸滩涂湿地土壤
				河岸漫滩湿地土壤
				湖滨湿地土壤
			碳酸盐湿地矿质土	高平原湿地土壤
				低平原湿地土壤
				低山谷湿地土壤
				河岸漫滩湿地土壤
				湖滨湿地土壤
			氯化物盐类湿地矿质土	高平原湿地土壤
				低平原湿地土壤
				低山谷湿地土壤
				海岸滩涂湿地土壤
				河岸漫滩湿地土壤
				湖滨湿地土壤
			硫酸盐湿地矿质土	高平原湿地土壤
				低平原湿地土壤
				低山谷湿地土壤
				海岸滩涂湿地土壤
				河岸漫滩湿地土壤
				湖滨湿地土壤
	人工湿地土壤	矿质土	淡水湿地矿质土、水稻土	高平原湿地土壤
				低平原湿地土壤
				低山谷湿地土壤
				海岸滩涂湿地土壤
				河岸漫滩湿地土壤
				湖滨湿地土壤

续表

土纲	亚纲	土类	亚类	土族
湿地土纲	人工湿地土壤	矿质土	碳酸盐湿地矿质土	高平原湿地土壤
				低平原湿地土壤
				低山谷湿地土壤
				河岸漫滩湿地土壤
				湖滨湿地土壤
			氯化物盐类湿地矿质土	高平原湿地土壤
				低平原湿地土壤
				低山谷湿地土壤
				海岸滩涂湿地土壤
				河岸漫滩湿地土壤
				湖滨湿地土壤
			硫酸盐湿地矿质土	高平原湿地土壤
				低平原湿地土壤
				低山谷湿地土壤
				海岸滩涂湿地土壤
				河岸漫滩湿地土壤
				湖滨湿地土壤

矿质土一般发育于地势低平区域,土壤处于长期或周期性淹水,有机物含量低于 20%,剖面有潜育层或潴育层分布。

(1) 湿地有机土

有机土主要由处于各分解阶段并堆积于湿地的植物残体所组成,这是水淹或不良排水条件所创造的嫌气环境所造成的。有机土包括通常所说的泥炭和腐殖土,它的两个主要特征是有机物的植物来源和分解程度。土壤有机物的植物来源可以是草本和木本及其凋落物。有机土可以源于禾草的草本物质,如芦苇(Phragmites)、菰(Zizania)、盐沼网茅,或源于蔓草,如薹草(Carex)和一本芒(Cladium)。在淡水沼泽中,有机土也可以由许多非禾草和非蔓草植物的碎屑产生,包括香蒲(Typha)和睡莲(Nymphaea)。在森林湿地中,泥炭可以来自林木碎屑、树叶或两者兼有。在北方泥炭地中,有机土可以来源于桦(Betula)、松(Pinus)、落叶松(Larix);而在南方深水沼泽中,有机土可以来源于落羽杉(Taxodium)和蓝果树(Nyssa)等。

有机土比矿质土具有较低的容重和较高的持水能力。容重为单位体积土壤物质的干重,当有机土完全分解时,一般为 $0.2 \sim 0.3 \ \mathrm{g \cdot cm^{-3}}$,但是泥炭藓泥炭地土壤具有低至 $0.04 \ \mathrm{g \cdot cm^{-3}}$ 的容重;矿质土一般在 $1.0 \sim 2.0 \ \mathrm{g \cdot cm^{-3}}$。有机土的容重较低是因为其具有较高的孔隙度或空隙比,泥炭土的空隙比一般至少 80%,因此水淹时 80% 的体积被水充填。而矿质土的空隙比,排除黏土量和结构的差异,一般在 45%~55%。有机土相比矿质土可保持更多的水分,但在给定的同一水力传导率下,它未必会允许水更快地从中穿过。

(2)湿地矿质土

在湿地生态系统中,当水淹时期超长时,矿质土就会形成某些易于鉴别的特征。许多半常年和常年水淹的矿质土的一个重要特征是土壤由于潜育过程变为灰色,有时变为浅绿色或蓝灰色。这个颜色变化的过程是铁的化学还原的结果。季节性水淹的矿质土的另一个特点是干湿交替,是一个土壤形成杂色的过程。色斑是在灰色的土壤基质上的橙色、红棕色(因为有铁)、暗红棕色或黑色(因为锰的存在)斑点,它的存在说明在整体还原环境下间断性暴露的土壤含有铁锰氧化物。色斑相对不易溶解,这使它们能在排水后较长时间保留在土壤中。潜育和色斑的发育以微生物过程为媒介,它们形成的速率取决于:① 存在持续性的嫌气环境;② 有足够的土壤温度(通常被认为是生物零度以上,在此温度下,大部分生物活动停滞或大幅度减缓);③ 存在作为微生物活动基底的有机物。缺乏上述三个条件中的任何一个,潜育和色斑的发育都不会发生。矿质土含水量低于有机土,并且具有相对较低的透水性。因为水不能随意流动,在持续饱和的状态下,缺氧条件快速形成。矿质土更倾向于中性而不是酸性,营养有效性相对较高。在低氧条件下,土壤微生物分解氧化铁,使铁易溶,和水一起移动。在有些地方它被土壤滤出,但在含氧量较高的地方,或者当土壤暴露在空气中时,它又被氧化。水饱和状态下植物根部周围会出现含氧量高的情况。在这样的区域,橙色或铁锈色的氧化铁积累再加上灰色的土壤就形成了杂色土壤。一些湿地矿质土的另一个特征是氧化根圈的存在,是许多水生植物通过地上的茎和叶向地下根系传输一定量的氧气造成的。根系代谢未消耗完的氧气从根系释放到其周边的土壤基质中,沿细小的根系形成氧化铁的沉淀。当考察湿地土壤时,经常可以看到这些氧化的根圈在另一种潜育背景下呈现纤弱的痕迹。

有机土呈酸性且养分少,一般比矿质土具有更多束缚于有机形式的矿物质,这对植物是无效的,意味着在有机土中并没有更多的全营养。事实上,有机土中速效磷和铁的含量都是极低的,这往往限制了植物的生产力。有机物分解速率低是因为低温和生长季。土壤科学家把湿地有机土分为三类:低分解有机土(泥炭)、半分解有机土(泥炭淤泥)和高分解有机土(淤泥)。

有机土具有较强的阳离子交换能力。随着土壤中有机物含量的增加,氢离子的百分含量和总量增加。以泥炭藓泥炭为例,其阳离子含量高是由于吸收阳离子(如钙和镁)和释放氢离子酸化了其周围环境。

湿地土壤的分解或腐殖化状态是有机土的另一个重要特征。随着分解的进行,原来的植物理化结构发生变化,尽管在水淹条件下变化速率极为缓慢,但最终产物与其母体大不相同。随着泥炭的分解,容重增加,水力传导率下降,由于物质破碎程度的增加,长纤维(>1.5 mm)量减少。化学方面,泥炭蜡以及溶解于非极性溶剂的物质——单宁随有机物的分解而增加,而纤维素化合物和植物色素减少。当某些湿地植物(如盐沼禾草)死亡时,其碎屑中的有机化合物大部分通过淋溶作用迅速损失掉。有人认为这些易于溶解的有机化合物在相邻的水生系统中易于新陈代谢(王永杰,2010)。

　　湿地土壤在缺氧条件下形成厌氧环境,土壤微生物以嫌气性细菌为主,各种动植物残体分解缓慢或不易分解,有机物的生成超过其分解作用,出现土壤有机物的积累。此外,在湿地土壤的分布区,低温也是促进有机物积累的重要因素,因为低温条件下土壤微生物的活性降低。例如,我国若尔盖高原湿地区年均温度仅 0.6~1.2 ℃,其土壤有机物一般厚达 3 m,最高可达 9 m;而温带河流、湖泊沼泽化形成的土壤有机物厚度只有 1~2 m 或更薄一些。另外,不同沼泽植被下土壤有机物的厚度也不一样,如乌拉薹草($C.\ meyeriana$)、膨囊薹草($C.\ lehmannii$)群落,三棱草、大叶章、小叶章群落等形成的土壤有机物较薄,而芦苇、云南莎草($Cyperus\ duclouxii$)等形成的土壤有机物则较厚。总的来看,无论何种湿地土壤,均以其较高含量的有机物明显区别于陆地土壤。

　　淹水或水分饱和条件下,空气和土壤之间不能进行正常的气体交换,氧气只能通过分子扩散进入土壤,而分子态的氧在水中的扩散速度不到气相中扩散速度的万分之一。由于土壤供氧量极低,湿地土壤中的物质大部分以还原态为主,表现出强烈的还原环境。土壤还原状态的强弱一般用氧化还原电位(Eh)表示。湿地土壤的 Eh 值一般在 −200~300 mV,比陆地土壤的 Eh 值(一般在 600~700 mV)低得多。湿地土壤 Eh 值是湿地土壤中多种氧化还原体系综合作用的结果,这些体系通常包括氧、硝酸盐、亚硝酸盐、Mn、Fe、S 以及各种有机化合物,并且表现出一定的还原顺序。湿地土壤的强烈还原环境决定着湿地中各种营养物质的形态及其转化方式。

3.1.1.2　湿地土壤结构

　　土壤结构是指土壤颗粒(包括团聚体)的排列与组合形式,是成土过程或利用过程中由物理、化学和生物多种因素综合作用而形成的,按形状可分为块状、片状和柱状三大类型;按其大小、发育程度和稳定性等,可分为团粒、团块、块状、棱块状、棱柱状、柱状和片状等结构。

　　土壤结构体实际上是土壤颗粒按照不同的排列方式堆积、复合而形成的土壤团聚体(soil aggregate)。土壤团聚体又叫土团,是由土壤颗粒(包括土壤微团聚体)经凝聚胶结作用后形成的个体。按其抵抗水分散力的大小,可分为水稳性团聚体和非水稳性团聚体;按大小可分为大团聚体和微团聚体,大团聚体直径>0.25 mm,微团聚体直径<0.25 mm,具体分为 9 级:大于 10 mm、10~7 mm、7~5 mm、5~3 mm、3~2 mm、2~1 mm、1~0.5 mm、0.5~0.25 mm 和<0.25 mm。

　　土壤团聚体的形成和稳定性不仅能决定土壤的通气性和储水能力,而且能固定和保留土壤有机碳。湿地巨大的碳库使其具有较大的温室气体(如 CO_2、CH_4)排放潜势。土壤团聚体一方面通过自身的物理作用保护有机碳,另一方面通过聚集微生物分解有机物的派生物,对碳进行固定(Yarwood,2018),因此,土壤团聚体在湿地生态系统碳循环中发挥着重要的作用。

　　不同区域、不同类型湿地生态系统的土壤有着不同的土壤结构。表 3.3 列出了一些典型湿地生态系统的土壤结构。

3.1.1.3　湿地土壤环境功能

　　湿地土壤环境功能是指湿地土壤在生态系统界面上维持生物生产,保持与提高湿地周

表 3.3 典型湿地生态系统土壤结构

主要湿地类型		典型湿地	典型区域	典型植被	土壤结构	参考文献
天然湿地	海岸湿地	潮间带森林湿地	广东、广西、福建、海南、台湾等	红树林	较初生土壤、无结构、精细颗粒、半流体、不坚固	石莉,2002
		河口湿地	上海、江苏、山东等	芦苇	沙质土	黄秋雨,2012
				互花米草[①]	黏土、壤土、粉砂土	林贻卿等,2008
	内陆湿地	高寒湿地	青藏高原	高寒植被	砂土	蔡晓布等,2013
人工湿地	农田灌溉地	稻田	所有农田	水稻	壤土,介于黏土和砂土之间	孙国峰等,2010

注:①互花米草为入侵种。

围环境质量,维持人类和生物生命健康的能力。主要包括生态功能、物质"源汇"功能、养分维持功能、净化功能以及指示功能等(田应兵等,2002)。

(1) 生态功能

湿地土壤可以为生态系统中的生物部分提供栖息地及养分来源,可以维持较高生物多样性。植物、微生物以及动物的生长均离不开土壤,因此湿地才能拥有丰富的土壤生物类群。

(2) 物质"源汇"功能

湿地土壤处于生物、水体和气体界面,在水分、养分、沉积物、污染物和温室气体的运移中处于重要地位。

湿地土壤的孔隙度大,渗透率高,因此可以减少地表径流,增加储水能力,保持其本身质量 3~9 倍或更高的蓄水量。由于湿地土壤的这种储水能力,湿地具有"天然蓄水库"之称,可以调节河水径流量、削减洪峰、均化洪水。同时,湿地对水文的调节功能影响着湿地周边环境的区域水平衡。

湿地土壤在化学元素循环中,特别是 CO_2、CH_4 与 N_2O 等温室气体的固定和释放中起着重要的"开关"作用,湿地碳的循环对全球气候变化有重要意义(王红丽等,2008)。湿地生态系统的植物、动物、微生物在其生长/衰亡过程中会在土壤中产生和积累大量的有机碳和无机碳,而由于湿地生态系统的水淹特性以及土壤强烈的还原环境影响,土壤中的微生物分解碳的速率较低,因此,湿地土壤中会累积大量的有机物,并且释放 CO_2 的速率十分缓慢,起到了固定碳、减少碳排放的作用。

(3) 养分维持功能

湿地土壤为生活在此的动植物和微生物提供生产、栖息和繁殖所需的养分。湿地具有良好的水文条件,植物生长茂盛;同时由于湿地土壤经常处于过湿状态,生物残体难以分解,处于腐解和半腐解状态,在土壤中就积累了大量的养分,具有较高的肥力。尤其是泥炭土,其有机物、全氮等养分含量是所有土壤类型中最高的。湿地土壤也可通过截留、沉淀过程积累营养元素。当湿地处于积水或周期性泛滥的状态时,湿地水体中的营养物质向下移动沉积在土壤表层,增加新形成的土壤的肥力。除此之外,湿地土壤的表面(土-水界面)有一个几毫米厚的氧化土层,在这个土层中存在大量的铁、锰离子,可以吸收和固定磷酸盐,铜、锌、锰、钴等金属以及腐殖质,实现维持生态系统养分的功能。

（4）净化功能

在湿地特殊的水文条件和植被条件下,湿地土壤有着自身独特的形成和发育过程,表现出不同于一般陆地土壤的特殊的理化性质(pH 值较低、通气性差、湿度大、团粒结构好),有大量的动物和微生物在此生长。土壤通过截留、吸收、沉淀作用、吸附、离子交换作用、分解代谢作用和氧化还原作用等途径可以对进入湿地生态系统的氮、磷营养盐等污染物质进行净化。因为通气性差,氧气缺失形成缺氧环境后,厌氧细菌进行反硝化反应可以将硝酸盐化合物反硝化成氮气,将生态系统水和土壤中的亚硝酸根去除,达到净化水体、提高水质的作用。在此过程中,肥沃土壤(有机质含量高)的净化效率明显高于贫瘠土壤。湿地土壤可以影响湿地水体中磷的迁移,一方面,湿地土壤可以吸附、沉淀、固定水体中的磷;另一方面,磷可以与金属元素(铁、铝、钙、锰等)形成难溶的磷酸盐化合物,固定一部分营养盐。湿地土壤能够吸附一些有毒有害的重金属,降低它们的毒性。土壤中的重金属可以被有机物中含有的大量络合基团络合和螯合,形成有机物-金属络合物,达到改变重金属的生物毒性和迁移转化规律、降低或消除毒性的目的。

（5）指示功能

因为湿地土壤对环境的变化较为敏感,因此土壤信息不但记录着土壤的成土过程,还保存着环境变化的信息,对于解读古气候及历史上流域环境的变化具有重大的意义。湿地土壤中的植物硅酸体种类组合,泥炭纤维素同位素组成,不同土层的铁锈斑和结核含量,铁矿物的形态、结构、矿化物类型以及伴生矿物组合等指标可以反映古气候变迁。其中铁锈斑和结核含量可以表征土壤侵蚀程度、湿地水体富营养化、土壤的成土过程及成土年龄等信息(王国平等,2005);铁锰结核内的环带状分布与土壤的干湿交替和铁锰的氧化还原特性有关,因此可以利用铁锰结核的环带特性来推测土壤的氧化还原历史,证实古气候、古环境的变化(姜明等,2006)。

3.1.2　湿地水

湿地土壤每年都会在一段时间内有积水存在,常年积水、季节性积水是其基本特征(田自强,2011)。海域、湖泊和河流常年处于积水状态,沼泽则是季节性积水。湿地中水的来源分为地表水、土壤水、生物体水和大气降水等;虽然随着季节的变动或者特殊年份,湿地的水量和来源会有所变化,但总体而言湿地水的来源是稳定的。其中,湿地区域大气中的水对整个地球生态系统的作用不可小觑,它可以调节区域小气候,在全球水资源分配中发挥着重要的作用。就我国而言,湿地维持着约 2.7×10^{12} t 淡水,保存了全国 96% 的可利用淡水资源,是淡水安全的生态保障。

湿地的水环境是湿地生态系统的重要组成部分,也是导致湿地形成、发展、演替、消亡与再生的关键。湿地各类生物的生存均依赖于湿地中的水,因此湿地水在生态系统的物质和能量循环中发挥了重要的作用,保证了生态系统运行功能的正常发挥,是生态系统构成、运行和价值的集中体现。同时,湿地生态系统也是水分的调节者。水是湿地生态系统形成的关键因子和最敏感因子,不论是化学过程中的湿地营养元素的循环、重金属元素的富集与迁移,还是生物过程中的湿地植物的生长、湿地动物的生存,以及物理过程中的能量流动、生态功能实现,都是在水的参与下或以水为载体进行的。

本节以江汉平原湿地和黄河三角洲为例,阐述湿地水的组成(王学雷等,2006)。江汉平原地处湖北省中南部,北接荆山、大洪山,东连大别山和鄂东南丘陵,西邻鄂西山地,为一个向南部洞庭湖敞开的凹陷盆地,总面积 37597 km^2。江汉平原是由长江、汉江及其支流多次泛滥、冲积、沉积而成的冲积湖积平原,区内湖泊星罗棋布,水网密集交错,微地貌复杂,是我国典型的亚热带湿地生态区,是历史上有名的"水袋子"。江汉平原拥有河流湿地、湖泊湿地和人工湿地三大类;每一大类又可分为两个类型——水体类型和沼泽类型。河流湿地的水体类型为永久性河道,沼泽类型为芦苇地、草滩地和泥沙滩地;湖泊湿地的水体类型为壅塞湖、弓形湖、洼地湖和岗边湖,沼泽类型为草滩地和泥沙滩地;人工湿地的水体类型为渠道、池塘和水库,沼泽类型为水稻土,具体可分为沼泽型水稻土、潜育型水稻土、潴育化水稻土和淹育型水稻土。江汉平原河流以长江为骨干,支流自边缘丘陵向长江汇注。区内面积大于 0.5 km^2 的湖泊达 309 个,总面积约为 2657 km^2。长江横贯全境,汉江由西北部流入本区,于汉口注入长江,加上山区河流注入本区,因而本区水量居全省之最。长江与汉江过境的客水总量达到 6338 ×10^8 m^3,这些来水多出现在汛期;众多的湖泊在丰水年份一般可承接 150×10^8 m^3 以上的来水。区内除长江和汉江外,较大河流北有天门河,中有东荆河,南有内荆河,江南有松滋、虎渡诸河及沤水。同时江汉平原降水丰沛,多年平均降水量达到了 1100 ~1400 mm。洪湖是长江中游尤其是江汉平原地区的主要调蓄湖泊,承担着江汉平原四湖中下游的蓄洪及灌溉任务。结合地理信息系统(GIS)技术的应用,通过对多年资料和遥感图像的分析与处理,研究洪湖在调蓄洪水过程中发挥的作用。根据计算机模拟计算,以水位达到 27 m(洪湖围堤的海拔高程)时的调蓄容量为洪湖的最大调蓄容量,则洪湖最大的调蓄容量约为 21×10^8 m^3。

黄河三角洲湿地是由黄河多次改道和决口泛滥而形成的岗、坡、洼相间的微地貌形态构成的湿地,湿地区域内主要土壤类型为盐渍土。以黄河为分界线分为北部的海河流域和南部的淮河流域。海河流域有潮河、沾利河、神仙沟、挑河、草桥沟等多条河道,以南北走向为主;淮河流域有小清河、广利河、淄脉河、小岛河等多条河道,以东西走向为主。黄河则是黄河三角洲流经最长、影响最深刻、最广泛的河流。湿地的主要水分来源为上游来水径流、降水、侵入湿地的海水和人工补水;水分流失主要包括水分蒸发、地表水入渗地下水、河流入海等。

3.1.2.1 湿地水资源水环境质量现状

湿地具有丰富的水资源,但多年来人们对水资源过度开发利用,使得有限的水资源受到不同程度的破坏,湿地水资源量不断减少。首次全国湿地资源调查发现,湿地面临着多个环境问题:水资源不合理利用,盲目开垦和改造,环境污染的威胁等。第二次全国湿地资源调查显示,湿地面积减少了 339.63×10^4 hm^2,减少率为 8.82%。仅青海湖湿地区,在 1987—

2000 年湖体内外的水域已有 7810 hm^2 变为了流动沙地,有 1550 hm^2 的沼泽也变为了流动沙地。王长科等(2011)的研究发现,过度放牧导致若尔盖沼泽湿地草场退化,地表植被严重破坏,湿地生物量减少,甚至有很多草场因过度放牧出现沙化,原来丰美的草场沦为不毛之地。开垦湿地、改变湿地用途、城市开发、泥炭开发、超载过牧等掠夺性的湿地开发行为导致湿地水环境恶化,水土流失严重。水环境污染不仅影响人类健康,还影响水的功能和用途,使水的景观和娱乐功能减弱,生物多样性受到影响。我国湿地水资源水环境面临的问题主要包括:洪水、水体污染、富营养化、泥沙淤积和面积萎缩等(陈亮等,2016)。

(1) 洪水

江河在给国民经济带来巨大利好的同时,也频频发生洪涝灾害,威胁着人类的生命财产安全。洪水是自然灾害中最常见且危害最大的一种,具有出现频率高、波及范围广、来势凶猛、破坏性极大和持续时间短等特点。暴雨是我国洪水灾害的最主要来源。洪水在给人民生命财产带来巨大损失的同时,对人类生活的生态环境也带来了极大的危害。被水淹没的地方,很长一段时间内生态会失去平衡。洪水携带的泥沙使湖泊和水库库容减小,湖泊萎缩,水体生态平衡也受到威胁。

(2) 水体污染

我国的湿地常成为沿江建筑垃圾、工业废水、生活污水的排泄区和承泄地,导致湿地污染不断加剧,环境不断恶化,生态系统富营养化现象严重,危及湿地生物的生存环境。《中国水资源公报》显示,目前全国 21.6×10^4 km 的河流中,Ⅰ类水河长占总河长的 5.9%,Ⅱ类水河长占 43.5%,Ⅲ类水河长占 23.4%,Ⅳ类水河长占 10.8%,Ⅴ类水河长占 4.7%,劣Ⅴ类水河长占 11.7%,水质状况总体为中。近十年来,七大水系的 197 条河流 408 个监测断面的监测结果显示,Ⅰ—Ⅲ类水的比例在不断增加,湿地水质在逐渐好转。目前,主要的衡量污染的指标为化学需氧量、五日生化需氧量和总磷。2014 年全年总体水质为Ⅰ—Ⅲ类的湖泊 39 个,Ⅳ—Ⅴ类湖泊 57 个,劣Ⅴ类湖泊 25 个。营养状态评价结果显示,大部分湖泊处于富营养状态。众多湖泊中,处于中营养状态的湖泊有 28 个,处于富营养状态的湖泊有 93 个,占 76.9%,尤以太湖、巢湖和滇池污染最为严重。主要指标为总磷、总氮、化学需氧量和高锰酸盐指数。目前,我国大量的水库也呈现出富营养化状态。《中国水资源公报》显示,目前,全国 661 座主要水库中,全年总体水质为Ⅰ—Ⅲ类的水库 534 座,Ⅳ—Ⅴ类水库 97 座,劣Ⅴ类水库 30 座。处于中营养状态的水库有 98 座,处于富营养状态的水库有 237 座,形势严峻。

(3) 泥沙淤积

江河流域上中游植被遭到破坏后,水土流失,河水挟带大量泥沙在水库回水末端至挡水建筑物之间的库区堆积。水流进入库区后,由于水深沿流程增加,水面坡度和流速沿流程减小,因而水流挟沙能力沿流程逐渐降低,出现泥沙淤积。我国大多数河流存在含沙量高的特点,七大江河的年输沙量达到了 23×10^8 t,长江的含沙量仅 0.54 kg·m^{-3},但年径流量达到了 9513×10^8 m^3,年输沙量也近 5×10^8 t。长江水利委员会发布的《长江泥沙公报》显示,在不考虑区间来沙的情况下,2014 年三峡库区淤积泥沙 0.449×10^8 t,仅为原预测值(3.3×10^8 ~ 3.5×10^8 t)的 10%左右,水库排沙比为 19.0%。截至 2006 年汛前,潘家口水库泥沙总淤积量为 1.796×10^8 m^3,平均每年淤积 0.069×10^8 m^3,占兴利库容的 5.5%。

3.1.2.2 湿地水资源水环境质量影响因素

影响湿地水资源水环境质量的自然因子主要包括气候因子、土壤因子、地形因子和植被因子,人为因子主要包括土地利用和社会经济指标。水环境问题产生的根源是人为活动主导下的各种生产和消费过程,而在人为干扰较弱的非城市地区,自然因子对湿地水环境质量的影响程度较为明显。

(1) 气候因子

季节性或年际变化的降水特征可以影响湿地水资源数量与水环境质量和理化性质。气温、区域降水量和河流流量的年际、季节变化对河流水质也有影响。气候相关的因子影响可以归结为降水因子和流量的综合影响。

(2) 土壤因子

土壤通过元素输出、污染物吸收与释放、径流过程改变等过程显著影响湿地水环境质量。湿地水体中的污染物质主要来源于两个方面:① 人为活动排放的污染物;② 土壤中污染物质被降雨淋洗、侵蚀和径流过程。又因为土壤本身的性状特征可以对径流形成明显的调节作用,所以土壤对湿地水环境质量影响显著。

(3) 地形因子

湿地地形的空间分异特征将导致地表产流过程、土壤侵蚀特点和污染物输移发生显著改变,进而影响湿地水资源与水环境质量的时空分异。地形因子主要通过对水文和土壤侵蚀过程的约束性作用来影响湿地水环境质量。坡度(最大值、最小值、坡度变率)、高程(相对高程、平均高程)等经常作为影响湿地水环境质量的因子用于模型的预测。

(4) 植被因子

植被在污染物拦截、径流过程调节等物理过程和污染物吸收、转化等生物化学过程中对湿地水环境质量起到调节作用。植物本身就能吸收、吸附或者富集污染物质,例如,植物可以直接吸收利用污水中的氮、磷等营养物质,从而达到去除的作用;某些植物还可以吸附、富集某些金属,如镉、铬、汞、锌、铜。对重金属的累积能力:沉水植物>漂浮植物>挺水植物。一般植物的不同部位对重金属的富集作用表现为:根>凋落物>地下茎>地上茎>叶。植物还可以传输氧气给根际微生物,提高微生物对污染物的分解效率。这是因为水生植物的茎和根中有大量的通气组织,可以在缺氧的环境下生存,它们可以利用光合作用产生的氧气促进微生物的活动。植物可以分泌降解酶,如脱卤酶、硝酸还原酶、过氧化物酶、漆酶和腈水解酶等。这些酶可以作为生物催化剂,促进各类化学反应,达到净化水质的作用。

3.2 湿 地 植 物

湿地植物普遍分布于沼泽,泥炭地,湖泊、溪流和河流的边缘,海湾和河口。简而言之,只要有湿地,它们就随处可见,而且往往是生态系统中最引人注目的组成部分。

湿地植物的作用是多方面的。它们进行光合作用,对固定生态系统中的能量至关重要,

并为其他生物提供 O_2 和栖息地。湿地植物具有在潮湿环境中生存的能力以及丰富的生物多样性,具有不同的适应性、生态耐受性和在饱和或淹没的土壤中生存的生活史策略。湿地植物对湿地生态系统的保护、管理和恢复具有重要影响。

在过去几十年,湿地生态系统成为研究热点,关于湿地植物的研究也在逐步增加。一些湿地植物的入侵潜力很大,使人们担心它们会像凤眼莲(*Eichhornia crassipes*)一样广泛入侵,因而推动了湿地植物入侵潜力的研究以及减少入侵植物丰度的管理技术的发展(Barrett et al.,1993)。

了解湿地植物的特性,关键是要了解湿地植物对湿地生态系统的贡献(Wiegleb,1988)。湿地植物能够直接给人类提供工业原料、食物、观赏花卉和药材等。更重要的是,湿地植物能够净化水体,并在元素循环(如碳、氮、磷、硫的循环)中起到重要作用。

湿地植物是食物链的基础,是湿地生态系统中能量流动的主要通道。湿地植物通过光合作用将无机环境与生物环境联系起来。湿地植物群落的初级生产力各不相同,但有些草本湿地生产力极高,可与热带雨林媲美。与许多陆地生态系统不同的是,湿地生态系统中许多植物产生的有机物不是被食草动物直接利用,而是被转移到了碎屑食物链中。

湿地植物为生物提供了关键的栖息地环境,如附生细菌、周边植物、大型无脊椎动物和鱼类(Carpenter and Lodge,1986;Wiegleb,1988;Cronk and Mitsch,1994)。植物群落的组成对其他生物种群的多样性具有重要意义。

湿地植物强烈影响着水的化学性质,它们通过吸收营养物质、重金属和其他污染物来改善水质的能力已被充分证明(Gersberg et al.,1986;Reddy et al.,1989;Peverly et al.,1995;Rai et al.,1995;Tanner et al.,1995a,1995b;Xing et al.,2020;赵丹慧等,2019)。植物能够吸收氮、磷和重金属,对有机污染物也有一定去除作用,根系能对悬浮物进行阻挡截留。除此以外,植物还会影响湿地的通气和微生物状况。湿地植物净化污水的主要作用机理有:直接吸收可利用态的营养物质、重金属和一些有毒有害物质;为根区好氧微生物输送氧气;增强和维持介质的水力传输(李林锋等,2006)。常用于湿地净化的植物有芦苇、香蒲、茭白、水葱、水毛草、菖蒲、灯心草和荘芏等。绝大多数的人工湿地植物为 C3 植物,仅少数为 C4 植物。用于污水净化的湿地植物通常都具有生长快、生物量大和吸收能力强的特点,这些植物在生长的过程中需要吸收大量的氮、磷等营养元素。除营养元素外,大型水生植物还可以吸收铅、镉、砷、汞和铬等重金属,以金属螯合物的形式蓄积于某些部位。湿地植物能够释放氧气到根区,通过改变根区的氧化还原电位影响基质中的生物地球化学循环,植物的根区也被划分为好氧区、缺氧区和厌氧区等根际微处理单元。好氧区的硝化过程将污水中的氨氮氧化为硝酸氮,而在缺氧区将硝酸盐通过反硝化细菌的作用还原为亚硝酸盐,最终还原为氮气。对磷的去除则是在厌氧区,磷以磷酸盐的形式释放到流动相中;而在好氧区,除磷菌有过度吸收磷酸盐的能力,将磷吸收去除。湿地植物能够影响水的流动,植物密度会影响水流的速度,带来悬浮颗粒吸附与沉降的差异。另外,植物还为微生物的活动提供巨大的物理表面,湿地植物庞大的根系能和填料表面一起形成特殊的生物膜结构,对污染物的过滤、吸附、吸收和转化等有相当重要的作用。而且植物根系表面也是重金属相有机物沉积的场所。植物根系对介质具有穿透作用,在介质中形成了许多微小的气室或间隙,减少了介质的封闭性,增强了介质的疏松度,加强和维持了介质的水力传输。沉水植物还会向水中释放 O_2,供其他生物呼吸。

湿地生态系统具有丰富的元素循环,植物在其中扮演重要的作用。湿地经常处于湿润或过湿状态,土壤通气性差,温度低且变幅小,造成好氧性细菌数量减少,厌氧性细菌发育,致使植物残体分解十分缓慢,逐渐形成了富含有机物的湿地土壤,在生物圈与大气圈之间的气体交换中净吸收 CO_2,成为碳的重要储存场所。湿地中的碳主要储存在土壤和植物体内,储存在植物体内的碳可以转化至土壤中,如果气候稳定且没有人类干扰,湿地相对于其他生态系统能够更长期地储存碳。沿海植被生态系统构成了富有成效的碳储库,其特点是有效的碳封存和沉积物的长期保存,因此对减缓气候变化具有重要作用。海草草甸、盐沼和红树林是高产的沿海植被生态系统,提供重要的环境服务,如稳定沉积物、沿海保护以及为重要的海洋经济物种提供食物和栖息地。这些被称为"蓝碳"生态系统的环境是有效的碳汇,在碳封存的气候变化中发挥着重要作用。近几年的气候变化有海水变暖和海平面上升等。在过去的 50 年中,沿海植被生态系统的覆盖面积已经减少了 25%~50%,尤其在某些地方,减少率更是高达 70%。沿海植被的减少破坏了蓝碳生态系统,这种现象造成了土壤有机碳的降解和 CO_2 的排放,最终导致全球变暖(Martinez et al.,2019)。沼泽湿地中,氮以有机态、无机态和颗粒态等几种形式存在,其中,颗粒态氮主要由藻类等植物的有机残体形成。植物吸收利用的绝大部分是无机氮,主要来源包括两个方面,即土壤中原有的无机氮和活性有机氮通过矿化作用形成的无机氮。因此,植物可吸收利用的有效氮含量受湿地生态系统氮的转化过程与效率的显著影响,氮的有效性与植物养分的吸收利用、群落演替等存在反馈关系,间接决定了植物的生产力(杨蕾等,2019)。磷直接参与植物光合作用,合成碳水化合物,糖之间的转化、碳水化合物的水解和转化多离不开磷酸化作用。从糖转化成甘油和脂肪酸再合成脂肪的过程也都需要磷参加,缺磷时脂肪合成会受到影响。到海岸线距离不同的海岸湿地土壤中硫酸盐含量不一,不同海岸湿地植物的耐硫酸盐能力也不一,例如入侵物种互花米草相对于本土物种芦苇来说有更高的耐盐能力。一定浓度范围内的硫酸盐对植物生长起到营养作用,若浓度过高则会抑制植物生长,所以,如果研究互花米草入侵的机理,硫酸盐是一项重要的测定指标。

湿地植物通过水土保持和促淤等作用保持海岸线稳定,或通过改变水流方向和消浪等方式影响湿地的水文和沉积物状况。植被可以通过多种方式控制水的状况,包括泥炭积累、影响水温和蒸腾(Gosselink and Turner,1978;燕红,2015)。例如,沼泽植物可以形成泥炭,使地表水不再流入湿地。一些湿地树种,包括入侵沼泽湿地的美洲黑杨(*Populus deltoides*),以极高的速率蒸发水分,并能吸收地下水(Li et al.,2014)。

湿地植物也是湿地管理者和研究人员在湿地保护和管理方面使用的工具之一。人为干扰导致的湿地植物群落组成和结构的可预测变化,是判断湿地"健康"与否或生态完整性的生物指标(Adamus,1996;Karr and Chu,1997;Fennessy et al.,1998a;Carlisle et al.,1999;Gernes and Helgen,1999;Mack et al.,2000;Cronk and Fennessy,2001),有许多潜在的应用,包括随着时间的推移监测湿地状况或为湿地恢复和缓解项目设定目标。湿地植物对湿地的物理环境(温度、光照、土壤特性)和化学环境(溶解氧、养分有效性)都有重要影响,为几乎所有湿地生物群提供了支撑。它们也是生态系统生产力和生物地球化学循环的驱动因素,部分原因是它们在沉积物和上覆水体之间占据着一个关键的界面(Carpenter and Lodge,

1986)。虽然湿地植物所具有的一些适应性也存在于相关的陆生物种中,但许多属性是独特的,或者已经达到了高度的专门化。

3.2.1   湿地植物定义

大多数描述湿地植物的定义都是基于一个物种所需要的水文条件。一般而言,所有维管植物之间存在着连续的耐受性,即从适应极端干旱条件的旱生植物到在水下完成整个生命周期(从种子到种子)的沉水植物,后者从未与大气直接接触。沿着这一连续体,在水分需求方面没有离散的分类,虽然不能在陆地植物结束和湿地物种开始的地方进行划分,但存在许多定义。"水生植物"一词的定义自 19 世纪末出现以来一直在不断演变。该词最初在19 世纪末被欧洲人使用,表示生长在水里的植物或器官浸没在水里的植物(Sculthorpe,1967;Tiner,1991;National Research Council,1995)。Warming(1909)将水生植物定义为沉水植物或浮叶植物,将沼泽植物归类为陆生植物,并进一步根据土壤条件将植被分成各种"生态型"。非常潮湿的土壤支持两类植物:水生植物和沼生植物。Penfound(1952)开发了一种分类系统,鉴别陆生植物和水生植物,其中水生植物包括沉水植物和挺水植物。根据这些定义,陆生植物在生长季节不能承受洪水或土壤水饱和;水生植物需要水,不能脱水;而湿地植物可以两者兼而有之(National Research Council,1995)。Sculthorpe(1967)也采用了这个宽泛的水生植物定义。许多作者没有区分湿地植物和水生植物。例如,Barrett 等(1993)在最广泛的意义上使用了"水生植物"这个词来涵盖所有在永久或季节性潮湿环境中生长的植物。然而,其他学者将水生植物定义为那些发生光合作用的部分永久或半永久浸没在水中或漂浮在水面上的蕨类植物和种子植物(Cook,1996)。他们也对他们所认为的真正水生植物做了类似的定义,即整个植物体都浸在水中或被水支撑着完成它们生命周期的物种(Best,1988)。Cowardin 等(1979)定义湿地植物为生长在水中或至少由于水分过量而周期性缺氧的基质上的植物。Cronk 和 Fennessy(2001)将湿地植物定义为生长在湿地中的大型维管植物,即生长在水里或者土壤被淹没、含水量饱和时间足够长的地方,以便在根区产生厌氧条件,进化出一些适应厌氧环境的机制。Sculthorpe(1967)认为,湿地植物可以是漂浮植物、浮叶植物、沉水植物或挺水植物,它们可以在静止或流动的水体,或在淹没的及未淹没的土壤中完成它们的生命周期。综上,湿地植物是指生长在水中(水深不超过 6 m)或分布于咸水/淡水沼泽地、湿草甸、洪泛平原、河口三角洲、泥炭地、湖海滩涂、湿草原、河边洼地和漫滩等土壤含水量饱和的环境,并进化形成适应根区厌氧环境机制的植物,包括湿生植物、水生植物或沼生植物。

3.2.2   湿地植物种类

湿地植物一般根据其生长形态进行分类。此分类独立于系统发育关系,完全基于植物与水和土壤的生理关系。根据湿地植物的定义,湿地植物包括湿生植物、水生植物(包括挺水植物、沉水植物、浮叶植物、漂浮植物)和沼生植物(Sculthorpe,1967)。

3.2.2.1   湿生植物

湿生植物(hygro-plant)是指生长在各种过度潮湿、土壤含水量很高、空气湿度较大的环境中的一类陆生植物。湿生植物的根部既不能长期浸没在水中,也不能忍受较长时间的水分不足,只有在长期保持湿润的情况下,才能旺盛生长。它们喜欢生长在潮湿环境,如沼泽、河滩低洼地、山谷湿地和潮湿的森林等,常见的湿生植物有对马耳蕨(*Polystichum tsus-simense*)、芋(*Colocasia esculenta*)、水杉(*Metasequoia glyptostroboides*)和半边莲(*Lobelia chinensis*)。

湿生植物的共同特点是器官发育出争取水分和防止蒸腾的结构。根系通常不发达,没有根毛,位于土壤表层,并且分枝很少。根与茎之间有通气组织,以保证获得充足的 O_2;机械组织不发达,而输导组织较发达。由于适应阳光直接照射和大气湿度较高的环境,叶子大而薄,光滑而柔软,角质层很薄,保护组织发育差,细胞间隙大,海绵组织发达,细胞渗透压低,抗旱能力差。

3.2.2.2 挺水植物

挺水植物即根、地下茎生长在水的底泥之中,茎、叶挺出水面的植物;其常分布于水深 $0 \sim 1.5$ m 的浅水处,有的种类生长于潮湿的岸边。这类植物在空气中的部分具有陆生植物的特征;生长在水中的部分(根或地下茎)具有水生植物的特征。挺水植物大多数是草本植物,但也包括木本湿地物种。在所有湿地植物中,挺水植物可能与陆生物种最相似,依靠地上部分繁殖并以土壤作为它们唯一的营养来源。挺水植物通常生长在湖岸或河岸的浅水沼泽区。常见的挺水植物如芦苇(*Phragmites australis*)、灯心草(*Juncus effusus*)、香蒲(*Typha orientalis*)、泽泻(*Alisma plantago-aquatica*)。木本湿地物种包括在沿岸湿地、森林低地、沼泽森林和泥炭地发现的乔木和灌木物种。

热带和亚热带沿海地区湿地植物以盐生红树林为主。与温带红树林一样,盐生红树林通常是唯一能够忍受高盐度和潮水双重影响的群落。严格的或"真正的"红树林的科,只在潮间带红树林中出现,并不延伸到高地群落,包括海榄雌科(Avicenniaceae)、使君子科(Combretaceae)、棕榈科(Palmae)、红树科(Rhizophoraceae)和海桑科(Sonneratiaceae)(Lugo and Snedaker,1974;Tomlinson,1986;何斌源等,2007)。

3.2.2.3 沉水植物

沉水植物是指植物体全部位于水层以下的大型水生植物。它们的根有时不发达或退化,植物体的各部分都可吸收水分和营养,通气组织特别发达,有利于在水中缺乏空气的情况下进行气体交换。除了开花,沉水植物通常在水面以下度过整个生命周期,所有光合组织通常都在水下(Cook,1996)。几乎所有的植物都扎根于基质中,但也有一些无根的植物在水体中自由漂浮。沉水植物的茎和叶往往是软的(缺少木质素),叶子要么拉长,像缎带一样,要么高度分裂,使它们足够灵活,能够承受水的运动而不受损害。大多数沉水植物的花长在水面上,授粉是通过风或昆虫进行的,如竹叶眼子菜(*Potamogeton wrightii*)和黄花狸藻(*Utricularia aurea*)。

沉水植物从水体中吸收溶解氧和 CO_2,许多植物还能利用溶解的碳酸氢盐(HCO_3^-)进行光合作用。扎根于水中的物种从沉积物中获取大部分营养物质,另有一些营养物质,如微量营养素,可能从水体中被吸收(Barko and Smart,1980,1981)。无根物种依赖于水体作为它们唯一的营养来源。

3.2.2.4　浮叶植物

浮叶植物即生长于浅水中,叶片浮在水面而根部固定在水底基质中的植物,仅在叶外表面有气孔,叶的蒸腾非常强。叶通过叶柄[如睡莲(*Nymphaea tetragona*)]或叶柄和茎的组合(如竹叶眼子菜)连接底部。大多数浮叶植物具有圆形、椭圆形或心形叶,叶缘全缘可减少撕裂,坚韧的革质叶片有助于防止被食用和打湿(Guntenspergen et al. ,1989)。气孔位于叶片的气生侧,用于进行气体交换。

浮叶植物为下面的水体遮阴,通常能够在竞争中胜过沉水植物,特别是在浊度高、光穿透性较低的环境下(Haslam,1978)。花序或漂浮(如睡莲)或生长在水面的花梗上[如莲(*Nelumbo nucifera*)]。

3.2.2.5　漂浮植物

漂浮植物的叶子和茎漂浮在水面上。如果有根,它们就自由地悬在水中,而不是固定在沉积物中。漂浮植物随水流和空气流动在水面上移动。

漂浮植物又称浮水植物,包括一些较大的种类,如大藻(*Pistia stratiotes*)和凤眼莲(*Eichhornia crassipes*),其中一些已成为热带和亚热带湿地最具破坏性的入侵物种。凤眼莲有一个膨胀的叶柄,而大藻有宽、平、耐水的叶子。这两种植物都有广泛的分枝根垂在水体中。根部除了吸收养分,还可以帮助植物在水面上保持稳定。漂浮植物通常表现出广泛的营养生长。例如,大藻和凤眼莲都在长匍匐枝末端形成子莲座,很容易与母体植物分离。

3.2.2.6　沼生植物

沼生植物(marsh plant)是指生长于沼泽岸边地带、沼泽浅水中或地下水位较高的地表的植物,仅植株的根系及近基部浸没水中,或仅根部生长在非常潮湿的泥泞土壤中,又名两栖植物。常见的沼生植物如木贼(*Equisetum hyemale*)、落羽杉(*Taxodium distichum*)、三白草(*Saururus chinensis*)、越桔(*Vaccinium vitis-idaea*)、秋茄树(*Kandelia obovata*)、水苏(*Stachys japonica*)和鳢肠(*Eclipta prostrata*)。

沼生植物既有水生植物也有湿生植物。从环境条件、生长状况及形态特征上来看,沼生植物属于水生植物和湿生植物的中间类型,可适应于不同的水分条件。

3.2.3　湿地植物分布

3.2.3.1　全球湿地植物分布

湿地植物的分布取决于湿地生态系统本身的分布。一些湿地植物物种的地理分布非常广泛,遍布数个大洲,因此被划分为世界性湿地植物。Sculthorpe(1967)估计,大约60%的水生物种分布在一个以上的大陆,分布最广的物种往往是单子叶植物。例如芦苇被称为分布最广的被子植物,它的分布一直向北延伸到北纬70°。湿地植物的传播主要通过风、水、动物及人类活动。

虽然大多数湿地植物物种不是世界性的,但与陆生植物相比,仍有许多物种分布覆盖较宽的纬度梯度。它们的广泛分布归因于水对环境条件的调节作用。许多物种的分布趋向于遵循可预测的模式,分布范围集中在大区域,如欧亚大陆、北非、非洲大陆或美洲的热带和亚热带地区。

相比之下,一些特有的湿地物种,它们的分布范围局限于小的地理区域。地方性物种是只存在于特定地区的物种;它们的有限分布往往是分散或受限于特定土壤或气候条件造成的。小范围湿地植物的地理分布在一定程度上是由某些片状分布的湿地类型所导致。有些在地理上孤立的湿地,例如委内瑞拉的山地沼泽(Slack,1979)便属于这种情况。热带南美洲特有的湿地物种特别丰富,非洲和亚洲的热带和亚热带也是如此(Sculthorpe,1967)。一些属,如慈姑属(*Sagittaria*)和肋果慈姑属(*Echinodorus*),表现出很强的地方性。例如,*Sagittaria sanfordii* 只在加利福尼亚州的大峡谷被发现。

3.2.3.2 我国湿地植物分布

我国的湿地广泛分布于山地、高原和平原,湿地植物受地形变化所引起的水热状况再分配的叠加影响,特别是水文状况不同会导致区域的湿地类型差异明显。以地貌类型和植物群系为依据,参考气候因素,我国湿地植物大致划分为七个区(严承高和张明祥,2005)。

(1) 东北山地、平原森林沼泽和草原沼泽区

本区位于我国东北部,包括大兴安岭、小兴安岭和长白山地区以及三江平原和松嫩平原,是我国森林沼泽的主要分布区。草原沼泽在区内也广泛分布,其中芦苇沼泽和薹草沼泽是本区的典型沼泽类型(周德民等,2012;郎惠卿,1981)。

(2) 青藏高原高寒草丛沼泽区

本区位于我国西南部,北以昆仑山、阿尔金山和祁连山等山脉北麓为界,东以黄土高原、四川盆地和云贵高原为界,包括青海高原、西藏高原、横断山脉和川西山地。

沼泽主要分布在青藏高原的东半部和藏南谷地,是我国沼泽分布面积较大的地区。沼泽类型主要是草丛沼泽,其中青藏高原的藏嵩草-木里薹草沼泽和横断山海拔 3000 m 以上的杜鹃-薹草沼泽是该区特有的沼泽类型。

(3) 西北高原草丛沼泽区

本区位于我国西北部,东以贺兰山向北延伸至狼牙山西端一线为界,南以昆仑山脉、阿尔金山与祁连山脉为界,西部和北部以国界为界,包括新疆、甘肃和宁夏西北部。

沼泽类型较为简单,都是草丛沼泽,主要是芦苇沼泽和薹草沼泽,芦苇沼泽分布最广、面积最大。在山地有小面积薹草沼泽和嵩草-薹草沼泽。在河西走廊疏勒河河滩有拂子茅-针蔺沼泽。

(4) 内蒙古高原草丛湿地和盐沼区

本区西部与西北高原草丛沼泽区接壤,东部与东北山地、平原沼泽区和华北平原相邻,北至呼伦贝尔西部国境线,南达渭河谷地。包括内蒙古高原和黄土高原,是一望无际的大草原。湿地主要分布在东半部的坝上高原,通辽市的西辽河上游,赤峰市的达里诺尔湖,呼伦贝尔市的呼伦湖与辉河,以及巴彦淖尔市的乌梁素海等地。

沼泽类型只有草丛沼泽,主要是薹草沼泽和芦苇沼泽。

（5）华北平原、长江中下游平原草丛沼泽和浅水植物湿地区

本区位于我国东部,西起太行山地东麓,东至黄海、渤海之滨。包括下辽河平原、华北平原和长江中下游平原。另外,洞庭湖和鄱阳湖的沼泽类型与本区相似,也划入本区范围。

沼泽类型主要是草丛沼泽和浅水植物湿地。草丛沼泽典型植物群落有芦苇群落、薹草群落和菰群落。长江三角洲有海三棱藨草群落。菰群落和海三棱藨草群落是本区特有类型。该区湖泊众多,浅水湿地类型多,面积大、分布广,是我国浅水植物湿地的典型区。

（6）南部高原、山地、丘陵泥炭藓沼泽和浅水植物湿地区

本区范围较大,涵盖了秦岭、长江一线以南的高原和山地。包括西南地区、华南和华中地区的一部分。

本区湿地类型较多,有沼泽和浅水植物湿地。沼泽有森林沼泽、灌丛沼泽、草丛沼泽和泥炭藓沼泽。除芦苇群落、香蒲群落、菖蒲群落、水葱群落和菰群落外,其余群落大多是本区特有。如森林沼泽中的太白落叶松沼泽林、峨眉冷杉沼泽林和江南赤杨沼泽林;灌丛沼泽中的杜鹃灌丛、箭竹灌丛和岗松灌丛;草丛沼泽中的蒯草群落、绿穗薹草群落和华克拉莎群落;藓类沼泽中的大金发藓群落等。浅水植物湿地类型亦多,但其群落多数与长江中下游湖泊中的水生植物群落相似,也有该区特有的海菜花群落。

（7）滇南山间宽谷、粤南低山丘陵卡开芦沼泽和红树林湿地区

本区位于我国南部,自广州、梧州、南宁、西双版纳、瑞丽和盈江一线以南,即北回归线以南地区,包括福建、广东、广西的南部、海南以及台湾。

沼泽类型有灌丛沼泽、草丛沼泽和红树林沼泽。红树林沼泽是本区特有的类型。灌丛沼泽有岗松-鳞籽莎群落和野牡丹-猪笼草-田葱群落。草丛沼泽主要有卡开芦群落,为热带典型沼泽;其次有小面积田葱-木贼状荸荠-求米草群落、帚灯草群落和绿穗薹草群落,还有人工水松群落。

3.2.4　湿地植物的进化

与陆生植物不同,湿地植物的进化受到的关注相对较少。湿地植物的研究大多集中在系统学和生态学上,而对湿地植物的系统发育关系或进化的认识较少。因此,与陆生植物相比,我们对湿地植物的种群遗传学或生活史特征的进化意义知之甚少(Barrett et al.,1993)。

湿地植物的进化路径始于水,又止于水。最初,陆生维管植物来源于绿藻,从近岸河口或淡水环境向陆地过渡。这种转变需要结构的进化来获取和运输水分(如根、维管组织),减少水分流失(气孔、角质层),并提供结构支持(纤维素、木质素)。这些进化上的创新可能来自一种绿藻,其后代现在被归入轮藻纲。随着植物扩展到陆地和被子植物的进化,植物适应性继续增强,最终回到水生栖息地。化石证据表明,早在早白垩纪(1.15亿年前),被子植物的一些原始物种就已经形成了独特的水生习性(Ingrouille,1992)。

湿地植物从陆生物种进化而来,支持该理论的一条证据是,大多数湿地植物保留了陆生植物的典型特征。这些特征包括水面上的花,依靠风或昆虫授粉,特别是新出现的物种具有发育良好的结构组织(Moss,1988;Guntenspergen et al.,1989)。与此相反,许多浮叶植物和沉水植物失去了发育良好的增厚次生叶、复杂的叶结构或气孔等陆相特征。

许多湿地植物物种所进化出的独特适应性,带来了许多陆地物种不具备的特征。这些特征代表了适应湿地物理和化学条件(包括厌氧土壤和波动的水位)的生活史策略。一些最常见的适应性如种子产生的时间与适宜萌发的条件相一致,以及在营养状态较好的时期内避免有性生殖占主导地位。

个体的表型可以在没有相关基因改变的情况下发生变化。这是一种保护机制,允许物种应对环境的短期变化。在变化的环境中,植物的一般进化反应是相对较高的表型可塑性,这使得植物能够对环境条件的变化做出迅速的反应,如改变生长速度或开花时间。表型可塑性提供了某种进化缓冲,使物种免受从长远来看可能是不适宜环境的选择压力(Barrett et al.,1993)。例如,随着水深的增加,许多草本植物(如芦苇)的茎伸长率会增加,使植物的上部保持在水面以上。当短命植物短暂出现在生境中时,早熟繁殖可能会发生,植物开花比正常情况下发生得更快。湿地植物还面临着其他进化挑战,例如,在有水的情况下难以传播花粉和繁殖体。一些物种已经进化到可水下授粉,依靠水来传播繁殖体,但是这些特征对植物种群内基因流动的影响还没有得到很好的解释(Barrett et al.,1993)。

3.2.5　海岸湿地植被面临的威胁

海岸湿地目前面临的最主要的威胁之一是生物入侵,生物入侵会改变湿地物种组成及群落结构,也会改变生态系统生物与非生物环境,从而影响湿地元素的生物地球化学过程。互花米草已经成为我国沿海地区最为严重的生物入侵种之一,它起源于大西洋沿岸和北美墨西哥湾,出于保滩护堤、防风固沙的目的于1979年引入我国。互花米草引种后,因其强大的生长力、竞争力等,迅速在我国沿海地带蔓延开来。当前,互花米草已广泛分布于我国沿海十多个省(区、市),其中,江苏、上海、浙江和福建的互花米草分布面积占其总分布区面积的94.1%(童晓雨等,2019)。互花米草入侵后改变了生态系统生物多样性、食物网和鸟类栖息地,也改变了海岸湿地水文过程和地貌,影响湿地演变以及碳汇功能,威胁本土物种红树林、芦苇、碱蓬和海三棱藨草等。

3.2.6　苔藓植物

植物界中,苔藓植物是仅次于被子植物的第二大植物类群,物种数量为15000~25000种(Crum,2001),几乎可见于所有维管植物能生长的环境中。然而,苔藓植物个体小,通常仅有数厘米高,有的如夭命藓(*Ephemerum minutissimum*)甚至只有几毫米,因此,往往被人忽视。事实上,有的苔藓植物个体比较高大,如大洋洲的道森氏藓(*Dawsonia superba*)株高可超过1 m;有的苔藓植物虽然个体矮小,但在一些生态系统中,凭借其数量上的绝对优势而成为重要植物成分。因此这里将苔藓植物作为独立的一节进行详细介绍。苔藓植物可划分为苔类植物、藓类植物和角苔类植物。在湿地中,藓类植物较为多见。

湿地类型多样,以维管植物占优势的湿地(如芦苇湿地)广为人知。然而,在寒带和寒温带的平原以及中温带和亚热带的山地,以苔藓植物为优势植物的湿地也较为常见,尤其寒温带地区是全球湿地最集中的分布区,这里的湿地苔藓植物个体数量巨大,往往成为生态系统中的优势成分。这里因水分积累,氧含量低,微生物多度和多样性低,大量的植物死亡后分解缓慢,长期累积形成泥炭,被称为泥炭地。泥炭地的类型多样,可根据生态系统和植物的养分来源划分为雨养型和矿养型(Du Rietz,1949)。前者养分补给靠降水,主要为降雨,后者则主要来自与矿质土壤有养分交换的地下水或地表水。雨养型泥炭地以泥炭藓科（Sphagnaceae）泥炭藓属（*Sphagnum*）为优势植物。全球泥炭藓种类约 300 种，一般较为常见的有二三十种，如典型的成丘植物锈色泥炭藓（*S. fuscum*）和中位泥炭藓（*S. magellanicum*）（图 3.1）。比较而言，泥炭藓属植物分解速率远小于草本、木本植物的叶片，是十分高效的造炭（泥炭）植物。矿养型泥炭地中，柳叶藓科（Amblystegiaceae）的湿原藓属（*Calliergon*）、镰刀藓属（*Drepanocladus*）和细湿藓属（*Campylium*）等最为常见。

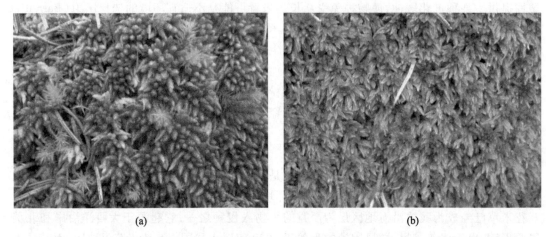

(a)　　　(b)

图 3.1　两种常见泥炭藓植物：中位泥炭藓（a）和锈色泥炭藓（b）（卜兆君摄）（参见书末彩插）

3.2.6.1　湿地苔藓植物的适应

（1）对水淹的适应

水位变化是湿地的一个重要环境特征。在泥炭地中，泥炭具有很强的保水能力，可以凭借其巨大的持水力缓冲水位的剧烈变化。然而，强烈的降雨、春季融雪、秋季蒸散发的减弱等均可使水位急剧上升，导致植物面临水淹胁迫。在一般年份中，由于泥炭地中存在明显微地貌差异，有低洼也有隆起，相应水位有高有低，许多低洼生境生长的植物也会面临水淹。比较来看，矿养型泥炭地水位常常高于雨养型泥炭地，这里的苔藓植物水淹概率更大。

相较于非湿地苔藓植物而言，泥炭地苔藓植物光合作用过程中对水分需求高，最优的植物水分含量可以是植物干重的 10 倍左右（Silvola and Aaltonen，1984），而非湿地苔藓植物在植物体内含水量达到 70%~80% 即可达到最大光合效率（Liu et al.，1999）。因此，泥炭地苔藓植物在耐受水淹方面具有一定优势。然而目前该方面的研究还很少。水淹环境中，苔藓植物面临光照不足和缺少 CO_2 等问题。与沉水维管植物相似，苔藓植物的最具活力叶片即顶端叶片也主要集中于靠近水面的位置，由此可以获得更多的光资源，保证光合作用的需求。有研究表明，如果 CO_2 供给充足（10 倍于大气浓度），增加水量也不会降低泥炭藓的光合速率（Silvola，1990），这表明水淹环境中，对苔藓植物光合与生长的主要限制是 CO_2 浓度。金发藓科植物在湿度过大甚至短暂水淹时，可以凭借在叶片晶间空隙存储的 CO_2 进行光合作用。

（2）对干旱的适应

苔藓植物是由水生向陆生环境过渡的植物类群。因其没有真正的根,缺乏疏导组织,所以植物体吸收、运输水分的能力有限,主要通过体表从外部环境直接吸收水分（Glime,2017）,并依据外部环境调节自身的水分含量,为变水植物（poikilohydric plant）。通常,湿地苔藓植物虽然主要生长在湿润或者积水环境,但也常面临干旱胁迫。在夏季,缺乏降雨以及强烈的蒸散发会导致湿地（潜）水位下降,相对远离（潜）水位的苔藓植物会大量失水而导致干旱;在冬季,低温也会导致植物失水。在水分不足的情况下,苔藓植物的光合作用受限,严重时会导致死亡。

湿地苔藓植物具有很强的干旱适应能力,主要体现在躲避干旱和耐受干旱两方面。为躲避干旱,湿地苔藓植物尽量生长于水分丰富的洼地,有些生长于水位略低的生境,但植物体往往紧密生长,通过植物体间的毛细孔隙保持大量水分,植物体表面平齐呈球面以减少暴露面积,最大限度地降低水分损失（图 3.2）。泥炭藓耐受干旱的能力更为突出,除了上述适应特征外,还凭借其叶中无叶绿体的水细胞储藏大量水分,以保证干旱时的生理需求。有研究表明,随着干旱的发生,生长于低水位生境的泥炭藓具有增加水细胞体积、提高储水量的能力（Bu et al.,2017）。金发藓属植物凭借叶表面的蜡质反射光照,叶中片晶结构形成大量的孔隙可以储水,由此减少叶的水分损失。

图 3.2　球面状的泥炭藓表面利于保持水分（卜兆君摄）（参见书末彩插）

湿地中,通常的环境条件下,大多苔藓植物主要依赖躲避干旱而避免伤害,然而在旱季或极端干旱的情况下,优越的耐旱能力对于苔藓植物十分重要。以泥炭藓为例,中位泥炭藓和疣泥炭藓（*S. papillosum*）形态和亲缘关系十分相近,而前者（避旱种）持水力以及水分传输能力均强于后者（耐旱种）。在室内无水条件下保存后,中位泥炭藓存活率低于疣泥炭藓（Li et al.,1992）。形态和亲缘关系略远的尖叶泥炭藓（*S. capillifolium*）和喙叶泥炭藓（*S. fallax*）的干旱实验中,持水力强的尖叶泥炭藓经过几天干旱,补水后,难以进行光合作用,而持水力弱的喙叶泥炭藓的光合速率则能达到实验前的 40% 的水平（Wagner and Titus,1984）。由此表明,耐旱种较避旱种对极端干旱的适应能力更强。

（3）对贫营养的适应

由于水饱和、缺氧、缺好氧微生物等原因,湿地环境的分解作用一般比较缓慢,导致死亡的植物组织难以及时归还土壤,养分通常较为贫乏。在泥炭地特别是雨养型泥炭地中,因厚层泥炭的阻隔,植物无法获得地下矿质层的养分,生长所需养分主要源于大气降水、降尘和植物残体的缓慢分解,故土壤有效养分异常贫乏是泥炭地区别于其他湿地生态系统的重要特征之一。湿地维管植物在贫营养环境有突出的适应特征,如杜鹃花科、松科等植物根部可以生长菌根,协助植株获取更多养分;捕虫堇属($Pinguicula$)、茅膏菜属($Drosera$)等植物可以通过捕食昆虫等行为获得动物营养。泥炭地苔藓植物亦具有适应贫营养环境的能力。这种适应能力可能源自低养分需求、养分重吸收、微生物固氮和有机养分利用等。

由于长期的适应进化,泥炭地苔藓植物对养分需求很低。以泥炭藓属植物为例,在加拿大,在氮沉降不足 1 $kg \cdot hm^{-2} \cdot a^{-1}$ 的泥炭地中,锈色泥炭藓的净初级生产力可以高达 2500 $kg \cdot hm^{-2} \cdot a^{-1}$(Wieder et al. ,2010),接近温带草原的生产力水平。低水平的氮供给利于泥炭地苔藓植物的生长,稍高浓度或高总量的氮供给即可对其造成致毒效应(Aerts et al. ,1992;Gunnarsson et al. ,2004)。Vitt 等(2003) 提出,10 g N $\cdot m^{-2} \cdot a^{-1}$ 似乎是锈色泥炭藓生长的临界氮沉降量,氮沉降超过该值,锈色泥炭藓的生长将受到抑制,高氮沉降量使锈色泥炭藓氮含量超过 15 $mg \cdot g^{-1}$,将不利于植物的光合作用,减少植物体内水含量,导致坏疽病的出现,因此该数值成为指示存在大气氮污染的临界值(Van Der Heijden et al. ,2000)。

有许多研究表明,大气沉降氮仅能满足泥炭藓氮需求的一小部分。植物体生长最为旺盛的顶端所需的大部分氮来自其下部的转移,即从衰老组织运输至新生组织的重吸收过程(Aldous,2002a)。泥炭藓可转移的氮占每年氮总需求的 0.5% ~ 11%,然而,氮转移能力受环境氮沉降量的影响,并非简单地随着有效氮的增加而降低,反而在高氮沉降量的泥炭地中,氮转移所占比重可达 80% 以上(Aldous,2002a)。同时,未被苔藓地被层持留的氮流入微生物或维管植物中,这部分氮经微生物和维管植物的循环,转运至苔藓植物中(Aldous,2002b)。

在加拿大的艾伯塔省,大气氮沉降量多为 1 ~ 2 $kg \cdot hm^{-2} \cdot a^{-1}$,泥炭藓体内氮含量基本维持在 1% 左右,氮积累量为 25 ~ 40 $kg \cdot hm^{-2} \cdot a^{-1}$,为氮沉降水平的 20 倍左右(Vile et al. ,2014)。显然,仅仅依赖氮沉降和自身养分的重吸收无法达到如此高的氮含量。近期研究发现,栖息于泥炭藓植株上的蓝细菌和甲烷氧化菌有固氮作用,使泥炭藓可以获得更多的氮。固氮细菌(原核生物)在蛋白酶的催化下,可以将大气中的氮气转变成氨。在泥炭地中,固氮细菌数量大、种类多样,可以自由态存在或者与其他植物共生,有些苔藓植物如锈色泥炭藓上栖息的固氮细菌尤其丰富(Vile et al. ,2014)。同位素标记技术的研究表明,泥炭藓与泥炭地小灌木和草本植物一样,可以吸收有机态的氮来补充氮的不足(Moore et al. ,2018)。

尽管泥炭地苔藓植物适应贫营养环境,但过低的养分供应可能导致植物生长所需的养分受到限制。在众多的泥炭地中,有的为氮限制,有的为磷限制,也有的为氮磷共限制。根据生态化学计量学原理,当氮供给超过植物需氮量的阈值时,会引起其他营养元素,如钾、钙、镁,尤其是磷的不足,造成营养失衡。Koerselman 和 Meuleman(1996) 的研究结果显示,植物组织中氮磷质量比低于 14:1 表示氮限制,而高于 16:1 则表示磷限制,两者之间则为氮磷共限制。在低氮沉降水平的条件下,泥炭地的生产力多为氮限制(Turunen et al.,2004),然而这种氮限制会随着氮沉降水平的增加而逐渐被磷限制所取代(Bragazza et al.,2004)。

(4) 对埋藏的适应

持续埋藏是湿地区别于其他陆地生态系统类型的一个重要特征(Keddy,2010)。然而,泥炭地与非泥炭地湿地的埋藏亦有明显不同:① 泥炭是原位积累的结果,即主要源于原有位置上植物死亡部分的积累,而河流、湖泊以及挺水植物沼泽中的沉积物质多为移位积累;② 泥炭以有机物为主要成分,含量可以高达 80%,其他湿地沉积物以无机物(如泥沙)为主,有机物含量不超过 30%;③ 相对而言,泥炭积累速率更慢,多在 0.5 mm·a^{-1}左右,不超过 1 mm·a^{-1}的水平;非泥炭地的湿地中,沉积物积累速率多超过 2 mm·a^{-1},红树林湿地的沉积物积累速率甚至接近 20 mm·a^{-1}(Ellison and Farnsworth,1996);④ 物质的原位、连续和缓慢的积累,导致泥炭地能够更准确和清晰地记录古植被和古环境信息,因此成为研究古环境和古生态的理想场所。

泥炭地的积累速率虽然缓慢,但经过千百年甚至万年的持续积累,有机物积累量十分巨大,全球湿地巨大的碳储藏功能主要归功于泥炭地,许多泥炭地中的泥炭可达数米之厚。例如,在长白山区的哈泥泥炭地,泥炭最大厚度可达近 10 m。随着泥炭的积累以及地势的抬升,植物将面临被埋藏的危险。为避免被掩埋,维管植物会将生长点逐渐上移,苔藓植物亦持续地向上生长。苔藓植物没有真正的根,主要通过叶片直接获取养分,部分物种会有假根,能够增加植物体获得养分的能力。苔藓植物体在生长过程中,顶端的向上生长伴随着下部的逐渐死亡。死亡部分虽然与活体部分无生理联系,但仍对其有物理支撑作用,支撑其向上生长。在泥炭地中,植物生长多存在明显的年际生长标记,即每年生长的茎、枝和叶以及不同年份的生长量很容易判断。例如,塔藓(*Hylocomium splendens*)是泥炭地有树木生长的生境中常见的苔藓植物,其每年的生长片段形成一个清晰的层次,组合起来像多层阶梯,亦像宝塔,其名字由此得来(图 3.3)。

图 3.3 塔藓每年产生新的生长片段,不断向上生长,能有效地避免被植物残体掩埋(卜兆君摄)

(参见书末彩插)

持续埋藏对于泥炭地植物的地上部分具有威胁,对于植物繁殖体的保存却有很大帮助。维管植物的种子成熟落到地表,随着被凋落物掩埋,可以躲避动物的捕食,在地下长期保存。例如,我国辽宁瓦房店湖泊沼泽化形成的矿养型泥炭地中,埋藏着接近 1300 年的古莲(*Nelumbo nucifera*)种子,种植后开出了美丽的莲花,这是目前最为可信的种子长寿纪录(Fenner and Thompson,2005)。在以泥炭藓为优势植物的泥炭地中,水淹、酸性和贫营养环境对泥炭藓孢子的保存更为有利。在长白山哈泥泥炭地,学者们通过地层测年、孢子提取和萌发实验发现,大量泥炭藓的孢子寿命超过 680 年,具有超长期的持久孢子库(Bu et al.,2017)。埋藏环境中长寿有性生殖体可能是面对周期性自然干扰(如火)时维系种群长存的一种有效适应手段。

3.2.6.2   苔藓植物间及其与维管植物间的共存

在泥炭地中,蕴含着较为丰富的植物多样性。竞争排斥理论认为,植物共存只发生在物种生态位分化的稳定环境。苔藓植物往往在温度、光照、湿度和凋落物数量等因子上,具有很高的基础生态位重叠。在空间上,植物个体往往表现出明显的密集生长(密度可以达到10 株·cm^{-2}),甚至某一物种密集生长,为其他物种定居提供基质和条件。然而,许多苔藓植物之间也存在明显的生态位分化,这也是苔藓植物共存的重要机理之一。例如,中位泥炭藓、锈色泥炭藓等为藓丘专化物种,而偏叶泥炭藓(*S. subsecundum*)、拟狭叶泥炭藓(*S. cuspidatulum*)等为丘间专化物种。这种生态位分化与泥炭藓间强烈的种间竞争(包括资源竞争和化感作用)有关。藓丘种因竞争能力弱且不耐水淹而不能分布于丘间生境,丘间种虽然具有较强竞争力但耐受干旱能力有限,所以很少生长于藓丘生境(Rydin,1997)。

通过养分和光资源生态位的分化,泥炭地苔藓植物可以与维管植物实现共存。苔藓植物形成的垫状基质,特别是藓丘生境为维管植物提供了避免水淹的条件,利于其定居和生长;维管植物如地桂(*Chamaedaphne calyculata*)、杜香(*Ledum palustre*)成功定居后,其部分地上茎及根状茎可以为苔藓植物提供物理支撑,维持藓丘的稳固。作为伴生植物,维管植物生长量是由周围泥炭藓高度决定的。泥炭藓生长量与维管植物个体高度呈正相关关系,泥炭藓生长越高,维管植物向茎生物量上分配的能量越多,否则维管植物将有被苔藓掩埋的危险(Malmer et al.,1994)。泥炭藓高于维管植物的根,可以截取来自大气降水中的营养,因此在养分竞争方面具有优势;但因高度低于维管植物的叶,且会受到维管植物凋落物的遮阴作用影响,因此,在光资源获取方面处于劣势。两类植物在不同生态因子的竞争中各有优势,因此它们之间的相互作用会随着时间和环境的变化而不断变化,使系统趋于动态平衡。

3.3   湿 地 鸟 类

鸟类体表被羽、有翼、恒温和卵生,是自然界中分布最广、种类最多的高等脊椎动物类群,所具备的较高的新陈代谢水平和飞行能力是有别于其他脊椎动物的进步性生物学特征。湿地生态系统是地球上初级生产力最高的生态系统,同时具备较高的景观多样性和生物多样性,导致许多鸟类在形态与行为上出现了各种不同的适应湿地生存的方式,形成了一类在其生活史的全部或某一阶段依赖湿地的鸟类,统称湿地鸟类。

湿地鸟类以湿地作为其生活史中主要的栖息地。依据它们对湿地的依赖程度,湿地鸟类可分为两大类。一类为水鸟,其生活史的全部或主要阶段依赖湿地,在形态和行为上经长期演化形成了特殊的适应湿地生活的特征,如长嘴、长颈、长腿等;另一类鸟类仅食物或栖息地与湿地密切相关,如鹰形目鹗科的鹗(*Pandion haliaetus*)主要以捕食鱼类为生;雀形目中的许多种类通常栖息于湿地类型的生境中,如大苇莺(*Acrocephalus arundinaceus*)等。

3.3.1 水鸟

水鸟（waterbird）是指生态学上依赖湿地生存的鸟类，依据水鸟的生态特征，可分为游禽和涉禽两大类。游禽是指善于游泳或潜水的水鸟，如雁类、鸭类、天鹅、潜鸟、鸊鷉、鹈鹕等。涉禽是指适应湿地沼泽和浅水生境生存的水鸟，如鹭类、鹳类、鹤类、鸻鹬类等。

根据《湿地公约》对水鸟的定义，一般认为以下科中的鸟类属于水鸟：潜鸟科、鸊鷉科、鹱科、鸬鹚科、蛇鹈科、鹭科、鲸头鹳科、锤头鹳科、鹳科、鹮科、红鹳科、叫鸭科、鸭科、领鹑科、鹤科、秧鹤科、秧鸡科、日鹳科、日鸦科、水雉科、彩鹬科、蟹鸻科、蛎鹬科、鹮嘴鹬科、反嘴鹬科、石鸻科、燕鸻科、鸻科、鹬科、籽鹬科、鸥科、燕鸥科、剪嘴鸥科，共计878种。此外，除鹱形目的信天翁科、鹱科、海燕科和鹈燕科外，一些通常认为属于海鸟的种类，如企鹅科、鹲科、鲣鸟科、军舰鸟科、贼鸥科和海雀科中的鸟种，由于经常栖息于浅水生境并出现在内陆湿地，也在广义上被列入水鸟的范畴，被《湿地公约》的世界水鸟种群估计（Waterbird Population Estimates，WPE）列入监测名录中。

根据《中国鸟类分类与分布名录》（第三版）（郑光美主编，2017年），我国水鸟种类有雁形目的鸭科（23属54种），鸊鷉目的鸊鷉科（2属5种），红鹳目的红鹳科（1属1种），鹤形目的秧鸡科（12属20种）和鹤科（1属9种），鸻形目的石鸻科（2属2种）、蛎鹬科（1属1种）、鹮嘴鹬科（1属1种）、反嘴鹬科（2属2种）、鸻科（4属18种）、彩鹬科（1属1种）、水雉科（2属2种）、鹬科（12属50种）、燕鸻科（1属4种）、鸥科（19属41种）、贼鸥科（1属4种）和海雀科（4属6种），鹱形目的鹱科（1属3种），潜鸟目的潜鸟科（1属4种），鹳形目的鹳科（4属7种），鲣鸟目的军舰鸟科（1属3种）、鲣鸟科（1属3种）和鸬鹚科（2属5种），鹈形目的鹮科（5属6种）、鹭（9属26种）和鹈鹕科（1属3种），共计281种。

水鸟种类繁多，依据它们的形态、行为、栖息生境和食性等生态学特征，可以分成不同的类群，主要包括雁鸭类、鸊鷉类、秧鸡类、鹤类、鸻鹬类、鸥类、潜鸟类、鹳类、鸬鹚类、鹮类、琵鹭类、鹭类和鹈鹕类等。

雁鸭类 雁鸭类是指雁形目的鸟类，是种类较多的一类水鸟，为中到大型的游禽，常见种类有绿头鸭（*Anas platyrhynchos*）、鸿雁（*Anser cygnoid*）和大天鹅（*Cygnus cygnus*）等。喙多扁平，颈长，趾间具蹼，善游泳，大多雌雄异形，雄鸟羽色艳丽。

鸊鷉类 鸊鷉类是指鸊鷉目的鸟类，最为常见的种类是小鸊鷉（*Tachybaptus ruficollis*）。鸊鷉类善于潜水，主要以鱼类为食，外形似潜鸟，但体型小，翅短圆，羽毛蓬松，尾羽退化为小绒羽。

秧鸡类 秧鸡类是指鹤形目秧鸡科鸟类，种类较多，是湿地中分布较为普遍的中小型涉禽类群，常见的种类有普通秧鸡（*Rallus indicus*）、白胸苦恶鸟（*Amaurornis phoenicurus*）、黑水鸡（*Gallinula chloropus*）和白骨顶（*Fulica atra*）等。喜隐蔽，体短而侧扁，适应在浓密的植被中穿行，腿及脚趾细长，适于涉水和在植物的茎秆上抓持。

鹤类 鹤类是指鹤形目鹤科鸟类，全世界共有15种鹤类，我国有9种，是世界上鹤类分布最多的国家。最著名的当属丹顶鹤（*Grus japonensis*），在我国和其他东亚国家与历史和文化密切相关，是长寿、吉祥和高贵的象征；分布最广、最为常见的种类是灰鹤（*G. grus*）；最为濒危的种类是白鹤（*G. leucogeranus*），被世界自然保护联盟（IUCN）列为极危（CR）物种。鹤类均为大型涉禽,身体具备典型的喙长、颈长和腿长特征。

鸻鹬类　鸻鹬类是指鸻形目中除鸥科、贼鸥科和海雀科之外的鸟类,是水鸟中种类最多的涉禽类群,常见种类有环颈鸻(*Charadrius alexandrinus*)、红脚鹬(*Tringa totanus*)、白腰杓鹬(*Numenius arquata*)和斑尾塍鹬(*Limosa lapponica*)等。鸻鹬类为中小型鸟类,大多雌雄相似,羽色暗淡斑驳,喙形态多样,适应多样化的取食行为。它们全球性分布,许多种类在北半球繁殖,迁徙至南半球越冬,具有较强的迁徙能力。

鸥类　鸥类为鸻形目中的鸥科和贼鸥科鸟类,飞行能力强,遍布全球,常见种类有红嘴鸥(*Chroicocephalus ridibundus*)、西伯利亚银鸥(*Larus vegae*)和普通燕鸥(*Sterna hirundo*),而中华凤头燕鸥(*Thalasseus bernsteini*)数量极为稀少,全球数量不足百只。鸥类体型分化显著,大、中、小型皆有,前三趾间具蹼,善游泳,一般雌雄同色,体羽以灰白色为主。

潜鸟类　潜鸟类是指潜鸟目的鸟类,全世界仅有 5 种,均为大型游禽,主要分布于北半球的寒带和温带水域,常见种类有红喉潜鸟(*Gavia stellata*)和黑喉潜鸟(*G. arctica*)。脚靠身体后部,喙直而尖,体型修长,前三趾具蹼,善游泳和潜水,以鱼类为食。

鹳类　鹳类主要是指鹳形目鹳科的鸟类,也包括红鹳目的鸟类,为大型涉禽,主要分布于温带和热带,温带分布的种类有迁徙习性,常见的种类有白鹳(*Ciconia ciconia*)、东方白鹳(*C. boyciana*)和黑鹳(*C. nigra*)等。鹳类亦具有嘴长、颈长和腿长的特点,但其喙粗壮,适于捕食鱼类等。

鸬鹚类　鸬鹚类是指鲣鸟目鸬鹚科的鸟类,大型游禽,广布于温带和热带间的内陆和沿海水域,常见种类为普通鸬鹚(*Phalacrocorax carbo*)。体羽黑色为主,具金属光泽,喙圆柱状,身体修长,腿靠身体后部,趾间具蹼,善潜水,以鱼类为食。

鹮类　鹮类特指鹈形目鹮科除琵鹭属外的鸟类,代表性种类有朱鹮(*Nipponia nippon*),被 IUCN 列为濒危(EN)物种,目前世界上有约 2000 只的野外种群,但均来自 1981 年在陕西洋县发现的 7 只野外个体。喙细长下弯,头部近喙基皮肤裸露,体羽纯色,或黑或白。

琵鹭类　琵鹭类特指鹈形目鹮科琵鹭属的鸟类,常见种类有白琵鹭(*Platalea leucorodia*)。喙扁平,先端如勺,体羽为纯色,一般白色为主。

鹭类　鹭类是指鹈形目鹭科鸟类,中至大型涉禽,种类较多,广布于温带至热带,常见种类有夜鹭(*Nycticorax nycticorax*)、苍鹭(*Ardea cinerea*)、大白鹭(*A. alba*)和白鹭(*Egretta garzetta*)等。喙细长而直,中趾长,适于涉水和攀缘。

鹈鹕类　鹈鹕类是指鹈形目鹈鹕科的鸟类,世界仅有 8 种,我国有 3 种,大型游禽,代表性种类有卷羽鹈鹕(*Pelecanus crispus*)。喙粗长,上喙末端下弯成钩,下喙下缘有巨型喉囊,体羽为白色或灰褐色。

3.3.2　其他湿地鸟类

湿地中生活的鸟类,除典型的水鸟外,还有些鸟类的食物或栖息地与湿地密切相关,较为典型的有鹰形目鹗科的鹗,鸮形目鸱鸮科渔鸮属的鸟类,佛法僧目翠鸟科的鸟类,以及雀形目中的苇莺科、蝗莺科、燕科、莺鹛科、河乌科、鹟科、鹡鸰科、鸦科等鸟类。

鹗　世界性分布,全世界仅 1 种,大型食鱼猛禽。腿爪强健,外趾可后转成“对趾型”以抓持鱼类。

渔鸮类 我国分布有褐渔鸮(*Ketupa zeylonensis*)和黄腿渔鸮(*K. flavipes*)。栖息于森林河流地带,主要以鱼类为食。

翠鸟类 常见种类有白胸翡翠(*Halcyon smyrnensis*)、普通翠鸟(*Alcedo atthis*)和冠鱼狗(*Megaceryle lugubris*)等。喙常为红色,粗长而直,末端尖锐,适于捕鱼,腿短,并趾,体色以蓝、绿、栗、白为主。

苇莺科 大部分种类喜栖息于芦苇沼泽生境,常见种类有大苇莺、黑眉苇莺(*A. bistrigiceps*)和厚嘴苇莺(*Arundinax aedon*)等。

蝗莺科 主要栖息于湖泊、河流等附近的沼泽地带,常见种类有矛斑蝗莺(*Locustella lanceolata*)和小蝗莺(*L. serthiola*)等。

燕科 喜在水面等湿地上空飞行取食空中的昆虫,常见种类有崖沙燕(*Riparia riparia*)、家燕(*Hirundo rustica*)、白腹毛脚燕(*Delichon urbicum*)和金腰燕(*Cecropis daurica*)等。

莺鹛科 莺鹛科鸦雀类,喜栖息于芦苇沼泽生境,典型种类有震旦鸦雀(*Paradoxornis heudei*),此鸟种只活动于芦苇沼泽生境中。

河乌科 雀形目中唯一能在水中生活的鸟类,善游泳和潜水,喜栖息于林间清澈和湍急的溪流地带,主要以水生昆虫和小鱼为食。常见种类有褐河乌(*Cinclus pallasii*)。

鸫科 鸫科中的水鸲属、白顶溪鸲属、啸鸫属和燕尾属鸟类,喜栖息于林间河流两侧多岩石的浅水地带,以水生昆虫和鱼类为食,常见种类有红尾水鸲(*Rhyacornis fuliginosa*)、白顶溪鸲(*Chaimarrornis leucocephalus*)、紫啸鸫(*Myophonus caeruleus*)、小燕尾(*Enicurus scouleri*)和斑背大尾莺(*Megalurus pryeri*)等。

鹡鸰科 大多喜栖息于湿地周边的草地、泥滩和浅水生境,常见种类有黄鹡鸰(*Motacilla tschutschensis*)、白鹡鸰(*M. alba*)和水鹨(*Anthus spinoletta*)等。

鹀科 鹀科中的部分种类,喜栖息于湿地的草本沼泽生境,常见种类有田鹀(*Emberiza rustica*)、黄胸鹀(*E. aureola*)和苇鹀(*E. pallasi*)等。

3.4 湿地浮游生物

浮游生物泛指生活于水中而缺乏有效移动能力的漂流生物,一般将浮游生物划分为浮游植物(phytoplankton)和浮游动物(zooplankton)。

3.4.1 浮游植物

浮游植物(即自养的浮游生物)不是一个分类学单位,而是一个生态学单位,它包括所有生活在水中营浮游生活方式的微小植物,通常特指浮游藻类,而不包括细菌和其他植物。

浮游藻类在大小和体积上差别显著:大型的种类肉眼可见,如团藻(*Volvox*)的个体常常大于 1 mm;小型种类不到 1 μm 或比细菌还小。绝大多数浮游植物是肉眼看不见的,依据它们的个体大小,可将其分为网采浮游植物(20~200 μm)、微型浮游植物(2~20 μm)和超微浮游植物(小于 2 μm)。

3.4.1.1　体型、细胞结构和繁殖方式

浮游藻类大多数是单细胞种类,在生理上与植物细胞类同,只是细胞比较小,仅悬浮于液体介质中。从进化上说,它们的祖先都是几十亿年以前的原始蓝藻细胞。从生态上看,浮游藻类以及水生植物以类似于高等植物的方式贡献它们的生产力至生态系统,但是与陆生植物不同的是,浮游藻类生长周期短,仅有几个星期的延续,种类的演替也仅以月来计。

（1）体型

藻类植物体的类型很多。它们的构造和大小相差很大,反映出藻类的演化过程以及不同的发展水平,因而也是藻类植物分类的重要依据。藻类的体型可归纳为下列几种。

根足型（变形虫型）　无细胞壁,由原生质体伸出粗细和长短不一的伪足,类似原生动物中的变形虫,可运动。只有金藻、黄藻及甲藻、绿藻中的极少数种类具有这种体型。

鞭毛型（游动型）　统称鞭毛藻类,是常见种类,可分为单细胞鞭毛型和群体鞭毛型。细胞具鞭毛,能做主动运动;具细胞壁、周质或囊壳。甲藻、隐藻、裸藻和金藻中绝大多数种类具有这种体型。

胶群体型（不定群体型）　不运动,行营养繁殖,细胞分裂后埋在共同的胶被内。细胞数目不定,群体可不断增大。

球胞型（不游动型）　营养细胞不具鞭毛,不通过营养繁殖,多以动孢子或不动孢子繁殖。可以单细胞或一定数目的细胞连接成各种形状的群体。这种体型在藻类中,特别是浮游性藻类中普遍存在,可分为:非定形群体,单细胞或不定形群体,细胞仅相互靠贴,无一定的排列方式;原始定形群体,群体细胞彼此分离,由残存的母细胞壁或分泌的胶质连接成一定的形态;真性定形群体,群体细胞彼此直接由它们的细胞壁连接成一定的形态和结构。

丝状体　细胞不断在横断面上分裂且互相衔接而形成多细胞的植物体。除裸藻门外,各门藻类中都有这种体型。包括不分枝丝状体型和分枝丝状体型。

（2）细胞结构

藻类的分类鉴定主要依据细胞结构的特点。

细胞壁　大多数藻类细胞都有明显的细胞壁,有的细胞具有胶质或其他被膜/鞘,构成细胞壁的物质随各门藻类的不同而不同。大多数藻类的细胞壁的主要成分是纤维素和果胶质。硅藻细胞壁的主要成分是二氧化硅和果胶质。细胞壁一般平滑,也可以有各种花纹、刺、棘或突起。

一个细胞的细胞壁多数是一个完整的整体,但是硅藻和黄藻的细胞壁是由两个半片(壳)连接组合而成,而甲藻的细胞壁则是由许多小板片拼合组成。

细胞核　除蓝藻细胞没有典型的核结构外,其他藻类细胞都有细胞核。细胞核有核膜,内含核仁和染色质。细胞核的数目多为一个,只有少数种类为多核。

色素和色素体　藻类含有的色素组成极为复杂,可分为四大类:叶绿素、胡萝卜素、叶黄素和藻胆素,每一类色素又有多种。各门藻类都含有叶绿素 a。叶绿素 b 则只存在于绿藻、裸藻和轮藻,这几门藻类的叶绿素组成和高等植物相同,植物体呈现绿色。其他各门藻类中,甲藻、隐藻、黄藻、金藻、硅藻和褐藻有叶绿素 c;红藻有叶绿素 d。胡萝卜素中最常见的是 β-胡萝卜素,各门藻类都有。除蓝藻外,藻类细胞中都有专门的色素载体。

贮藏物质　由于藻类含有不同的色素组成,因而通过光合作用形成的同化产物及转化的贮藏物质也各异。绿藻和隐藻的贮藏物质都在色素体内,绿藻还以淀粉鞘的形式附着于专门的蛋白质小体上,其他藻类的贮藏物质都不在色素体内。

鞭毛　除了蓝藻和红藻外,大多数藻类都具有鞭毛,或者在生活史的某一阶段具有鞭毛。鞭毛的种类、数目、长短以及着生部位因藻类种类的不同而不同。

事实上,藻类细胞和植物细胞在结构上是相似的,都有活性的细胞质和细胞膜,有一系列高度分化的细胞器和内含物。藻类中只有一个特殊的类群——蓝藻细胞是原核细胞,其余所有藻类都属真核。原核蓝藻在结构上保守,但代谢途径多样化;真核藻类在结构上高度分化,而代谢途径保守。

(3) 繁殖方式

藻类的繁殖能力很强。其繁殖的方式可分为营养繁殖、无性生殖和有性生殖。在浮游藻类中,以前两种繁殖方式为主。

营养繁殖　不通过任何专门的生殖细胞来进行繁殖。单细胞种类通过细胞分裂繁殖,即一个母细胞连同细胞壁分为两个子细胞,各长成一个新的个体。群体或多细胞种类通过断裂繁殖,即一个植物体分为几个较小部分或断裂出一部分。

无性生殖　由原生质形成孢子来进行繁殖。孢子是无性的,不需要结合,一个孢子即可长成一个新个体。藻类中有多种孢子,如不动孢子、动孢子、厚壁孢子、休眠孢子、似亲孢子、内生孢子和外生孢子等。

有性生殖　形成专门的生殖细胞——配子,配子必须结合成为合子后才能长成新个体;或由合子再形成孢子长成新个体。

3.4.1.2　藻类各门

(1) 蓝藻门(Cyanophyta)

由于蓝藻与细菌很接近,有时也被称为蓝细菌。

蓝藻为单细胞、丝状或非丝状的群体。非丝状群体为板状、中空球状、立方形等各种形状,但大多数为不定形群体,群体常具一定形态和不同颜色的胶被。丝状群体由相连的一列细胞——藻丝组成,藻丝具胶鞘或不具胶鞘,与胶鞘合称丝体,每条丝体中包含一条或多条藻丝。藻丝直径一致,有时一端或两端明显尖细。藻丝具真分枝或假分枝,假分枝由藻丝的一端穿出胶鞘延伸生长而形成。

蓝藻细胞无细胞核,也无色素体等细胞器,原生质分为外部色素区和内部无色中央区,含有的色素包括叶绿素 a、胡萝卜素和大量藻胆素(藻蓝素及蓝红素),同化产物以蓝藻淀粉为主,并含有藻毒素。无色中央区仅含有相当于细胞核的物质,无核膜和核仁。

蓝藻的繁殖方式一般为细胞分裂,或以藻殖段生殖,也有的形成各种孢子,不产生具鞭毛的生殖细胞,也无有性生殖。

蓝藻中常见的浮游种类有微囊藻(*Microcystis*)、束丝藻(*Aphanizomenon*)、螺旋藻(*Spirulina*)、鱼腥藻(*Anabaena*)和颤藻(*Oscillatoria*)等属中的种类。

蓝藻适应性很广,各种水体中都能生长,多喜生于含氮量较高、有机质较丰富的碱性水体中,一般喜较高的温度,有的种类可在 70~80 ℃的温泉中生长,在夏秋季节,湖泊和池塘中的蓝藻可大量繁殖,形成水华,释放出毒素,造成鱼类死亡。

（2）隐藻门（Cryptophyta）

隐藻为单细胞,多数种类具鞭毛,具鞭毛种类为长椭圆形或卵形,前端较宽。隐藻细胞纯圆或斜向平截,纵扁,背面略凸;腹侧平直略凹入,前端偏于一侧,具向后延伸的纵沟,有的种类具自前向后延伸的口沟;纵沟或口沟两侧常具多个棒状的刺丝胞,有的种类无刺丝胞。鞭毛两条,近似等长,自腹侧前端伸出,或生于侧面。具1~2个大型叶状体,其中除含有叶绿素a、叶绿素c外,还含有藻胆素;色素体多为黄绿色或黄褐色,也有蓝绿色、绿色或红色,有些种类无色素体,有些具蛋白核。贮藏物质为淀粉和油滴,伸缩泡位于细胞前端。繁殖方式为细胞纵分裂。

（3）甲藻门（Pyrrophyta）

多为单细胞,呈丝状的细胞极少,多为球形、近圆形、卵形、长卵形和多角形等,背腹扁平或左右侧扁;细胞裸露或具细胞壁,壁薄或厚而硬。纵裂甲藻类的细胞壁由左右2片组成,无纵沟或横沟。横裂甲藻类细胞壁由许多小板片组成,板片有时具角、刺或乳头状突起,表面常具圆孔或窝孔纹。大多数种类具1条横沟和1条纵沟,以横沟为界分上下壳,纵沟被称为"腹区",位于下壳腹面。具2条鞭毛,1条呈带状环绕在横沟中,1条为纵鞭,线状,通过纵沟向后伸出。极少数种类无鞭毛,具多个色素体,圆盘状或棒状,色素有叶绿素a、叶绿素c、甲藻素和多甲藻素。贮藏物质为淀粉和油滴。繁殖方式为细胞分裂,有的种类可产生动孢子或不动孢子。

甲藻门是水生动物的饵料,但过量繁殖会使水变红,形成赤潮,产生毒素,对鱼类等生物有害。

（4）金藻门（Chrysophyta）

藻体为单细胞、群体或分枝丝状体。多数能运动的单细胞种类具2条鞭毛,少数种类具1条或3条,鞭毛等长或不等长。细胞裸露或在表质上具硅质化鳞片、小刺或囊壳,不能运动的细胞具细胞壁。具1~2个大的片状色素体,色素为叶绿素a、叶绿素c、β-胡萝卜素和叶黄素,具金褐或黄褐色,贮藏物质为白糖素、脂肪。

繁殖方式为细胞分裂或群体断裂,有的产生动孢子或静孢子。

金藻门多生在透明度较高、温度较低、有机质含量低的水体中,冬季、早春和晚秋生长旺盛。

（5）黄藻门（Xanthophyta）

藻体为单细胞,群体多核管状或多细胞的丝状体。单细胞和群体中的个体细胞都由相等或不相等的H形的2节片套合组成。能游动的种类的细胞前端具2条不等长的鞭毛,长的一条向前,为茸鞭型;短的一条向后,为尾鞭型。

细胞有一个或多个色素体,呈盘状或片状,少数为带状或杯状,黄褐色或黄绿色,贮藏物质为油滴及白糖素。

无性生殖产生动孢子、似亲孢子或不动孢子,动孢子具2条不等长的鞭毛,丝状种类通常以丝体断裂的形式进行繁殖。

（6）硅藻门（Bacillariophyta）

单细胞及群体,具有高度硅质化的细胞壁,壳体由上下两个半壳套合而成,套在上面的称上壳,下面的称下壳,上壳的板叫盖板,下壳的板称底板,板缘部分称壳环带,简称壳环。

硅藻的形态:中心纲有圆形、三角形、椭圆形、卵形和羽形等;羽纹纲有线形、披针形、菱形、舟形、新月形、S形和提琴形等。壳面有各种细微的花纹,壳面中部或偏一侧有一中轴区,包括中心区和中央节。壳缝两端的壳内壁增厚,形成"极节";有的没有壳缝,仅有较窄的中轴区,称为假壳缝。有些种类的壳缝是一条纵向或围绕壳缘的管沟,以极窄的裂缝与外界相通,以许多小孔与外界相连,称为管壳缝。壳缝与原生质相连。

细胞色素体为黄褐色,色素主要有叶绿素 a、叶绿素 c 和 β-胡萝卜素等,贮藏物质为脂肪。繁殖方式是细胞分裂,产生复大孢子、小孢子或休眠孢子。

硅藻在各种水体都能生长,是鱼类、贝类以及其他水生动物的主要饵料。

(7) 裸藻门(Euglenophyta)

大多数为单细胞,细胞裸露,无细胞壁,细胞质外层特化为表质,固定或变形,表质外面具线纹、点纹或光滑,有的具囊壳,囊壳外面呈点孔状、颗粒状、瘤状或刺状纹饰,有的光滑。

细胞前端具囊形的食道,由胞口与外界相通,它的窄形颈部为胞咽,下方膨大部分为贮蓄泡,贮蓄泡周围贴靠着 1 个或数个伸缩泡,无色素体,食道附近有"杆状器"。鞭毛为 1~3 条,色素与绿藻相似,色素体呈盘状、片状或星状,贮藏物质有副淀粉和脂肪。

繁殖方式为细胞纵裂,环境不良时形成孢囊,生于有机质丰富的水体,可形成"水华"。

(8) 绿藻门(Chlorophyta)

色素体与高等植物相似,含有叶绿素 a、叶绿素 b、叶黄素和胡萝卜素。贮藏物质为淀粉,细胞壁主要为纤维素,2 条等长鞭毛或仅有 1 条鞭毛。

藻体形态多样,有单细胞、群体、分枝或不分枝丝状体等多种体型,具 2 条顶生、等长鞭毛,少数有 4 条、1 条、6 条、8 条或更多。有一个或多个色素体,形态多样,有环状、片状、盘状、星状和带状等。

繁殖方式有三种。营养繁殖为细胞分裂或藻体断裂。无性生殖产生动孢子、不动孢子、似亲孢子、休眠孢子或厚壁孢子。有性生殖有同配、异配和卵配。

3.4.2　浮游动物

浮游动物是指悬浮于水中的水生动物。浮游动物是生态学名词而不是分类学名词。它们或者完全没有游泳能力,或者游泳能力微弱,不能做远距离的移动,也不足以抵拒水的流动力。它们的身体一般都很微小,要借助显微镜才能观察到。

浮游动物的种类组成极为复杂,包括无脊椎动物的大部分门类——从最低等的原生动物到较高等的被囊动物,差不多每一类都有永久性浮游动物代表。同时,还包括许多脊椎动物(特别是底栖动物)的幼虫,致使浮游动物的种类组成更加复杂化。在湿地生态系统结构、功能和生物生产力研究中占有重要地位的一般有原生动物、轮虫、枝角类和桡足类四大类。

3.4.2.1　原生动物(Protozoa)

原生动物是单细胞,细胞内有特化的各种细胞器,具有维持生命和延续后代所必需的一切功能。

（1）形态特征

原生动物是由单细胞构成的微小动物,有些种类形成群体,但除了某些生殖个体外,群体中所有的单个虫体都是独立生活的,并且在形态和功能上都是相同的。原生动物虽没有后生动物的器官,但是它们细胞内有了形态上的分化,形成能执行各种功能的各个部分,特称为"胞器"或"类器官"。胞器的形状和功能各有不同,如用于运动的胞器有各种鞭毛、伪足和纤毛;用于营养的胞器有胞口、胞咽和食物泡;用于排泄废物或调节渗透压的胞器有伸缩泡等。由此可见,单细胞的原生动物在功能上和多细胞的后生动物体内的单一细胞不同,而和高等动物的整个个体相同。

所有的原生动物都是单细胞的有机体,以伪足和纤毛为主要行动胞器,并以此为重要分类根据。原生质的物理性质研究得十分清楚,它是由多种化合物组成的复杂胶体,含水量很高。典型原生动物的原生质是透明的、无色的,但有许多原生动物由于摄食许多食物而呈多种不同的颜色。原生动物最小的仅为 $5\ \mu m$,大多数在 $30\sim300\ \mu m$,有各种不同的体型,大多数是球形、卵圆形或有些扁平。目前全世界已发现并描述的原生动物已超过 3 万种,其中自由生活的约 7000 种,常见的有 $300\sim500$ 种。

（2）食性

原生动物主要进行动物性营养,即以固态食物为食,其食物包括细菌、藻类、其他动物和碎屑等。肉足虫纲的种类没有专门的胞口,体表的任何部分都可以起到口的作用。当伪足遇到食物时,即用身体把它包围起来分泌消化酶加以消化后摄食。

原生动物在营养再生和能流中亦有重要作用。浮游植物长期以来被认为是磷的主要同化者和分泌者,可是近来研究表明,湖水中磷的动态主要受细菌、原生动物摄食和溶解有机化合物的影响。原生动物对磷的再生作用主要是通过分泌有机磷及摄食细菌来提高磷的转化速率。在有原生动物摄食的系统中,细菌对磷的吸收与分泌增加,生长加快。

（3）繁殖方式

原生动物的繁殖方式可以分为有性生殖和无性生殖两种,无性生殖是简单的细胞分裂,即细胞质和细胞核一分为二。当环境良好时,原生动物就连续进行无性生殖,个体数量呈几何级增加。有性生殖严格来说不是专门的繁殖方法,而是细胞核的更新现象。有性生殖往往出现在环境条件较差,或种群连续进行较长时间的无性生殖,种群比较衰老,需要交替进行有性生殖以增加其活力的情况。草履虫的接合生殖,其特点是细胞质暂时性融合,有核的交换和融合。吸管虫的无性生殖是出芽生殖,或是简单地从母体产生一个芽胚,或是从母体中产生很多芽胚。

原生动物在一定的条件下能够分泌胶质以包围身体形成包囊,以此来适应不良环境。

（4）生态分布

原生动物由于体形小,其孢囊又能抵抗干燥,所以极易被鸟类、昆虫和其他动物所携带以及受风的作用而到处传播;又由于生活周期很短,即使在仅存留几天的雨后积水坑塘、水洼等间歇性水体中也能繁殖后代。所以凡是有水的地方就有原生动物存在。因此,许多原生动物种类的分布是世界性的。

各类内陆水体中浮游性原生动物的数量在每升几百个到几万个,一般为几千个,夏、秋季原生动物种类和数量通常比冬、春季高。

影响原生动物生态分布的因素通常不是单一的,而是多因素结合的结果。由于原生动物对诸多环境因子(如温度、光照和营养盐类等)的选择性和适应性不同,因此在不同的湿地生境中存在不同的原生动物。专性浮游性原生动物多出现在河流与湖泊湿地的明水区;而兼性原生动物和周丛生物则生活和分布于浅水区和具植被的沿岸带;耐污性种类多分布于有机质丰富的水域;清水性种类则栖息于溶解氧丰富、有机物浓度比较低的洁净水体中。

3.4.2.2 轮虫

轮虫是最小的多细胞动物,其头部有一个由 $1 \sim 2$ 圈纤毛组成、能转动的轮盘,形如车轮,故称为"轮虫"。目前全世界已被描述的轮虫种类达 2000 种以上,我国已报道的轮虫已超过 400 种。在我国已报道的轮虫中,95%为淡水种类,其中 75%的种类营附着生活且大多分布于沿岸带,真正营浮游生活的种类仅有 100 种左右。

轮虫在淡水水体生态系统结构功能、能量传递及物质转换方面具有重要意义。它能摄食一些微小而不能被鱼类直接利用的细菌和碎屑,进而其本身又被鱼类消化利用。轮虫的繁殖速度快、周转率高,在生态系统的能量传递中具有重要意义。在养殖业生产育苗过程中,当鱼、贝、虾、蟹苗刚被孵出、卵囊已被消耗殆尽时,此时还不能消化个体较大的外源性食物,轮虫便成了幼苗阶段的良好开口饵料,特别是轮虫富含鱼、贝、虾、蟹苗所必需的氨基酸和不饱和脂肪酸。

(1)形态特征

轮虫的主要特征有三个:① 有纤毛的头冠;② 特化的咀嚼囊并有角质化的咀嚼器;③ 有一对原肾管分列身体的两旁,原肾管的末端为焰细胞。它们体长在 $45 \sim 2500$ μm,一般为 $100 \sim 500$ μm,在显微镜下方能观察。

轮虫没有专门的呼吸器官,它们可通过体表进行呼吸,因此不能生活在无氧的环境中。仅有少数种类能忍耐低的溶解氧。

(2)食性

大多数轮虫是滤食性种类,以水体中的微型藻类、细菌和有机碎屑为食;少数是捕食性种类,以原生动物和小型轮虫为食。浮游性轮虫借助头冠纤毛的运动,沉淀悬浮物质到它们的口腔中,食物的大小取决于头冠的形式和咀嚼器的结构。以有机碎屑和细菌为食的轮虫主要有裂痕龟纹轮虫(*Anuraeopsis fissa*)、角突臂尾轮虫(*Brachionus angularis*)、螺形龟甲轮虫(*Keratella cochlearis*)、长三肢轮虫(*Filinia longiseta*)、奇异六腕轮虫(*Hexarthra mira*)和沟痕泡轮虫(*Pompholyx sulcata*);以绿球藻目作为主要食物的有角突臂尾轮虫、壶状臂尾轮虫(*B. urceolaris*)、矩形龟甲轮虫(*K. quadrata*)、前额犀轮虫(*Rhinoglena frontalis*)和褶皱臂尾轮虫(*B. plicatilis*);以团藻目作为主要食物的有萼花臂尾轮虫(*B. calyciflorus*)、臂尾水轮虫、矩形龟甲轮虫、前额犀轮虫和褶皱臂尾轮虫;以裸藻目为主要食物的有萼花臂尾轮虫、壶状臂尾轮虫和龟形龟甲轮虫(*K. testudo*);以隐藻作为食物的有龟形龟甲轮虫、曲腿龟甲轮虫(*K.valga*)、前额犀轮虫、梳状疣毛轮虫(*Synchaeta pectiata*)和尖尾疣毛轮虫(*S. stylata*);以金藻目为主要食物的有螺形龟甲轮虫、褶皱臂尾轮虫和梳状疣毛轮虫;以硅藻中心纲为食的有尖削叶轮虫(*Notholca acuminata*)等;以蓝藻作为主要食物的有 *Brachionus dimidiatus* 和褶皱臂尾轮虫。

杂食性的轮虫以纤毛运动为动力,向食物的方向运动,以活的或分解的颗粒有机物质为食。捕食性的轮虫如晶囊轮虫,一般以原生动物或其他轮虫及小的后生动物为食。

(3) 繁殖方式

轮虫一般为卵生,也有少数种类为卵胎生,一个轮虫一生中所产卵的数目,依种类和环境的不同而有很大的差异,从几个到几十个不等。在不同的温度下,轮虫在 0.6~5 天能孵出幼体。刚孵出的幼体只有成体的 1/10~1/3 大,但在数小时内,即可长大到 3 倍或以上,之后生长就减慢或停止生长。

一般水体中常见的轮虫非混交雌体以孤雌生殖方式繁殖后代。在多种因素的混合刺激下,如温度的骤然变化、干旱、拥挤等,均可产生有性生殖。非混交雌体经减数分裂一部分形成混交雌体,另一部分产生雄卵,孵化出雄轮虫,和混交雌体受精形成休眠卵,亦称冬卵,这种卵具有抵抗不良环境的能力,待环境条件有利时,孵化出非混交雌体,行新一代的孤雌生殖。种群密度和温度对轮虫产卵量和混交雌体的形成有很大的影响。

(4) 生态分布

轮虫广泛分布于各种淡水水域中,在海洋、咸水中种类不多,数量很少。在江河中,由于流速较快,不利于喜好浮游或附生的轮虫生活,轮虫种类、数量也相当贫乏。水坑、水塘等间歇性水体,也因生态因子的变化,仅适合于一些生态耐性大、生殖力强的种类。轮虫主要分布于沼泽与湖泊湿地中,尤其是水生植物茂盛的河岸带湿地,种类特别丰富,一般以底栖生活的种类为主,而敞水区则以浮游生活的种类为主。

各类水体中轮虫数量变化很大,一些高寒地区湖泊轮虫数量低于 20 个·L^{-1},一般湖泊和水库中轮虫的数量在 50~1000 个·L^{-1},在富营养型水体中,每升水中轮虫数量可高达数万个甚至几十万个。

水体中轮虫数量的多少与水体中食物的种类和数量也有密切关系,丰富的适口食物是形成轮虫数量高峰的基础。浮游动物间的食物竞争对轮虫数量与分布也有很大影响。

3.4.2.3　枝角类

枝角类俗称水蚤或红虫,属节肢动物门甲壳纲、鳃足亚纲、枝角目。据统计,全世界有枝角类 11 科,约 65 属 440 种,其中栖息于淡水水体中的有 10 科,约 57 属 410 种。这些枝角类广泛分布于整个地球上,无论寒带、温带还是热带均有不少种类。枝角类一般大小在 0.2~3.0 mm,最大的为透明薄皮溞(*Leptodora kindti*),可达 18 mm。枝角类不仅是许多经济鱼类的优质食物,而且可以调节控制轮虫、原生动物和藻类等的产生、发展。特别在一些深水湖泊和水库中,枝角类的数量很多,因此,在生态系统结构、功能和生物生产力的研究中受到重视。

(1) 形态特征

枝角类的主要形态特征有以下 5 点:① 体短,左右侧扁,分节不明显。② 有两瓣透明的介壳附于体表。③ 头部有显著的黑色复眼,并带有水晶体。④ 第二触角发达,呈双枝形,为浮游和滤食的主要器官。有羽状刚毛,内外枝节数以及游泳刚毛的排列因种类而异,是分类的重要根据。⑤ 直接发育,无变态(薄皮溞除外)。

（2）食性

滤食性枝角类从水中滤取细小的食物,如酵母菌、细菌、单细胞藻类、原生动物以及有机碎屑等。在有些天然水域中,细菌是枝角类的基本食物。一个枝角类个体一天通常能滤取 $2\times10^4 \sim 7\times10^4$ 个细菌。只要有细菌作为食物就足以保证枝角类全部生命活动的正常进行。

浮游的单细胞藻类对枝角类有很大的饵料意义,优势枝角类如透明溞种群密度高,滤食大量藻类,会使水体变得清澈。

枝角类各种食物的营养价值多不相同,其中,酵母菌、大肠杆菌和藻类中的小球藻与原球藻营养价值最高,有机碎屑因附有大量的细菌亦较高;相对而言,原生动物的营养价值最低。

枝角类利用胸肢上的滤器滤得食物,不能选择性滤食营养价值高的食物。枝角类壳瓣左右两部分腹缘间的裂缝以及腹缘上的刚毛、刺与褶片等附属物都能阻止大的颗粒进入壳瓣内。所以一般认为枝角类所能滤食的颗粒大小为 $1 \sim 17~\mu m$,峰值为 $2 \sim 5~\mu m$。

（3）繁殖与生长

枝角类有两种繁殖方式:孤雌生殖(单性生殖)和两性生殖。在通常情况下以孤雌生殖为主,所产出的卵不需受精就能产出新的一代。如此经过许多代孤雌生殖,当外界条件变化时,最末一代雌体所产的卵不仅孵出雌体,也同时孵出雄体,两者交配、受精营两性生殖形成厚壳、滞育的卵,这种卵一般称为休眠卵。此种卵常产生在冬季,也可称为冬卵。受精的冬卵不立即孵化出幼溞,而是在孵育囊内,不超过两天的时间发育到囊胚阶段,形成生殖腺与头部的原基以后,就离开母体。在外界暂时停止发育,直到环境条件适合后,再继续发育,萌发出幼溞。可见冬卵在外界要经过一段滞育期,滞育期的长短因季节而异,在夏季持续几天或十几天,在冬、秋季则持续几个月。由冬卵萌发的幼溞都是雌体,行新一代孤雌生殖。

休眠卵对于种的延续有重大的生物学意义,它能抵御寒冷、干旱等不良环境,在泥土中干燥20年以上仍能保持活力;同时休眠卵能够借助风的作用广泛散布,这也是枝角类广生性的原因。

枝角类每胎的卵数称为生殖量。生殖量因种类、年龄和季节的不同而异。当母体大小一定时,夏卵的大小与生殖量呈反比;反之,生殖量一定时,夏卵的大小与母体的大小呈正比。大型种类有较高的生殖量,体型越小,生殖量也就越低。

影响枝角类生殖量的因子很多,但主要是食物。各种枝角类对食物数量和质量的要求不同。一般来说富营养型水体中的枝角类生殖量大于贫营养型水体中的枝角类。水温也是影响枝角类生殖量的一个重要外界因子。此外,种群密度与水中溶氧量等也都会影响生殖量。生殖量受水域各种环境因子的影响,而水域的环境因子具有季节性,因此生殖量也就相应地随季节发生变化。

几乎所有的枝角类都直接发育,这与卵子含有比较丰富的养料有关。只有透明薄皮溞是间接发育。这种溞的冬卵孵化出来的是后期无节幼体而非通常的幼溞。后期无节幼体是无节幼体转入后期的形态。在变态过程中,后期无节幼体需脱壳三次方能变为成体。

无论直接发育还是间接发育的枝角类,其幼体或溞都要经过一段时间发育方能变为成体。由幼溞到成体所需的时间随环境因子而变,尤其与温度关系最为密切。高温能促进性成熟,而低温可推迟性成熟。

枝角类每脱一次皮(壳)便为一龄,前后两次脱壳之间的时期称为龄期。一般情况下,枝角类的龄期数随种类和温度而异。大眼溞总科只有 2 个幼龄,而其他枝角类都有 3~6 个幼龄,一般为 4~5 个幼龄。成龄数的变化更大。少数仅为 6 个,多者达 25 个,一般为 12~18 个。枝角类的寿命亦和温度密切相关,温度高寿命短,温度低寿命长。

(4) 生态分布

海洋、滨海湿地和内陆盐沼湿地中虽然有枝角类存在,但种类稀少,淡水湿地是这类动物最重要的栖息场所,枝角类在各种不同的淡水水域中形成各种独特的区系。

在江河中,由于河水冲洗涤荡,水中有大量无机悬浮物存在,不利于枝角类滤食,所以枝角类种类和数量都相当贫乏,平均每立方米水中不足 100 个;而池塘、湖泊与水库常在 100~10000 个,有时可达 100000 个以上。在水坑和水沟等间歇性水域,由于其存在时间短,生态因子经常变化,因此,在这些水域生活的枝角类生态耐受性较强,生殖力很强,但种类不多。

枝角类主要分布于湖泊中,尤其是在蔓生水草的浅水沿岸区,种类特别丰富。敞水区种类虽不及沿岸区多,但数量往往相当大。枝角类在各种不同水域中的分布受外界因子的影响,尤其是水域的 pH 值和盐类的含量与组成。pH 值对枝角类的代谢生殖与发育等生命活动都有密切影响,有的种类仅适宜于酸性水域中,如圆形盘肠溞发育的最适 pH 值为 5.0;但一般来说,大多数枝角类有一个适宜范围,如大型溞在 pH 值为 6~10 时均有分布,但 pH 值为 8.7~9.9 时对该种的生存最为有利。

3.4.2.4　桡足类

桡足类隶属于节肢动物门、甲壳纲、桡足亚纲。淡水桡足类是浮游甲壳动物的一个重要组成部分,在各类水体中,它是幼鱼和许多经济鱼类的天然饵料。但是另一方面,桡足类的某些捕食性种类有时会侵袭鱼卵或鱼苗,从而对淡水鱼类的繁殖造成一定的危害。桡足类中剑水蚤和哲水蚤又是某些寄生蠕虫的中间宿主。

(1) 形态特征

桡足亚纲共分 7 目,在淡水浮游动物中较为重要的是哲水蚤目(Calanoida)、剑水蚤目(Cyclopoida)和猛水蚤目(Harpacticoida)。

桡足类是一类小型甲壳动物,体长 0.30~3.00 mm,一般小于 2 mm。身体窄长,体节分明,一般由 16 或 17 个体节组成,但是由于若干体节愈合,实际上体节数目不超过 11 个。躯体可分为较宽的头部、胸部和较窄的腹部。头部有 1 眼点、2 对触角与 3 对口器;胸部具 5 对胸足;腹部无附肢。身体末端具 1 对尾叉;雌性腹部两侧或腹面常带 1 个或 1 对卵囊。

(2) 食性

桡足类的食性可分为滤食型、掠食型和刮食型。有的种类兼有过滤悬浮颗粒和掠食的能力,称之为混合型。

哲水蚤主要为滤食型,由第二触角、大颚须和第一小颚快速震动而引起水流,当水流通过第二小颚和颚足的羽状刚毛交织而成的网时,水中的藻类、细菌、原生动物以及有机碎屑等悬浮颗粒被过滤下来送入口内。有的属于混合型取食,除细菌、原生动物外,还取食轮虫和浮游甲壳动物。猛水蚤大多数沿着水域底部爬行,取食碎屑、动物尸体、原生动物和轮虫等。

剑水蚤采用掠食型、刮食型和混合型三种取食方式。如白色大剑水蚤(*Macrocyclops al-bidus*)、棕色大剑水蚤(*M. fuscus*)、广布中剑水蚤(*Mesocyclops leuckarti*)为肉食性动物,主要掠食双翅目昆虫(摇蚊科)、寡毛类(水蚯蚓)、枝角类(溞、盘肠溞、网纹溞)以及其他小型浮游动物。

(3) 繁殖与生长

桡足类雌雄异体,一般进行两性生殖,从外形上很容易区分性别,雄性的主要特征是第一对触角或第一右触角变成执握肢。此外,雄体一般瘦小,腹部节数较多。有的类群(如哲水蚤),其第五对胸足左右不对称,与雌体有明显的区别。雄体把精荚粘在雌体的纳精孔,然后进行受精。通常卵受精后立即开始胚胎发育,并且不间断地进行下去,完成胚胎发育所需的时间一般为 2~5 天。

桡足类的幼体从卵孵出后,尚需经过相当复杂的发育过程,一般要经过 6 个无节幼体期和 5~6 个桡足幼体期方才发育为成体。

(4) 生态分布

桡足类生活于各种不同类型的水域中,像湖泊、水库、池塘、稻田、沼泽等都有它们的分布。此外,在井水、泉水、岩洞水等地下水中,甚至苔藓植物丛等有时也有它们的踪迹。

一般来说,哲水蚤营浮游性生活,通常生活于湖泊的敞水带、河口及塘堰中。猛水蚤营底栖生活,它们栖息于除敞水带以外的各类水域中,生态环境多种多样,如湖泊、塘堰、沼泽的沿岸带以及河流的泥沙间等。剑水蚤介于上述两大类之间,栖息环境亦多种多样。

河流等流水水域中桡足类的数量十分贫乏;而在湖泊和池塘等静水水域,特别是富营养型水体,桡足类的数量十分丰富,有时甚至可高达 1000 个·L^{-1} 以上,一般在 10~100 个·L^{-1}。

3.5　湿地鱼类

水是湿地的主体,是湿地的特征,而鱼类恰恰是生活在水中的最为常见的脊椎动物。鱼类中除了深海鱼类之外均属湿地鱼类,包括内陆淡水鱼类、近海海洋鱼类、河口半咸水鱼类和过河口洄游性鱼类等。

鱼类是终生生活在水中的变温脊椎动物,也是脊椎动物中种类最多、数量最大的生物类群。鱼类对水体环境十分敏感,因此它们成为湿地生态系统的重要指示物种。

3.5.1　外部形态

鱼类终生生活在水里,水中的生活条件决定了鱼类的外部形态、内部结构及生活特性。鱼类的体型通常稍侧扁,吻尖,体外被鳞,富有黏液,体外无棱角以减小阻力,通常用鳃呼吸,具合拢的鳃盖及细小而有力的尾柄,以鳍来协助运动。

现存鱼类可以分为圆口纲、软骨鱼纲和硬骨鱼纲。

圆口纲无上下颌,又称无颌类。体裸露无鳞,呈鳗形,无偶鳍,骨骼为软骨,脊索终生存在。

软骨鱼纲由鲨类、鳐类和银鲛类组成。内骨骼全为软骨,常含大量的石灰质沉淀。体被盾鳞或光滑无鳞。脑颅无接缝。鳍条为角质鳍条。鳃裂5~7对,各自开口于体外;银鲛例外,具膜状鳃盖和一对外鳃孔。雄性有鳍脚(交配器),体内受精。肠短,内具螺旋瓣。无鳔,无大型耳石。卵大而数量少,生殖方式为卵生、卵胎生或胎生。尾常为歪型尾。

硬骨鱼纲是脊椎动物中种类最多的类群。其内骨骼或多或少是硬骨性的,体被硬鳞或骨鳞,有些被以骨板或裸露无鳞。有膜骨性鳃盖,每侧具有一外鳃孔,鳃间隔退化。鳔通常存在,大多数种类肠内无螺旋瓣。无鼻口沟,无鳍脚。尾鳍多为正型尾。卵小而多,生殖方式以卵生为主。

3.5.2　生态学基础

湿地在孕育和丰富地球生物多样性方面起着举足轻重的作用,而鱼类恰恰是湿地中分布最为普遍的脊椎动物,在湿地生态系统中发挥着巨大的、不可替代的生态作用。

鱼类生态学是研究鱼类生活方式,鱼类与环境之间相互作用的一门学科。研究内容包括鱼类与环境之间的相互作用关系,环境对鱼类年龄、生长、呼吸、摄食和营养、繁殖和早期发育、感觉、行为和分布、洄游、种群数量消长以及种内和种间关系等一系列生命机能和生活方式的影响,环境的作用规律和机理,以及鱼类对环境的要求、适应和所起的作用。

3.5.2.1　鱼类与非生物环境的关系

鱼类生活在水环境中,影响鱼类生存的生物因素和非生物因素有很多,其中非生物因素主要有水温、盐度、酸碱度(pH 值)、溶解氧等。

(1) 水温

鱼类是变温动物,它们的体温几乎完全随着水环境温度的变化而相应改变。多数鱼类的体温与周围环境的水温相差一般在 0.1~1 ℃,只有金枪鱼类相差达 10 ℃以上。

每种鱼类都具有其生存的最适温度。各种鱼类在生殖时期都要求一定的温度范围,此外温度对鱼类的胚胎发育的影响也比较显著。温度对鱼类的影响往往表现为温度的变化是鱼类开始繁殖、索饵和越冬的信号因子,因此成为这些过程开始的天然刺激条件。

各种鱼类对温度适应情况差别很大,可以将所有鱼类划分为三类:热带鱼类(暖水性鱼类)、温水性鱼类和冷水性鱼类。根据鱼类对温度变化的耐受能力的不同,鱼类可分为广温性鱼类和狭温性鱼类。

热带鱼类对水温的要求较高,适宜于在较高的水温中生活。常见热带鱼类有罗非鱼、遮目鱼、金枪鱼、鲣鱼、鲭鱼及珊瑚礁中的一些鱼类。

温水性鱼类要求在温带水域条件下生活。属于这种类型的鱼类很多,我国大多数淡水鱼类和近海的许多经济鱼类,如鲻、鲹鱼、小黄鱼、斑鲦、小沙丁鱼等,均属这种类型。

冷水性鱼类要求在较低水温条件下才能正常生活,如大马哈鱼、虹鳟、太平洋鲱鱼、江鳕等。

广温性鱼类包括大部分温水性鱼类,适应于水温多变的环境。如在炎热夏季的浅水池塘和稻田内或在低达零度的水域中,鲤、鲫都能安然无恙。

狭温性鱼类适温范围窄,经受不住温度的剧变,如前述的热带鱼类和冷水性鱼类都属于狭温性鱼类,它们都生活在水温变化幅度很小的环境中,如果温度变化过大,将有死亡的危险。

(2) 盐度

溶解于水中的各种盐类主要通过水的渗透压影响鱼类。鱼类对盐度的适应范围因种类而异,在纯淡水到盐度为60%的海水中均有分布。各种鱼类能够在不同盐度的水域中正常生活,与其具有完善的生理调节机制有关。很多鱼类对于盐度的缓慢变化,表现出很大的耐受性。盐度变化对于鱼类的影响常表现在鱼类的繁殖方面:胚胎发育、浮性卵在水层中的垂直分布等。

根据鱼类对盐度的适应情况,可将鱼类分为四大类群:海水鱼类、淡水鱼类、洄游性鱼类和河口性鱼类(又称半洄游鱼类)。按鱼类耐受盐度变化的能力大小,又可将鱼类分为广盐性鱼类和狭盐性鱼类。

海水鱼类只适应盐度较高的水域,终生生活在海洋中。

淡水鱼类只能适应极低的盐度,终生生活在淡水中。

洄游性鱼类对盐度的适应有阶段性,有的鱼类大部分时间适应于低盐度的淡水,只有在短期内(生殖时期)才进入海水中生活,如鳗鲡;有些在海中生活的鱼,如大马哈鱼、鲥等,到了生殖时期即上溯至江河中产卵。

河口性鱼类大部分时间生活于盐度介于淡水和海水之间的河口附近海区,有些在生殖季节溯河洄游,如刀鲚、凤鲚及银鱼中的部分种类。

广盐性鱼类能够耐受较大的盐度变化范围,包括多种虾虎鱼类及一种弹涂鱼,它们可以生活在淡水中,也能生活在盐度为60%的海水中。

狭盐性鱼类对盐度的适温范围窄,经受不住盐度的轻微变化,如多数淡水鱼类、栖息于珊瑚礁中的许多鲈形目鱼类及深海鱼类,只能经受盐度不足1%的变化。

(3) 酸碱度(pH 值)

酸碱度是水环境的一项重要指标,能够直接影响鱼体的生理状况。pH 值的变化不仅可以指示水域中氢离子的浓度,而且可以间接表示水中二氧化碳、溶解氧、溶解盐类和碱度等水质情况。pH 值主要取决于水中游离二氧化碳和碳酸盐的比例,一般二氧化碳越多,pH 值越低。一般天然海水的 pH 值比较稳定,通常在 7.85~8.35,但在内陆水域及池塘中,pH 值的变化较大。

各种鱼类有不同的 pH 值最适范围,一般鱼类多偏于适应中性或弱碱性环境,pH 值为7~8.5,不能低于6以下。pH 值对鱼类的影响主要表现为:① 酸性水体可使鱼类血液的 pH 值下降,使一部分血红蛋白与氧的结合完全受阻,因而降低其载氧能力。在这种情况下,尽管水中含氧量较高,鱼类也会缺氧。② 当 pH 值超出极限范围时,鱼类皮肤黏膜和鳃组织会被破坏。③ 间接危害,如在酸性环境中细菌、藻类和各种浮游动物的生长、繁殖均受到抑制;硝化过程滞缓,有机物的分解速率降低,导致水体内物质循环速度减慢。

(4) 溶解氧

水中的溶解氧是鱼类重要的生活条件之一。大多数鱼类用鳃来吸收水中溶解的氧气进行气体交换,而不能直接呼吸空气中的氧气。只有少数鱼类具有辅助呼吸器官可以直接呼吸空气中的氧气。

水中的溶解氧不仅对鱼类有直接影响,而且有间接影响。充足的溶解氧有利于天然饵料的繁生,为鱼类提供更多的食料。水中溶解氧不足,可能引起嫌气性细菌的滋生,对鱼类和天然饵料产生毒害作用或不良影响。

鱼类通过提高呼吸活动来应对溶解氧的不足。当严重缺氧时,则产生"浮头"现象。若水体含氧量继续锐减,鱼类将陷入麻痹状态,最后窒息而死。

水中溶解氧的来源包括大气中溶入水体的氧气和浮游植物或其他水生植物的光合作用产生的氧气。大气中氧的溶入速度一般与水温呈反比,与大气压力呈正比,亦与水的机械运动如波浪、潮汐等有关。

水中溶解氧的消耗途径主要包括水生生物的呼吸和有机物分解耗氧。

(5) 二氧化碳、硫化氢、氨

水中的二氧化碳来源于各种水生生物的呼吸及有机物质的氧化分解。二氧化碳除了以游离状态存在外,还以碳酸盐和重碳酸盐的形式存在。水中高浓度的二氧化碳阻止了血液中的二氧化碳向外弥散,导致鱼体内积累大量的碳酸,使血红蛋白氧饱和张力比正常高,因而尽管吸入多的氧气,但血液中还是充氧不足。

硫化氢是在溶解氧不足时,含硫的有机物经嫌气性细菌分解而产生,或者是水中富含的硫酸盐经硫酸盐细菌的还原作用而生成。当增加水中溶解氧时,硫化氢即可被氧化而消失。硫化氢对鱼类的毒害作用很强。

氨是在缺氧或氧气不足的情况下,由含氮有机物分解而成,或含氮化合物被反硝化细菌还原而成。氨亦是水生生物代谢的最终产物,与水接触后即生成铵根离子而建立化学平衡,平衡时氨及铵根离子的总量取决于水的 pH 值和温度,pH 值越小,温度越低,氨的占比也越小,反之则大。氨对于鱼类是极毒物质,即使浓度很低也会抑制鱼类生长。

(6) 光

水体中光的分布强度一般用透明度来表示。光影响鱼在水层中的分布和摄食。

根据光线穿透水层的深度,水体可分为三层,即真光层(由水面至水下 80 m)、弱光层(水下 80 m 至 400 m)和无光层(400 m 以下)。三层水体均有鱼类分布,但鱼类在视觉器官的适应方面有很大差异。很多鱼类对于光线有明显的趋光性,如蓝圆鲹、金色小沙丁鱼、鳀鱼、银汉鱼等均有显著趋光性,这一原理目前已被应用到灯光捕鱼。

鱼类的胚胎发育要求一定的光照条件,光与鱼类体色的变化也有密切关系。

(7) 声音

鱼类能感受机械振动、次声波、声波和超声波。鱼类对声音的感受器主要是侧线器官、内耳下部的球状囊和瓶状囊。鱼类不但能感受声音,许多种类还能发出声音。许多鱼类的发声器官是具有特殊肌肉组织的鳔。在产卵繁殖季节,鱼类的发声对于吸引异性和集群活动均有一定的生物学意义。

(8) 电流

鱼类对电流反应灵敏,同时有许多鱼类能用发电器官放电,在其身体周围形成电磁场。鱼类的放电可分为两种类型,即用于攻击或自卫的强放电和具有信号作用的弱放电。现代渔业已进行电流捕鱼,或利用电流将鱼引向集鱼工具,或使鱼类发生暂时性休克麻痹以利捕捞。此外,电流还可用于电拦鱼装置,使鱼类不能接近水电站的涡轮机和灌溉渠道,或将鱼类引入鱼道入口等。

（9）底质及悬浮物

水体底质有砂砾、软泥、岩石及珊瑚礁等类型。底质与鱼类的繁殖、索饵和越冬均有密切关系。如大马哈鱼由海洋洄游到沙砾底质河段中产卵，沙砾底质是它的产卵条件之一；大黄鱼在生殖期间由外海洄游至近岸软泥或泥沙底质的产卵场进行产卵。不同的底质栖息着不同的底栖饵料生物，因此也影响鱼类的索饵场所。鱼类的越冬对底质也有一定的要求，深坑多凹的地区往往有鱼类集群越冬。

水中悬浮微粒在许多方面对鱼类产生影响。首先是悬浮微粒对鱼类的机械作用；其次，悬浮微粒过多将导致水的浊度增加，透明度降低，不利于天然饵料的繁生；再次，水中大量存在的悬浮微粒会造成鱼类呼吸困难，严重时导致窒息死亡。

（10）压力与深度

水的压力大小与深度有关，水域的深度差别限制鱼类的分布。深海鱼类长期栖息在高水压下，骨骼和肌肉等都有特殊的适应：骨骼薄而疏松，且富有弹性，连接骨与骨之间的腱亦比较疏松而易于分离，身体两侧的肌肉松弛不发达，口极大，胃的伸缩力强，肠内和血液内溶解气体很多。

（11）水域污染

水域污染的来源主要为工业废水。主要有害成分为硫化物、氰化物、各种重金属离子（汞、铜、锌、镉、铅、铬等）、酚、醛、砷、硒及有机氯农药制品等。此外有机物和各种营养盐类大量进入水域也可造成局部水域污染。

污染对鱼类生活的影响主要包括：① 破坏食物链；② 影响幼体、成体的正常生长；③ 危害鱼类的呼吸，甚至使鱼类窒息死亡；④ 有机物和大量营养盐类污染的水域存在水体"富营养化"和"赤潮"现象。

富营养化是指在人类活动的影响下，生物所需的氮、磷等营养物质大量进入湖泊、河流、海湾等缓流水体，引起藻类及其他浮游生物迅速繁殖，水体溶氧量下降，水质恶化，鱼类及其他水生生物大量死亡的现象。水体出现富营养化现象时，浮游藻类大量繁殖形成"水华"，水面往往呈现蓝色、红色、棕色、乳白色等，这是由于占优势的浮游藻类的颜色不同。这种现象在海洋中发生则称为赤潮或红潮。

当营养丰富的污水大量污染海洋水域时，赤潮浮游生物（如夜光虫和中肋骨条藻等）大量繁生形成赤潮。在赤潮出现的地区，大量赤潮生物的耗氧和死亡后分解过程的耗氧，可使水体溶解氧耗尽，导致赤潮水域内鱼虾类和其他生物窒息死亡。赤潮生物中的许多种类，在其代谢过程中能排出毒素，增加了海洋赤潮的危害性。

3.5.2.2　鱼类与生物环境的关系

鱼类与其他水生生物之间的关系甚为密切。有些生物可以直接或间接作为鱼类的饵料，有些可以导致鱼类患上各种疾病，有些可以直接吞食鱼类。鱼类与生物环境的关系主要包括：鱼类的种内关系、鱼类的种间关系、鱼类与其他生物之间的关系。

（1）鱼类的种内关系

鱼类的种内关系主要有：集群、残食、食物竞争、通过非生物条件相互影响和寄生等。

　　集群是鱼类对环境的一种适应。并非所有的鱼类在整个生命过程中都形成集群。许多鱼类在幼小时形成鱼群,长大后就分散活动,特别是淡水凶猛鱼类,分散活动便于觅捕食物。鱼类在其生命周期中常常形成临时性的群体,如产卵群体和索饵群体。海洋鱼类的集群现象比较明显,且鱼群的大小、形状往往具有一定的规律。鱼群的大小常随着各种因素的影响而变化。

　　鱼类集群有不利影响:一是鱼类过于集中,目标很大,容易吸引凶猛鱼类注意,造成大量被捕食的危险;二是饵料生物的供应有时受到限制,容易被较大鱼群迅速吃光,因而其他鱼群常因营养不足而生长缓慢。

　　只有环境中营养条件恶化时,才会发生鱼类相互残食,这是鱼类对自然界的一种适应。在环境中食物条件恶化时,大量幼小鱼类被消耗后,就可缓解本种的食物紧张状况。有时幼鱼与大鱼的食性不同,幼鱼能吃较小食物,大鱼吞食幼鱼是间接地利用了水体中原来不能利用的食料基础。有研究提到,狗鱼也摄食本种小鱼,但不易消化吸收,还产生不良反应。这可能是防止自相残害的一种制约因素在起作用。

　　在饵料不足的情况下,鱼类种内的食物竞争尤其严重。

　　鱼类可以通过非生物条件相互影响。例如,如果池塘中放养的鱼类过密,就会因耗氧过多而发生缺氧现象,影响彼此的生活和生存。

　　角鮟鱇科鱼类中的一些种类,雄鱼远远小于雌鱼,并附在雌鱼身上,以吸取雌鱼的体液为生,这种寄生现象对本种的生存有利。

　　(2) 鱼类的种间关系

　　鱼类的种间关系是在"种"形成过程中作为对环境的适应而产生的。鱼类种间关系主要表现为以下几种形式:营养关系、种间寄生、共生、共栖和食物竞争等。

　　营养关系包括两种。① 残食关系。凶猛鱼类在依靠牺牲者为食的基础上,产生了一系列在形态、生理方面的适应。被凶猛鱼类猎食的温和鱼类,在长期生存竞争中亦形成了各种相适应的防御方式(如产生毒素、放电、具有相当发达的甲片或棘刺)。② 食性分化的适应关系。主要表现在食性的分化或食物组成的不同。

　　种间寄生是鱼类中相当少见的现象,有两种寄生现象:一种是寄生鱼较快地致宿主死亡,如盲鳗。另一种是不能很快使宿主死亡,但对宿主产生不良影响。如巴西的毛鼻鲶寄生在个体较大的鲶鱼鳃腔内,从宿主的鳃中吸吮血液作为营养,影响了鲶鱼的正常生长。

　　共栖指两种都能独立生存的生物以一定的关系生活在一起,一方栖于另一方,对该方有益而对另一方无害的相互关系,如鲨鱼与鮣鱼。

　　食物竞争是最为普遍的鱼类种间关系,是指在同一生境、取食同种食物的鱼类因食物有限而发生的生存斗争。

　　(3) 鱼类与其他生物之间的关系

　　天然水体中的各种动植物与鱼类的关系十分密切,其中最主要的是营养关系,即多数水生动植物是鱼类的直接或间接食物。有些水生生物则是鱼类的敌害,其中有的寄生在鱼体表面或体内,消耗鱼类的营养物质或破坏鱼体组织;有的直接以鱼为食。

　　鱼类与细菌和真菌的关系:水中与陆地和空中一样,存在着种类繁多的细菌。多数细菌是无害的,并且是营养物质的还原者,在物质循环过程中发挥重要的作用。有的细菌则是一些鱼病的病原体。

鱼类与水生植物的关系:藻类不但是白鲢等一些鱼类的直接食物,而且是各种无脊椎动物的食物,是鱼类食物链中的初级生产者,是许多鱼类间接的营养物质。水生高等维管植物也是一些草食性鱼类的食物,我国的草鱼、赤眼鳟和鲂鱼等都是食草的典型代表。水生植物对于改善水体环境起很大的作用。

鱼类与水生无脊椎动物的关系:水中有许多微小的无脊椎动物,如原生动物、轮虫、枝角类和桡足类等,其中绝大多数种类是淡水中浮游动物的主要组成部分,是许多鱼类特别是幼鱼不可缺少的食料。

鱼类与其他脊椎动物的关系:许多脊椎动物栖居在水中,或在生命的某一阶段生长在水中,与鱼类发生一定的关系。例如,蛙类既可作为鱼类的食物,也大量摄食幼鱼;生活在水中的爬行类,几乎都是鱼类的敌害;落水的小型鸟类可被哲罗鱼这样的凶猛鱼类所捕食。许多食鱼鸟类大量抓捕鱼类。有些鸟类还是一些鱼类寄生虫的中间宿主或宿主;在水中生活的哺乳动物能捕食鱼类。海洋须鲸以甲壳类浮游生物为食,与相同食性的鱼类有食物竞争的关系。

(4) 食物链

无论种间、种内还是与其他生物间的关系,实质上都表现为营养级间的关系,各种生物彼此相互依存,相互制约。一种鱼只捕食其他鱼类或其他生物,而不被其他鱼类和其他生物所食,或不受其他生物直接或间接影响的情况是很少见的;我们经常见到的是某种鱼类既捕食其他的鱼,同时又是其他鱼类的饵料,或者既捕食其他生物,同时又成为其他生物的饵料,或多或少地受到其他生物直接或间接的影响。这样就在湿地生态系统中形成一连串的食物关系,即食物链。

3.5.2.3 鱼类的年龄

研究鱼类的年龄和生长可以预测鱼类资源的变动情况。可根据捕捞鱼类的年龄组成分析、判断捕捞对于鱼类资源的影响;通过产卵群体的年龄组成分析,可帮助分析产卵群体的类型,为估计鱼类蕴藏量和可能的渔获量预报提供确切可靠的根据;研究鱼类的年龄和生长是研究鱼类的其他各种生命机能的前提条件。

(1) 寿命

寿命指鱼类整个生活史所经历的时间。它取决于鱼类的遗传特性和所处的外界环境条件。绝大部分鱼类的寿命介于 2~20 龄,其中约 60% 的鱼类寿命在 5~20 龄,能活到 30 龄以上的鱼类不超过 10%,大约 5% 的鱼类活不到 2 龄。

(2) 年龄鉴定

生长的周期性是鱼类的一个特点。鱼类生长的不平衡性也反映在鳞片和骨片等的生长上。鱼类在四季中生长的不平衡性就是用鳞片或骨片来测定其年龄的理论基础。

"宽带"或"夏轮"是春夏两季形成的较宽轮带。"窄带"或"冬轮"是秋冬两季形成的较窄轮带。生长年带是一年之中所形成的宽带和窄带的总称。

年轮(即年层)是当年秋冬形成的窄带和次年春夏形成的宽带之间的分界线,在耳石和鳃盖骨、匙骨等骨片上能够形成宽层和狭层。鉴定鱼类年龄的材料主要有鳞片、鳍条、支鳍骨和耳石等。

3.5.2.4　鱼类的生长

鱼类在适合生存的情况下,如食料充足、环境适宜,就可以持续不断地生长,直到衰老死亡。鱼类长度生长最迅速的时期通常是在性成熟之前;不同的生长阶段,生长的表现不同。鱼类的生长存在雌雄差异和季节性变化,且不同纬度地区的鱼类生长速度不相同。

影响鱼类生长的外界因素包括:① 饵料:食物的供应可能是影响鱼类生长的最主要因子,只要食物的数量充足,质量合适,在可以生存的理化环境条件下,鱼类可以达到最大的生长强度。② 温度:温度是影响鱼体生长的重要因素。温度能改变代谢过程的速度,在适温范围内,代谢强度与温度呈正相关。每种鱼都有其最适宜生长的温度范围,在养殖生产上抓住各种鱼类的适温季节进行强化培育,以充分发挥鱼的生长潜力。一般鱼类的最适生长的温度范围多在 20～30 ℃。③ 光照:光线的刺激,通过视觉器官和中枢神经,影响到内分泌器官特别是脑垂体的活动,从而影响鱼类的生长和发育。实验证明,较长时间的光照不一定能取得较好的生长效果。④ 化学因子:鱼类对水质的适应有一定的范围,超出这个范围,不仅生长受到阻碍,而且还会有死亡的危险。养鱼池一般都要求保持 pH 值在中性或弱碱性。⑤ 渗透压:水中盐类总浓度必然影响鱼类的渗透压调节,任何超出合适范围的渗透压都会阻碍鱼类生长。⑥ 水体的大小:容纳鱼类的空间总容积的大小可以影响鱼类的生长。渔民很早就有"宽水养大鱼"的经验。大水体中氧气充足、饵料丰富,栖息、活动场所广阔,生长强度就高,因此个体长得更大。

3.5.2.5　鱼类的摄食

(1) 摄食类型

植物食性的鱼类主要饵料是植物。

动物食性的鱼类主要饵料为动物,多数鱼类属动物食性。根据食物对象的不同,又可分为:① 温和肉食性鱼类,以无脊椎动物为食。② 凶猛肉食性鱼类,以鱼类为食。

杂食性鱼类的食物组成比较广泛,往往摄取两种或两种以上性质的食物,有动物性食物也有植物性食物,亦食部分水底腐殖质。

(2) 摄食方式

追捕:大多数凶猛肉食性鱼类均是以此方式摄食。

滤食:食浮游生物的鱼类,浮游生物随着水流进入口咽腔,然后通过细密的鳃耙过滤食物。

研磨:以无脊椎动物(如甲壳类、软体动物等)为食的鱼类,都有适应于其食性的不同类型的齿。

刮食:以丛生植物为食的鱼,用其极为锐利的下唇刮取食物。如鲤科的白甲鱼、鲴鱼类、鲻和鲮鱼。

吸食:海马和海龙等口呈长管状,以吮吸的方式摄取水中的糠虾等无脊椎动物。

寄生:鱼类中也有营寄生生活的种类,如七鳃鳗、盲鳗和角鮟鱇等。

鱼类不同的摄食方式是和食物种类及运动特点相联系的,当摄食的食物不同时,摄食方式也不同,这是鱼类生态适应的特点之一。

3.5.2.6 鱼类的繁殖

(1) 产卵季节和产卵次数

各种鱼类都要求一定的繁殖条件,鱼类的产卵季节依种类而不同,从世界范围来看,几乎每个季节都有鱼类产卵。

一定的水温范围是鱼类产卵的一个重要条件。由于分布地区不同,相同的季节各地的水温有很大差别,因而同一种鱼在不同地区的产卵季节是有差异的。

生活在赤道和热带地区的鱼类,在终年气候暖热的条件下,多数常年可以产卵,一年可以产卵多次,如罗非鱼。

由于卵子的成熟特征不同,有些鱼的卵子是一批同时成熟,产卵时也是一批产完(当然也可能留有少数卵子,这些卵在这个生殖季节里是不会成熟的)。也有一些鱼的卵是分批成熟,在整个生殖季节里分批产卵。

(2) 卵的性质

根据鱼卵的比重不同以及有无黏性、黏性强弱等特性,可以将鱼卵分为以下几种类型。

浮性卵 卵的比重小于水,它的浮力通过各种方式产生,如含有使比重降低的油球、卵径很大,便于漂浮。我国大多数鱼类产的卵属此类型。

黏性卵 卵的比重大于水,卵膜有黏性,产出后黏附在水生植物上。如鲤、鲫、太平洋鲱、松江鲈及一些虾虎鱼等都产黏性卵。

沉性卵 卵的比重大于水,卵黄周隙较小,产出后沉于水底。如海鲶的卵。

漂浮性卵 卵的比重稍大于水,卵产出后即吸水膨胀,有较大的卵间隙。卵在静水中下沉,稍有流水即能浮于水面,又称为半浮性卵。如鲢、鳙等的卵。

鱼类卵的大小差别很大,小的卵只有 $0.3 \sim 0.5$ mm,如虾虎鱼,而鲨鱼的卵可达 80 mm 以上。大多数鱼类的卵很小,多为 $1 \sim 3$ mm。

(3) 产卵场和产卵条件

鱼类到产卵期,需要一定的外界条件,如水温、水流、水质、光线及附着物等。在适宜鱼类繁殖的地点,鱼类大批集群进行繁殖,就形成了产卵场。

根据产卵地点、条件和卵的发育条件,鱼类的产卵场大致有如下几种类型。

敞水性产卵场 大多数鱼类属此类型。

石砾产卵场 卵粒沉于水底,许多是黏性卵,黏附于砂砾或石块上。

海藻产卵场 燕鳐鱼、太平洋鲱鱼等属此类型。

喜贝性产卵场 淡水的鳑鲏以及海边的一些虾虎鱼、鳚类等属此类型。

(4) 筑巢和亲体保护

许多鱼类在产卵以后,有保护幼体的习性。凡是有护幼习性的鱼,大多都是营筑巢产卵的,卵产在巢窝内,卵发育及幼体阶段有亲体保护,如罗非鱼、大马哈鱼、海龙和海马类。

3.5.2.7 鱼类的洄游

洄游是鱼类生命活动中的重要现象,表现为定向的周期运动。鱼类通过洄游得以完成其生活史中各个重要环节,诸如生殖、索饵、越冬和成长等。洄游现象在很多鱼类中表现得非常明显,如大部分海洋鱼类、溯河性和降河性鱼类等。因为它们在生命活动过程中的各个不同时期要求不同的环境条件,而洄游正是它们寻找适宜的生活环境而进行的有效运动。有些鱼类在繁殖季节,经过很远的路途,从越冬场所游向产卵场去产卵,这种运动使鱼类到达适于其后代生长发育的场所,从而保存了种族的绵延不断,这在鱼类的一生中是必不可少的。

由于处于洄游时期的鱼类往往集合成群,向一定方向做有规律的运动,能在一定时期、一定地点大批出现,因而形成了鱼汛,并能观察到鱼卵和仔鱼的出现。掌握了这些规律,对于发展海洋捕捞、保护鱼类资源十分重要。

(1) 产卵洄游

当鱼类生殖腺成熟时,脑垂体分泌的性激素对鱼体内部产生生理上的刺激,导致鱼类产生产卵繁殖的要求。鱼类在此期间常集合成群,游向产卵场进行产卵活动。产卵洄游的特点是鱼类聚集成大群,在一定时期内,沿着一定路线,向一定方向做急速的洄游。

根据产卵场的不同,鱼类的产卵洄游有下列四种类型:① 由深海游向浅海或近岸湿地。多数海洋鱼类,如大黄鱼、小黄鱼、鳓鱼、鲐鱼、马鲛、鲔和鲣等,它们的产卵场多在浅海近湾或河口附近,此处天然饵料丰富,温度、盐度都很适宜,对于受精卵的孵化和仔鱼、幼鱼的生长发育十分有利。② 由海洋游向河流湿地的溯河洄游。溯河洄游是指在海洋中生活的鱼类繁殖期间到江河(包括河口)产卵。这些鱼类一生中要经历两次重大变化,一次是幼鱼从淡水迁入海洋环境,另一次是成年时期又从海洋洄游到淡水环境中进行繁殖活动。多数溯河产卵的鱼类,在溯河过程中一般多停止摄食,或不如在海洋中摄食强烈,洄游运动中所消耗的能量完全由洄游前体内所积累的能量来提供。溯河鱼类在溯河洄游中遇到的最大问题就是渗透压的调节。所有溯河鱼类都具有很好的渗透压调节能力。溯河洄游的鱼类相当普遍,如鲥、鯦、银鱼、鲟鱼和大马哈鱼等。大马哈鱼逆水上游的能力很强,甚至途中遇到像瀑布那样的障碍,亦会奋力跃出水面,越过障碍,到达目的地。大马哈鱼产卵洄游的另一特点是"回归性"特别强,世世代代都从海洋回到它原来出生的淡水河流里进行产卵繁殖。③ 由河流湿地游向海洋的降河洄游。这一类型以鳗鲡最明显,它们平时栖息在淡水里,性成熟后开始离开其索饵、生长的水域,向江河下游移动,在河口聚成大群,游向深海。鳗鲡性成熟期较长,雄性为 8~10 年,雌性则更长。鳗鲡的洄游一般多在夜间进行,开始洄游时身体肥满,但在长距离洄游途中消耗巨大能量,又不摄食,体质极度消瘦,到达产卵场完成产卵后,亲鱼大部分疲惫而死。孵化后,幼鱼逐渐向原来的栖居处所洄游,其时幼鱼白色,头细,形如柳叶,称为柳叶鳗。它们漂泊于水面波涛间,回到欧洲的柳叶鳗需经三年之久,在进入淡水以前,逐渐变为鳗形的线鳗;回到美洲的柳叶鳗,行程较短,约需一年时间才变态进入淡水。④ 江河洄游。我国四大家鱼等淡水鱼,由江河的下游及支流洄游到河流的中上游产卵,有的行程达 500~1000 km,这是产卵洄游的又一种类型——江河洄游。

(2) 索饵洄游

索饵洄游又称肥育洄游,是鱼类追随或寻找饵料所进行的洄游。索饵洄游在产卵后的鱼群或接近性成熟和准备再次性成熟的鱼群中表现得较为明显。

（3）越冬洄游

越冬洄游亦称季节洄游,多见于暖水性鱼类。因鱼类对水温的变化非常敏感,一般在晚秋和冬季,由于水温降低,鱼体代谢强度显著下降,摄食强度亦随之下降,甚至停止摄食活动,变得不爱活动,有时甚至陷入休眠状态。此时,鱼类不是停留在索饵场地过冬,而是主动地选择它们所适宜的海区进行集群性移动,洄游至水底地形、底质和温度等都适宜过冬的深水区。

上述三种类型的洄游,虽然因不同的特点而被人为区分开来,但在自然界中,三者在同一种鱼类的生活史中密不可分,它们往往互相连贯,有时亦具有不同程度的交叉。

3.5.3 湿地常见鱼类

我国广大的内陆水域湿地和辽阔的海域生活着许多的鱼类,目前我国已知鱼类约有3000种,其中约1500种生活在海洋之中。

3.5.3.1 内陆淡水常见鱼类

我国的内陆淡水鱼类有以下特点:① 鱼类种类繁多,而且以鲤科鱼类为主体。我国的鲤科鱼类约占全国内陆水域淡水鱼类总数的一半以上。② 我国特有的鱼类种类,如青鱼、草鱼、鲢鱼和鳙鱼均为主要的经济鱼类,它们的发源地在我国。③ 我国内陆淡水鱼类以温带鱼类为主。④ 我国主要淡水经济鱼类分布广、适应性强,主要分布在东南沿海河口区域。

我国过河口洄游性鱼类及河口半咸水鱼类共有238种(根据《中国自然资源丛书·渔业卷》,1995年),分别隶属于22目73科144属,多分布在各江河水系下游的河口水域,也有一部分上溯到江河中上游水域。其中过河口洄游性鱼类约60种,隶属于9目21科30属,绝大多数是有经济价值的名贵鱼类。具体可分为溯河产卵洄游鱼类和降河产卵洄游鱼类。常见的溯河产卵洄游鱼类如长江水系的中华鲟(*Acipenser sinensis*)和鲥(*Tenualosa reevesii*)、黑龙江水系的大马哈鱼(*Oncorhynchus keta*)、绥芬河与图们江水系的马苏大马哈鱼(*O. masou*)、黑龙江与图们江水系的日本七鳃鳗(*Lampetra japonica*)等。常见的降河产卵洄游鱼类如鳗鲡(*Anguilla japonica*)、松江鲈(*Trachidermus fasciatus*)等。常见的河口半咸水鱼类如鲻(*Mugil cephalus*)、鲅鱼(*Liza haematocheila*)和花鲈(*Lateolabrax japonica*)等。

3.5.3.2 沿海海域常见鱼类

我国海洋面积广阔,大陆架占世界大陆架面积的27.3%,并有十几条河流入海,沿岸营养物质丰富,水质较好,加之我国处于温带、亚热带及热带,温度适宜,因此,我国沿海地区是海水鱼类繁殖的理想场所。我国海水鱼类物种丰富,鱼类种群组成的主体为温带及亚热带鱼类。现有的经济鱼类主要为中下层鱼类。由于受大陆架的影响,鱼类洄游范围小,集中在水深40~80 m的海区内,还有不少为定居性种类。

（1）黄海、渤海沿海海域常见鱼类

黄海、渤海区共同特点是盐度低,水质营养丰富。不同点在于相较于黄海,渤海更加风平浪静,水温季节性变动较大。本区鱼类约有260种,主要是温带种类。产量最大、分布最广的是小黄鱼(*Larimichthys polyactis*)。由于受冷水团及季风的影响,本区是我国冷水性鱼类分布最多的海区,如大头鳕(*Gadus macrocephalus*)、松木高眼鲽(*Cleisthenes herzensteini*)和牙鲆(*Paralichthys olivaceus*)等,通常大量分布于黄海中部以北部海区。

(2) 东海沿海海域常见鱼类

由于东海处于温带与热带之间,故在鱼类组成上反映出明显的过渡性。鱼类约有 400 种,主要属温水性鱼类。在鱼类区系组成上有许多种类与福建南部相同,如点带石斑鱼(*Epinephelus coioides*)和画眉笛鲷(*Lutjanus vitta*)等。此外,东海某些种类又与渤海种类相似,如蓝点马鲛(*Scomberomorus niphonius*)和钝吻黄盖鲽(*Pseudopleuronectes yokohamae*)等。组成本海区主要经济鱼类的是小黄鱼、大黄鱼(*L. crocea*)、白带鱼(*Trichiurus lepturus*)、鳓(*Ilisha elongata*)和银鲳(*Pampus argenteus*)等。此区以底层及中层鱼类为主,上层鱼类数量较少。

(3) 南海沿海海域常见鱼类

该区鱼类种类极其丰富,约有 1100 种,大部分属于暖水性鱼类。经济鱼类以鲷科、石斑鱼科、笛鲷科、裸颊鲷科和蛇鲻鱼科为主,如花点石斑鱼(*E. maculatus*)和红笛鲷(*Lutjanus sanguineus*)等。

3.6　湿地土壤微生物

作为湿地土壤重要的组成部分,湿地土壤微生物是湿地生态系统中的分解者。主要包括土壤中的细菌、放线菌、真菌等生物个体,它们是湿地系统的物质循环和能量流动的重要参与者,在土壤肥力的形成、生态系统稳定性维持和污染物降解等方面起着重要作用,是整个生态系统重要且必不可少的组成部分。

3.6.1　湿地土壤微生物的群落结构

土壤微生物群落参与生物地球化学过程,其活动对湿地系统的功能至关重要。最新分子工具的使用提供了越来越多的证据,表明细菌群落的结构与土壤过程有关。我国不同区域的湿地微生物种类及数量构成研究发现,湿地土壤微生物的普遍数量关系为:细菌>放线菌>真菌,但是湿地植被种类、土壤特性、环境条件等也会影响微生物数量的变化。湿地土壤细菌中平均种类最多的门依次为变形菌门(30.0%)、酸杆菌门(16.7%)和绿弯菌门(16.5%)(王鹏等,2017)。

3.6.2　湿地土壤微生物的影响因素

微生物生长繁殖需要适宜的土壤水分。干旱与洪涝都会对微生物的数量和活性产生影响,因此适宜的土壤水分是微生物生长繁殖的控制因素。不同条件下土壤水分对微生物有不同的影响。水分的增加在不影响土壤通气性的前提下,可以促进土壤微生物生物量的增加,改变微生物群落的组成,有时会提高反硝化作用;反之会使土壤 pH 值升高、盐度增大,不利于微生物的生长繁殖。目前全球变暖趋势越来越明显,湿地生态系统也频繁迎来周期性干旱季节,短期缺水会降低泥炭湿地真菌、亚硝酸盐还原酶、甲基辅酶 M 还原酶基因的丰度,进而影响酶的活性;而对于脱氮菌(denitrifier)、产甲烷菌(mathanogen)的多样性及组成变化的影响均不明显,对微生物群落组成的影响相对较小(王金爽等,2015)。

　　土壤营养是微生物群落丰富度和多样性的主要影响因素。大量实验表明,在土壤营养物质丰富时,微生物群落的数量、生物量等与土壤有机碳氮、土壤总氮等明显正相关,说明丰富的营养物质大大促进了微生物的定居、生长和繁殖。相反,寡营养条件不利于微生物群落结构的稳定和功能发挥。微生物的群落结构和多样性也受到土壤营养组分的调控。不同微生物类群摄取环境中的营养物质不同,例如固氮细菌以土壤氮为主要营养,甲烷氧化细菌可以利用 CH_4 产生自身所需要的能量和营养物质,铁氧化细菌将环境内的铁化合物作为能量和营养等。营养源决定了土壤微生物的活性、群落结构和功能运行,随着土壤营养组分的变化,土壤微生物的数量、生物量、群落结构和功能也发生相应变化。例如,为固氮细菌提供不同营养源时,固氮细菌的固氮活性出现显著差异;而在硫酸盐含量较低的土壤环境中,微生物可通过改变群落结构进行响应,结果是含有特异硫酸盐还原酶基因的微生物种类被选择留下来。此外,营养源的梯度分布也是微生物群落结构组成和多样性的重要影响因素(刘银银等,2013)。

　　在滩涂、海岸或者盐湖等湿地生态系统内,盐度的不同会衍生出不同的微生物群落。盐度变化容易造成植被生长状况和土壤渗透压的改变,进一步导致微生物群落特征的变化。盐度和土壤渗透压过高时,某些微生物类群无法生存而消失,进而导致微生物群落多样性下降。在海岸湿地生态系统,过高的盐浓度(大于 2.45% 时)会抑制微生物(如硫酸还原菌)的生长,只有当土壤中的盐浓度小于 2.28% 时,硫酸还原菌才可以正常生长。因此,高盐环境可能对微生物具有选择作用,不适宜该盐度环境的微生物将会被抑制或者遭到淘汰。

　　植被类群的差异也会引起微生物群落的差异。湿地生态系统中微生物与土壤、植被组成了一个功能微系统,微生物群落特征明显受到植被的影响,这可能与植被通过提供 O_2、凋落物和根系分泌物等方式营造出不同的土壤环境有关。例如,植被覆盖区微生物的数量、呼吸作用强度和氮转化率显著高于裸地。但也有研究表明,植被的出现与否并没有影响到微生物群落特征,这表明植被对微生物的作用可能还与植被类型或植被演替阶段有关。不同植被群落的物种组成、年龄和发育阶段不同,其分泌物的种类、数量和性质也不同,从而影响到土壤微生物。植被对微生物的影响可分为抑制作用和促进作用,抑制作用主要是由于植被与土壤微生物在环境资源方面存在竞争;促进作用主要是两者之间相互提供有益物质,植物根际能够分泌有机物增加微生物密度、多样性和活性,这种现象被称为根际效应。

　　土壤因子的组合对微生物功能产生较大的影响。土壤因子的特征在相对时间上是动态的(例如水分)或稳定的(例如土壤质地、有机物含量)。例如,土壤变量的长期变化能够直接影响反硝化菌的群落结构。有些地区环境的即时变化可能会引起反硝化菌群落的变化,但在某些湿地,反硝化菌群落可能更多地受到当地非生物和生物输入的历史模式的影响,这类模式是由历史土壤条件所决定的。土壤质地与微生物群落的变异有关,因为土壤质地通常与化学变化相关,通过影响水和空气穿过土壤的方式,从而影响养分输送、微生物可用的表面积以及土壤水分波动造成的氧化还原条件(Peralta et al. ,2016)。

总之,微生物群落组成的强驱动力是长期环境因素(例如水文、土壤质地)而非短期因素(例如 NO_3^-、NH_4^+、水分)。环境因素相互作用的周期有长有短,这种长短的变化有助于影响微生物群落结构和生物地球化学过程的速率。营养素的周期性和偶发性输入可能有助于加强微生物结构和功能之间的联系(Peralta et al. ,2016)。

3.6.3　湿地土壤微生物的研究方法

湿地土壤微生物的研究方法主要包括传统技术和分子技术等。传统的微生物研究方法主要包括显微镜技术、无菌操作技术和纯培养技术以及在传统方法上进行改良的一些新方法。近年来,分子领域一些先进技术的出现和应用使得当前微生物生态学研究上升到了分子水平。

自然界中可培养的微生物是有限的,传统微生物研究方法只能达到一般性的描述微生物表型特征的水平,要想精细地了解微生物的群落、种群甚至个体水平上的特征,创新和引进新的微生物研究方法已成为必然。聚合酶链式反应(polymerase chain reaction,PCR)技术以及在此技术上发展起来的分子技术,实现了不依赖于纯培养,直接对土壤环境内的微生物进行研究分析,开创了土壤微生物研究的新局面。适用于湿地土壤微生物研究的分子技术分为两类,一类是基于分子杂交的 DNA 探针和基因芯片等技术,通过检测已知 DNA 序列的探针与目标片段的杂交信号,来获得目标片段的遗传信息;另一类是基于 PCR 技术的方法,使用较为广泛,通过 PCR 获得大量的纯目标片段(如亚硝酸盐还原酶的基因片段 *nirK* 和 *nirS* 等),这有利于进一步对目标片段进行分析测定。以 PCR 为基础的微生物研究方法多种多样,有变性梯度凝胶电泳(denaturing gradient gel electrophoresis,DGGE)、温度梯度凝胶电泳(temperature gradient gel electrophoresis,TGGE)、末端限制性片段长度多态性分析(terminal restriction fragment length polymorphism,T-RFLP)、单链构象多态性分析(single strand conformation polymorphism,SSCP)、随机扩增 DNA 多态性分析(random amplified polymorphic DNA,RAPD)和长度多态 PCR(length heterogeneity PCR,LH-PCR)等(刘银银等,2013)。

目前环境微生物的生态学研究主要集中在环境中有哪些微生物存在以及微生物在所在环境中的作用。此外,微生物与微生物之间以及微生物与环境因子之间的相互作用也受到人们的关注。微生物个体小(平均直径 1 μm),肉眼不可见且未知。现代分子学对环境中微生物多样性和功能鉴定的步骤为:从环境样品中提取核酸(DNA 或 RNA),选择一段相对保守但又足以区分类群的基因区域,如细菌和古菌常用 16S RNA,真菌用 18S RNA 或者 ITS 区域,作为目标片段,进行目标片段的 PCR 扩增,通过指纹图谱、微阵列(microarray)、高通量鉴定多样性(姬洪飞和王颖,2016)。常采用一些测序方法(如 MiSeq/16S rRNA、MiSeq/LSU 等)对细菌、古菌和真菌的功能基因等进行测定,来评估微生物组成(Yarwood,2018)以及预测湿地的一些功能,如甲烷的产生和氧化、硫酸盐还原、金属还原、发酵等(Yarwood,2018)。近年来,宏基因组(metagenome)已成功用于研究深海沉积物中的微生物群落结构和潜在功能(Marshall et al. ,2018)。

任何一种微生物的研究方法都不是万能的。传统微生物研究方法具有纯培养的局限性,基于微生物生物膜脂肪酸的研究方法只能针对活的微生物。此外,分子技术也存在局限性,例如 PCR-DGGE 虽然具有快速得到结果、操作简便的优点,但该技术研究结果的准确性受 DNA 提取、PCR 扩增、电泳时间等多种因素的影响。因此各种技术方法相互结合渗透将是土壤微生物研究的趋势(刘银银等,2013)。

3.6.4 湿地土壤微生物的生态功能

土壤微生物在湿地生态系统元素循环和物质转化等方面发挥着重要作用,微生物分泌物和微生物死亡后从体内释放的元素,都能直接或间接地成为环境内其他生物生长繁殖所需要的营养物质。

土壤微生物能够影响土壤的物理构成。研究发现,土壤团聚体的颗粒组成受到部分真菌含量变化的影响。每个湿地的环境条件不尽相同,这些条件与随水文梯度增加的土壤湿度相吻合。土壤特征变异性较大的湿地(即非生物因子范围较广)能够提供更加异质的环境,其中的群落组成模式也更多。例如,湿地的 pH 值范围较宽,其与反硝化菌和氨氧化菌的变化强烈相关,土壤 pH 值是影响总细菌和氮循环官能团分布的重要非生物因素。反硝化菌和氨氧化菌的群落组成和丰度可以根据当地土壤因子(如 pH 值或有机碳)的敏感性而变化,从而导致生态系统水平对当地土壤条件的响应差异。此外,这些官能团的活性响应于氧气和氧化还原条件的变化。

土壤微生物是生态系统中重要的分解者。土壤微生物分解代谢产生小分子物质和土壤酶等,例如在红树林和草原沼泽生态系统中,微生物能加快凋落物与枯立木等物质的分解,将其转化为小分子物质供系统内其他生物所用。碳、氮、磷、硫等营养元素及金属元素的转化和循环都离不开土壤微生物的参与,同时它们在降解大分子有机物、固定 N_2、降解纤维素等过程中发挥着重要的作用。土壤微生物不仅能把自然条件下各种生物的代谢物和残体分解为简单无机物,还可以降解人工合成的各种化合物,加快系统元素循环与物质转化。下面以几种由微生物参与的元素循环与物质转化为例,介绍土壤微生物的重要作用。

(1)湿地生物地球化学的一个重要组成部分是 CH_4 循环。由于水的缘故,土壤中存在着有氧区与缺氧区。缺氧环境下产甲烷古菌产生 CH_4,有氧区中的甲烷氧化菌则将产生的 CH_4 消耗。研究 CH_4 的排放动力学有着重要的意义,因为 CH_4 温室效应是 CO_2 的 25 倍,是目前第二重要的人为温室气体。湿地是最大的天然 CH_4 来源,目前公布的研究中,湿地 CH_4 排放量为 164 $Tg \cdot a^{-1}$,约占全球排放总量的三分之一。产 CH_4 过程中,异养微生物利用有机碳(以溶解性有机碳为主)作为电子供体,用于自身代谢。产甲烷过程主要分两步:微生物外酶降解复杂化合物;发酵细菌进行接下来的降解。但是在此过程中,发酵的产物(如 H_2、CO_2、乙酸等)能被产甲烷菌利用的同时,也能被一些无机末端电子受体(TEA)利用,如 NO_3^-、$Fe(III)$、$Mn(I,II,IV)$ 以及 SO_4^{2-}。土壤有氧状态会驱动 TEA 的增加和再氧化,可竞争性抑制 CH_4 的产生,季节、水位、根系输氧均可影响上述过程。产生的 CH_4 离开湿地的方式有扩散、沸腾(ebullition,气泡释放)以及植物的通气组织排放。当水位在土壤表层以下时,CH_4 主要扩散到上层,再通过自养甲烷氧化菌产生 CO_2。孔隙水中 CH_4 过饱和会发生沸腾,同时植物的通气组织可以使产生的 CH_4 绕过有氧氧化区(Bridgham et al.,2013)。湿地中的 CH_4 通量是表征产甲烷古菌和甲烷氧化菌的相对活性的参数。研究过程中使用甲烷氧化菌特异性 16S rRNA 引物,通过 PCR-DGGE 确定甲烷氧化菌群落的数量。基于内膜的结构和碳同化途径,能够利用丝氨酸循环进行甲醛同化的甲烷氧化菌归为 α-变形菌纲;所有不能利用甲烷的限制性专一甲基杆菌归为 β-变形菌纲(嗜甲基菌属除外);所有利用核酮糖单磷酸循环进行甲醛同化的甲烷氧化菌归为 γ-变形菌纲,已知的所有革兰氏阳性甲基杆菌都存在核酮糖单磷酸循环。有丝氨酸循环的 α-变形菌称为 I 型菌株,而含有核酮糖单磷酸循环途径的 γ-变形菌称为 II 型菌株(唐千等,2018)。在干湿交替地区,较为停滞的水文条件导致 II 型甲烷氧化菌相对 I 型甲烷氧化菌更有优势,在沿岸湿地冬季,II 型甲烷氧化菌的相对丰度增加。与产 CH_4 和厌氧 CH_4 氧化相关的基因是 mcrA,它编码甲基辅酶 M 还原酶的 A 亚基,可以通过 mcrA 基因是否存在来鉴定产甲烷菌和厌氧甲烷氧化菌(Marshall et al. ,2018)。

(2)湿地土壤微生物是植物分解和土壤有机质形成不可或缺的组成部分。湿地每单位面积的碳存储量比其他任何生态系统都要高。土壤有机质的构成主要有:分子固有的顽固性碳,缩合反应形成的碳,燃烧残留的碳(如木炭),根际输入、团聚体形成的物理保护性碳,有机矿物复合物,土壤深层的碳以及冻融的微生物产物等。湿地储存的碳主要以未分解的植物凋落物的形式存在,某些惰性碳特别顽强,能够抵抗分解,如木质素。土壤有机质的组成取决于植物输入和土壤微生物群落。厌氧菌被认为是控制碳循环的最重要因素。酶的"锁钥"假设认为,厌氧条件通过抑制氧化酶和水解酶来防止分解。湿地水周期、土壤氧化还原、金属的还原和氧化、湿地根际效应、植物凋落物分解是几种重要的决定湿地碳命运的属性,地上植物凋落物的微生物降解可能在物质进入土壤之前就开始了。不同的湿地类型具有多种碳存储机制,微生物群落变化信息可以预测一些湿地功能。将微生物生态学和生物地球化学的模型结合在一起,能更好地了解世界各地湿地中碳的命运。

(3)微生物硫酸盐还原是硫循环中重要的生物地球化学过程,硫酸盐还原菌(SRB)是其中重要的参与者,它在厌氧条件、大量碳和连续的硫酸根离子源环境中生存最有利。海岸带是天然硫化物的富集地带,当海岸带沉积的硫化铁暴露于 O_2,例如退水后,会被迅速地氧化,这个过程会使潜在的硫酸盐酸性土壤变成实际的硫酸盐酸性土壤,产生的酸性物质或者过程中浸出的重金属将会对环境产生危害(Hogfors-Ronnholm et al. ,2019)。SRB 和硫氧化菌(SOB)是推动硫循环的重要微生物。SRB 把硫酸盐还原为硫化物,同时消耗土壤中的有机物质;SOB 把还原性硫化物氧化为硫酸盐,缓解土壤中硫化物的积累,它们共同维持硫循环的动态平衡(幸颖等,2007)。

(4)湿地土壤的根际区较非根际区含有更高含量的不完全结晶 Fe、腐殖质和较高的 Fe(III)还原电位,且根际区微生物的还原作用与不完全结晶 Fe 的不稳定性有着密切联系,不完全结晶 Fe 的百分比与铁还原细菌的含量显著相关,说明湿地中铁的氧化和还原与微生物存在相关关系,且某些植物的根际是微生物铁循环活跃的一个显著位点。

湿地健康受到土壤的物理和化学性质的影响,这些性质又受到土著微生物群落的影响,由于土壤微生物对环境变化十分敏感,因此土壤微生物的生长代谢状况是判断湿地健康与否的关键性指标。分子技术的发展使得湿地土壤微生物群落的组成和功能能够被识别和表征,鉴于此,就可以考虑利用这些微生物群落扩展湿地健康评估的生物指标库(Sims et al. ,2013)。以氮循环为例,使用微生物作为生物指示剂有许多潜在的优点。首先,微生物种群可以响应于不断变化的环境条件而在组成和功能方面经历快速变化;其次,细菌对环境中的微小污染物通量极其敏感。目前已经将监测好氧细菌代谢多样性作为检测湿地生态系统退化的早期迹象的手段。为了克服与微生物指标相关的困难(如时间变化和微生物的准确鉴定),评估策略的设计应与湿地的水土特性相匹配。因此,湿地健康评估不是监测全球微生物种群,而是确定深度参与湿地生物地球化学循环的土壤微生物群落。微生物是土壤环境中氮循环的关键因素,土壤中的有机氮和氨依次转化为硝酸盐和气态氮。硝化作用是氨转变为亚硝酸盐和硝酸盐的连续生物氧化过程,是由两个系统发育不同的专性需氧菌群所实现:氨氧化细菌(AOB)和亚硝酸盐氧化细菌(NOB)。通常属于 β-变形菌和 γ-变形菌的化学营养型 AOB,包括亚硝化单胞菌、亚硝化螺旋菌和亚硝化球菌,存在于各种表面流/地下流湿地、泛滥平原、沼泽和类似的中生代生态系统中;亚硝化单胞菌和亚硝化螺旋藻存在于咸淡水、淡水湿地沉积物和沼泽中。此外,氨氧化古菌(AOA)与 AOB 之间的生态位区别也很明显,因为来自 AOA 的氨单加氧酶亚基($amoA$)的菌株基因表达比天然湿地中 AOB 的 $amoA$ 基因高一个数量级,此菌株可以与细菌和浮游植物竞争,并且具有较高的适应性,所以在土壤和沉积物等各种环境中,AOA 比 AOB 更持久且更丰富。AOA 与 AOB 的比例可以作为湿地评估和管理的新生物指标(Sims et al. ,2013)。

3.6.5 人工湿地与土壤微生物

人工湿地符合湿地水陆交汇处的概念,并加入了人为因素。人工湿地不仅是良好的生态景观,更重要的是能够去除污染物、净化污水。人工湿地通过基质、植物和微生物三者之间协同作用去除水体中的污染物。基质具有大的比表面积,为微生物的附着提供了良好的场所,同时基质可以通过吸附和离子交换等途径去除水体中的一部分污染物。植物对进入人工湿地中的污染物具有截留的作用,并同化吸收的营养元素及其他污染物。植物的根系及根际分泌物等能够构建根际微环境,影响根际微生物群落结构与代谢。微生物通过各种生理代谢途径将污染物从水体中去除。

研究人工湿地中的微生物是研究人工湿地去除污染物机理非常重要的一个环节。Paranychianakis 等(2016)应用定量 PCR 对水平潜流人工湿地中的基因丰度进行测定,根据基因丰度判断人工湿地中氮去除的主要途径为硝化-反硝化。熊家晴等通过 PCR-DGGE技术对垂直流人工湿地基质中各级微生物群落的特性进行分析,结果表明,根际微生物群落的多样性高于相同垂直深度的基质微生物群落,且出现了严格好氧菌,证明植物根际具有泌氧功能。雷旭等采用同样的技术对复合垂直流人工湿地中不同植物的根际微生物群落进行分析,结果表明,不同植物根际微生物不同,且有季节差异(成水平等,2019)。

随着高通量测序技术的发展成熟,应用高通量测序研究湿地中微生物群落结构的报道与日俱增。Zhong 等采用 PCR-DGGE 和高通量测序比较研究了水平潜流人工湿地中的微生物群落动态,高通量测序能更好地反映人工湿地中微生物群落的多样性。高通量测序结果表明,人工湿地的变形菌门细菌数量多于自然湿地,而绿弯菌门细菌数量则少于自然湿地,自然湿地中的细菌群落呈现出更高的多样性。基质的微生物多样性与植物生物量密切相关,研究表明,植物根际微生物多样性明显增加,放线菌丰度为 20.9%,显著高于对照组(无植物)的 1.9%,并通过路径分析发现,植物能够通过影响基质的 pH 值影响微生物的多样性。通过高通量测序,可以分析湿地中微生物的群落结构及多样性,进一步诠释湿地中微生物的分布、污染物对湿地微生物的影响、不同植物的根际微生物差异等,有助于揭示污染物降解机理。鉴于人工湿地系统的复杂性以及微生境的多样性,其中可能存在大量尚未解析的微生物,功能不甚明确。因此,对人工湿地微生物的研究除了对现有功能菌的研究以外,也要注重未知菌属的作用(成水平等,2019)。

人工湿地微生物在重金属的去除、污水处理厂出水净化、有机和无机污染物的去除等方面发挥着重要作用。丛枝菌根真菌(AMF)是一类重要的土壤微生物,可与 80% 的维管植物形成共生关系,能够给宿主提供营养等。Xu 等(2018)的结果表明,其对于重金属 Cd 和 Zn有很好的去除效果。污水处理厂二级出水中含有一定量的药物活性化合物(PhAC),虽然浓度不高,但是持续的累积相当于一种假性持久性污染物,可能造成水体动物雌性化、影响微生物的多样性等,对生态环境有一定的不利影响。人工湿地用作对其的三级处理时,微生物的物种丰富度和多样性与 PhAC 的浓度呈负相关(Yan et al.,2017)。湿地中的细菌和古菌对于有机和无机污染物的去除有很重要的作用。高通量测序研究了表面流湿地中细菌和古菌的时空变化,结果表明,随着湿地床层深度的增加,微生物的种类和多样性将会减少。湿地中的细菌类别主要有变形菌门、绿弯菌门和拟杆菌门,古菌类别主要有古菌门和奇古菌门等(He et al.,2016)。

影响人工湿地微生物去除污染物的一个重要因素是温度。温度不仅影响湿地植物的生长和酶的活性,也影响着湿地微生物的数量和活性(Gao et al.,2015),最终影响其对污染物的去除效率。例如,硝化作用的发生受温度的影响,呈现一定的季节效应(Li et al.,2018)。除此之外,人工湿地所在水体或土壤环境、地理位置等因素均会对土壤微生物有一定影响。细菌群落的组成和分布主要和三类参数有关:土壤有机质、化学需氧量和总凯氏氮。pH 值是细菌生存的重要环境影响因子之一,关于 pH 值对细菌群落的组成和分布的影响仍有待研究(Arroyo et al.,2015)。

3.7　湿地生物对环境的适应

3.7.1　湿地植物对环境的适应

受全球变化及人类活动的影响,湿地环境经常处于变动的状态。湿地中变化较为明显的环境因子主要包括洪水、盐度和泥沙淤积等。湿地植物在长期的适应进化过程中形成了独特的适应湿地环境的对策。本节主要以上述典型生态因子为例来说明湿地植物对环境的适应性。

3.7.1.1　湿地植物对洪水的适应

洪水在湿地的形成、发育和演化过程中起着决定性的作用。洪水所引起的湿地水文环境的变化通常也是制约湿地植物生长、发育及分布的最关键环境因子。长期水淹会严重降低土壤氧化还原电位,并促进有毒物质的积累,进而对湿地植物的生长构成严重威胁(Li et al. ,2017）。湿地植物由于长期面临水淹的环境,进而形成了一系列的适应策略。这些适应策略主要包括生活史的改变、形态特征的调整、繁殖对策和生理特征的变化以及抗氧化酶活性的改变等(罗文泊等,2007)。适应能力的强弱在一定程度上决定了湿地植物的分布和演替的方向。

生活史方面,很多湿地植物可通过改变生命周期的长短来避免洪水的直接伤害。如在河滨带通常分布着一些生命周期很短的植物,这些植物的共同特点是生长迅速、萌发和开花结实时间短,即在洪水来临前已基本完成生活史,以种子的形式存活在土壤中进而逃避洪水的干扰(Warwick and Brock,2003)。如在我国洞庭湖和鄱阳湖湿地,一些一年生植物如碎米荠(*Cardamine hirsuta*)、繁缕(*Stellaria media*)和看麦娘(*Alopecurus aequalis*)等通常在洪水来临前就已经开花结果,完成生活史。而薹草属植物(*Carex*)通常具有两个生长季。每年5月洪水来临前,该植物已基本完成生活史。10月洪水退后,该植物又可以继续萌发生长,直至冬季枯萎。此外还有些湿地植物(如蓼科的 *Rumex palustris*)甚至可以改变生命循环中的某个过程(如推迟开花和结果时间)来达到避开洪水的目的(Blom et al. ,1994)。

繁殖对策方面,有些湿地植物可以通过改变种子大小,即产生一些活性强、个体大的种子,在条件适宜的情况下提早萌发来适应水淹胁迫。很多湿地植物还可以通过种子休眠的方式来逃避水淹的环境。此外,对很多克隆湿地植物而言,可通过有性生殖和无性生殖分配的调整来适应不同的水文环境。当水位升高时,有些沉水植物的有性生殖分配会减少,并通过增加无性生殖体的营养分配来确保植物个体的自我更新(杨娇等,2014)。还有些湿地植物在水位较高时,可通过闭花受精的方式完成授粉。这种繁殖对策有助于植物在高水位条件下完成生活史。不仅如此,对具有集团型分株和游击型分株的克隆湿地植物而言,还可以通过增加游击型分株的比例来逃避长期水淹的环境(Gao et al. ,2015)。

形态上,湿地植物可通过增加地上生物量分配比例、茎长度、茎节数等来适应水淹的环境。如穗状狐尾藻(*Myriophyllum spicatum*)和微齿眼子菜(*Potamogeton maackianus*)可改变茎的结构,使植株高度增加以适应水位的变化(罗文泊等,2007;曹昀等,2009)。叶片结构的调整也是植物适应水淹环境的重要生态策略。高水位条件下,水体中的光照强度明显下降,湿地植物可以通过叶片伸长、增宽及叶面积增加等途径来增大植株的光捕获面积(谭淑端等,2009)。湿地植物还可以通过根系结构的调整和通气组织的形成来适应长期水淹的环境。根系结构的调整包括根系长度的降低、根系直径的增加及形成分布于土壤表层的根系统等(Xie et al. ,2008)。根系长度的减少可以减少根系氧气的损耗,同时减少由厌氧微生物产生的有害物质对根部的损害。根系直径的增加则有助于提升根系内部气体的传导能力。而通气组织的形成为湿地植物气体在体内运输提供了一条低阻力通道,有助于湿地植物器官间及植物和外部环境间的气体交换。

生理方面,湿地植物适应水淹胁迫的策略主要包括碳水化合物和脯氨酸含量调整、植物激素和叶绿素含量增加、抗氧化酶活性的变化等(Qin et al. ,2013)。水淹条件下,湿地植物通常会采用缺氧代谢来替代有氧呼吸,以保障植物能忍受短期的水淹环境,但同时也消耗了大量碳水化合物。因此,湿地植物耐水淹能力与其体内碳水化合物储量存在密切关系。叶绿素含量的高低可以直接影响植物的光合能力。一般而言,高水位条件下,湿地植物会通过增加叶绿素含量来保证最大效率地利用光能。植物激素如乙烯、脱落酸和生长素对植物适应水淹环境的重要性受到了越来越多的关注(Visser and Voesenek,2004)。其中乙烯是植物对水淹胁迫反应最为敏感的激素之一。水淹后,植物根部乙烯含量会明显增加。这是因为水淹会导致氧气不足,植物相应增加了乙烯生物合成(ACC)途径,使ACC合成酶活性增加,导致大量乙烯产生。另一方面,洪水抑制了植物与外界气体的交换,产生的乙烯难以释放到植物体外,进而导致其在体内大量累积,浓度急剧增加(罗文泊等,2007)。高浓度的乙烯可增加植物组织对生长素反应的敏感性,刺激植物皮孔和不定根的生成,控制植物通气组织的形成等,进而提升植物对水淹胁迫的耐受能力。与植物抗逆性密切相关的酶活性变化也是植物适应水淹的一个重要策略。其中酶促防御系统的重要保护酶如超氧化物歧化酶(SOD)、过氧化氢酶(CAT)和过氧化物酶(POD)等活性氧清除剂含量的变化与植物水淹胁迫的伤害程度密切相关。例如,红树植物的活性氧系统酶类有较高的活性,SOD和POD的活性随水淹增加而提高(叶勇等,2001)。一般而言,耐水淹植物的酶活性要显著高于不耐水淹植物,但不同植物在不同生长时期及不同水淹时间下各种酶活性的具体变化程度也不尽相同。

3.7.1.2　湿地植物对泥沙淤积的适应

泥沙淤积是湿地生态系统的常见现象,尤其是对洪泛平原、河口湿地及通江湖泊等湿地类型而言。泥沙淤积使湿地理化性质和土壤-植物微环境发生了一系列的变化,如增加土壤容重,降低土壤通气性,改变土壤含水量和养分含量等(Maun,1998),进而对湿地植物的生存、生长和繁殖造成不利影响,并最终影响湿地植物的分布格局和演替。一般而言,泥沙淤积和动植物残体在湖底和湖边的逐年堆积使湖泊变浅,进而逐渐出现以挺水植物、湿生植物和木本植物为建群种的演变模式(Li et al.,2009)。对美国南卡罗来纳州一河口湿地的研究也表明,沉积层的相对高程是最终控制盐沼湿地植物群落生产力的重要变量,与沉积速率呈正反馈关系(Morris et al.,2002)。泥沙淤积对湿地植物的影响通常是由该植物对沙埋的忍耐程度所决定的(Maun,1998),其耐受力的大小决定了该植物能够存活的最大沙埋程度。Maun(1998)根据植物耐受力的大小将植物分为三种类型:① 耐淹埋植物。该类植物分布范围广,既可以在有泥沙淤积的区域分布,也可以分布在没有沙埋的区域。② 非耐淹埋植物。该类植物仅分布于没有泥沙淤积发生的区域。③ 淹埋依赖性植物。该类植物仅分布于泥沙淤积经常发生的区域。Moreno-Casasola(1986)在对墨西哥滨海湿地的研究中曾指出,植被构成、盖度及分布与泥沙淤积的强度存在显著的相关性。因此沙埋可作为一个重要的环境因子,对植物的存活和分布起筛选作用,进而降低非耐淹埋植物的丰富度,增加耐淹埋植物的比例(Marshall,1965)。

泥沙淤积对植被的影响主要是通过改变土壤-植物微环境因子(如温度、氧气、pH值和湿度等)来实现的(Maun,1998),其中最主要的是阻隔空气的连通性使得根区氧气浓度急剧下降,进而对植物造成伤害(Maun,1998;Cabaco and Santos,2007)。泥沙淤积条件下,湿地植物可通过多种生态策略的调整来适应泥沙淤积的环境。例如,泥沙淤积条件下湿地植物倾向选择大而重的种子,种子的质量越大,其胚乳或子叶中所含的能量就越多,种子越能从较大的埋藏深度中顺利出苗,其幼苗竞争能力也越强(Vaughton and Ramsey,2001)。有些湿地植物的种子在遭受强泥沙淤积时可能受化学物质、环境因子等的诱导而休眠(付婷婷等,

2009），从而达到躲避泥沙淤积的目的。休眠有利于种子在各种残酷环境下保存下来，在维持湿地持续性种子库方面发挥着重要作用。然而，当埋深过大或淤积时间过长时，种子会因缺氧和真菌感染等而死亡（Maun，1998）。

泥沙淤积条件下部分植物可通过加大繁殖器官的投入达到有利于植物生存和发展的目的。如海滨芥属的 *Cakile edentula* 在泥沙淤积条件下花和种子生物量分配比重增加（Maun，1994）。而对于同时具有有性生殖和无性生殖的克隆植物而言，泥沙淤积条件下倾向于采用无性生殖策略去适应环境变化。例如，互花米草在淤积条件下营养繁殖体数量增加，无性生殖能力增强（Deng et al.，2008）。这主要是因为无性生殖体易萌发、存活率高、生长优势明显、具有资源获取和竞争优势等。不仅如此，对于拥有集团型（phalanx）和游击型（guerrilla）两种克隆生活型的湿地植物而言，泥沙淤积条件下将会发生两种生活型间的转化。如短尖薹草（*Carex brevicuspis*）在泥沙淤积条件下由集团型向游击型转变，这主要是因为游击型分株更利于植物逃避泥沙淤积的胁迫（Chen et al.，2011）。

形态学上的调整主要包括茎节的伸长及数量的增加、叶片及叶柄的伸长、生物量分配的调整、根状茎的斜向上生长等（Maun，1998；Yu et al.，2004；Deng et al.，2008）。这些生态学调整策略可加快植物的快速出土，避免过度沙埋带来的胁迫。如无茎的克隆植物苦草（*Vallisneria natans*）是通过间隔子的伸长、分枝角度的减小等途径来快速出土（Li and Xie，2009）。除此之外，湿地植物根系结构的调整也是植物适应泥沙淤积胁迫的一个重要生态策略。对大多数植物来说，根系缺氧是泥沙淤积带来的主要危害之一。为了促进地上部分的生长，同时减少根部需氧量，植物能够减少对根部的投资，使得根生长受到抑制，根形态发生改变。如沙丘蓟（*Cirsium pitcheri*）的主根长度变短、根生物量减少（Maun et al.，1996），诺氏大叶藻（*Zostera noltii*）的根密度减少等（Duarte et al.，1997）。有的植物也可以通过产生呼吸根和侧生根的方式来加大对氧气的吸收（Dech and Maun，2006），有利于氧气的储存和运输，减少了植物体内有害物质及 H_2S 等的产生。

泥沙淤积造成了植物根部土壤通气性下降，迫使湿地植物采用缺氧代谢代替有氧呼吸，碳水化合物被大量消耗，同时植物为了出土，也消耗了大量的碳水化合物。为了适应这种变化，植物必须在出土后加大光合作用强度以快速恢复生长。如美洲沙茅草（*Ammophila breviligulata*）、沙拂子茅（*Calamovilfa longifolia*）及沙丘蓟（*Cirsium pitcheri*）在泥沙淤积条件下光合速率明显增加（Yuan et al.，1993；Maun et al.，1996）。这主要是通过调整光合器官的性能和活性（如叶绿素含量增加、叶表面积增加等途径）来实现的。此外，湿地植物还可以通过增加体内抗氧化酶活性、脯氨酸含量和可溶性糖含量来适应泥沙淤积的环境。如对海岸砂引草（*Tournefortia sibirica*）和单叶蔓荆（*Vitex trifolia* var. *simplicifolia*）在不同厚度沙埋处理过程中抗氧化酶活性、可溶性糖和脯氨酸含量的分析也发现，轻度和中度沙埋下，成株和幼株整株叶片平均细胞膜通透性增加，POD 和 SOD 活性增强，MDA 和脯氨酸含量以及叶片相对含水量增加（王进等，2012；周瑞莲等，2013）。沙埋后抗氧化酶活性和渗透调节物含量的增加有助于植物抑制膜脂过氧化和沙埋后快速恢复生长。

3.7.1.3 湿地植物对盐度的适应

对于盐沼湿地、河口湾和沿海池塘等含盐量高的湿地类型而言，盐度是影响水生植物生长和分布的最主要因素(Sim et al.,2006)。植物通常按一定的盐度梯度呈现有规律的带状分布(Mitsch and Gosselink,1993)。如在沿海岸红树林的研究中,很多因素对红树林植被带有影响,但盐度被认为是最主要的影响因素(Ukpong,1994)。而在我国的黄河三角洲河口湿地,多数的研究结果也表明,土壤盐度是影响植被分布的关键因子(张绪良等,2009)。在黄河三角洲外缘黄河口泥沙最新淤积形成的潮间带滩涂上,最初是裸露的滩涂湿地,这里的土壤盐分含量也是最高的。随着新生滩涂湿地向海扩展,原有滩涂湿地受潮汐淹没的影响不断减弱,开始发育高度、盖度很小的盐地碱蓬群丛、盐角草群丛和柽柳群丛等盐生植被,当盐沼湿地由于地面淤高进入潮上带位置(海拔 3.5 m 以上)时,地下水位下降,地表土壤脱盐,盐地碱蓬群丛和柽柳群丛等典型盐生植被就演化为柽柳、獐毛群丛、假苇拂子茅群丛和白茅群丛等耐盐性差的湿地草甸植被(叶庆华等,2004;张绪良等,2009)。盐胁迫对植物组织的破坏作用主要表现在渗透胁迫、离子毒害以及活性氧代谢失衡等方面(廖岩等,2007),致使植物体内诸多生理过程如质膜透性、光合作用、呼吸作用、能量和脂类代谢及蛋白质合成受到严重损害,进而影响湿地植物生长、发育和繁殖。盐胁迫条件下,湿地植物可通过一系列的措施来提高其在高盐下的忍耐力,从而扩大其生存空间。其中主要的生存策略包括生活史和形态结构调整、解剖结构变化及生理生化调节等多个方面。

　　生活史方面,有些湿地植物可通过改变生命周期的长短来逃避盐胁迫的直接危害。如莎草科植物 *Scirpus robustus* 在春季就已完成整个生活史,从而避免了夏季高蒸发量带来的高盐胁迫(Ustin et al.,1982)。还有些植物可通过调整种子萌发时间来避开高盐时期。如灯心草科植物 *Juncus kraussii* 通常在夏季萌发,此时降雨量较大,从而稀释了土壤中的盐度(Congdon and McComb,1980)。种子休眠也是植物抵抗盐胁迫的一种重要方式(渠晓霞和黄振英,2005)。当土壤或水体中盐度较高时,种子一般不萌发,而是进入休眠状态;一旦胁迫解除,种子会迅速萌发,且萌发率不受影响。红树植物的胎生现象也可认为是植物抵抗盐胁迫的一种有效策略。这种策略的益处在于可以避免盐分对种子萌发的抑制,从而提高种子萌发率和幼苗存活率。此外,许多具有克隆繁殖特性的植物可通过调整繁殖方式来适应外界多变的环境(Crawley,1996)。盐胁迫条件下,这类植物主要通过根状茎或其他克隆组织进行无性生殖(Van Zandt et al.,2003),而有性生殖能力迅速下降(Blits and Gallagher,1991)。这种策略的积极意义在于它可以避免种子萌发的能量损耗和较高的幼苗死亡率(Ungar,1991)。

　　形态学调整主要包括生物量分配的变化、营养结构的肉质化及解剖结构调整等。例如,高盐条件下芦苇地上生物量尤其是茎生物量显著增加,而根及根状茎生物量比例下降(Mauchamp and Mésleard,2001;Van Zandt et al.,2003)。地下部分比重的下降将有助于减少盐分的获取,同时降低盐分向地上部分的运输。此外,茎是植物储存 Na^+ 的主要器官(Naidoo and Kift,2006),茎生物量比例的增加可使植物体内盐分储存总量增加。此外,很多植物还可以将多余的 Na^+ 累积在衰老的叶片和茎秆中,继而随着茎、叶的死亡脱落达到将体内多余盐分排出的目的(Breckle,1995)。高盐条件下,有些植物如盐地碱蓬和对叶榄李(*Laguncularia racemosa*),叶片和茎部的肉质化程度不断提高,从而使细胞内盐分浓度降低到植物免受伤害的水平(Cram et al.,2002;Song et al.,2008)。

　　许多湿地植物在受到盐胁迫时,其营养器官的解剖结构也会发生一系列的变化来适应高盐环境。这些变化主要包括根、茎细胞中木栓层加厚,增加叶表皮细胞和角质层厚度,气孔下陷,叶内层栅栏组织细胞层数增多,改变叶绿体亚细胞结构及诱导通气组织形成等(李峰等,2009)。这些解剖结构的调整一方面可以有效阻止土壤过多盐分进入植物根部,另一方面可以有效调节植物细胞内水分平衡,提高植物光合作用能力和氧气疏导能力等,进而保证植物在高盐胁迫下能维持其正常的生理活动。如红树植物秋茄树和木榄可通过增加叶表皮细胞和角质层的厚度及气孔下陷等措施来降低植物的蒸腾作用,调节细胞内水分平衡(李元跃和林鹏,2006),进而避免由于细胞缺水而引起的一系列代谢失衡。

生理上,湿地植物适应高盐胁迫的机制主要有:① 拒盐和泌盐。有些湿地植物具有特殊的抗盐机制,可通过根部拒盐,防止多余盐分进入体内。如红树科植物秋茄树和红海榄等可依靠木质部内高负压力,通过非代谢超滤作用从海水中吸取水分(王文卿和林鹏,2001;卜庆梅等,2007)。此外还有些湿地植物如白骨壤和桐花树等均存在盐腺,这些盐腺可以有效地将植物体内多余的盐分排出,并维持体内较低的离子浓度。② 选择性吸收。由于 K^+ 和 Na^+ 电化学性质的相似性,植物细胞对 K^+ 的吸收易受到 Na^+ 的影响,因此植物细胞 K^+ 转运系统对 K^+ 和 Na^+ 的选择性与植物的抗盐性有密切关系(陈惠哲等,2007)。有些湿地植物的根部对 K^+ 有较强的亲和力,在离子从维管束向木质部的横向运输中总是 K^+ 优先于 Na^+,从而减少了 Na^+ 的过分吸收,避免了盐离子毒害。③ 离子区隔化。盐胁迫条件下植物或多或少会积累一定浓度的盐离子,对于这些多余的盐离子,一个重要的途径就是将这些离子分隔到代谢不活跃的液泡中,从而降低盐胁迫对其他细胞结构的损害。如盐地碱蓬、红树植物、白骨壤等均可通过此途径促使离子转移到液泡内以抵抗高盐胁迫(Wang et al.,2001)。④ 渗透调节。渗透调节主要包括无机渗透调节和有机渗透调节两种。参与无机渗透调节的离子主要有 K^+、Na^+、Cl^- 等。在盐胁迫初期,这些无机离子可作为主要渗透调节物质起作用,但它们对细胞有毒害作用,同时还要消耗大量的 ATP(Murphy et al.,2003)。因此理想的渗透调节物质应为植物体自身合成的许多有机小分子物质,又称相容性物质,主要包括氨基酸、多羟基化合物、蛋白质、可溶解性糖、甜菜碱和总黄酮等(杨晓梅等,1997;廖岩等,2007)。这些相容性物质通常溶解度较大,极性电荷少,并且分子表面有很厚的水化层,因此不仅可以维持细胞的渗透压,而且能稳定细胞质中酶分子的活性结构,保护其不受盐离子的伤害。⑤ 抗氧化酶的诱导。盐胁迫条件下,植物体内会累积大量的活性氧(reactive oxygen species,ROS),例如过氧化氢(H_2O_2)、羟基自由基(OH·)、超氧阴离子(O_2^-)等,而抗氧化酶系统在清除 ROS 中起到了决定性的作用(Takemura et al.,2000)。超氧化物歧化酶(SOD)是抗氧化酶系统中的关键酶之一,它可以有效地将活性氧分子分解成 H_2O_2 和 O_2,但反应生成的 H_2O_2 仍具有很强的氧化性。因此需要过氧化物酶(POD)和过氧化氢酶(CAT)将其催化分解为 H_2O 和 O_2。虽然叶绿体内不含 CAT,但可以依靠叶绿体中产生的抗坏血酸过氧化物酶(APX)所催化的抗坏血酸-谷胱甘肽循环对 H_2O_2 进行降解。此外,谷胱甘肽还原酶在植物抗氧化过程中也具有重要作用。

3.7.2 湿地鸟类对环境的适应

湿地鸟类类群繁多,为了适应湿地生境,它们通过漫长的历史演化,在生理、形态和行为等方面进化产生了适应湿地生活的特征,而且有许多相似之处。

3.7.2.1　生理适应

水鸟为了适应在水中的活动,大部分种类具有极为发达的尾脂腺。尾脂腺的分泌物主要是油脂类物质,水鸟通过用喙啄取尾脂腺分泌的油脂并涂抹到羽毛上,以保证羽毛不被水浸湿,增强了羽毛的防水功能,并能保持羽毛的新鲜,延缓老化,对羽毛有着特别的保护作用。此外,水鸟的绒羽较为发达,起到隔温和保暖作用,使得水鸟可以在低温环境条件下和水体中活动并保持体温。

水鸟的换羽也有其特殊的适应性特点,如雁鸭类的游禽,往往在繁殖结束后进行完全换羽,以保证迁徙和越冬时有完整的各类体羽,以适应迁徙时飞行和越冬时保暖的机能需求。

3.7.2.2　形态适应

水鸟为了适应涉水生活,一般具有喙长、颈长和腿长的"三长"特征,喙长和颈长有利于在浅水中捕食或取食,腿长适应于在浅水中行走。尤其是其中的涉禽类,"三长"特征尤为明显,如鹤类、鹳类和鹭类等。涉禽在湿地的活动范围与其腿的长度密切相关,大型涉禽可以在水位淹没区活动,而小型涉禽仅可在水线附近活动。相对于涉禽,游禽可以在涉禽不可到达的湿地范围内活动,其喙长和腿长特征不显著,但往往颈部较长,使得游禽可以通过潜水获得水中的食物。

游禽适应在湿地中游泳和潜水的生活,大部分游禽的前趾间具有发达的蹼。这种形态适应使得游禽获得了划水时较大的受力面积从而增加向前的推力。与此同时,游禽的腿部较短且位置后移,也有利于游泳和潜水活动,如䴙䴘类和雁鸭类等。

湿地生态系统的多样性为湿地鸟类提供了丰富的食物,食物类型也极为多样,如动物类食物有鱼、虾、贝、蟹以及各类水生无脊椎动物等,植物类食物有嫩芽、叶片、种子和根茎等。水鸟为了适应湿地生态系统中食物多样性的特点,喙的形态变化极为多样,以适应在不同的生态位获取不同的食物。雁鸭类喙部边缘具有锯齿状突起,适应取食植物的叶片;秋沙鸭类和鲣鸟类喙长而尖端呈钩状,适于主动捕食鱼类;鹤类喙长而直,适于啄食和挖取食物;鹭类和鹳类喙长而粗壮,喙缘有倒钩,适于啄食和捕捉鱼类;琵鹭类喙扁平且喙先端特化为铲状,喙缘有齿状突,适于在水中左右扫动来捕食水中的鱼类和虾蟹类等食物;鹮类和杓鹬类的喙长而向下弯曲,适于捕食淤泥质土壤中的鱼类和螃蟹等底栖类动物;反嘴鹬(*Recurvirostra avosetta*)的喙尤其特化,细长而上翘,在浅水区边行走边左右划动,以获取水中的小型鱼类和虾蟹类等食物;滨鹬类的喙粗短,但前端往往膨大,具有敏锐的触觉感受器,适于在淤泥质滩涂生境中取食底栖动物。

3.7.2.3　行为适应

水鸟为了适应湿地多样性的特点,其觅食行为也多种多样。雁鸭类为了获取沉水植物的茎叶,往往在水中呈倒立状态觅食,如鸿雁和天鹅等;琵鹭类和反嘴鹬在水中以群体形式边走动边觅食,搅动水体中各类动物,有类似"围猎"的捕食现象;鹭类和鹳类则静立水中,一旦有鱼从身边游过,可以迅雷不及掩耳之势捕食水中的鱼类;有的鹭类可以在晴朗的天气里展开双翅呈伞状,在脚下形成阴影,以吸引鱼类而获得食物,如苍鹭;鸻类觅食时为了避免相互间的干扰,往往独立活动,且动作迅速,边跑动边觅食,这与鸻类喙较短,只能捕捉活动在表面的虾蟹类动物有关,如环颈鸻典型的捕食行为是跑动-取食-再跑动-再取食;而鹬类可以用细长的喙获得淤泥质基底中的底栖动物,个体间通过觅食可以相互传递食物信息,所以鹬类觅食时经常聚集成大群。

大部分湿地鸟类具有迁徙的行为特点,为典型的候鸟。候鸟的迁徙行为是由鸟类栖息环境条件发生改变而导致的,是鸟类以年为周期,季节性地进行远距离移动的行为。因此可以认为,湿地鸟类的迁徙是它们为适应湿地环境条件改变而进化形成的群体性行为。近年来,学者们通过对白鹤的卫星跟踪研究,比较彻底地了解到白鹤夏季的栖息地位于北极苔原沼泽地带,春季和秋季时迁徙经过我国东北地区的松嫩平原,在松嫩平原的沼泽湿地做迁徙停留,越冬地主要在我国长江流域的鄱阳湖,鄱阳湖冬季时露出的浅滩和沼泽为白鹤提供了栖息地。

思 考 题

1. 试述湿地土壤的基本特点和环境功能。
2. 湿地植物种类有哪些? 试述我国湿地植物的分布特征。
3. 湿地植物适应环境的生态对策有哪些?
4. 湿地鱼类具有哪些生态学意义?
5. 试述湿地鸟类对环境的适应特征。

参 考 文 献

卜庆梅,王艳华,韩立亚,等. 2007. 三角叶滨藜根吸水特点与其抗盐性的关系. 生态学杂志, 26:1585-1589.

蔡晓布,彭岳林,于宝政. 2013. 西藏高寒草原土壤团聚体有机碳变化及其影响因素分析. 农业工程学报, 29:92-99.

曹昀,王国祥,黄齐. 2009. 水深对菹草生长的影响. 人民黄河, 31:72-73.

陈惠哲,Ladatko N,朱德峰,等. 2007. 盐胁迫下水稻苗期 Na^+ 和 K^+ 吸收与分配规律的初步研究. 植物生态学报, 31:937-945.

陈亮,王超,胡晓宇. 2016. 湿地水环境存在的问题及保护措施. 环境发展, 3:67-70.

成水平,王月圆,吴娟. 2019. 人工湿地研究现状与展望. 湖泊科学, 31:1489-1498.

但新球. 2016. 湿地与鱼. 生命世界, 2016:8-11.

付婷婷,程红焱,宋松泉. 2009. 种子休眠的研究进展. 植物学报, 44:629-641.

关道明. 2012. 中国滨海湿地. 北京:海洋出版社.

何斌源,范航清,王瑁,等. 2007. 中国红树林湿地物种多样性及其形成. 生态学报, 11:4859-4870.

黄秋雨. 2012. 崇明岛芦苇湿地土壤微生物性质的环岛特征. 硕士学位论文. 上海:华东师范大学.

姬洪飞,王颖. 2016. 分子生物学方法在环境微生物生态学中的应用研究进展. 生态学报, 36:8234-8243.

贾慧慧,王俊坚,高梅,等.2011.湿地水环境质量时空分异的影响因子.生态学杂志,30:1551-1557.

姜明,吕宪国,杨青.2006.湿地土壤及其环境功能评价体系.湿地科学,4:168-172.

郎惠卿.1981.兴安岭和长白山地森林沼泽类型及其演替.植物学报,6:470-477.

郎惠卿,赵魁义,陈克林.1999.中国湿地植被.北京:科学出版社.

李峰,谢永宏,覃盈盈.2009.盐胁迫条件下湿地植物的适应策略.生态学杂志,28:314-321.

李林锋,年跃刚,蒋高明.2006.人工湿地植物研究进展.环境污染与防治,8:616-620.

李明德.2011.鱼类形态与生物学.第1卷.厦门:厦门大学出版社,1-7.

李元跃,林鹏.2006.三种红树植物叶片的比较解剖学研究.热带亚热带植物学报,14:301-306.

廖岩,彭友贵,陈桂珠.2007.植物耐盐性机理研究进展.生态学报,27:2077-2089.

林贻卿,谭芳林,肖华山.2008.互花米草的生态效果及其治理探讨.防护林科技,3:119-123.

刘银银,李峰,孙庆业,等.2013.湿地生态系统土壤微生物研究进展.应用与环境生物学报,19:547-552.

罗文泊,谢永宏,宋凤斌.2007.洪水条件下湿地植物的生存策略.生态学杂志,26:1478-1485.

吕宪国.2004.湿地生态系统保护与管理.北京:化学工业出版社.

孟庆闻,缪学祖,俞泰济.1989.鱼类学.第1卷.上海:上海科学技术出版社.

渠晓霞,黄振英.2005.盐生植物种子萌发对环境的适应对策.生态学报,25:2389-2398.

石莉.2002.中国红树林的分布状况、生长环境及其环境适应性.海洋信息,4:14-18.

孙国峰,张海林,徐尚起,等.2010.轮耕对双季稻田土壤结构及水贮量的影响.农业工程学报,26:66-71.

谭淑端,朱明勇,张克荣,等.2009.植物对水淹胁迫的响应与适应.生态学杂志,28:1871-1877.

唐千,薛校风,王惠,等.2018.湖泊生态系统产甲烷与甲烷氧化微生物研究进展.湖泊科学,30:597-610.

田应兵,宋光煜,艾天成.2002.湿地土壤及其生态功能.生态学杂志,21:36-39.

田自强.2011.中国湿地及其植物与植被.北京:中国环境科学出版社.

童晓雨,孙志高,曾阿莹,等.2019.闽江河口互花米草海向入侵对湿地土壤无机硫赋存形态的影响.应用生态学报,30:1-14.

王长科,王跃思,张安定,等.2011.若尔盖高原湿地资源及其保护对策.水土保持通报,21:19-22.

王国平,刘景双,汤洁.2005.沼泽沉积与环境演变研究进展.地球科学进展,20:304-311.

王红丽,李艳丽,张文佺,等.2008.湿地土壤在湿地环境功能中的角色与作用.环境科学与技术,31:62-66.

王金爽,胡泓,李甜甜,等.2015.环境因素对湿地土壤微生物群落影响研究进展.湿地科学与管理,11:63-66.

王进,周瑞莲,赵哈林,等.2012.海滨沙地砂引草对沙埋的生长和生理适应对策.生态学报,32:4291-4299.

王鹏,陈波,张华.2017.基于高通量测序的鄱阳湖典型湿地土壤细菌群落特征分析.生态学报,37:1650-1658.

王文卿,林鹏.2001.红树植物秋茄和红海榄叶片元素含量及季节动态的比较研究.生态学报,21:1233-1238.

王学雷,吕宪国,任宪友.2006.江汉平原湿地水系统综合评价与水资源管理探讨.地理科学,26:311-315.

王永杰.2010.东北地区典型湿地的水环境及其可持续性度量研究.北京:中国环境科学出版社.

幸颖,刘常宏,安树青.2007.海岸盐沼湿地土壤硫循环中的微生物及其作用.生态学杂志,4:577-581.

严承高,张明祥.2005.中国湿地植被及其保护对策.湿地科学,3:52-57.

燕红.2015.泥炭沼泽湿地植被演替规律及植物多样性研究.博士学位论文.长春:东北师范大学.

杨娇,厉恩华,蔡晓斌,等.2014.湿地植物对水位变化的响应研究进展.湿地科学,12:807-813.

杨蕾,邹玉和,杨靖宇,等.2019.沼泽湿地生态系统氮素循环研究综述.四川林业科技,40:99-104.

杨青,刘吉平.2007.中国湿地土壤分类系统的初步探讨.湿地科学,5:111-116.

杨晓梅,钦佩,谢民,等.1997.人工海水环境中互花米草总黄酮等生理成分与盐浓度的相关性研究.生态学杂志,16:7-10.

叶庆华,田国良,刘高焕,等. 2004. 黄河三角洲新生湿地土地覆被演替图谱. 地理研究,23:257-265.

叶勇,卢昌义,谭凤仪. 2001. 木榄和秋茄对水渍的生长与生理反应的比较研究. 生态学报,21:1654-1661.

殷名称. 1995. 鱼类生态学. 北京:中国农业出版社.

张春光,赵亚辉,等. 2016. 中国内陆鱼类物种与分布. 北京:科学出版社.

张绪良,叶思源,印萍,等. 2009. 黄河三角洲自然湿地植被的特征及演化. 生态环境学报,18:292-298.

赵丹慧,王清波,李琦,等. 2019. 不同湿地植物对三江平原农田退水重金属的去除效果. 湿地科学与管理,15:43-47.

赵文阁. 2018. 黑龙江省鱼类原色图鉴. 第1卷. 北京:科学出版社.

周德民,栾兆擎,郭逍宇,等. 2012. 中国东北红河国家级自然保护区湿地植被空间格局与环境梯度关系. 地理科学,22:57-70.

周瑞莲,王进,杨淑琴,等. 2013. 海滨沙滩单叶蔓荆对沙埋的生理响应特征. 生态学报,33:1973-1981.

Adamus PR. 1996. Bioindicators for Assessing Ecological Integrity of Prairie Wetlands. EPA/600/R-96/082. U.S. Environmental Protection Agency, National Health and Environmental Effects Research Laboratory, Western Ecology Division. Corvallis, OR.

Aerts R, Wallen BO, Malmer N. 1992. Growth-limiting nutrients in *Sphagnum*-dominated bogs subject to low and high atmospheric nitrogen supply. Journal of Ecology, 1: 131-140.

Aldous AR. 2002a. Nitrogen translocation in *Sphagnum* mosses: Effects of atomspheric nitrogen deposition. New Phytologist, 156:241-253.

Aldous AR. 2002b. Nitrogen retention by *Sphagnum* mosses: Responses to atomspheric nitrogen deposition and drought. Canadian Journal of Botany, 80:721-731.

Arroyo P, de Miera LES, Ansola G. 2015. Influence of environmental variables on the structure and composition of soil bacterial communities in natural and constructed wetlands. Science of the Total Environment, 506:380-390.

Barko JW, Smart RM. 1980. Mobilization of sediment phosphorus by submersed freshwater macrophytes. Freshwater Biology, 10:229-238.

Barko JW, Smart RM. 1981. Comparative influences of light and temperature on the growth and metabolism of selected submersed freshwater macrophytes. Ecological Monographs, 51:219-235.

Barrett SCH, Eckert CG, Husband BC. 1993. Evolutionary processes in aquatic plant populations. Aquatic Botany, 44:105-145.

Best EP. 1988. The phytosociological approach to the description and classification of aquatic macrophytic vegetation. In: Symoens JJ. Vegetation of Inland Waters. Dordrecht: Springer, 155-182.

Blits KC, Gallagher JL. 1991. Morphological and physiological responses to increased salinity in marsh and dune ecotypes of *Sporobolus virginicus* (L.) Kunth. Oecologia, 87:330-335.

Blom CWPM, Voesenek LACJ, Banga M, et al. 1994. Physiological ecology of riverside species: Adaptive responses of plants to submergence. Annals of Botany, 74:253-263.

Bragazza L, Tahvanainen T, Kutnar L, et al. 2004. Nutritional constraints in ombrotrophic *Sphagnum* plants under increasing atmospheric nitrogen deposition in Europe. New Phytologist, 163:609-616.

Breckle SW. 1995. How do halophytes overcome salinity. In: Khan MA, Ungar IA. Biology of Salt Tolerant Plants. Pakistan: University of Karashi, 199-203.

Bridgham SD, Cadillo-Quiroz H, Keller JK, et al. 2013. Methane emissions from wetlands: Biogeochemical, microbial, and modeling perspectives from local to global scales. Global Change Biology, 19:1325-1346.

Bu ZJ, Sundberg S, Feng L, et al. 2017. The Methuselah of plant diaspores: *Sphagnum* spores can survive in nature for centuries. New Phytologist,214:1398-1402.

Cabaco S,Santos R. 2007. Effects of burial and erosion on the seagrass *Zostera noltii*. Journal of Experiement Nature Biology Ecology,340:204-212.

Carlisle BK, Hicks AL, Smith JP, et al. 1999. Plants and aquatic invertebrates as indicators of wetland biological integrity in Waquoit Bay watershed, Cape Cod. Environment Cape Cod,2:30-60.

Carpenter SR,Lodge DM. 1986. Effects of submersed macrophytes on ecosystem processes. Aquatic Botany,26:341-370.

Chen XS,Xie YH,Deng ZM,et al. 2011. A change from phalanx to guerrilla growth form is an effective strategy to acclimate to sedimentation in a wetland sedge species *Carex brevicuspis*(Cyperaceae). Flora,206:347-350.

Congdon RA,McComb AJ. 1980. Productivity and nutrient content of *Juncus kraussii* in an estuarine marsh in south-western Australia. Australian Journal of Ecology,5:221-234.

Cook CDK. 1996. Aquatic Plant Book. The Hague:SPB Academic Publishing/Backhuys Publishers.

Cowardin L,Carter V,Golet F,et al. 1979. Classification of wetlands and deepwater habitats of the United States. US Department of the Interior/Fish and Wildlife Service.

Cram JW,Torr PG,Rose DA. 2002. Salt allocation during leaf development and leaf fall in mangroves. Trees,16:112-119.

Crawley MJ. 1996. Plant Ecology,2nd ed. Oxford:Blackwell Science.

Cronk JK,Fennessy MS. 2001. Wetland Plants—Biology and Ecology. New York:Lewis Publishers Press.

Cronk JK,Mitsch WJ. 1994. Periphyton productivity on artificial and natural surfaces in four constructed freshwater wetlands under different hydrologic regimes. Aquatic Botany,48:325-342.

Crum HA. 2001. Structural Diversity of Bryophytes. Michigan:The University of Michigan Herbarium.

Dech JP,Maun MA. 2006. Adventitious root production and plastic resource allocation to biomass determine burial tolerance in woody plants from Central Canadian coastal dunes. Annals of Botany,98:1095-1105.

Deng ZF,An SQ,Zhao CJ,et al. 2008. Sediment burial stimulates the growth and propagule production of *Spartina alterniflora* Loisel. Estuarine,Coastal and Shelf Science,76:818-826.

Du Rietz GE. 1949. Huvudenheter och huvudgrnser isvensk myrvegetation. Sven Bot Tidskr,43:274-309.

Duarte CM,Terrados J,Agawin NSR,et al. 1997. Response of a mixed Philippine seagrass meadow to experimental burial. Marine Ecology Progress Series,147:285-294.

Ellison AM,Farnsworth EJ. 1996. Spatial and temporal variability in growth of *Rhizophora mangle* saplings on coral cays:Links with variation in insolation,herbivory,and local sedimentation rate. Journal of Ecology,84:717-731.

Fenner M,Thompson K. 2005. The Ecology of Seeds. Cambridge:Cambridge University Press.

Fennessy MS, Geho R, Elifritz B, et al. 1998. Testing the Floristic Quality Assessment Index as an Indicator of Riparian Wetland Quality. Final Report to U. S. Environmental Protection Agency. Columbus: Ohio Environmental Protection Agency, Division of Surface Water.

Gao J,Zhang J,Ma N,et al. 2015. Cadmium removal capability and growth characteristics of *Iris sibirica* in subsurface vertical flow constructed wetlands. Ecological Engineering,84:443-450.

Gernes MC, Helgen JC. 1999. Indexes of Biotic Integrity (IBI) for Wetlands: Vegetation and Invertebrate IBI's. Final Report to U.S. Environmental Protection Agency, Assistance Number CD995525-01. St. Paul, MN. Minnesota Pollution Control Agency, Environmental Outcomes Division.

Gersberg RM, Elkins BV, Lyon SR, et al. 1986. Role of aquatic plants in wastewater treatment by artificial wetlands. Water Research,20:363-368.

Glime JM. 2017. Chapter 1 Introduction. In: Glime JM. Bryophyte Ecology. Volume 1. Houghton: Michigan

Technological University.

Gosselink JG,Turner RE. 1978. Role of hydrology in freshwater wetland ecosystems. Freshwater Wetlands,1978:
63-78.

Gunnarsson U, Granberg G, Nilsson M. 2004. Growth, production and interspecific competition in *Sphagnum*:
Effects of temperature,nitrogen and sulphur treatments on a boreal mire. New Phytologist,163(2):349-359.

Guntenspergen GR,Stearns F,Kadlec JA. 1989. Wetland Vegetation. Chelsea:Lewis Publishers.

Haslam SM. 1978. River Plants:The Macrophytic Vegetation of Watercourses. Cambridge:Cambridge University
Press.

He T,Guan W,Luan Z,et al. 2016. Spatiotemporal variation of bacterial and archaeal communities in a pilot-scale
constructed wetland for surface water treatment. Applied Microbiology and Biotechnology,100:1479-1488.

Hogfors-Ronnholm E,Lopez-Fernandez M,Christel S,et al. 2019. Metagenomes and metatranscriptomes from boreal
potential and actual acid sulfate soil materials. Scientific Data,6:207.

Ingrouille M. 1992. Diversity and Evolution of Land Plants. London:Chapman and Hall.

Karr JR, Chu EW. 1997. Biological Monitoring and Assessment: Using Multimetric Indexes Effectively. Seattle:
University of Washington Press.

Keddy PA. 2010.Wetland Ecology:Principles and Conservation,2nd ed. Cambridge:Cambridge University Press.

Koerselman W,Meuleman AFM. 1996. The vegetation N : P ratio:A new tool to detect the nature of nutrient limita-
tion. Journal of Applied Ecology,33:1441-1450.

Li B,Yang Y,Chen J,et al. 2018. Nitrifying activity and ammonia-oxidizing microorganisms in a constructed wet-
land treating polluted surface water. The Science of the Total Environment,628-629:310-318.

Li F,Xie YH. 2009. Spacer elongation and plagiotropic growth are the primary clonal strategies used by *Vallisneria*
spiralis to acclimate to sedimentation. Aquatic Botany,91:219-223.

Li F,Xie YH,Yang GS,et al. 2017. Interactive influence of water level,nutrient heterogeneity and plant density on
the growth performance and root characteristics of *Carex brevicuspis*. Limnologica,62:111-117.

Li JB,Yin H,Chang J,et al. 2009. Sedimentation effects of the Dongting Lake area. Journal of Geography Science,
19:287-298.

Li Y,Chen X,Xie Y,et al. 2014. Effects of young poplar plantations on understory plant diversity in the Dongting
Lake wetlands,China. Scientific Reports,4:1-8.

Li Y,Glime JM,Liao C. 1992. Responses of two interacting *Sphagnum* species to water level. Journal of Bryology,
17:59-70.

Liu YD,Li J,Hou J,et al. 1999. The measurement of net photosynthesis of three species of *Plagiomnium* mosses
and its relation to the light and temperature. Journal of Hattori Botanical Laboratory,87:315-324.

Lugo AE,Snedaker SC. 1974. The ecology of mangroves. Annual Review of Ecology and Systematics,5:39-64.

Mack JJ, Micacchion M, Augusta LD, et al. 2000. Vegetation Indices of Biotic Integrity (VIBI) for Wetlands and
Calibration of the Ohio Rapid Assessment Method for Wetlands. Grant CD95276. Final Report to U.S. Environ-
mental Protection Agency. Columbus:Ohio Environmental Protection Agency, Division of Surface Water.

Malmer N,Svensson BM,Wallen B. 1994. Interactions between *Sphagnum* mosses and field layer vascular plants in
the development of peat-forming systems. Folia Geobotanica and Phytotaxonomica,29:483-496.

Marshall IPG,Karst SM,Nielsen PH,et al. 2018. Metagenomes from deep Baltic Sea sediments reveal how past and
present environmental conditions determine microbial community composition. Marine Genomics,37:58-68.

Marshall JK. 1965. *Corybephorus canescens*(L.) P. Beauv. as model for the *Ammophila* problem. Journal of Ecolo-
gy,53:447-463.

Martinez TC, Fernández ACR, Cabeza JAS, et al. 2019. Relevance of carbon burial and storage in two contrasting blue carbon ecosystems of a north-east Pacific coastal lagoon. Science of the Total Environment, 675: 581-593.

Mauchamp A, Mésleard F. 2001. Salt tolerance in *Phragmites australis* populations from coastal Mediterranean marshes. Aquatic Botany, 70: 39-52.

Maun MA. 1994. Adaptations enhancing survival and establishment of seedlings on coastal dune systems. Vegetatio, 111: 59-70.

Maun MA. 1998. Adaptations of plants to burial in coastal sand dunes. Canadian Journal of Botany, 76: 713-738.

Maun MA, Elberling H, D'Ulisse A. 1996. The effects of burial by sand on survival and growth of Pitcher's thistle (*Cirsium pitcheri*) along Lake Huron. Journal of Coastal Conservation, 2: 3-12.

Mitsch WJ, Gosselink JG. 1993. Welands, 2nd ed. New York: Van Nostrand Reinhlod Company.

Mitsch WJ, Gosselink JG. 2000. Wetlands, 3rd ed. New York: John Wiley and Sons.

Moore TR, Alfonso A, Clarkson BR. 2018. Plant uptake of organic nitrogen in two peatlands. Plant and Soil, 433: 391-400.

Moreno-Casasola P. 1986. Sand movement as a factor in the distribution of plant communities in a coastal dune system. Vegetatio, 65: 67-76.

Morris JT, Sundareshwar PV, Nietch CT, et al. 2002. Responses of coastal wetlands to rising sea level. Ecology, 83: 2869-2877.

Moss B. 1988. Ecology of Fresh Waters: Man and Medium. Oxford: Blackwell Scientific.

Murphy LR, Kinsey ST, Durako MJ. 2003. Physiological effects of short-term salinity changes on *Ruppia maritima*. Aquatic Botany, 75: 293-309.

Naidoo G, Kift J. 2006. Responses of the saltmarsh rush *Juncus kraussii* to salinity and waterlogging. Aquatic Botany, 86: 217-225.

National Research Council. 1995. Wetlands: Characteristics and Boundaries. Washington DC: National Academies Press.

Paranychianakis NV, Tsiknia M, Kalogerakis N. 2016. Pathways regulating the removal of nitrogen in planted and unplanted subsurface flow constructed wetlands. Water Research, 102: 321-329.

Penfound WT. 1952. Southern swamps and marshes. Botanical Review, 18: 413-436.

Peralta AL, Johnston ER, Matthews JW, et al. 2016. Abiotic correlates of microbial community structure and nitrogen cycling functions vary within wetlands. Freshwater Science, 35: 573-588.

Peverly JH, Surface JM, Wang T. 1995. Growth and trace metal absorption by *Phragmites australis* in wetlands constructed for landfill leachate treatment. Ecological Engineering, 5: 21-35.

Qin X, Li F, Xie Y, et al. 2013. The responses of non-structural carbohydrate to submergence and de-submergence in three emergent macrophytes from Dongting Lake wetlands. Acta Physiologiae Plantarum, 35: 2069-2074.

Rai UN, Sinha S, Tripathi RD, et al. 1995. Wastewater treatability potential of someaquatic macrophytes: Removal of heavy metals. Ecological Engineering, 5: 5-12.

Reddy KR, D'Angelo EM, DeBusk TA. 1989. Oxygen transport through aquatic macrophytes: The role in wastewater treatment. Journal of Environmental Quality, 19: 261-267.

Roth R 著, 钟铭玉译. 2014. 淡水生物群落. 长春: 长春出版社.

Rydin H. 1997. Competition among bryophytes. Advances in Bryology, 6: 135-168.

Sculthorpe CD. 1967. The Biology of Aquatic Vascular Plants. London: St. Martin's Press.

Silvola J, Aaltonen H. 1984. Water content and photosynthesis in the peat mosses *Sphagnum fuscum* and *S. angustifolium*. Acta Botanica Fennica, 21: 1-6.

Silvola J. 1990. Combined effects of varying water content and CO_2 concentration on photosynthesis in *Sphagnum fuscum*. *Holarctic Ecology*, 13:224–228.

Sim LL, Chambers JM, Davis JA. 2006. Ecological regime shifts in salinised wetland systems. I. Salinity thresholds for the loss of submerged macrophytes. Hydrobiologia, 573:89–107.

Sims A, Zhang Y, Gajaraj S, et al. 2013. Toward the development of microbial indicators for wetland assessment. Water Research, 47:1711–1725.

Slack A. 1979. Carnivorous Plants. Cambridge: MIT Press.

Song J, Fan H, Zhao YY, et al. 2008. Effect of salinity on germination, seedling emergence, seedling growth and ion accumulation of a euhalophyte *Suaeda salsa* in an intertidal zone and on saline inland. Aquatic Botany, 88:331–337.

Takemura T, Hanagata N, Sugihara K, et al. 2000. Physiological and biochemical responses to salt stress in the mangrove, *Bruguiera gymnorrhiza*. Aquatic Botany, 68:15–28.

Tanner CC, Clayton JS, Upsdell MP. 1995a. Effect of loading rate and planting on treatment of dairy farm wastewaters in constructed wetlands— I. Removal of oxygen demand, suspended solids and faecal coliforms. Water Research, 29:17–26.

Tanner CC, Clayton JS, Upsdell MP. 1995b. Effect of loading rate and planting on treatment of dairy farm wastewaters in constructed wetlands— II. Removal of nitrogen and phosphorus. Water Research, 29:27–34.

Tiner RW. 1991. The concept of a hydrophyte for wetland identification. BioScience, 41:236–247.

Tomlinson PB. 1986. The Botany of Mangroves. London: Cambridge University Press.

Turunen J, Roulet NT, Moore TR, et al. 2004. Nitrogen deposition and increased carbon accumulation in ombrotrophic peatlands in eastern Canada. Global Biogeochemical Cycles, 18:1–12.

Ukpong IE. 1994. Soil-vegetation interrelationships of mangrove swamps as revealed by multivariate analyses. Geoderma, 64:167–181.

Ungar IA. 1991. Ecophysiology of Vascular Halophytes. Boca Raton: CRC Press.

Ustin SL, Pearcy RW, Bayer DE. 1982. Plant water relations in a San Francisco Bay salt marsh. Botanical Gazette, 143:368–373.

Van Der Heijden E, Verbeek SK, Kuiper PJC. 2000. Elevated atmospheric CO_2 and increased nitrogen deposition: Effects on C and N metabolism and growth of the peat moss *Sphagnum recurvum* P. Beauv. var. *mucronatum* (Russ.) Warnst. Global Change Biology, 6:201–212.

Van Zandt PA, Tobler MA, Mouton E, et al. 2003. Positive and negative consequences of salinity stress for the growth and reproduction of the clonal plant, *Iris hexagona*. Journal of Ecology, 91:837–846.

Vaughton G, Ramsey M. 2001. Relationships between seed mass, seed nutrients, and seedling growth in *Banksia cunninghamii* (Proteaceae). International Journal of Plant Sciences, 162:599–606.

Vile MA, Wieder RK, Živković T, et al. 2014. N_2-fixation by methanotrophs sustains carbon and nitrogen accumulation in pristine peatlands. Biogeochemistry, 121:317–328.

Visser EJW, Voesenek LACJ. 2004. Acclimation to soil flooding-sensing and signal-transduction. Plant and Soil, 254:197–214.

Vitt DH, Wieder K, Halsey LA, et al. 2003. Response of *Sphagnum fuscum* to nitrogen deposition: A case study of ombrogenous peatlands in Alberta, Canada. The Bryologist, 106:235–245.

Wagner DJ, Titus JE. 1984. Comparative desiccation tolerance of two *Sphagnum* mosses. Oecologia, 62:182–187.

Wang BS, Luttge U, Ratajczak R. 2001. Effects of salt treatment and osmotic stress on V-ATPase and V-PPase in leaves of the halophyte *Suaeda salsa*. Journal of Experimental Botany, 52:2355–2365.

Warming E. 1909. Oecology of Plants. An Introduction to the Study of Plant Communities. Oxford: Clarendon Press (updated English translation of 1886 text).

Warwick NWM, Brock MA. 2003. Plant reproduction in temporary wetlands: The effects of seasonal timing, depth, and duration of flooding. Aquatic Botany, 77: 153-167.

Wieder RK, Vitt DH, Burke-scoll M, et al. 2010. Nitrogen and sulphur deposition and the growth of *Sphagnum fuscum* in bogs of the Athabasca oil sands region, Alberta. Journal of Limnology, 69: 161-170.

Wiegleb G. 1988. Analysis of Flora and Vegetation in Rivers: Concepts and Applications. Dordrecht: Kluwer Academic Publishers.

Xie Y, Luo W, Wang K, et al. 2008. Root growth dynamics of the marsh plant *Deyeuxia angustifolia* in response to water level. Aquatic Botany, 89: 292-296.

Xing W, Han Y, Guo Z, et al. 2020. Quantitative study on redistribution of nitrogen and phosphorus by wetland plants under different water quality conditions. Environmental Pollution, 261: 114086.

Xu Z, Wu Y, Jiang Y, et al. 2018. Arbuscular mycorrhizal fungi in two vertical-flow wetlands constructed for heavy metal-contaminated wastewater bioremediation. Environmental Science and Pollution Research, 25: 12830-12840.

Xu ZY, Ban YH, Jiang YH, et al. 2016. Arbuscular mycorrhizal fungi in wetland habitats and their application in constructed wetland: A review. Pedosphere, 26(5): 592-617.

Yan Q, Min J, Yu Y, et al. 2017. Microbial community response during the treatment of pharmaceutically active compounds (PhACs) in constructed wetland mesocosms. Chemosphere, 186: 823-831.

Yarwood SA. 2018. The role of wetland microorganisms in plant-litter decomposition and soil organic matter formation: A critical review. FEMS Microbiology Ecology, 94: 175.

Yu F, Dong M, Krüsi B. 2004. Clonal integration helps *Psammochloa villosa* survive sand burial in an inland dune. New Phytologist, 162: 697-704.

Yuan T, Maun MA, Hopkins WG. 1993. Effects of sand accretion on photosynthesis, leaf water potential and morphology of two dune grasses. Functional Ecology, 7: 676-682.

第 4 章

湿地生态系统的形成与演化

近年来,湿地的严重退化已威胁到陆地生态平衡和社会可持续发展,而保护和恢复湿地生态系统的重要前提是要深入理解湿地生态系统的形成、发育、演化、退化、消亡的过程及规律。近几十年来,国内外学者从自然地理学、地质学、泥炭地学、生态学、孢粉学等学科深入研究了我国沼泽湿地生态系统的发育与演化模式,以及沼泽湿地演化过程中的水文、土壤、气候及生物地球化学变化过程的特征,初步建立了我国沼泽湿地形成与演化的系统科学理论体系。

4.1 湿地生态系统发育的环境基础

深入了解湿地生态系统发育过程及其与环境的关系,是完善湿地生态系统长期演化理论的基本前提,同时也是湖沼学、环境科学、生态学和全球变化研究的核心内容。湿地作为地球生态系统的重要组成部分,有其形成、演化、发生与发展的过程。我国是世界上湿地资源最为丰富的国家之一,湿地类型多,发育典型,分布亦十分广泛,这与我国复杂的自然地理环境密切相关。湿地的形成和发育是地质地貌、气候、水文、土壤和植被等多种自然地理环境因素综合作用下的产物。此外,人类活动对区域生态环境的改变也是影响湿地形成和发育的重要因素。

4.1.1 地质地貌因素

地质地貌条件是制约湿地形成和发育的主要因素,它既为湿地发育提供构造背景与空间,又制约着湿地的发育和分布。从实质上讲,地质地貌是指湿地形成时期的原始地貌,这一地质条件受内外营力条件的双重控制。原始地貌特征及分布主要受当时的地质构造影响,构造运动通过改变地表形态和侵蚀、堆积强度驱动了地貌特征的动态变化以及地表水热条件分布的改变,从而直接或者间接地制约和驱动着湿地的形成、发育和分布。此外,沉积物岩性也是决定湿地能否形成和发育的重要影响因素。

4.1.1.1 地质构造

湿地虽属于自然综合体的范畴,但它在地域空间上的宏观展布与大地构造有密切关系。地质构造是地貌发育的基础,构造运动所形成的大规模褶皱和断裂等地貌特征以及与之相伴随的隆起和凹陷,控制着地貌的总体发展方向和地表水热条件的分布,进而影响了湿地的形成和发育。

　　湿地形成所必需的相对负地形和汇水区域是由地质构造决定的。大断裂带之间或者两组断裂带之间往往容易形成断陷盆地,在盆地内多发育沉积平原。这种相对的负地形条件容易形成汇水和滞水环境,有利于湿地的形成和发育。我国很多湿地集中分布区与断裂带发育有密切关系。例如,三江平原就属于黑龙江中游盆地的一部分,它位于著名的郯庐超壳断裂带系向东北延伸的一组北东向深断裂带之间,是一个典型的地堑式断陷盆地,整个三江平原沼泽湿地就是在这个盆地内发育的(孙广友,1983)。横断山区的湿地发育亦与区域地质大断裂带构造有关(孙广友等,1998)。例如,位于若尔盖-石渠山与山前的凹陷带和位于滇西的纵向断裂带所提供的负地形为沼泽湿地的广泛发育提供了有利条件,并因此成为青藏高原沼泽湿地的主要分布区(柴岫等,1965)。相反,在川、滇西北的强烈褶皱挤压带,由于地壳的挤压抬升,难以形成汇水条件,因此成为沼泽湿地分布贫乏区。除高级别构造体系外,较低级别的构造体系对湿地的发育也表现出相应的控制作用。例如,在若尔盖高原区,因受红原弧形构造的影响,自南而北形成了三个沼泽湿地发育区和泥炭成矿带。其中瓦切附近的日干乔因受一组断层影响,在全新世沉降量较大,因而形成了巨型沼泽湿地宽谷,若尔盖高原最厚的全新世泥炭层便在此被发现。此外,在不同的地质构造区,地形的相对正负特点各异,从而使得高原湿地、平原湿地、山区湿地及海岸湿地等各具特色。顺着地表各断裂带分布的河流湿地、海陆边缘地带的海岸湿地、平原上的湖沼湿地以及山地的森林湿地等都受到地质构造的影响(孙广友,1988)。由此可见,地质构造体系对湿地的发育有重要控制作用,而且不同级别的构造影响的空间尺度亦不相同,具有逐级贯穿的规律。

4.1.1.2　新构造运动

　　新构造运动上升和下降所引起的地形变化,决定了区域地表地貌和水热条件分布的大体格局,从而对湿地形成和分布起着至关重要的驱动作用。一般来讲,在新构造运动缓慢下沉或保持相对稳定的地区,地面侵蚀减弱而堆积作用加强,特别是在地面十分平坦或低洼的地段易于汇集地表径流,且排水不畅,有利于地表形成过湿或薄层积水的湿地环境(赵魁义等,1999)。在我国三江平原和长江中下游平原等地,湿地的广泛发育均与新近纪晚期构造运动的缓慢下降密切相关。特别是三江平原前进-寒葱沟一线的别拉洪河与浓江流域的一级阶地平原区,属更新世新构造运动沉降幅度大而近代沉降速度缓慢的地区,湿地率达到50%以上(裴善文等,2008)。区域性构造运动的差异也会影响湿地的发育和分布。青藏高原自新近纪以来大面积、大幅度隆起,但其间也有相对沉降区,形成了许多较大的山原盆谷地,如高原东南的长江、黄河河源区,川西北高原中的若尔盖山原宽谷区,以及那曲山原宽谷区等。这些新构造运动下降区成为青藏高原沼泽湿地的分布区(郑度等,1992)。然而,区域性差异较大的新构造运动则不利于湿地的形成与发育。因为相对下降幅度较大的构造运动会导致强烈的沉积物堆积作用,形成深厚的地表沉积盖层,不利于湿地的形成,甚至会使已发育的湿地消亡。例如,华北平原处于新构造运动活动区,虽有燕山、太行山的上升和平原区的下降,但是下降幅度过快且沉积过程强烈,因而湿地发育较少。特别是近期新构造运动仍继续下沉,且幅度较大,原本在太行山、燕山山地的丘陵坡麓处和平原一些洼地中发育的湿地也停止发育,甚至被掩埋消亡。此外,西北地区沼泽湿地发育较少,这与该区新构造运动的差异性升降运动也有较大关系。

除地壳升降运动对湿地形成和发育起控制作用外,新构造运动的其他表现形式亦对湿地的形成有重要影响,如新近纪以来的地壳运动还伴随岩浆活动,其中最主要的表现为火山喷发和岩浆溢出。火山喷发形成的火山口,积水成湖,为湿地形成提供了有利环境。例如,长白山火山活动形成的诸多洼地,火山熔岩堰塞湖、火口湖,这些地貌部位成为湿地发育的理想场所。小天池、赤池、七十二龙湾等地的湿地均是由火口湖或火山熔岩堰塞湖演变而来。此外,我国内蒙古自治区呼伦贝尔市的达尔滨湖、吉林省的辉南和柳河、云南省的腾冲、黑龙江省牡丹江上游等地的沼泽湿地都是发育于火山熔岩堰塞湖。

4.1.1.3 地貌

如前所述,地质构造和新构造运动通过塑造地形格局为湿地的广泛发育提供了地质背景条件,从而控制宏观大区域的湿地形成和发育。与之相比,地貌格局是地质构造和新构造运动的结果和外在表现形式,它通过对区域水热格局的调控直接影响湿地的形成和发育。我国幅员辽阔且地貌类型多样,不同地貌类型均有沼泽湿地发育,但沼泽湿地的发育程度相差极大。这一方面反映出地貌对湿地形成和发育的控制作用,另一方面也反映出不同地貌类型和不同成因的地貌对湿地的形成和发育的影响也存在差异。

高原和山地是我国沼泽湿地发育最为常见的地貌类型,并集中分布于以下几种有利于地表径流汇集和潜水补给的负地貌单元。① 山间盆地。山地和高原中多发育封闭或半封闭的山间盆地,盆地内地势平坦,排水不畅,极易发生沼泽化过程。例如,若尔盖高原就是川西北高原内发育的断陷盆地,由于高原盆地内沼泽湿地形成和发育的环境比较稳定,且多有地下水出露补给,因此沼泽湿地的发育条件能够长期保持,面积达 46×10^4 hm^2,并积累有较厚的泥炭层。② 高原洼地。虽然高原台面地势相对平坦,但由于高原构造隆升幅度以及外力剥蚀作用的不均衡性,高原内部常发育大小不等、形状各异的洼地地貌,成为汇集地表径流并形成有利于湿地发育的滞水环境。青藏高原广泛分布的大小沼泽湿地大多是在此类地貌单元下发育的(宋海远等,1988)。③ 山地夷平面。山地剥蚀形成的夷平面地表平坦、排水差,深厚的风化壳阻碍水分下渗,形成有利于湿地发育的过湿或积水环境。如大兴安岭、小兴安岭和横断山区很多沼泽湿地就是发育在此类地貌上。④ 山地沟谷。山地沟谷一般相对狭窄,水源补给多受地表径流季节性影响,旱涝波动较大,形成沼泽湿地所必需的稳定的水文环境较少,仅在一些季节性流水作用下发育沟头洼地、沟谷洼地和沟口洪积扇缘等沟谷地貌单元,偶尔能发现少量湿地发育。

平原地区的流水地貌也是有利于湿地发育的地貌类型之一。流水地貌作为一种地貌形态的外营力,常常塑造有利于形成滞水环境的负地形,并伴随着湿地的形成和发育(曾建平等,1988)。① 河流地貌。经常性流水作用下发育河漫滩洼地、废弃河道和牛轭湖洼地。这些与流水作用相关的负地貌类型有利于形成汇水和滞水环境,同时伴随着充沛而稳定的水源补给,为湿地的形成和发育提供良好的水文条件。例如,我国三江平原的多数湿地都与河流流水作用形成的河漫滩、古河道和牛轭湖洼地等负地貌有关(刘兴土和马学慧,2002)。② 沟谷洼地。沟谷洼地一般发育在地表径流侵蚀作用下的低洼地貌单元,由于相对低洼的地势有利于地表径流的汇聚,因此常常伴随湿地发育。如三江平原,大兴安岭、小兴安岭,长白山地区和长江中下游平原地区的沼泽湿地均与沟谷洼地地貌条件有密切关系(徐琪,1992)。③ 冲洪积扇。位于山地与平原相接地带,经常发育洪积扇、冲积扇或冲洪积扇,在扇缘洼地常有地下水溢出并伴随沼泽湿地发育。例如,天山南北两侧山麓地区的湿地多与冲洪积扇地貌类型密切相关。

滨海地貌也是影响湿地形成和发育的常见地貌控制因素。由于滨海地貌位于海洋和陆地的过渡地带,因此成为沼泽湿地发育的有利场所,特别是在淤泥质海岸的滨海平原、河口三角洲平原、岩岸的海湾、潟湖等地貌类型内,沼泽湿地多呈大面积分布。例如,我国辽河三角洲、黄河三角洲、长江三角洲和珠江三角洲等地区,河流流入海洋或湖泊时,因流速降低,所携泥沙堆积,再加上此类地貌地势低平,河网密集,沼泽湿地广泛发育。此外,在我国热带、亚热带河口与海滨潮间带,红树林沼泽湿地广泛发育,主要原因在于此类地区海岸低平,周围岛屿罗列,水动力稳定,利于红树植物生长。此外,红树林分布的海岸基岩多为花岗岩或玄武岩,其风化产物黏密,随着河流搬运的均质、分选和堆积过程,形成平缓的软相海滩,有利于红树植物固定。

冰川和冻土地貌是沼泽湿地形成和发育的有利地质地貌条件。冰川地貌,如冰斗、围谷、槽谷和冰蚀洼地等低洼地貌景观,底部常堆积大量冰碛物,形成透水性能差的隔水层,为沼泽湿地的形成和发育提供了良好的地质条件。冰川一方面塑造有利于沼泽湿地发育的地貌,另一方面又通过融水补给使地表长期稳定积水或土壤过湿,从而滋生沼泽湿地。因此,在我国青藏高原、阿尔泰山和天山等地区,多数沼泽湿地就是发育在这些地貌类型内。除冰川地貌外,冻土地貌也是寒温带与高山区沼泽湿地形成和发育的主要生态环境因素。冻土沼泽化形成的主要原因在于冻土层阻碍了冰雪融水的下渗,形成区域性的隔水层。另外,多年冻土层抑制地表流水侵蚀与切割,使这些地区多发育宽浅的谷地,冻融作用又使地表形成冻融洼地,或使地表下陷形成热融湖。在这些冻融洼地和热融湖区域经常有积水或土壤过湿,以致发生区域性沼泽化现象。我国东北的大兴安岭、小兴安岭地区,青藏高原地区,以及三江平原的北部地区,沼泽湿地的广泛发育均与冻土分布有密切关系(刘兴土,2005)。

4.1.1.4 岩性

除新构造运动和地貌条件外,当地沉积物的岩性构成也是决定湿地能否形成和发育的不可忽略因素。如果说构造运动和地貌条件决定了当地汇水条件的形成,那么当地沉积物的岩性就是决定这些汇集的水分能否滞留在当地并进一步形成沼泽湿地滞水环境的关键因素。地表水分的积累情况除受周围地形地貌情况影响外,还受沉积物机械组成的制约。一般来讲,粒度较细的亚黏土和黏土等质地紧实,水分下渗速率慢,容易形成有利于沼泽湿地发育的滞水环境;相反,以砂、砾和亚砂土等粗粒为主的沉积物,则难以维持地表的滞水环境,不利于沼泽湿地的发育。湖滨、滨海、河漫滩、古河道、牛轭湖以及各类洼地,多数沉积了砂质黏土、粉砂质黏土和淤泥层,构成隔水层,为湿地的广泛发育创造了良好的滞水条件(王德斌等,1992)。

以三江平原为例,平原西部地面组成物质较粗,沼泽湿地发育较少,然而东部地区普遍为黏土、亚黏土层覆盖,湿地分布广泛(裘善文等,2008)。但并非地表是粗粒径的沉积物都不利于形成湿地,关键在于接近地表的地层沉积序列中是否有隔水层的存在。三江平原沼泽湿地发育常常伴随有典型泥炭沉积或潜育化沼泽土沉积,质地松软,透水性和蓄水性好。而在这些沼泽湿地沉积物下部,通常发育一套厚度不一的湖相淤泥沉积。这些湖相淤泥粒度细,质地紧实,透水性差。湖相淤泥层一方面为沼泽湿地的发育提供营养物质供给,另外更重要的一方面是提供了隔水层的功能,保证了其上覆土壤中水分的滞留,从而为沼泽湿地的发育提供了必要的滞水环境。在山区沟谷或山间盆地等沉降区,地表往往分布有厚层的砂砾层,但砂砾层下为隔水的岩层,有助于湿地的形成(孙广友,1990)。此外,喀斯特地貌区的岩溶湖盆是沼泽湿地发育的有利地貌,其关键在于湖盆基岩为质地细密紧实的石灰岩,透水性差,具有所汇集的水分,并为沼泽湿地的发育提供必要的滞水环境。在我国热带、亚热带湿润气候区的岩溶湖盆地貌中,沼泽湿地普遍发育,这与地层岩性中隔水层的功能密不可分。

4.1.2　气候因素

湿地的形成是各种自然因素综合作用的结果,特别是当地的水分与热量条件是影响湿地形成的决定性因素。在特定环境下,水分与热量条件直接影响沼泽湿地植物种类组成及其生长发育,植物残体的分解量、分解强度以及泥炭物质的聚集,从而决定了沼泽湿地的类型与发育程度。某一地区的水热条件除受当地地形地貌因素影响外,很大程度上取决于气候条件,气候因子中的降水量与温度的不同组合形式是沼泽湿地形成发育及不同生态特征差异的主要控制因素。

4.1.2.1　温度

温度对湿地形成和发育的影响反映在两个指标,气温和土壤温度,它们是制约沼泽湿地发育的主要因素。气温和土壤温度通过影响湿地植物和微生物,对湿地生态系统的形成和发育产生调控作用。

气温和土壤温度直接影响沼泽湿地植物种类、生长量和生长状况。一般来讲,较低的气温和土壤温度有利于贫营养和中营养湿地植物生长,而不利于富营养湿地植物生长。如在气温和土壤温度均较低的大兴安岭、小兴安岭地区,沼泽湿地植物多为喜低温的种属,如泥炭藓、狭叶杜香和笃斯越桔等,而薹草和芦苇等湿地植物相对较少。温度除了影响植物种类外,还对植物生长量和生长状况产生影响。通常来讲,沼泽湿地植物的总生产量从我国寒温带向热带随着温度升高而逐渐增大,但植物呼吸消耗量也随着温度的升高而增大,因而各温度热量带沼泽湿地植物净生产量不同,这显然与温度影响不无关系。

此外,泥炭沼泽的形成与温度状况也有很大的关系。当每年泥炭沼泽植物死亡后增加的新有机物质数量大于每年分解的有机物质数量时,泥炭才能形成和累积。泥炭沼泽植物残体的分解过程是在微生物参与下进行的,其中温度是影响土壤微生物活动的重要因子。在寒冷气候条件下,由于温度过低,微生物的活动微弱,植物残体的分解缓慢;反之,在温度适宜的条件下,微生物的繁殖加速,促进了泥炭沼泽植物残体的分解。按一般规律,泥炭沼泽植物残体的分解能力从寒带向热带逐渐增加,以温带、亚热带的荒漠分解能力最大。这是温带和亚热带荒漠或干旱、半干旱区极少见泥炭沼泽,且泥炭沼泽中泥炭积累弱的原因,也是寒温带、温带东部多沼泽湿地,且多泥炭沼泽的原因。例如在我国,受地表年均温度空间变化的影响,泥炭沼泽多分布于高纬度寒温带的大兴安岭、小兴安岭、长白山、三江平原、阿尔泰山等地区,以及中低纬度温带和亚热带地区中海拔相对较高、年均温相对较低的青藏高原、云贵高原、神农架、天山等地区(柴岫,1981)。

4.1.2.2 湿度

湿度是指大气的潮湿程度,通常以湿润系数或干燥度表示,它通过控制植物生长、微生物活动和植物残体分解,进而对湿地的形成和发育产生影响。一般来讲,相对湿度大的地区有利于沼泽湿地的形成和发育。我国主要沼泽湿地分布区大兴安岭、小兴安岭、三江平原大部地区、长白山、长江河源区、黄河河源区、若尔盖高原、东南沿海和长江中下游平原的湿润系数均在 1 左右。如果湿润系数大大超过 1 时,沼泽湿地发育不仅局限于负地貌中,在正地貌类型中也有发育。最典型的例子是大兴安岭中部主峰摩天岭阴坡段上发育有泥炭藓沼泽湿地。相反,在湿润系数很小的地区沼泽湿地形成受到抑制。在我国广大的干旱区、半干旱区,因受湿润程度小的大环境影响,仅在局部水源补给十分丰富的地段有少量沼泽湿地发育,且面积小,发育不典型。例如,我国黄土高原、内蒙古高原、塔里木盆地、准噶尔盆地和柴达木盆地等地湿润系数很小,全区沼泽湿地发育极少(马学慧和牛焕光,1991)。

4.1.2.3 温度和湿度组合

由以上论述可知,无论是温度还是湿度,对沼泽湿地的形成和发育均具有重要作用。然而实际上温度和湿度之间并非相互独立,而是相互联系相互制约的关系。区域温度的高低会影响水汽的蒸发,进而对大气湿度产生影响。同时,大气湿度的高低又会影响大气对长波辐射的吸收,进而对气温产生影响。因此,某一区域沼泽湿地的形成和发育很大程度上取决于两者的组合效应,且不同的水热条件对沼泽湿地形成和发育具有不同的影响。一般而言,冷湿和温湿的条件有利于沼泽湿地的形成和发育,而冷干和温干的条件则抑制沼泽湿地的形成和发育。例如,我国大兴安岭、小兴安岭和三江平原地区属温带湿润半湿润大陆性季风气候,突出特点为冷湿,在冷湿气候条件影响下,山地发育了大量泥炭沼泽,平原则发育了大片潜育沼泽(殷书柏和吕宪国,2006)。同样在地势高峻的青藏高原,气候寒冷湿润,沼泽湿地广布。相比而言,呼伦贝尔高原气候冷干,黄土高原气候暖干,沼泽湿地发育非常稀少。从我国沼泽湿地分布的空间格局也可以明显看出温度和湿度对沼泽湿地形成的控制作用。若将我国以湿润系数自东向西划分为湿润、半湿润、半干旱和干旱四个区,我国沼泽湿地大部分在湿润区和半湿润区,而干旱区和半干旱区湿地则要少得多。综合上述分析,水热组合从宏观上对沼泽湿地的形成和发育起到了关键控制作用,寒冷湿润和温暖湿润的水热组合条件有利于沼泽湿地形成和发育,而寒冷干燥、温暖干燥、炎热干燥和炎热湿润的水热组合条件相对不利于沼泽湿地形成和发育。

4.1.3 水文因素

沼泽湿地的形成和发育与水文条件关系密切,其形成和发育的广泛程度与区域水文特征及空间分布息息相关。与地质、地貌和气候条件相比,水文因素在沼泽湿地形成和发育过程中所起到的作用更为直接。我国自然地理环境复杂,既有纵横交错的河网、星罗棋布的湖泊、丰沛的大气降水,又有银装素裹的冰川雪原以及埋藏在地下的丰富的潜水、地下水和承压水。这些水源与沼泽湿地补给量的大小、补给水的时间分布、补给水的性质与区域水文特征有密切关系,成为控制我国沼泽湿地发育的重要因素。

4.1.3.1 河流

我国是一个江河水资源十分丰富的国家,多数沼泽湿地的形成与河流及河流水文特征有密切关系,特别是平原区河漫滩沼泽湿地的形成主要依赖于河水。平原区的河流具有比降小、弯曲度大、汊流多、河漫滩宽广、河槽平浅的特点,在流速缓慢的河段十分有利于沼泽湿地的形成和发育。如三江平原的众多河流纵比降小,河槽弯曲系数大,河漫滩宽广,流速极缓。这种河流水文特征有利于沼泽湿地的形成,因此沼泽湿地在一些大小河流的河漫滩部位广泛发育。此外,若尔盖高原黑河中下游和白河下游地区也具有和三江平原中小型河流类似的水文特征,使得这些地区地表长期积水和过湿,促进了沼泽湿地的形成和发育(中国科学院长春地理研究所沼泽研究室,1983)。

依赖河水补给的沼泽湿地具有明显的区域性特征。在一般情况下,河流上游比降大,河槽深,河漫滩狭窄,排水条件好,不易发育沼泽湿地,因而沼泽湿地率也小;河流下游比降小,河槽曲率大,河网密度小,来水量大,河流泄洪能力弱,河水极易出槽补给广阔的河漫滩,易发生沼泽化过程,因而下游沼泽湿地率大。例如,若尔盖高原沼泽湿地区黑河上游比降大,沼泽湿地率为18%,下游河流比降显著减小,沼泽湿地率增至32%。但是沼泽湿地分布河流下游多于上游的情况也不尽然,偶有河流上游沼泽湿地发育良好,下游沼泽湿地发育较差的现象,这主要是自然地理环境的特殊性造成的。例如,河流上游谷地宽浅,有大量地下水出露,提供丰富充足的沼泽湿地补给水源,有深厚的冻土层存在,阻碍地表水分下渗等。长白山区松花江上游玄武岩台地、小兴安岭汤旺河上游、大兴安岭阿木尔河中上游、三江平原别拉洪河上游以及黄河源头的星宿海,上游沼泽湿地发育均比中、下游地区要好。

4.1.3.2 湖泊

我国湖泊众多,分布广泛,类型复杂,湖泊及湖泊水文特征与沼泽湿地的形成和发育有密切的关系。与湖泊相关的沼泽湿地多发育于波浪微弱的平缓湖滨地貌环境,主要原因在于这一水陆交互作用地区湖水浅、光照好、地势平坦且陆源营养物质丰富,为湿地的发育提供了必要的水陆过渡性生态环境。尤其是平原区湖泊,湖泊边坡平缓,湖滨滩地宽广,常常发育大面积湖滨沼泽湿地。考虑到我国自然环境复杂多样,不同湖区地质、地貌、水文和水质等条件存在差异,沼泽化过程也存在显著的区域性特征。

在三江平原东北部,受第四纪寒冷气候影响,古冰丘湖广泛发育。这些小冰丘湖水分补给丰富、湖水浅、光照条件好、波浪弱、水分条件稳定,易于沼泽化现象的产生,并因此发育成类型单一的毛薹草泥炭沼泽(中国科学院长春地理研究所沼泽研究室,1983)。另外,小兴凯湖南岸岸坡小,湖水浅,风浪小,光照充足,水温适宜,矿质养分丰富,为沼泽湿地的发育提供了十分有利的条件。此类沼泽的湿地化过程多从岸边向湖心扩展,并随着湖泊面积的日益减少而逐步推进,沼泽湿地面积越来越大。若尔盖高原亦广泛发育沼泽湿地,如江错湖、错拉坚湖、哈丘湖以及辖曼大海子一带的湖滨为该区重要的沼泽湿地集中分布区。长江中下游平原地势平坦,湖泊成群,这些湖泊在丰水期通过湖水上涨泛滥而补给湖滨沼泽湿地。沼泽湿地一般呈环状沿湖周分布,如洞庭湖和洪泽湖等,它们的湖滨和湖滩是我国著名的芦苇沼泽湿地分布区。

4.1.3.3 水源补给类型

如上所述,水文条件与沼泽湿地的形成有着极为密切的关系,其中沼泽湿地水源补给类型对沼泽湿地的形成和发育以及水文特征有决定性作用。我国沼泽湿地的补给水源一般都是以地表径流、地下水和大气降水为主。由于我国自然地理环境复杂多变,水文条件也十分复杂,沼泽湿地的水源补给条件及其空间组合分布的差异也较大。

以大气降水和地表水补给的沼泽湿地在我国分布最为普遍,绝大多数平原区的沼泽湿地都是依靠大气降水和地表水的混合补给而发育。例如,东北的三江平原和松辽平原、长江下游平原、太湖平原以及江汉平原等地,地势低平,水系发育,水流缓慢,河湖洼地众多,为孕育沼泽湿地提供了理想的地质条件。此外,这些地区大气降水丰富,为沼泽湿地的发育提供了丰富的补给水源。在地表水和大气降水补给的双重作用下,沼泽湿地持续发育,并形成集中连片的沼泽湿地区。以地表水和地下水补给为主的沼泽湿地多分布在山间各类盆地。这些盆地多呈封闭或半封闭状态,并伴随有许多地下水系发育,以泉和地下径流方式补给盆地。双重水源提供的丰富水分补给条件,加剧了地表洼地的积水与过湿程度,使沼泽湿地得以广泛发育。以大气降水、地表水和地下水共同补给为主的沼泽湿地主要分布在我国西部青藏高原地区的盆地、谷地边缘和山前地带,沼泽湿地发育十分普遍,如长江、黄河河源沼泽湿地区,若尔盖高原沼泽湿地区以及三江平原地下水出露地区等(图 4.1)。以大气降水补给为主的沼泽湿地是沼泽湿地发展到贫营养阶段时的特殊水源补给类型。这类水源补给仅限于我国寒温带、中温带及其他温度带的一些山地局部地段,如我国东北大兴安岭、小兴安岭,黔西和鄂西北山地等地区,此类沼泽湿地数量不多,面积较小,范围也十分有限。

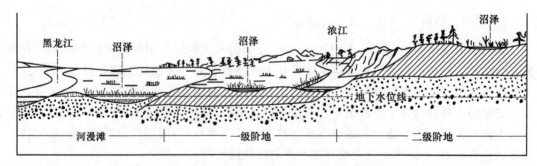

图 4.1 三江平原不同地貌单元沼泽与地下水关系示意图(中国科学院长春地理研究所沼泽研究室,1983)

以海水(潮汐水)和地表径流补给的沼泽湿地集中分布在我国东部、东南部沿海地区的淤泥质海湾、河口的潮间带和沿海平原。淤泥质海湾地区平坦开阔,水动力不强,积水不深,淡水与咸水交替或混合补给沼泽湿地,沼泽类型主要为一些滨海盐沼和红树林沼泽湿地。

河口三角洲地段的沼泽湿地以地表径流补给为主,海水(潮汐水)补给为辅,多发育芦苇沼泽湿地;沿海平原以潮汐水补给为主,地表径流补给为辅,多发育半咸水沼泽湿地和咸水沼泽湿地,如海三棱藨草沼泽湿地和盐地碱蓬沼泽湿地。

4.1.4 土壤因素

土壤因素也是制约湿地形成和发育的重要因素之一。在沼泽湿地环境中,土壤母质特性是影响沼泽湿地形成的基本地质条件。一般来讲,在基底土壤黏重、透水性差的条件下才能形成阻止地表水下渗的隔水层,为沼泽湿地的形成提供地表过湿或有薄层积水的必要条件。而在沼泽湿地发育的过程中,由于不同沼泽湿地在类型、发育程度以及水文植被条件等方面存在差异,土壤的形成过程与类型也存在明显区别。

土壤与沼泽湿地的发育过程息息相关,不同土壤类型和沼泽湿地类型、发育程度、水文和植被条件等环境要素关系密切。此外,沼泽湿地环境中母质土壤类型还决定了沼泽湿地的形成和发育。地表沉积物中,质地黏重的黏土、亚黏土、冰碛、冰水沉积物、洪积物、湖积物等,以及冻土区永久冻土层、季节冻土层的存在,阻隔了水分下移,有利于地表长期积水或地表过湿,促进了沼泽湿地发育。

4.1.5 植被因素

植被因素既是沼泽湿地形成和发育中的重要组成部分,也是沼泽湿地不同生态特征的重要表征因子。在沼泽湿地生态系统中,不同的生态环境孕育了相应的植被类型,并且随着沼泽湿地的发育,植被类型及植物组成也不断发生变化。沼泽湿地植被既是沼泽化过程中形成的沼泽湿地生态系统的一部分,反过来又作用于环境,对环境产生一定影响,使环境利于新的沼泽湿地形成。因而在某种意义上,沼泽湿地植被也是影响沼泽湿地形成和发育的重要因素之一。

首先,沼泽湿地茂密的植被加剧了地表湿润程度。我国沼泽湿地分布区沼生及湿生植物分布广泛,生长茂密,覆盖度高达70%以上。如此高覆盖度的植被致使地表糙度增加,阻碍地表径流排出,从而加剧了地表湿润程度,促使沼泽湿地进一步发育。其次,湿地植物通过改变地表地形地貌特征增强了沼泽湿地的蓄水能力。沼生植物多为丛生植物,具有密丛型的生态特点,这种植物的分蘖节分布于地表,每年从分蘖节向上生出新枝,向下生长不定根。为便于获得充足的氧气,免遭其他植物覆盖,分蘖节不断上移。久而久之,地面上形成草丘,高度可达 20~40 cm 或更高。我国常见的密丛型植物有瘤囊薹草、灰株薹草、塔头薹草和乌拉薹草等。受地表水、地下水和生物等因素影响,沼泽湿地地表发育不同类型的草丘微地貌,如斑点状草丘、团块状草丘、垄网状草丘和田埂状草丘等,这些草丘犹如一道道小型堤坝,阻碍地表水分排出,从而增强了沼泽湿地的蓄水能力。最后,湿地植物自身具有一定的蓄水能力,有利于沼泽湿地滞水环境的发育。沼泽湿地中的藓类植物,特别是泥炭藓,具有很高的吸水和保水性能,其保水性能可达到自身重量的 19~31 倍。其主要原因是,泥炭藓具有吸水和保水的植物生态结构,其枝叶在枝的周围呈鳞状,枝与叶之间构成滞留水的场所,使其具有保水性能。同时,泥炭藓的叶片由两种细胞组成,有绿色的小型细胞和无色的大型空细胞,水可以贮存在细胞中,这种结构决定了泥炭藓的吸水和保水功能。因此,泥炭藓具有很强的蓄水能力,能像海绵一样吸收大量水分,保持过湿的生态环境。此外,泥炭藓生长速度较快,在水平方向和垂直方向上不断扩展,使沼泽湿地面积进一步扩大,沼泽化程度进一步提高。地表堆积的植物残体或草根层持水能力强,又使地表过湿或处于积水状态,这种互为因果的反馈效应,也有利于沼泽湿地的发育。

由以上分析可见,多水或过湿的生态环境孕育了沼泽湿地,使其生长有多种沼泽湿地植物,形成沼泽湿地植被。与此同时,沼泽湿地植物又通过增大地表糙度、阻碍水分水平运移,增强沼泽湿地保水和蓄水能力,进一步加剧地表湿润程度,促使沼泽湿地进一步发育。

4.1.6　人为因素

除自然因素外,人类某些活动也可以影响沼泽化过程,并成为影响沼泽湿地形成的重要因素之一。由人类活动引起的沼泽化,其特点是沼泽湿地分布较广,但面积较小、数量较少。人类活动引起沼泽化的起因多样,其中最常见的沼泽化过程是修建水利设施沼泽化以及森林采伐和火灾迹地沼泽化。

人们为满足农业生产和日常生活需要而修建水库、运河、水坝和渠道等水利设施,改变了地表原始自然的地质地貌和水文特征,从而在某些适宜区域引起沼泽化现象。人们修建水库引起的沼泽化过程在我国较为常见,大多数水库都存在沼泽化现象。在水库回水区域或水利工程设施积水区域及其毗邻区域,由于原有地面被水淹没,地下水位抬升,沼泽湿地植物开始生长并逐渐发育成沼泽湿地。这种沼泽湿地形成之后,随着水库的淤积逐渐向库区扩展,沼泽湿地面积不断扩大。此类沼泽湿地一般呈环状绕库周分布,宽度依库而异,较典型的水库沼泽化有安徽省太湖县境内的花凉亭水库,湖南省常德西南的柘溪水库、郴州西北欧阳海水库,江西省九江西南的柘林水库、宜春东分宜县的江口水库、抚州东南的洪门水库等。人工修建运河、灌溉排水渠道引起沼泽化的现象也很普遍。最典型的例子在黑龙江省穆棱河流域,1973 年在密山县境内湖北屯附近向小兴凯湖修分洪水道,每年汛期穆棱河水由北漫溢并积存地表,使水道东侧沼泽湿地面积日趋扩大。

森林采伐和火灾迹地沼泽化也是人类活动引起沼泽化的常见途径。众所周知,森林像一台巨大的抽水机,不断地吸收土壤中的水分,又不断地把水分蒸发掉。一般认为,森林平均每年能够从 1 hm^2 土壤中吸收并蒸发水分达 100~300 mm。当森林被采伐或火灾毁坏后,由于地表植被的破坏降低了植物的蒸腾作用,当地水平衡发生重大改变。此外,经过森林采伐和火烧之后,土壤原始结构遭到破坏,地表变得紧实,再加上林下冻土层和淀积层的存在影响水分入渗,使土壤水分超过其蓄水量,于是喜光、湿生的沼泽湿地植物首先侵入,形成沼泽湿地。我国森林资源人为砍伐和火灾破坏严重,尤其在东北地区最为突出。据不完全统计,1929—1942 年黑龙江省森林覆盖率由 54.9% 下降到 42%,森林蓄积量由 30×10^8 m^3 下降至 18×10^8 m^3。新中国成立后为满足国家经济建设的需要,采伐量一直超过生长量,导致森林覆盖面积锐减,留下大面积森林采伐迹地,为沼泽湿地的发育提供了空间条件,在一些低洼部位发生了采伐迹地沼泽化过程。这样的例子在东北林区沼泽湿地中经常可以见到,泥炭藓覆盖层下的树桩就是采伐迹地沼泽化最有力的证据。在东北大兴安岭地区,森林消失后,首先侵入的为大叶章和白桦,后来大叶章逐渐被密丛型薹草取代,变成白桦-薹草沼泽湿地。此后,沼泽湿地依次被落叶松-薹草沼泽湿地、落叶松-白桦-藓类沼泽湿地、落叶松-

笃斯越桔-泥炭藓沼泽湿地、落叶松-狭叶杜香-泥炭藓沼泽湿地及泥炭藓沼泽湿地取代。

除上述人类活动引起的沼泽化途径外,人类改造自然的很多其他活动,如修路筑桥、围湖造田和填海造陆等,通过改变区域水文和地质地貌特征,在不同程度上都具有诱发沼泽化的可能。但是,人类活动对沼泽湿地形成和发育的影响依区域环境而异。在适宜沼泽湿地发育的地区,人类活动容易导致沼泽化过程的发生,而且沼泽化强度大、速度快,沼泽湿地分布广泛。而在不适宜沼泽湿地形成的地区,上述人类活动也不一定会导致沼泽化过程发生。

4.2 湿地生态系统的形成与发育

4.2.1 湿地生态系统的形成

湿地与其他事物一样,都有其形成与演化,发生与发展的过程,湿地的形成过程受制于自然地理环境条件和人类活动的影响。

与湿地的其他研究领域相比,湿地的形成条件研究相对较少,现有的研究主要是对具体某个湿地形成的环境条件或历史条件进行研究,但对整个湿地生态系统的形成进行综合总结的工作还比较少(孙广友等,1998;郑度等,1992;殷书柏,2006)。学术界对湿地形成因子的认识,概括起来可以分为三种观点:其一,湿地是气候的产物(阪口丰,1983);其二,湿地是负地形的产物,负地形是湿地产生的主要原因(赵魁义等,1999;徐琪,1992);其三,湿地是地质地貌、气候、水文、植被、土壤因素等自然地理因子综合作用的产物(孙广友,1988;柴岫,1981)。

湿地生态系统的过渡性、复杂性和多样性,决定了其形成和发育的影响因素的复杂性。它不仅要求有充足的水源地来提供水分,还要有一定的负地形和适宜的土壤层来保证水分的持续滞留或土壤饱和。总之,湿地的形成受到大尺度地质地貌和气候的影响,还受到水分、土壤和植被的作用。

4.2.1.1 形成条件

湿地形成的影响因素多种多样,要从众多的因素中分析哪些因素是必需的,哪些因素对湿地的形成是决定性的,是不容易的事情。湿地类型的不同和湿地所处的地理位置的差异,决定了湿地形成的关键制约因素可能不同。但总体上看来,湿地生态系统还是具有其一般性的特点。从大的地理分异尺度上看,湿地受到地质地貌、气候和水文条件的决定性作用,而植被、土壤和人类活动仅仅是影响因素。必须有适宜的降水、温度和蒸发组合保证水分的充足,在地质地貌上保证有一定的汇水区和积水区,且地表隔水,水文情势适宜,水流缓慢,水质适宜,才能保证地理尺度上湿地集中分布。也正是这些因素在地理尺度的分异和组合,才导致了湿地在地理尺度上的分布具有地带性特点。

在区域或局域尺度上,湿地形成的决定性因素发生了变化,我们认为只要有充足的水源、一定的负地形和一定高度的隔水层,就具备了湿地形成的基本条件。这也反映了湿地形成条件的尺度性。在大的地理尺度上,以往的研究对湿地的地带分异研究较多,在此主要就区域或局域尺度上,湿地形成的决定性因素进行探讨。研究认为,小尺度上只要满足相对负地形、一定的水源补给和一定高度的隔水层,就足以形成湿地(殷书柏和吕宪国,2006)。其他条件,如气候要素、土壤和植被都是影响因素。

相对的负地形　　相对的负地形是针对一定的区域内微地貌分异而言的,是在较小的空间尺度上讨论地势的分异状况。湿地的形成只与初级地貌形态相联系,而且往往是与区域水位面有直接关系的初级地貌形态相联系。事实证明,所有湿地都是分布于区域内相对的负地形区,即使是发育在山区坡地和分水岭上的湿地也是分布于相对的负地形区。湿地形成于相对负地形为众多学者所认可(赵魁义等,1999;徐琪,1992)。湖泊-沼泽的演化模式(孙广友,1990)就表明了这一点。但并不是所有的负地形区都会形成湿地,这表明相对负地形还必须有其他条件的配合才能形成湿地。

一定的水源补给　　虽然相对的负地形区是区域的汇水中心,但湿地的形成还必须有一定的水源补给条件。

湿地水源补给类型有多种形式,可以是地表径流、地下水、冰雪融水或直接的大气降水等。没有水源补给条件的配合,无论相对负地形的相对高差有多大,都不会有水的停积,因而也就不会形成湿地。对于湿地的形成来说,最主要的是有没有足够的水源补给使地表积水或土壤水饱和持续足够长的时间,而不是考虑这些水是大气降水补给的还是其他形式补给的,也不需要考虑这些水是来自区域内的还是区域外的。事实证明,各种水源补给都能形成湿地。例如,在干旱、半干旱地区,高山积雪融水补给、河水补给以及某些相对负地形区地下水埋藏浅都有可能形成湿地。内陆地区的一些湖泊盐沼湿地及滨海湿地的形成都与降水量的多少没有直接联系。在降水丰富的区域,地表往往形成地带性的森林植被而不是湿地,这说明降水量的多少与湿地是否形成没有直接联系。虽然降水量大的湿润地区可能湿地率要大一些,但降水量少的干旱、半干旱区同样也有湿地形成。因此,降水量的多少并不能决定湿地的形成,它只是区域湿地面积或湿地率的影响因素。

一定高度的隔水层　　在相对负地形中,有了水源补给,还必须使进入相对负地形中的水能够停积足够长的时间才能形成湿地。许多湿地的定义中也都规定了积水时间(如:Committee on Characterization of Wetlands et al.,1995;Mitsch and Jame,2000)。区域隔水层可以使汇集到相对负地形中的水不至于渗漏到土壤下层或岩石缝隙中,而是在地表停积,从而形成湿地。在有季节性降水的干旱、半干旱地区,短暂的季节降水由于隔水层的阻挡而不能下渗,使得地表维持相当长的一段时期的积水或土壤水饱和而形成湿地生态系统。在这段时期内,各种湿地动、植物迅速完成其生长繁殖。在湿地形成过程中,有些区域具备了水源补给条件和相对负地形条件,随着隔水层的形成,才在区域内形成湿地。生草化过程(赵魁义等,1999)形成的湿地就体现了隔水层的形成过程。隔水层的种类具有多样性,其中比较特殊的隔水层类型是基岩隔水层和冻土隔水层,它们分别与海岸湿地和寒区湿地的形成相联系。

一般来说,只要具备了以上三个条件就会形成湿地。其他自然地理要素必然会对湿地特征和类型产生影响,特别是在不同区域,自然地理要素的特征各异,使得各湿地的具体特征也具有多样性。但它们只是对湿地面积的大小及特征和类型的多样性产生影响,这说明它们只是湿地形成的影响因素。湿地形成的三个条件在量上的组合千差万别,这也使得湿地类型多种多样。

4.2.1.2 形成过程

目前对湿地的定义还没有形成统一的认识,但是湿地的基本特征得到了世界范围内的认可。湿地的基本特征有三点:第一,地表过湿。水是湿地形成、发展和演化的主导因素,有水才有湿地。第二,湿地上生长着湿生植物、沼生植物、水生植物或喜湿的盐生植物。第三,水成土壤。土壤具有明显的潜育层,有的甚至形成泥炭层。具有上述特征的湿地,尽管类型多样,但是其自然形成过程可以归结为两种主要的途径,即水域沼泽化和陆地沼泽化。这两种形成过程是在区域气候、水文、地质地貌和植被等自然因素综合作用下完成的。

(1) 水域沼泽化

这里的水域主要指陆地上的水域,包括各类湖泊、水库与河流。水域沼泽化是从岸边或湖底植物丛生开始的,但不是一切水域都能沼泽化。它需要的一般条件是:水深不大,波浪作用弱,透明度较好,水温适宜,含盐度低等。

1)湖泊沼泽化

一般来说,大型湖泊不易发生沼泽化,中、小型湖泊和小型泡子最容易发生沼泽化。湖泊沼泽化过程又以湖滨及湖底地貌条件及形成过程的差异分为三种。

浅水缓岸湖沼泽化过程 湖泊岸坡较缓,湖水较浅且不流动或仅有微弱流动,波浪小,湖水光照条件好。在湖泊活动的初期,由地表径流和地下径流带入湖中和由湖岸冲刷下来的矿物质,以及由各种水流带入湖中的有机质同湖水中的浮游生物一起沉入湖底,形成一层具有少量有机质的黏土和砂的沉积层。在营养丰富的条件下,湖底开始生长大量低等藻类植物和微体动物,它们死亡后也堆积于湖底,逐渐形成腐泥层,并导致湖水开始逐渐被淤浅。

在湖底沉积的同时,湖滨地带植物也大量繁殖起来。因为水深不同,植物群落分布由湖岸向湖心呈有规律的变化。随着水深变化,明显地分成几个植物带。通常在岸边地下水接近地表或有积水的地段,生长着以薹草为主的植物群落,并常形成高大的草丘,其中还常有泽泻科、慈姑、两栖蓼和毛茛等。在湖水深不足 1 m 的地段为挺水植物带,如芦苇和香蒲等,以芦苇最常见,它的叶子都在水面以上,茎的一部分或大部分在水面以下。水深在 1~2 m 的地段为浮叶(大型)植物带,常由蔓延在湖面上的长根茎植物,如水芋、睡莲、眼子菜以及一些藻类组成。这类植物的茎均在水面以下,叶片则浮于水面。在水深 2~8 m 范围,则为沉水植物带(或称微型植物带)。带内植物都生长在湖底,属于孢子藻类,如蓝绿藻等。

各带植物死亡后沉积于湖底。由于湖底氧气不足,植物残体分解十分缓慢,在各植物带之下逐渐积累起沉积物,湖泊也因此逐渐变浅。以上各植物带也因湖水变浅依次向湖心推进,原挺水植物带被薹草群落所代替,原浮叶植物带让位给挺水植物带,浮叶植物带与沉水植物带也相应向湖心推移。如此发展,最后整个湖泊被沉积物填满变成沼泽。这种由湖滨向湖心演化的形式,都是在湖水水位变动较小,长期处于相对稳定情况下发生的,可称之为"向心沼泽化型"。与此相反,在水位变化剧烈的湖泊,当水位降低到露出湖底时,湖中部分地段因水层很浅或仅有薄层积水,湿生植物和水生植物大量繁殖,逐渐积累起腐殖质层,这种湖泊沼泽化的形式,可称之为"离心沼泽化型"。这种发展形式也发生在湖底不平、湖中有小岛或心滩的湖泊,其发育过程常常在小岛或心滩周围最先发生,同样按水深不同而形成各种植物带,并随湖泊变浅逐渐向湖滨推进,最终与湖滨植物带相接,导致整个湖泊沼泽化。

深水陡岸湖沼泽化过程　该类型常常发育在湖岸较陡、水深自湖岸到湖心变化迅速的湖泊里。与上述缓岸湖沼泽化不同,深水陡岸湖的沼泽化不是生长在不同水深的植物带的迁移,而是由漂浮植物在近岸的湖面大量繁殖,死亡后沉入湖底转化为沉积物,是一种自上而下的沼泽化过程。最初在风浪小的湖边水面上,如湖湾处,长满了漂浮植物,并与湖岸相连。漂浮植物主要是蔓延在水面上的长根茎植物,如甜茅、睡菜、水芋及沼委陵菜等。这类长根茎植物的根茎交织成网,形成毯状漂浮在湖面上,称为浮毯或漂筏子。风携带来的矿物质也停积其上,使得养分逐渐丰富,其他植物随即侵入,随后浮毯增厚、密度增大,又为薹草等植物生长提供了有利条件。浮毯逐年扩大、增厚,其下部死亡的植物残体因重力作用脱落下来沉入湖底,转化为沉积物并年年堆积,使湖底被垫高,渐渐使浮毯与湖底沉积物相接,浮毯继续向湖心扩展,湖泊因此逐渐缩小变浅。

在发育过程中,有时浮毯被风浪冲开,分裂成若干个小块分散在湖面上,成为漂浮的小岛(漂筏子)。浮毯继续扩大以致覆盖绝大部分湖面,残留的一点水面则称为“湖窗”。进一步发展,整个湖面被浮毯盖满,但有时湖底沉积物尚未完全与浮毯相接,水面下有一个净水层。如果浮毯达到一定厚度,人在上面行走会有颤动的感觉,如果厚度不足,则人和牲畜会有陷入的危险。浮毯进一步发展,最后整个湖盆被沉积物填满,整个湖泊便成为沼泽。一般沉积形成的腐殖质层分解度较弱,灰分含量少,腐殖质层较厚。

复合型湖泊沼泽化　若在湖岸地貌不对称的条件下,如一岸陡、一岸缓,湖水深浅不一,缓坡岸进行向心沼泽化,陡坡岸进行离心沼泽化,最后变成复合的沼泽。这样两种沼泽化类型复合所形成的沼泽比较多见。沼泽化形成过程如前所述,不再赘述。

东北地区湖泊沼泽化形成沼泽的例子不胜枚举,经泥炭植物残体鉴定证实,很多沼泽起源于湖泊沼泽化过程。自冰期末以来,北部三江平原古冰丘湖发育,主要分布在平原东北部抚远市、饶河县及同江市境内,据野外实际调查与卫星图像解译,仅同江市和抚远市地区就多达 154 个。古冰丘湖一般呈圆形或椭圆形,直径 $100 \sim 300$ m。它是古冰丘的残留地貌,晚更新世以前,本区古冰丘地貌发育。冰后期气候逐渐变暖,冻土消融,冰丘内冰核也逐渐消融,从中心部位缩小以致周围坍塌、陷落形成洼坑,演化为古冰丘湖。因湖泊面积小,深度浅,再加上气候影响,古冰丘湖很快就趋于消亡——多发生带状向心式或浮毯向心式湖泊沼泽化过程。

2）河流沼泽化

相比而言,河流沼泽化比湖泊困难。山区的河流,尤其是河流的上游,比降大,水流湍急,水位变化剧烈,植物难以生长,泥炭沼泽无法形成。只有在平原地区或盆谷地中的中小河流,因河道迂回曲折,河床宽浅,水流平稳,岸底植物丛生,进一步减缓流速,随后植物越来越茂盛,渐渐积累起泥炭,并使河流沼泽化加速进行。

这类沼泽化,大致与浅水缓岸湖沼泽化过程相仿,只是它呈带状,植物分带不明显。一般在流速小的河段,河底开始生长水生植物,如眼子菜类和一些藻类。植物繁茂以后,又增加了河床的糙度,使流速减小,在河边和水面出现一些漂浮植物,如睡菜、水芋和沼委陵菜等。随后水中氧气不足,积累起泥炭,最后河道被泥炭填满而转化为沼泽。有时不是整个河道全部沼泽化,而是一段一段地沼泽化。由于水源丰富而且有流动,矿物养分可以得到不断补充,所以这样形成的沼泽可以保持较长时间的富营养阶段,而且泥炭也不易变得密实。

(2) 陆地沼泽化

陆地沼泽化较水域沼泽化更为广泛,面积也较大,特别是气候温和湿润的地区最容易发育。陆地沼泽化大致有三种成因:一是地下水位升高或溢出地面,或因地表低洼,洪水、冰雪融水及大气降水的汇集使地表过湿或积水,土层通气状况恶化;二是因植物自然演替而导致成土过程中土壤养分的贫乏;三是人类活动影响,如过度放牧、修建水库及拦河坝引起潜水位提高,造成沼泽化。因此,陆地沼泽化既可以发生在草甸,也可以发生在干谷、林地或永冻土地区。

1)草甸沼泽化

分布在各种地貌类型的草甸,如河漫滩、阶地、坳沟、山间小盆地、平缓分水岭、缓坡地、扇缘洼地、冰蚀冰碛谷地及溶蚀洼地等,在有利的水热条件下,均可发生草甸沼泽化。

2)湖滨洼地沼泽化

湖滨洼地主要受潜水与洪水泛滥的影响。近湖滨洼地受湖水泛滥及水位升降影响较大。在湿润地区,当湖水上涨时,或积存泛滥水,或潜水位上升,水位接近地表,甚至长期积水。土壤处于嫌气分解的环境下,密丛禾本科、密丛莎草科及喜湿的木贼、芦苇和苔藓等植物得到很好的发育,但植物残体的分解十分缓慢,堆积作用迅速进行,沼泽化发展也较快。在低水位时期,潜水位也相应降低,土壤通气状况转好,生物化学作用加强,使已经积累的有机质被分解,沼泽化速度减慢或中断,因此,植物残体的堆积又受到一定限制,在干旱地区则出现盐渍化。远湖滨洼地受湖水影响较小,潜水位较低,沼泽化则主要受植物演替规律的制约,一般沼泽化较少、较慢。

3)河滩洼地沼泽化

这是最常见的沼泽化现象,其发育过程也较复杂。河滩洼地沼泽化过程受河水泛滥与地下水的影响最大。但由于河流大小与河道摆荡的不同,河滩的结构也不一样。一般较发达的河滩可分为三个生态带,即岸边带(包括自然堤、沿岸沙丘及其间的洼地)、中部低洼带(中央泛滥区)与后缘洼地带(阶地旁洼地)。这种分带并非所有河滩都具备。

岸边带是在河水泛滥时堆积在河岸的颗粒较大的沙质地带,一般地面高于其他两个带,有的成为沿岸沙丘或自然堤。岸边带的生态条件是:土层透水和透气性能好,干燥,较贫瘠,适于具有根状茎的禾本科植物和豆科植物的生长,也有灌木及乔木生长,几乎无沼泽化现象。中部低洼带地势平坦或有微小的起伏,有的地段是滩地或废河道,低于沿河带。堆积物较细,多为砂质壤土和黏土。透水性较差,潜水位较高,有季节性积水,排水不良,常处于嫌气条件,土壤营养较丰富。开始以具有短根状茎的植物与疏丛禾本科植物占优势,如冲积不严重,则会因有机物质聚积而导致密丛禾本科植物的发育,以致发生沼泽化。但多数密丛禾本科植物发育程度轻,且有中断,腐殖质层灰分大、分解强,泥沙夹层多。如果河道变动大,泛滥频繁,则难以沼泽化。后缘洼地带是河滩与坡麓的交接地段,也是冲积物质最少、最细的地段。一般为河滩最低洼之处,堆积物质以黏土、亚黏土为主,边缘常被坡积物掩盖,地表水渗出困难,潜水位经常接近地面,或有地表积水,有的坡积潜水补给丰富,有的地下水呈带状溢出,或为涌泉。这一地段长期处于嫌气环境,不利于植物残体的分解,虽有大量矿物质流入,灰分养料丰富,但在缺氧的条件下,积聚了大量的死亡有机体。如有承压水源补给,则有机体难以密实,甚至保持着悬浮的状态,形成不易通过的泥潭。植被多以大型薹草为主,并发育成高大的草丘,丘高可达 1 m,如丛生薹草,还有生长在草丘上的柳属和桤属等灌丛,由于矿物质养分补给丰富,树木通常生长稠密。

以上只是河滩洼地沼泽化的一般规律。实际上在自然条件下,河床是经常变动的,因此上述河滩的各个部分有可能由一种生态条件转变为另一种生态条件,这种动态特征使河滩的生态条件变化更为复杂。另外,河流的大小,以及上、中、下游不同地段河滩的发育及其特点等也均有差异。一般河流的上游河滩不甚发达,沼泽化也很少。中游地段除盆谷地之外河滩地形较复杂,生态条件多样化,河流的冲积与分选显著,河床多变,生态环境不稳定,对沼泽化过程不甚有利。河流下游河滩很发达,河道曲折,泛滥频繁,沼泽化一般比较广泛。

4)阶地沼泽化

阶地沼泽化多发生在阶地与河间地的平坦、低洼的部位,而且土壤的下部有不透水层,一般排水条件很差,有利于蓄积大气降水与地表径流,使潜水位接近地面,造成土壤通气不良,引起土壤缺氧。此外,土壤上层缺乏碳酸钙和碳酸镁以及其他灰分养料,加上水分流动性很差,土壤一般呈酸性。最初,阶地与河间地生长有一些疏丛禾本科植物和杂类草,在土壤腐殖质增多和湿度增大以后,被一些氧气和矿物养分需求少的湿生植物和沼泽植物所代替,如拂子茅属、银须草属、薹草属与木贼属。在腐殖质形成和积累以后,养分进一步贫乏,这时需要养分更少的藓类植物逐渐侵入,如金发藓、灰藓及泥炭藓等。在冷湿或温和湿润的地区,整个阶地或河间地上的草甸可全部演化为沼泽。在水分不足的地区,阶地与河间地很少发生沼泽化,仅局部洼地、排水不良的地段有可能演化为沼泽。

5)扇缘洼地沼泽化

扇缘洼地即冲积扇或洪积扇的前缘洼地。这类洼地的草甸沼泽化常见于山前或坡麓地带,它是由地下水在扇缘溢出所引起的。因水源经常不断聚积于洼地,引发生草化过程,使得扇缘洼地逐渐演化为沼泽。此外,在地下水不断溢出时,溶于水中的矿物质沉积下来,使洼地灰分养料长期处于较丰富的条件下,沼泽贫营养化过程很慢,因而富营养阶段持续时间很长。

出露的地下水有承压水和非承压水,溢出的方式、涌水量和水质各不相同。有的从各类泉源(甚至是温泉或矿泉)涌出地表,有的呈带状溢出。承压地下水一般涌水量大,矿化度高,较为稳定,多出现于深切谷地或断裂带附近,但造成沼泽化的现象并不普遍。常见的沼泽化是由非承压水,特别是潜水或裂隙水溢出而引起的。这是因为地表水和大气降水在冲积扇和洪积扇上大量渗入砂砾层中成为潜水,潜水位随坡面而变化;在扇缘附近,因冲积物质很细,多为黏土和亚黏土,潜水位受阻上升,溢出地表,或形成一系列泉源,流入前缘洼地,使洼地经常过湿或出现积水。土壤长期处于嫌气环境下,大量喜湿植物和水生植物迅速繁殖起来,土壤有机质积累并逐渐演化为沼泽。流入洼地的水分越多,沼泽发展越快,向外扩展也越迅速;水分带来的矿物质越多,保持富营养的时间也就越久。

如果在山麓或崖下分布有一系列冲积扇或洪积扇,它们相互连接便形成冲-洪积扇群,沿其前缘就可以产生断断续续的带状沼泽。

6）森林沼泽化

森林沼泽化最初是由林下残落物的不断积累和土壤灰化作用引起的。林下残落物即枯枝落叶层和树皮,有时还有倒木。当森林的树冠郁闭度很大时,林下土壤表面就被这些所谓的"死地被物"所覆盖。这一层残落物很疏松,不仅能保持大量的水分,而且能拦截并蓄积地表径流,使地表经常处于过度潮湿状态。残落物经过分解后,其中大部分灰分元素变成矿物盐类。这些产物又溶于水,并随水分下渗,引起土层的灰化作用,形成灰化土,在土层下部出现淀积层和铁质层等。淀积层坚实不透水,成为隔水层。经残落物层不断下渗的水分蓄积于淀积层之上使潜水位抬高,加重了土壤的湿度,使土壤逐渐变成嫌气环境,植物残体分解减慢,对沼泽化十分有利。

在温带,森林的郁闭状况只能持续 30 年左右。此后,森林开始自然稀疏,并逐渐过渡到自然稀疏期。这时在林下的枯枝落叶层上开始生长绿藻,草本植物也繁茂起来。随后在稀疏的成年乔木林冠下,幼龄树苗成长起来,并形成第二层稠密的林冠,使光线难以透到地面,于是草本植物因缺乏光照而死亡。森林发展以后,再度自然稀疏,林下草本植物再次生长,森林再次更新,如此反复演替。早期,草本植物在林下停留的时间很短,经过多次演替之后,草本植物占优势的时间变长,而且其残体在枯枝落叶层中,因潮湿、通气恶化及酸性增强,分解变得十分缓慢,森林的自然更新也越来越困难,生存的年龄越来越短,幼苗发育不良,成活率很低。随着树木生长状况的恶化,枯枝落叶层也逐渐减少变薄,草本植物的残体开始占优势,湿度加重,嫌气条件发展,这种变化导致具有根状茎的植物发育。具有深根的乔木由于根状茎植物的发展而死亡,剩下的仅仅是一些具有浅根的乔木树种,如云杉属、冷杉属、落叶松属和山杨等。这类乔木可以从已经积聚大量有机质的土层中得到水分和养分,根系多向水平方向发展,形成所谓的伞状根。草本植物也由根状茎植物逐渐演化为密丛型植物,泥炭也逐渐积累起来,于是养分越来越贫乏,只有需要养分很少的无根植物,如真藓等藓类植物才能发育起来,并以整个绿色表面,从分解的有机质层中吸取养分。在周期性的过度潮湿的林地里,林下小灌木也很多,并有丛苔藓、杂类草和拂子茅等草本植物,在苔藓层里还有森林苔藓,泥炭藓也逐渐侵入。在泥炭层不断增厚、养分更加贫乏的情况下,草本植物和真藓也衰败了,稀疏的、逐渐死亡的乔木更加凋萎了,有的变成"老头树"或枯死成站杆,而沼泽却旺盛发育。这样演化的结果,使原来大片的森林逐渐转化为沼泽。

7）永冻土区泥炭沼泽化

在永冻土区,气候严寒,降水量很少,平均每年大约 200 mm,而且大多发生在短促的温和期内。开始只有地衣能够生长,并且在地衣所聚积的有机物质上,发育着菌根营养的藓类植物,如桧叶金发藓,以及矮小的菌根营养禾本科植物穗三毛草和羊茅等,形成广阔的苔原带。

永冻土区地表切割微弱,有许多封闭的洼地,温暖季节积存冰雪融水和雨水,形成很多很浅的小湖。永冻层又作为隔水层,使得地表水不能入渗,在气温低、湿度大、蒸发量极小的情况下,土壤处于绝对嫌气条件下,死亡的有机物质迅速聚积起来,形成泥炭沼泽。另外,在融冻层中可能聚积丰富的灰分营养元素,于是养分需求少的泥炭藓立刻侵入。活的藓类地被层具有很差的导热性,在它下面的泥炭层仅仅能融解 5~8 cm。因此,泥炭层中,所含植物的灰分营养元素很少,连菌根营养的木本植物也吸收不到多少养分,植物的生长受到严重的抑制,年增长量很少,但分解也极为缓慢,泥炭的积累也很少,其厚度一般不超过 0.5 m,很少达到 1 m。当植物因养分缺乏而死亡后,暗色的泥炭裸露于地表,在夏季受到长时间太阳辐射,泥炭层强烈受热,从而使下层的土壤可融解到 50~100 cm 的深处。此后,泥炭表面逐渐变干,并变得很轻、很疏松。次年春夏,泥炭漂浮于浅湖的水面,有时甚至可以被地表流水冲走。

在低洼地方,因泥炭灰分养料较丰富,乔木的幼苗得到发育,主要是云杉属和落叶松属幼苗。起初受到吹积于洼地中的雪的保护而免于冻死,树木成长以后,反过来又保护雪不被吹散。在雪的覆盖下,土壤不会结冻到永冻层,森林逐渐成长起来。在缺乏灰分的泥炭中,只有根系发育得很广的菌根营养木本植物才能够发育,但成长得很慢。

在低洼和浅湖地段,泥炭沼泽形成以后,下部冻层层间水因承压而上升,引起地面隆起,形成扁平的丘状地,顶部平坦,边缘陡峭(坡度达 40°~45°),高度一般在 2~3 m,最高可达40 m。

8) 潮间带沼泽化

潮间带因经常被水淹没,含盐量较大,所以只有一些特殊植物才能生长。例如在英格兰海岸高潮位附近,生长着以伸展网茅为主的植物,还有矮小的平滑网茅和海滨盐草等。这些植物死亡后,因地表盐分较大,分解很差,经长期积累形成腐殖质,被称为高潮位沼泽。另外,在高潮位与低潮位之间的地带(即潮间带),从高潮位向下到潮差 2/3 以上的范围内,多生长着平滑网茅,其生长下限几乎一定,这个下限俗称茅草线(thatch),这一带叫盐生茅草带,在这一带内积累起来的沼泽,叫潮间沼泽。以上潮间带沼泽的发育与沉积物的积累,必须在沉积物堆积速率等于或超过海面上升速率的情况下才有可能。

此外,在热带沿海或河口地区的潮间带,有淤泥处常生长着红树林。这类树木有板状根和气根,气根由土中伸出地面,不会因为海水淹没窒息而死。红树死亡后分解很差,最终积累成红树沼泽。红树林在我国南部沿海地区也有少量发育。

4.2.2　湿地生态系统的发育

4.2.2.1　发育策略

湿地同时具有不成熟和成熟系统的一些属性,异生和自生的过程都很重要。所有的湿地生态系统都有一个共同的主题:生态系统的发展使其能够从环境中被分离开。在具体的物种中,这一过程是通过对沉积物和盐的遗传性适应(结构上的和生理上的)来实现。在生态系统中,这一过程主要通过泥炭的产量来实现。湿地生态系统的发展能稳定泛滥形势并将生态系统内部的物质再循环作为养分的主要来源。

涌出和流经湿地的水的强度可以用水的补充率(t^{-1})表示,它是每年流经水量与区间储水量的比率,从大约 1 的北部沼泽到 7500 的地势低洼的河湖岸林地,湿地中水的补充率在数量上有不同的规律。由于养分是由水带入区间内(排除氮固定),所以区间养分的输入随水补充率的变化而变化。例如,带入湿地区间的氮的数量也存在不同的规律,从少于$1 \text{ g} \cdot \text{m}^{-2} \cdot \text{a}^{-1}$的北部沼泽到大约 $10 \text{ g} \cdot \text{m}^{-2} \cdot \text{a}^{-1}$的河湖岸林地。不是所有的氮都可以被生态系统中的植物利用,因为在极端情况下,它们流动得很快而不能被固定,但这些数字表明了能给生态系统提供的潜在的养分。

除去外部(异生的)力量的巨大差异,湿地生态系统在许多方面都很相似。1 m 深的泥炭所储存的总的生物量为 $40 \sim 60$ kg·m^{-2}——差异不到两倍。土壤中的氮含量变化为 $500 \sim 1500$ g·m^{-2},也仅相差三倍。

生态系统运作的主要指标——初级生产量仅由四项因素决定。不同生态系统初级生产量的平均值通常在 $600 \sim 2000$ g·m^{-2}·a^{-1}。对物种(如互花米草)(Steever et al.,1976)和生态系统(如丝柏沼泽)(Conner et al.,1981)的研究表明,生产量与水补充率成比例关系,但在不同生态系统的不同水文环境下比较,这种关系就不成立了。这种矛盾通常可以解释成生态系统中储存的养分,特别是氮起了作用。当沉积物中储存的有机氮大量矿化时,能够为植物生长提供稳定的无机氮来源。大多数湿地生态系统中,"新的"氮是不够的,基本上无法满足植物的需求,而这种需求与沉积物中储存的氮相比是很小的。因此,大多数需求的氮由再循环来满足(Delaune and Patrick,1980),甚至在咸水沼泽这样开放的系统中也是如此,外部的氮对基本的供给仅仅提供了补充。所以,生长过程通常明显受矿化率限制,并因此更依赖于温度。在不同的湿地,生长季中的温度条件下,一般足以为植物提供同样的氮。北部沼泽可能除外,那里低温和短的生长季限制了矿化,同时养分输入很有限,这两个因素的结合限制了生产量。

所以,当湿地生态系统发展时,通过储存养分,它们越来越独立于各种不同的环境。储存养分的过程,也是有机质的积累过程,减少了泛滥的易变性,进而稳定了系统。通常沼泽表面由沉积的泥炭和水中的无机沉积物组成。随着坡度加大,洪水减少,沉积物的输入也减少。在没有极端因素出现的情况下,海岸湿地沼泽此时在水边形成了稳定坡度,河湖岸湿地沼泽表面也出现类似的升高现象,直至泛滥不那么频繁。由水平面以上的泥炭沉积形成的北部沼泽,稳定在一个能通过毛细管作用保持泥炭饱和的坡度上。

自生和异生的过程对于湿地的发展和最终成熟,以及湿地生态系统的特性而言都很重要。墨西哥湾北岸的密西西比河三角洲湿地以及阿查法拉亚河湿地就是典型的例子。1973年,在密西西比河河口地区,春季洪水退却后形成了新的陆地,这一三角洲湿地最初是淡水沼泽。在发展阶段,异生过程起决定性作用,并且季节性泛滥和相关的沉积物沉积占主导地位。在这些湿地中发现的植物物种——主要是柳树和慈姑——对环境的影响非常小,它们能生存是因为它们适应了各种极端环境。以上指标表明了河岸的作用。河岸地势和泛滥形式各异,反映出水流能量高、河中沉积物的盐度低、沉积物沉积超过有机物沉积、沉积物养分少以及植物产量低等特点。速生的四季树木能够成功生存,如柳树,带有纤维状的根,能把持住沉积物,并且是绿色植物,能在根部储存养分,在春季河水泛滥中不受任何影响。

像阿查法拉亚这样的三角洲继续在海洋的浅水湾处延伸了大约 1000 年,直到河流改道至另一个更流畅的河道上。这时,淡水河流再也不能阻止海洋和周边的湿地盐化。但是,内陆湿地还是充斥着大量雨水带来的淡水。河流占主导的沼泽的进一步发展产生分异。一种发展模式是沼泽以咸水潮汐为主导环境;另一种发展模式是沼泽保持淡水状态,在一个低能量的环境下显著地改变自身环境直到成为一个漂浮的浮毯。

墨西哥湾沿岸的咸水沼泽几乎每日泛滥一次,但洪水的能量低,沉积物是泥土和淤泥。沼泽地地表坡度变化也很小,稳定接近于局部平均水位。在潮间带这种坡度下的沼泽保留了潮水带来的无机沉积物和自生有机物质。潮间带生长的耐盐物种已完全适应了环境,因此产量很高。它们生长所需的许多养分是从土壤中有机物质的矿化(重复利用)得来的,这表明它们适应了盐和潮水的生态环境。此外,它们也通过集中在土壤中的改变地表坡度(进而泛滥)和稳定养分供给的有机残骸来调整自身环境。

在盐不能到达的沼泽内部,几乎只存在自生的发展过程,沉积物的供给几乎完全被切断,沉积物迅速有机化。结果它们变得越来越轻,直到整个浮毯足以漂浮起来。这时,早期的不定期泛滥状态被稳定的状态所代替,沉积物总是湿的,但表面从不积水。各种泛滥所带来的影响完全消失了,并由另一种过程所替代。由于表面不再积水,养分的主要来源——水运来的沉积物消失了。即使浮毯下面的水中存在新的养分,几乎所有的植物养分需求都由土壤中有机泥炭的循环利用来满足。总产量可能非常高,但大多数分布在根部,以维持漂浮的浮毯。

总之,不同的环境条件导致最初相似的湿地生态系统经历了不同的发展过程。两种成熟的系统表现出了稳定和对环境的良好适应。一个是咸水沼泽,代表了异生和自生过程的发展;另一个是漂浮淡水沼泽,比咸水沼泽更多地改变了自身环境。

4.2.2.2 发育特征

生态系统是一个整体(不同于群落和物种),具有非成熟与成熟的生态系统特征。

非成熟生态系统的特征包括:高的生产量与生物量比值(P:B),生产量大于群落呼吸量(P:R>1),简单、线性的牧食食物链,物种多样性低,生物体形小,简单的生活史和开放的物质循环;与之相反,成熟的生态系统,例如老龄森林湿地,具有生产量与生物量比值(P:B)约为1,生产量约等于群落呼吸量(P:R≈1),复杂的食物链,物种丰富度高,生物体形大,生活史长,以及营养物质被有效贮存并在系统内部循环等特征。

关于不同类型湿地生态系统相应特征的比较,可以归纳为以下几个方面。

(1)湿地生态系统兼具非成熟与成熟生态系统的特征。几乎所有非林湿地 P:B 都介于发育和成熟之间,P:R>1;初级生产力相对于大多数陆地生态系统而言非常高。这些都是不成熟生态系统的特征。另一方面,所有的湿地生态系统是以碎屑食物链为基础的,有复杂的食物网,这是成熟生态系统的特征。

(2)活生物量是生态系统内部结构或"信息"的一个指标。从这一指标来看,森林生态系统要比草地生态系统更加成熟,反映在湿地中就是非林湿地的 P:B 值较大(非成熟),而林地湿地相应比值较小(成熟)。

(3)湿地的物质循环变化幅度大,所涉及的范围广,既有最开放的河滨系统,又有半封闭的苔藓沼泽。但盐沼作为开放的系统,植物所利用的氮有 80% 来自矿化有机物的再循环。

(4)湿地的空间异质性沿着环境梯度被很好地组织起来,然而这种空间组织似乎都来自外部环境的干扰,而湿地生态系统则是在成熟条件下依靠自身形成的。

(5)湿地消费者的生活史相对较短(非成熟),但非常复杂。复杂性是成熟生态系统的特征,短生活史却是非成熟生态系统的特征。许多动物只是季节性地存活着,仅在生活史的特定阶段才利用湿地。如许多小型湿地鱼类和甲壳类动物每天在涨潮时长途跋涉来到沼泽地,退潮时又退回附近水塘。水鸟利用北部湿地筑巢,利用南部湿地越冬,每年在两地之间迁徙数千千米。

4.3 湿地生态系统的演化

近年来,湿地的严重退化已威胁到全球生态平衡和社会可持续发展,而保护和恢复湿地生态系统的重要前提是要了解湿地生态系统的长期演化过程及规律,同时这也是湖沼学、环境科学、生态学和过去全球变化研究的核心内容。我国幅员辽阔,气候环境条件复杂多变,湿地类型及其生态系统组成亦复杂多样,而沼泽湿地、湖泊湿地、河流湿地及滨海湿地等不同湿地类型,具有不同的演化过程及变化特征,本节将分别加以论述。

4.3.1 沼泽湿地演化过程与特征

草甸、森林、河流、湖泊等通过不同途径形成沼泽以后,一般会经历从富营养、中营养到贫营养的三个演化阶段,每个阶段的沼泽特征显著不同。

富营养沼泽阶段是指沼泽发展的初期,湿地沉积物积累较少,湿地土壤厚度较小,尚未改变原来低洼地表形态,各种水源补给丰富,潜水位较高或地表有积水,因而溶于水中的矿物养分较丰富,植物群落也多为喜营养型植物。这一时期也称为低位沼泽阶段。

中营养沼泽阶段处于从富营养向贫营养的过渡阶段,由于湿地土壤进一步积累发育形成泥炭,沼泽表面趋于平坦或中部轻微凸起,使地表水和地下水通过泥炭层时,水中的养分被吸收一部分;到达泥炭沼泽中部时,已减少了很多,潜水位也相应降低,营养物补给较少,植被则以中等养分植物为主。这一时期也称为中位沼泽阶段。

贫营养沼泽阶段是沼泽经过中位阶段以后,在内部出现了泥炭积累速率和养分状况的差异。边缘区因得到四周流入的水分较中心区多,矿物质含量丰富、养分充足;中心区则得不到地表水和地下水的补给,只有大气降水补给,养分减少很快,处于贫营养。苔藓类的贫营养植物首先出现在中心区,导致沼泽中部沉积物增长速率较边缘区快,于是中部渐渐隆起,从而使沼泽的中部高出周边,所以称为高位沼泽阶段。

实际上,具体某个沼泽的发育还与其周围环境相适应,并非都能严格按照从富营养、中营养到贫营养的模式发育。例如三江平原发育不出高位沼泽,而是出现双向演替现象。

考虑到沼泽湿地是分布面积最大、最具典型性和代表性的湿地类型,因此分别以平原沼泽、高原泥炭沼泽及山地沼泽三种类型为例,论述其演化过程及特征。

4.3.1.1 三江平原沼泽湿地生态系统演化

三江平原地处黑龙江省东北隅,西起小兴安岭东南端,东至乌苏里江,北自黑龙江畔,南抵兴凯湖,是由黑龙江、松花江和乌苏里江冲积而成的冲积平原,总面积 5.13×10^4 km²。在大地构造上,三江平原是新华夏构造体系第二隆起带北端的一个凹陷带,属同江内陆断陷。它是在前古生代变质岩、古生代和中生代沉积岩组成的基底上,经新近纪凹陷而形成的盆地。三江平原地势低平,由西南向东北倾斜,平均海拔50~60 m,抚远三角洲的黑瞎子岛最低,海拔34 m。地面总坡降1/10000。三江平原属温带湿润、半湿润大陆性季风气候,雨热同季。三江平原淡水沼泽分布广泛,沼泽率高达约70%,是本区主要的自然地理景观。

泥炭沉积物是记录和表征沼泽湿地演化过程的良好地质信息载体。早在20世纪80年代的泥炭地质普查勘探工作中,中国科学院长春地理研究所(后更名为中国科学院东北地理与农业生态研究所)的有关学者利用1979—1983年的陆地卫星资料,同时结合野外实测,初步查清了三江平原泥炭地的分布和地质成因(宋海远和夏玉梅,1988)。在1:250000航空像片上,三江平原的泥炭地多呈圆形或椭圆形,暗灰色,结构均匀,周边被一条白线围绕着,人们形象地称它们为"鱼眼泡"。这些鱼眼泡一般长200~300 m,宽100~200 m,泥炭厚度1.0~3.0 m,一般常年积水0.2~0.5 m,生长着毛薹草、甜茅、棉花莎草、沼柳和泥炭藓等。这些鱼眼泡主要分布在同江市的勤得利、鸭绿河农场和抚远市的前哨、前锋、胜利、红卫和前进农场。通过遥感解译、地层对比、放射性测年和孢粉分析,有关研究认为它们是晚更新世末期的冰丘演化而形成的。

晚更新世末期,气候极度寒冷,不利于沼泽湿地的形成和发育。三江平原现代气候主要受极锋季风气候环流支配,属温带大陆性季风气候,以温暖湿润为主要气候特征。但在晚更新世,北半球冰流的增长扩大使大气环流和热带辐合带南移,最大降水带和植物带等也随之迁移。此时期海平面下降,大陆面积扩大,反照率增高。受强大极锋寒流的影响,三江平原地区夏季风衰退,降水减少,大陆性增强,冻土和冰缘界线大幅度南移。此时三江平原处于冰缘沉积环境(图4.2),气候严寒而干燥,估计年平均温度低于现今5 ℃。冰缘动物群南界较世界同纬度地区偏南7°之多,冰缘植物群南移纬度16°之多。此时三江平原属永久冻土区,分布有成群的冰丘,类似于现在的北西伯利亚和阿拉斯加北部的冰丘景观,沼泽发育受限。古沼泽遗迹极为少见,仅在前进农场和创业农场二十队发现了上覆黏土、亚黏土的埋藏泥炭,分别形成于距今14000年和36000年。

这种寒冷的古气候特征从沉积物记录可以得到证明。晚更新世时期,三江平原地区冰

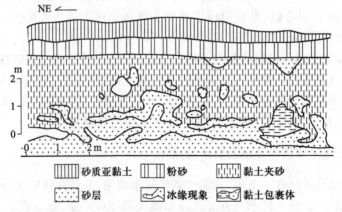

图4.2 三江平原别拉洪河61团地层冰缘现象(中国科学院长春地理研究所沼泽研究室,1983)

缘沉积物广布。此类沉积物以顾乡屯组为代表,其岩性上部为棕黄色黏土或冰缘黄土,下部为粉细砂和砂砾石,夹杂有深灰色黏土(或淤泥),并含有冻融作用形成的冻融褶皱等冰缘现象。该组地层以埋有丰富的猛犸象-披毛犀动物群(*Mammuthus—Coeledonta* fauna)化石而闻名。该动物群中真猛犸象(*M. primigenins*)和披毛犀(*C. antiquitatis*)化石以及树木残体的 ^{14}C 年龄为距今 2 万~4 万年,地层时代应为晚更新世末期。黏土矿物 X 射线衍射分析确认,其中矿物组成主要为伊利石,伴生有少量的蒙脱石、绿泥石和高岭石。残余原生碎屑矿物长石和石英亦大量存在。三江平原地区孢粉组合特征以针阔叶树花粉占优势,针叶树花粉以松属(*Pinus*)、云杉属(*Picea*)和冷杉属(*Abies*)为主;阔叶树花粉以桦属(*Betula*)为主;草本植物花粉以蒿属(*Artemisia*)、藜科(Chenopodiaceae)、菊科(Compositae)和禾本科(Gramineae)为主;蕨类植物孢子主要有卷柏属(*Selaginella*)、阴地蕨属(*Botrychium*)和水龙骨科(Polypodiaceae)。剖面自下而上乔木植物花粉减少,草本植物花粉增加。上述沉积物特征反映更新世末期气候极其寒冷干燥,沼泽发育受限,但冰缘沉积环境塑造的古冰丘地貌为后来积水成沼奠定了地质环境基础。因此,晚更新世末期成为裸露沼泽广泛发育的孕育期。

全新世是三江平原沼泽湿地形成和演化的主要时期。三江平原典型泥炭沉积柱芯加速器质谱(AMS)的 ^{14}C 年代学研究表明,三江平原泥炭地在整个全新世都有发育。更进一步的泥炭发育频率分析表明,约80%的沼泽湿地发育于4500年前的全新世中晚期,全新世早期泥炭地发育较少(图4.3)。湿地的形成主要受到了外界环境条件变化的制约,因此全新世环境演变是影响三江平原沼泽湿地形成、发育和演化的重要驱动因子。

进入全新世以来,受全球气候转暖的影响,三江平原广泛分布的古冰丘开始融化形成大

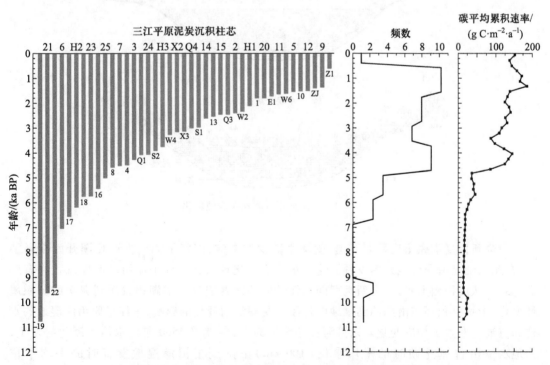

图 4.3 三江平原泥炭地发育历史。图中编号为典型泥炭剖面编号(Zhang et al.,2015)

小不一的冰丘湖。同时,全新世早期夏季风相对强盛,充沛的季风降水为冰丘湖的发育提供了有利的水源补给。这种冰丘湖自然景观在湿地沉积地层中有广泛记录。三江平原泥炭地层以下普遍发育了一套有清晰水平层理的湖相淤泥地层,指示古冰丘湖的普遍发育,时间主要集中于全新世早期。湖相地层黏土矿物以伊利石为主,化学元素铝、铁、锰和钙含量较高。勤得利农场十九队、三十七队剖面和抚远市创业队剖面的孢粉分析证明,当时本区为小叶阔叶灌丛林景观。针叶树主要有少量的云杉、冷杉和松,还有耐寒的小型桦。桦属花粉含量占 46.5% ~ 72.6%。阔叶树主要为栎、榆和椴,但花粉含量很少,如栎属低于 1%。草本花粉有少量水生和沼生植物,沼生植物以薹草为主。这说明从晚更新世末期开始经历了从干到湿的变化过程,推断当时气温低于现今 1~2 ℃,降雨量要高于现今 600 mm。早全新世三江平原遍布大小不一的古冰丘湖,当时仅个别冰丘湖、牛轭湖洼地经水体沼泽化过程形成沼泽(图 4.4)。因此,全新世早期是三江平原沼泽发育的萌芽期。

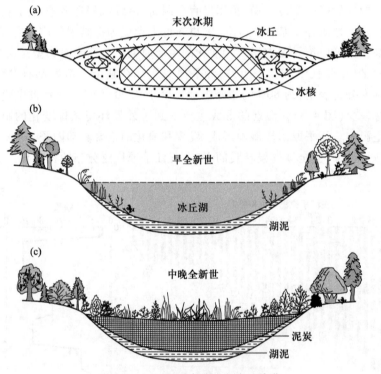

图 4.4   三江平原古冰丘泥炭地演化

中全新世夏季风出现显著衰退,受降水减少的影响,三江平原的古冰丘湖开始逐渐消亡,在此基础上沼泽湿地开始发育。这种水体沼泽化现象在三江平原沼泽湿地沉积物有广泛记录。从沉积相上看,中全新世期间三江平原地区普遍发生了湖相淤泥到泥炭的沉积属性变化,指示沉积环境由湖泊到湿地的过渡。受湖泊沼泽化的影响,三江平原沼泽湿地的水位和植被也发生了相应变化。以洪河沼泽湿地为例,伴随着 4500 年前水体沼泽化的发生,当地水位由古冰丘湖时的平均水位(100 cm)下降到了沼泽湿地发育时的平均水位(50 cm)。环境的干旱化导致湖泊水生草本植物的大量减少,同时一些耐干旱的乔木植物显著增加。孢粉记录显示,洪河沼泽湿地在古冰丘湖发育时期(6200~4500年前)以水生草本植物为主,如木贼属(*Equisetum*)、水韭属(*Isoetes*)、槐叶萍属(*Salvinia*)和香蒲科(Typhaceae)等。乔木植物较少,以桦属(*Betula*)和栎属(*Quercus*)为主。上述草本植物是东北地区浅水湖泊的典型植物种类,结合该时段湖相灰黑色淤泥沉积,推断4500年以前,洪河沼泽湿地应属于古冰丘消融后的冰丘湖环境,湖水较浅,周围生长有栎、桦林。随后伴随着水体沼泽化的发生,沼泽湿地发育初期(4500~4000年前)的水生草本植物开始显著减少,乔木植物如云杉属(*Picea*)、冷杉属(*Abies*)、桦属和栎属等开始增多。此时沼泽湿地典型植物莎草科开始普遍发育,泥炭开始累积,指示此时进入沼泽发育阶段。与此同时,沉积物中碎屑颗粒的粒度组成中黏土粒级组分减少,而粗粒级的砂组分显著增加。

另外受中全新世海平面升高的影响,终极剥蚀基准面提高,河流排水不畅的情况愈加严重,内陆平原地区地表大量积水。受上述环境因素的影响,沼泽分布范围进一步扩大。这时沼泽发育从原来局限于阶地上的洼地开始向广阔的河漫滩扩展。别拉洪河中游、挠力河河漫滩上的沼泽,以及萝北县水城子、八五三农场六队沼泽就是在这样的环境下形成的。同时随着环境的干旱化,一些早期开始发育的沼泽湿地生态系统也发生了显著变化。在洪河沼泽湿地发育的中期阶段,乔木植物进一步扩张,草本植物减少,指示环境进一步干旱化。然而在这样一个环境相对干旱的时期内,以莎草科和禾本科为代表的湿地植物进一步发育,泥炭广泛累积,指示湿地发育较好。此外,三江平原其他地区早全新世形成的沼泽继续发展,多演变为植被以毛薹草为主的沼泽,堆积近1 m厚的泥炭。孢粉分析研究表明,创业队等剖面中发现少量杜香属(*Ledum*)花粉、泥炭藓孢子和残体,说明个别沼泽曾一度有向贫营养化发展的趋势。此时三江平原气候正处在从暖湿向冷湿过渡的时期,有利于泥炭积累。如别拉洪河和挠力河中游泥炭沿河展布,泥炭厚度在1.5 m以上,泥炭地质储量超10^7 t。

全新世晚期随着东亚夏季风的进一步衰退,三江平原沼泽湿地中乔木植物和草本植物逐渐减少,蕨类和苔藓类植物增多,表明泥炭地发育进入贫营养阶段。沼泽湿地的典型莎草科植物显著减少也表明湿地的逐渐萎缩。另外,禾本科植物的显著增多或许与人类耕种活动的逐渐加剧有关。沼泽湿地沉积物的黏土矿物组合变化的突出特点是伊利石含量大幅度增加,高岭石含量下降,蒙脱石、绿泥石含量也略有增加。化学元素铝、铁和锰含量减少,而钙和镁则增加。上述证据表明:晚全新世本区环境有向冷干方向发展的趋势,但是仍具有冷偏湿的特点。这与竺可桢先生对我国五千年来气候变迁研究得出的气候总趋势冷而湿的结论相吻合。由于气候较冷湿,不利于有机物分解,沼泽处在泥炭积累的最旺盛期,积累速率平均为0.42 mm·a^{-1},最高可达0.78 mm·a^{-1}。此阶段,在辽阔的阶地浅洼地、平原边缘沟谷洼地和河漫滩等负地形单元,沼泽广泛发育。

4.3.1.2 西藏高原泥炭沼泽生态系统演化

西藏高原位于我国西南边疆,东自横断山脉,西达喀喇昆仑山,南迄喜马拉雅山,北抵昆仑-唐古拉山,地势高亢,平均海拔4000 m以上。西藏高原巨大的冰川,丰富的降水,星罗棋布的湖泊,众多的河流以及宽阔的河道,再加上低气温和弱蒸发的气候环境,塑造了分布广、类型多样的高原湿地。该地区湿地总面积达600多万 hm^2,且以天然湿地为主,占全国湿地总面积的26.8%,是全国最大的泥炭沼泽集中分布区之一。

由于西藏高原幅员辽阔,气候和地形地貌条件差异明显,泥炭沼泽分布亦呈现区域性特征。藏东高山深谷地区和喜马拉雅山脉南坡,虽然降水丰沛,湿度大,但因山高谷深、坡陡流急,排水条件好导致缺少积水场所,沼泽发育较少,常在冰斗、冰蚀湖盆等冰蚀地貌部位积水成沼。辽阔的羌塘高原,降水少且蒸发强烈,湖水浓缩,湖滨洼地盐分富集,不利于沼泽发育,仅在淡水湖滨或扇缘潜水溢出带有小片沼泽分布。藏北怒江河源区沼泽分布比较广泛,以河漫滩和湖滨沼泽为主。藏南雅鲁藏布江上游、中游及其支流谷地,沼泽亦广泛发育,在洪积扇、冰碛地、山间谷地及河、湖阶地上,发育着面积可观的泥炭沼泽。总体上看,西藏高原泥炭地主要分布在北纬 28°~31°,呈东西向零星分布。海拔高度一般为 3600~4600 m,即八宿县安久拉山口到仲巴县东西长约 1200 km、南北宽约 300 km 的狭长地带。据调查,西藏高原的泥炭地质储量为 17×10^7 t,其中裸露泥炭 15×10^7 t,埋藏泥炭 2×10^7 t,泥炭有机质含量为 40%~76%,全氮量为 1%~2%,腐殖酸含量为 30%~60%,pH 值为 5.4~7.1。西藏高原泥炭发热量较高,一般为 12.56 MJ·kg^{-1},最高达 24.23 MJ·kg^{-1}。

新构造运动为西藏高原沼泽发育提供了必要地质基础。印度板块自晚白垩纪从非洲分离以后,向欧亚大陆以较小的角度所进行的俯冲作用还在继续着,大约以每年 5 cm 的速度逐渐向北漂移,整个高原以每年 10 mm 的速度在不断抬升,到上新世高原的海拔达 1000 m左右。青藏高原的隆起主要发生在第四纪,隆起量达 3000~4000 m。高原的隆起对自然景观的垂直地带性的分异、地貌发育以及植被和土壤的演替带来了决定性的影响。由于温度和水分条件的区域差异的制约,自然景观从东南至西北呈带状更迭。喜马拉雅山南翼植被以热带雨林和山地常绿阔叶林为主,藏东山地植被以针叶林为主,藏南山地植被以灌丛草原为主。本区泥炭地多发育在藏南山地灌丛草原区。泥炭的形成与积累是各种自然因素,特别是水热条件综合作用的结果。水分和热量不仅决定了植物的种类和增长量,而且制约着植物死亡后残体的分解强度。在土壤温度 30 ℃、含水比 30%、最大容水量 60%~80% 的条件下,微生物分解作用最活跃。泥炭的发育需要沼泽植物的生产量超过分解量,这不仅需要适宜的温度条件,还要具备过湿的水分条件(嫌气性细菌还原分解需要水分)。显然,泥炭形成环境指标的宽容度有一定的局限性。

西藏泥炭地主要分布在高原温带半干燥气候区,年平均降水量 400~500 mm,干燥度1.6~2.2,年平均气温 0~7.5 ℃,日平均气温 ≥10 ℃,积温 1100~2500 ℃,为 50~150 天。此种气候条件不太适宜泥炭的形成和积累,因而本区泥炭地分布较分散,呈星点状分布。除了拉萨泥炭以外,其他泥炭资源绝大部分都是在 1000~3000 年前形成的产物,推断当时该区水热条件同现今拉萨盆地的水热条件相似。而四川省若尔盖泥炭地分布则集中连片,其原因在于水热条件比西藏优越,年平均降水量为 560~860 mm,干燥度为 1.5~2.0。

据调查,西藏地区没有发现更新世的泥炭。古气候研究表明,新近纪时高原的海拔仅有1000 m 左右,藏南的年平均气温是 18~20 ℃,中更新世高原面隆升为 3000 m,年平均气温8~10 ℃。显然,更新世的温度比全新世高得多,不利于泥炭的积累。藏北没有发现泥炭地,因为藏北的年平均气温在 0 ℃以下,沼泽植物的生产量过低。藏北和藏南沼泽地植物样方调查显示,藏北的植物生产量不及藏南的植物生产量的一半。

冰川的负地形为泥炭地的形成塑造了良好的空间场所,冰雪融水提供了稳定的补给水源。本区泥炭除了发育在河漫滩、阶地、牛轭湖及湖滨外,其余几乎都分布在第四纪冰川覆盖的山麓一带。如喜马拉雅山脉北、冈底斯山-念青唐古拉山南麓等均有泥炭矿点的分布，发育在古冰川湖、冰蚀洼地和冰川谷等地貌部位。泥炭地的发育主要依赖于冰川融水补给。我们在仲巴县、堆纳乡、当雄县曲才村和八宿县安久拉山口等地，观察到有现代冰川融水不断地流入泥炭沼泽地的现象。

青藏高原第四纪活动断裂对泥炭地的形成也有很大影响。高原面整体隆升的同时，由于活动断裂作用，又有区域性差异运动。如图4.5所示，冰后期念青唐古拉山的山体和周边的冰碛堤、冰积扇盆地底部冲湖积平原的上升幅度有差异性，前者最大，后者最小。即山体上升，而台地、阶地和平地则相对下沉。活动断裂线是地表径流活动场所和地下水溢出地表的地貌转折点，因此泥炭地往往沿活动断裂线分布。藏南泥炭地就分布在雅鲁藏布江断裂、当曲断裂和羊八井等构造盆地里。冻土层的隔水作用和低温作用也是泥炭形成和积累的影响因素（宋海远等，1988）。泥炭导热性差，泥炭层保护了冻土层，冻土层的低温、隔水作用又促进了泥炭地的发育。

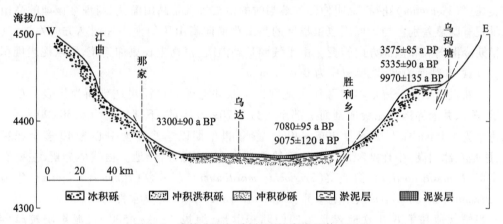

图4.5 当雄盆地地质剖面图（宋海远等，1988）

全新世是西藏高原地区泥炭沼泽发育的高峰期。据西藏地区典型泥炭沉积柱芯¹⁴C年代数据显示，该地区泥炭都是距今1万年以来堆积的草本泥炭。按发育时期、分解度、产状及造炭植物种类，西藏泥炭地可分为全新世早期中分解草本埋藏泥炭地、全新世中期高分解草本埋藏泥炭地以及全新世晚期低分解草本裸露泥炭地三种，分别对应了全新世早期泥炭地生成期（距今10000~7000年）、全新世中期泥炭地发育盛期（距今7000~3000年）和全新世晚期泥炭地退缩期（距今3000年以来）三个阶段。

全新世早期是本区沼泽发育的开始。随着晚更新世最后一次冰期的结束，全新世早期气候开始转暖，冰川退缩，冻土发育，冰雪融水为沼泽发育提供了稳定的补给水源；晚更新世时塑造的冰蚀、冰碛地形又为沼泽发育提供了有利场所，湿生、中生的草本植物大量侵入，成为泥炭沼泽的造炭植物。当雄县乌马曲泥炭地剖面（藏-8）是全新世早期形成的典型泥炭地剖面。该泥炭地发育在当曲河支沟海拔4370 m处。据残体分析，剖面150 cm处嵩草属（*Kobresia*）含量最多达80%，扁穗草属（*Blysmus*）占15%，薹草属（*Carex*）占5%；剖面120 cm处有少量冷杉残体出现。孢粉图式以草本花粉占绝对优势（80%以上），还有少量蕨类植物和木本植物花粉。

分解度20%~30%,泥炭累积速率为0.25 mm·a^{-1}。自冰后期以来,当雄地区上升500~700 m,以此推算,全新世初期此地海拔应为3600~3800 m。孢粉分析表明,全新世初期当雄周围的植物景观是高山草甸,在山地残留少量冷杉等木本植物。1万年以前的当雄气候同现在的拉萨相仿,沼泽地开始积累泥炭。随着高原面的隆升,河流下切(2.5 m左右),3500年以前泥炭地逐步抬升至地下水面以上,沼泽发育停止,成为现在的疏干泥炭地。

当雄县其他三个泥炭地剖面下层的植物残体组成为嵩草和扁穗草,第Ⅱ段孢粉式也以莎草科花粉占优势,灌木花粉稀少,乔木花粉更为贫乏,反映该区沼泽的发育大多从草甸沼泽化开始。嵩草和扁穗草为主要的造炭植物。当时当雄周围的植被景观是高山草甸,气候较晚更新世转暖,但仍处于较冷阶段,泥炭的堆积速率为0.45 mm·a^{-1}。

全新世中期为本区沼泽发育的适宜期。从藏-8、藏-9、藏-10第Ⅱ段和藏-1第Ⅰ段的孢粉图式可见,木本植物花粉(如桦、柳、榛等)虽然数量很少,却断续相继出现,特别是锦鸡儿属和黄芪属(Astragalus)等豆科小灌木显著增加。藏-1剖面花粉种类丰富,有少量忍冬科荚蒾属(Viburnum)花粉,说明仲巴盆地当时的植被景观是高山灌丛,与现今该地的高山草原景观有明显差别。当雄周围也由早期的高山草甸向高山草甸夹小片灌丛方向发展,气候由早期冷湿向温和湿润方向转变。由于气候日趋温暖,植物生长更加繁茂,所以泥炭堆积加快。以藏-8剖面为例,堆积速率为0.62 mm·a^{-1}。

全新世中期高分解草本埋藏泥炭地则以羊八井七弄沟口泥炭地剖面为代表。^{14}C数据显示,羊八井七弄沟口泥炭地剖面上部年代为3270±70年前,下部年代为6130±90年前,堆积速率为1.0 mm·a^{-1},分解度30%~40%。全新世中期以羊八井为中心的40多个泥炭矿点,原是在冰川湖、牛轭湖和山间洼地等地貌类型上发育的沼泽地。据残体分析,主要有西藏嵩草(Kobresia tibetica)、海韭菜(Triglochin maritimum)、杉叶藻(Hippuris vulgaris)、华扁穗草(Blysmus sinocompressus)、刚毛荸荠(Eleocharis valleculosa)等喜水性植物。

当雄盆地和羊八井盆地皆是第四纪陆相盆地,海拔4200~4500 m,泥炭层较厚(4~6 m),堆积速率快。全新世中期(距今7000~3000年),这些盆地湖沼密布,海拔高度不到4000 m,年平均气温比现今高2~3 ℃,所以大量的冰川融水和地表径流流入洼地,发育了海韭菜、杉叶藻、华扁穗草和芦苇等为主的泥炭沼泽。但距今3500~3000年时,由于活动断裂的作用,存在区域性升降差异,盆地相对下沉,山体急剧上升,使盆地周边的山前洪积扇被河流切割,把大量的泥沙带入泥炭沼泽地,覆盖了泥炭地。同时,绒布寺小冰期的来临使冰川前进,冰川融水随之减少,这些沼泽地的水源也随之减少。结果大多数泥炭沼泽发育终止,逐步演化为现今的泥炭埋藏地。

全新世晚期(距今3000年),高原面隆升至海拔4000 m以上,气候变得干冷,自然景观由山地灌木草甸演化为山地灌丛草原,沼泽地演化为沼泽化草甸或草甸。仅在沼泽补给水源充足而稳定的山前洪积扇地下水溢出带,现代冰川融水补给的洼地及潜水补给的堤外洼地发育了全新世晚期的泥炭地。拉萨泥炭地是发育在海拔3645 m的拉萨河阶地上的芦苇-小花灯心草泥炭沼泽(图4.6),是西藏高原罕见的正在发展且发育旺盛的泥炭地,分解度只有10%,肉眼可识别植物根系,为全新世晚期低分解草本裸露泥炭地。

全新世晚期为冰川波动时期,共有三次明显的冰进,即雪当冰进(2980±150年前)、若果冰进(1920±10年前)和17—19世纪的现代小冰期冰进。冰川时期植被发育可分为三个

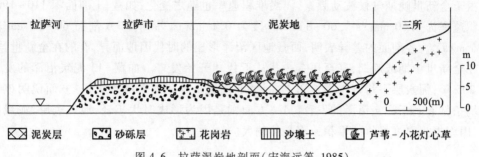

图 4.6　拉萨泥炭地剖面(宋海远等,1985)

阶段:第一阶段为冰川增长期,广泛生长着禾本科和杂类草群丛,覆盖着为数不多的中生、旱生植物,气候寒冷而潮湿;第二阶段为冰川最盛期,喜湿植物退却,旱生植物增多,组成禾本科-蒿属和杂类草群丛,气候寒冷而干燥;第三阶段为冰川融化期,木本植物增加,气候稍暖稍干。

　　藏-1 剖面第Ⅱ、Ⅲ段孢粉图式表明,植被的变化与冰川活动有一定的关系。藏-1 第Ⅱ段 ^{14}C 年代为 3050±90 年前,此时木本植物花粉含量为该剖面最低值;莎草科花粉含量逐渐升高,占孢粉总量的 79.6%,这相当于冰进第一阶段。随后莎草科花粉逐渐减少,深 100 cm 处莎草科花粉只占 30%,反之,蒿属和菊科花粉增多,耐干冷的藜科、麻黄花粉及卷柏孢子相继出现,这表明冰进第二阶段寒冷而干燥的气候特点。进入冰川融化期后,木本植物花粉明显增多,其中松属花粉占孢粉总数的 40.7%,此外还有云杉、冷杉和桦。这些木本花粉含量的升高说明气候变暖。现今仲巴为亚高山草原植被,与仲巴相邻的吉隆山地,喜马拉雅冷杉林分布的上限是 3890 m,糙皮桦、杜鹃矮曲林分布上限是 4300 m。嵩草草甸和桧柏灌丛位于 4300 m 以上。松属及其他木本花粉出现在 4500 m 高度上,意味着吉隆山地冷杉林分布的上限相应上移。松属、云杉和冷杉花粉均为带气囊的风媒植物花粉,随着气流上升,从周围山地和喜马拉雅山南坡被少量带入本区是可能的。总之,当本区处于冰川增长期时,气候变冷,高山草甸、草原植被景观扩大;在冰川最盛期,气候变冷变干,草原型植被扩大;在冰川融化期,气候变暖,高山灌木丛范围扩大(表 4.1),相邻区域森林线上移。

表 4.1　藏南全新世古植被和古气候变化

时期		植被类型				气候
		当雄	拉萨	仲巴	堆拉	
全新世	晚期	高山草原草甸	沼泽化草甸	高山草原草甸 高山灌木丛 高山灌木丛草甸	高山草原 高山灌木丛草甸	冷干
	中期	高山草甸夹 小片灌木丛		高山灌丛		暖湿
	早期	高山草甸				冷湿

由于全新世晚期气候波动频繁,泥炭堆积速率也随之变化,如藏-1 剖面深 110～190 cm 段堆积速率为 0.60 mm·a^{-1},60～110 cm 段为 0.1 mm·a^{-1};而藏-6 剖面 60～90 cm 段为 0.39 mm·a^{-1}。各剖面的差异表明,西藏地区沼泽形成的时代因地而异,有的在全新世早期,有的在全新世中期或晚期,甚至还有一些从近代才开始发育。如藏-13 泥炭沼泽的发育距今才 205 年,泥炭层平均每年增长 3.4 mm。近代泥炭堆积速率的增大,一方面说明该地区的环境条件有利于泥炭沼泽的发育,另一方面则是因为形成时代年轻,地处表层,泥炭尚未压实,因而根据厚度推算的堆积速率必然偏大。

4.3.1.3　大兴安岭山地沼泽湿地生态系统演化

大兴安岭地区位于我国最北部边陲,东与小兴安岭毗邻,西以大兴安岭山脉为界与内蒙古自治区接壤,南临广阔的松嫩平原,北以黑龙江主航道中心线与俄罗斯为邻。大兴安岭主脉呈北北东—南南西向,全长大于 1200 km,宽 200～300 km,海拔 1100～1400 m,介于北纬 45°～54°,属寒温带湿润、半湿润气候。大兴安岭地区沼泽湿地面积为 $82.45×10^4$ hm^2,约占全区面积的 10%。因此,大兴安岭地区是我国沼泽湿地最集中分布的地区之一(赵魁义等,1999),也是分布纬度最高的沼泽区。特别是高山雨养泥炭地的广泛发育,使该地区的沼泽湿地更具特色。大兴安岭沼泽湿地的形成是受构造运动、气候、地貌和水文条件综合作用的结果。

新构造运动塑造了有利于沼泽湿地发育的基本地貌条件。大兴安岭属于海西褶皱带,燕山运动中发生强烈活动,大量的花岗岩侵入,斑岩、安山岩、粗面岩与玄武岩喷出。中生代末与新近纪时期,大兴安岭形成了广泛的夷平面。新近纪末的喜马拉雅运动,使大兴安岭沿东侧的走向断层翘起,造成东西两坡的斜度不对称,东坡以较陡的梯级向松辽平原过渡,西坡则和缓地斜向内蒙古高原。同时新近纪夷平面也抬升到 1000 m 左右,也有一些 500～600 m 的夷平面可能形成于上新世。从地貌上看,大兴安岭的分水岭较为平缓,各河流中上游的河谷平坦,排水能力差,地下水位高,土壤层还有质地黏重的第四纪沉积物亚黏土,透水性极差,有利于地表积水成沼。因此,大兴安岭坡度平缓地区或地形凹陷的负地形单元易形成滞水环境,沼泽湿地普遍发育。此外,上新世晚期到更新世早期的构造变动,还引起火山喷发和熔岩溢流,故大兴安岭南部有众多与火山活动相关的负地形单元,也是沼泽湿地发育的重要场所。

气候条件也是影响大兴安岭地区沼泽湿地发育的重要因素。大兴安岭属于寒温带气候,终年气温低、湿度大,普遍分布着季节性冻层和永冻层。季节性冻层广布于山腹及平缓的山岗上,春末夏初当积雪融化时,地表仅能解冻 20～40 cm,而下部是广泛发育的永冻层,属多年冻土带。根河地区以北是连续的永冻层区,从根河以南到大兴安岭南部是岛状永冻层区。永冻层对地表积水成沼过程有着直接影响。永冻层对其上覆地层来说起着一个“隔板”的作用,阻塞了雪水下渗。融水排出的另一途径是径流,但因山坡比较平缓,加之地表又覆被着很厚一层地被物,阻碍了径流作用,只有在地被物吸湿达到饱和状态以后才有可能形成径流,而且径流流动缓慢。每年 7—8 月,地表虽已解冻,但适逢雨季,因此本区平缓山地的植被和凋落层终年处于水分饱和状态。在此条件下,该地区的表层土壤容易形成滞水层,从而加剧潜育过程的发生,促使地表沼泽化。此外,大兴安岭的河谷低地地貌单元往往覆盖着吸湿能力强而导热性差的泥炭和苔藓层;背负着活水溪流的地块下都有永冻层,即使在气温最高的月份(7—8月)也只能解冻30~50 cm。以上都是促使这些地区土壤沼泽化和沼泽形成的重要影响因素。

由于大兴安岭地域广阔,气候、地质、地貌和水文等环境要素组成复杂多变,不同沼泽湿地的演化过程也不尽相同。总体上讲,可将大兴安岭地区沼泽湿地演化过程划分为4类:森林沼泽化、草甸沼泽化、水体沼泽化和泥炭沼泽化过程。

(1) 森林沼泽化过程及演替

森林沼泽化发生在平坦的沟谷和河漫滩。这些地段地势低洼、地下水位高、土质黏重、冻层等造成地表过湿或积水,致使沼生植物不断侵入。首先侵入的是喜湿的密丛型植物——薹草和浅根系的柳叶柴桦、柴桦、扇叶桦,随后真藓类的提灯藓和金发藓侵入。这些植物的死亡残体在嫌气条件下逐渐形成泥炭,致使树木生长发育不良,数量逐渐减少,森林演变为沼泽,形成现存的各类灌丛沼泽。森林沼泽演替是由森林中泥炭发育所致,因林中泥炭持水量大,增强了土壤湿度,为喜湿耐酸植物的生长创造了有利条件,致使落叶松发育不良,狭叶杜香、笃斯越桔、泥炭藓和金发藓大量侵入,中生的草本植物逐渐为喜湿的薹草所代替,使森林演替为各类灌丛沼泽。发育的泥炭藓聚水能力更强,其顶端具有生长能力,大量生长能渐渐形成藓丘,下部死亡成为泥炭,使泥炭层逐年加厚,有机质增多、灰分减少、酸性增强,沼泽的营养日趋缺乏。柳叶柴桦、柴桦、扇叶桦和柳等各种灌木逐渐为狭叶杜香和地桂等所代替。薹草逐渐被羊胡子草属植物代替。苔藓植物中的真藓被泥炭藓代替,地表形成密集的地被物和藓丘。沼泽继续发展,小灌木更少,草本植物逐渐消失。当泥炭藓占优势时,狭叶杜香和笃斯越桔也逐渐减少,植株变矮,只有稀疏的叶片露在藓丘的表面,茎和枝埋在藓丘中,并逐渐减少,最后形成泥炭藓沼泽(周瑞昌等,1990)(图4.7)。

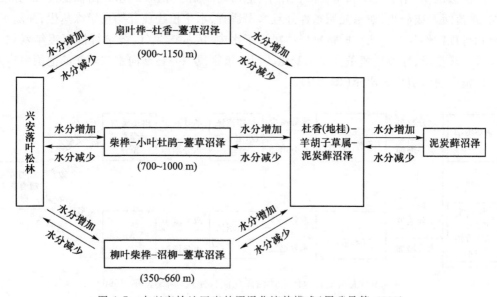

图4.7 大兴安岭地区森林沼泽化演替模式(周瑞昌等,1990)

（2）草甸沼泽化过程及演替

草甸沼泽化多发生在河漫滩的洼地。该处地势低洼,地下水位高,经常受河水泛滥的影响,造成了低湿草甸过分湿润或水分积聚,土壤的孔隙被水分充填,微生物活动减弱,因而植物残体中的营养元素不能矿化,为草甸沼泽化创造了有利条件。一些具根状茎的草甸植物逐渐减少,而要求养分较少,喜湿的密丛型沼泽植物逐渐增多,当其枯萎后,在嫌气条件下得不到彻底分解,逐渐形成泥炭,使得草甸演变成沼泽。大兴安岭的塔头薹草-瘤囊薹草沼泽、小叶章-瘤囊薹草沼泽的下层泥炭中的植物残体,除以薹草为主外,还混有禾本科的植物,而且泥炭层的下部都有黑色腐殖质层,黑色腐殖质是草甸土的特点,这亦证明了这些沼泽源自草甸(图 4.8)。

图 4.8　大兴安岭地区草甸沼泽化演替模式(周瑞昌等,1990)

大兴安岭现存的草本沼泽的泥炭层带,一般为 40~50 cm。泥炭中以薹草残体为主,还混有少量的禾本科植物。目前都处于富营养阶段,尚未发现向中营养、贫营养沼泽发展的演替过程。但这些草本沼泽如没有人为的影响,经过漫长的地质年代,亦会发生上述的演替过程。

（3）水体沼泽化过程及演替

水体沼泽化过程发生在自然泡沼、牛轭湖和旧河道等处,以浅水的自然泡沼的沼泽化为主。经机械沉积、化学沉积和生物沉积作用,泡沼发展到老年阶段,水位由深变浅,地势倾斜平缓,水流缓慢或静止,如果光照条件好且水温适宜,水生植物便开始在岸缘丛生,并随水深的变化呈规律性分布。死亡的植物残体浸没于水中,因缺乏氧气,分解缓慢而逐年累积,使水位进一步变浅,导致生境条件发生变化。沼生植物侵入并逐渐向水位较深的泡沼中推进,最后使整个泡沼演变成沼泽(图 4.9)。

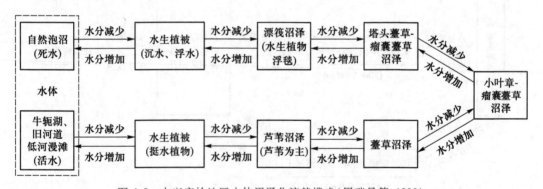

图 4.9　大兴安岭地区水体沼泽化演替模式(周瑞昌等,1990)

（4）泥炭沼泽化过程及演替

从地质历史过程来看,泥炭沼泽的发生和发展是一个复杂的过程,它是各种自然因素相互作用的产物。按照沼泽发生学理论,在亚寒带,寒温带针叶林带沼泽的发育从富营养低位泥炭开始,经中营养中位泥炭,最后发育成贫营养高位泥炭。大兴安岭地区典型泥炭剖面的植物残体、孢粉、泥炭营养元素和微量元素垂直变化的综合分析研究表明,大兴安岭高位泥炭主要形成于全新世中晚期,其发育过程经历了 3 个完整阶段,并呈现出区域性的变化规律。

1) 富营养低位泥炭发育阶段(距今 5000~3000 年)

此时段属于我国大暖期后半期,当时东北长白山温带落叶阔叶林生长茂盛,阔叶树种类除桦、栎、胡桃、榆、鹅耳枥、榛、柳和椴之外,还出现了属于暖温带糙叶树属及类似杨梅属的花粉。三江平原是以红松为主的针阔叶混交林。大兴安岭北部山地喜阳的桦占绝对优势(夏玉梅,1996),阔叶树种类和数量远不如长白山丰富。当时大兴安岭北部山地为温凉偏干气候,平坦低洼地区开始发育低位沼泽。此阶段泥炭沉积物为棕黑色,较湿,泥炭植物残体以薹草为主,占残体总量 70%,有极少量落叶松碎屑残体,无结构物质占 10%。大兴安岭图强地区泥炭沉积物中的全氮、全磷和全钾含量在剖面下部泥炭富营养低位阶段均处于较高值(表 4.2)。微量元素中除 Zn 在低位泥炭阶段明显较低外,Cu、B、Ni、Sr、Ba 和 Cr 的含量相对较高(表 4.3)。

表 4.2 大兴安岭图强泥炭沼泽主要营养元素

泥炭类型	泥炭层位	全氮/(g·kg^{-1})	全磷/(g·kg^{-1})	全钾/(g·kg^{-1})	pH 值(水浸/盐浸)
高位	活泥炭藓层	6.6	1.4	134	4.6/3.3
	泥炭藓泥炭	8.2	1.8	82	4.3/3.1
中位	木本、草本为主,混有少数泥炭藓泥炭	10.6	2.5	85.6	5.0/3.9
低位	木本、草本泥炭	11.3	2.2	123.5	4.9/3.9

表 4.3 大兴安岭图强泥炭中微量元素测定结果 单位:mg·kg^{-1}

泥炭类型	Cu	B	Co	Ni	Sr	Ba	Cr	Pb	Zn	Hg	总量
高位	3.3	4.5	0.78	3.2	47.2	18.8	7.0	1.57	25.1	0.058	115.508
中位	5.6	21.3	5.4	5.9	56.5	43.6	10.4	0.43	23.6	0.053	172.783
低位	7.9	22.3	3.08	6.8	68.4	42.9	16.2	1.05	9.5	0.050	178.18

2) 中营养中位泥炭发育阶段(距今 3000~1300 年)

此阶段大兴安岭北部山地已构成以红松为主的针阔叶混交林,替代了以桦为主的落叶阔叶林。以红松为主的针阔叶混交林,除红松以外,云杉和冷杉数量持续稳定增加,而落叶松数量极少。林下植物中,以杜香和越桔为代表的寒温带小灌木植物和泥炭藓不断增加。泥炭沼泽发育由早期低位泥炭沼泽阶段向中位泥炭沼泽阶段扩展,气候已由温凉偏干向冷偏湿发展,冻土发育。大兴安岭北部图强、古莲一带,2700~1800 年前为由樟子松、偃松和极少量桦、榛组成的以针叶树为主混有少量阔叶树的森林植被。草本植物中莎草科花粉含量

少量桦、榛组成的以针叶树为主混有少量阔叶树的森林植被。草本植物中莎草科花粉含量较高,表明该区域有相当面积的低位沼泽发育。由落叶松、云杉、冷杉、樟子松和偃松组成的针叶林占绝对优势的针叶阔叶林景观,与高纬度俄罗斯境内西伯利亚中部泰加林景观很相似,冻土向南扩张,气候冷湿。此阶段泥炭沉积物呈棕褐色,中分解。植物残体以棉花莎草为主,含少量金发藓,小灌木残体为杜香和越桔,泥炭藓含量较上一阶段略有增加。沉积物中的全氮和全钾含量略有减少,但全磷含量略有增加(表 4.2)。微量元素中 Zn 增加显著,Co、Ba 和 Hg 含量略有增加,Cu、B、Ni、Sr、Cr 含量明显相对减少(表 4.3)。

3)贫营养高位泥炭发育阶段(距今 1300 年)

距今约 1300 年以来,由于气温降低,湿度增加,高位泥炭沼泽广泛发育,形成了现今的高位泥炭藓丘。沉积物为泥炭藓泥炭,弱分解,90%的植物残体为泥炭藓。20 cm 深处到表层为活泥炭藓,其中以中位泥炭藓和白齿泥炭藓为主。此阶段沉积物中的全氮和全磷含量降至最低,全钾含量升至最高值(表 4.2)。此阶段除 Zn、Pb、Hg 在高位泥炭中的含量高于中位和低位泥炭外,其余微量元素含量明显低于中位和低位泥炭(表 4.3)。

综上所述,大兴安岭高位泥炭的发育经历了 3 个完整过程,高位泥炭藓泥炭大约从1300 年以前开始形成。大兴安岭北部自 2700 年前以来完成了泥炭发育和演变的全过程。个别地区甚至在更短的时间完成了这一演化过程,如盘古杨木林场泥炭的演化时间为 1300年。晚全新世在大西洋期以后,大量泥炭藓植物残体和泥炭藓孢子在泥炭层中被发现,同时主要营养元素和多种微量元素含量下降,证明距今约 1300 年大兴安岭泥炭藓丘大面积形成,并持续发育。

4.3.2　湖泊湿地演化过程与特征

湖泊是在自然界的内外应力长期互相作用下形成的,是陆地水圈的重要组成部分,与大气圈、岩石圈和生物圈有着密切的联系。湖泊外部环境的变化必将引起湖泊内部生态系统的变化,原有的生态平衡遭到破坏,最终必然导致湖泊生命的终结。因此,湖泊相对于山、川、海洋而言,其生命要短暂得多。一般湖泊寿命只有几千年至万余年,它可以分为青年期、成年期、老年期和衰亡期,具体见第 2.4.1.3 节和第 4.2.1.2 节。

4.3.3　河流湿地演化过程与特征

河流湿地的形成与演化常常受控于河流发育的不同阶段。一般来说,河流发育大体上可分为三个阶段,其中初期阶段是河流的下切和溯源侵蚀,地面切割不深,支流短小而且数量少,河流湿地面积相对较小,湿地土壤发育不良,仅有较少的沉积物;中期阶段随着河流的发育,流域的集水面积扩大,地面切割深度也进一步增大,河流发育及弯曲系数增大,形成一定面积的河漫滩及阶地,河流湿地面积扩大,形成典型的湿地水成土壤和稳定的水生、湿生植物群落;晚期阶段,同一流域内的各条河流发展不平衡,发生相互袭夺和改道,改变原来水系的形状,重新组成新的水系。

阶地、河漫滩、牛轭湖等河流湿地由不同水文地貌形成。以河漫滩湿地为例,在河流水生生物残体和其他冲(沉)积物的填充下,由于冲(沉)积层不断增加,水生生境逐渐发生变化,水深变浅,河床抬高,慢慢露出陆地,形成河漫滩湿地。河漫滩湿地的沉积一般具有二元结构。河漫滩上层的细粒沉积物是洪水泛滥时悬移质沉积,多为粉砂和淤泥。随距河床距离的增加,沉积物有逐渐变细和变薄的趋势。由于河曲截弯取直,形成牛轭湖,因此在河漫滩沉积结构中,还常常有牛轭湖或沼泽相沉积,呈透镜体嵌入。此外,河漫滩低洼地也可潜水成为沼泽。在这些静水环境里,湿地土壤发育较好,富含腐殖质甚至泥炭层。因此,在河漫滩剖面中可见到河床相、河漫滩相和牛轭湖相沉积。

4.3.4　滨海湿地演化过程与特征

按《湿地公约》的定义,滨海湿地的下限为海平面以下 6 m 处(一般把下限定在大型海藻的生长区外缘),从其形成演化特征来说,代表性类型为三角洲及滨海盐沼滩涂。

三角洲湿地的形成经历了水下和水上两个发育阶段,其实质上是分流河道不断分汊和向海方向不断推进的过程。在入海的河口附近,由于水流扩散,比降减小,流速突然降低及咸淡水混合,大量泥沙物质迅速堆积下来,形成河口沙坝或分流河口沙坝,同时在河口两侧也发育河口沙嘴(水下天然堤)。其沉积物是沙、粉砂和黏土的混合物,只是靠近河口的地区沉积物中含沙比例较大,而远离河口的地区以黏土为主。河口沙坝的形成导致河口再分汊,以后又在新的汊道上形成新的沙坝和沙嘴,同时沙坝也逐渐扩大、淤高,成为水下三角洲。随着河流携带泥沙在流出口门后继续堆积,水下三角洲不断扩大并增高,一方面使三角洲外缘不断向海伸展,另一方面在三角洲内形成了许多小海湾和潟湖,其中在潟湖生长的水生及湿生植物死亡后的残体不断累积而形成沼泽。同时随着泥沙不断沉积充填,地表不断上升而成为低地,逐渐露出水面,成为水上三角洲。三角洲的众多河流汊道中,一部分发展成主河道,另一部分因流水不畅而淤塞消亡,成为三角洲的水上部分。水上三角洲有碱蓬等盐生植物及芦苇等中湿生植物大量繁殖,湿地土壤不断发育,剖面具有较明显的潜育化和腐殖质化过程。然而,三角洲湿地不会无限制发展下去。由于河流的分流扩展最终会造成河流改道,流入坡度较陡的河道,或者由于决口而使主河流改道,致使原来的三角洲废弃。当海水入侵时,三角洲湿地上部沉积物受到海水作用的改造,湿地遭到破坏而进入衰老期。与此同时,一个新的三角洲湿地便在其附近开始形成。经过一段时间,主河道也可以回到原来三角洲废弃的地区,再度产生新的三角洲湿地。

滨海盐沼滩涂主要形成在面向开阔海、坡度平缓的海岸地区。其形成和发育需要大量的细粒沉积物补给、一定幅度的潮差,还有一平缓向海延伸的水下岸坡,使波浪在抵达潮间带时已大大消能。以潮汐作用为主要动力因素形成的粉砂淤泥质海岸亦称为潮滩(坪),主要位于潮间带;以平均高、低潮线为界,以上为潮上带,以下为潮下带。潮间带又可分为高潮滩、中潮滩和低潮滩。红树林主要分布于潮间带,潮上带一般为盐滩、沼泽,也有红树植物分布。

思　考　题

1. 湿地生态系统的形成与区域自然环境条件有怎样的关系?

2. 人类活动对沼泽湿地的形成有怎样的影响？
3. 什么是水域沼泽化和陆地沼泽化？
4. 我国不同地区沼泽湿地生态系统的演化规律有何异同？

参 考 文 献

阪口丰著. 刘哲明, 华国学译. 1983. 泥炭地地学——对环境变化的探讨. 北京：科学出版社.

柴岫. 1981. 中国泥炭的形成与分布规律的初步探讨. 地理学报, 36：237-253.

柴岫, 郎惠卿, 金树仁, 等. 1965. 若尔盖高原的沼泽. 北京：科学出版社.

刘兴土. 2005. 东北湿地. 北京：科学出版社.

刘兴土, 马学慧. 2002. 三江平原自然环境变化与生态保育. 北京：科学出版社.

吕宪国. 2004. 湿地生态系统保护与管理. 北京：化学工业出版社.

马学慧, 牛焕光. 1991. 中国的沼泽. 北京：科学出版社.

裘善文, 孙广友, 夏玉梅. 2008. 三江平原中东部沼泽湿地形成及其演化趋势的探讨. 湿地科学, 2：148-159.

宋海远, 王德斌, 赵魁义. 1985. 西藏高原泥炭地的形成与演化. 地理科学, 5(2)：173-178.

宋海远, 夏玉梅. 1988. 三江平原古冰丘泥炭地. 冰川冻土, 10：76-83.

孙广友. 1983. 初论三江平原第四纪地壳运动. 地理科学, 3：353-360.

孙广友. 1988. 横断山滇西北地区沼泽成因、分布及主要类型的初步探讨. 北京：科学出版社.

孙广友. 1990. 关于湖泊-沼泽相互演化模式的探讨. 海洋与湖沼, 21：485-489.

孙广友, 张文芬, 张家驹. 1998. 横断山区沼泽与泥炭. 北京：科学出版社.

汪佩芳, 夏玉梅, 王曼华. 1988. 西藏南部全新世泥炭孢粉组合及自然环境演化的探讨. 北京：科学出版社.

王德斌, 杨永兴, 杨永海. 1992. 中国泥炭沼泽湿地土壤形成生态条件、分布规律及系统分类的初步研究. 长春：吉林科学技术出版社.

魏宏森, 曾国屏. 1999. 系统论——系统科学哲学. 北京：清华大学出版社.

夏玉梅. 1996. 大小兴安岭高位泥炭孢粉纪录及泥炭发育和演替过程研究. 地理科学, 16：337-344.

徐琪. 1992. 长江中下游湿地生成演变与"四水"的关系. 土壤通报, 23：241-243.

杨永兴. 1990. 三江平原沼泽发育与晚更新世末期以来古地理环境演变的研究. 海洋与湖沼, 21：27-38.

易富科, 李崇皜, 赵魁义, 等. 1982. 三江平原植被类型的研究. 地理科学, 2：375-384.

殷书柏. 2006. 湿地系统结构及其对功能的影响研究. 博士学位论文. 长春：中国科学院东北地理与农业生态研究所.

殷书柏, 吕宪国. 2006. 泥炭气候成因说的探讨. 地理科学, 26：321-327.

曾建平, 孙广友, 王春鹤, 等. 1988. 三江平原地貌与沼泽的形成与分布. 北京：科学出版社.

赵魁义, 孙广友, 杨永兴, 等. 1999. 中国沼泽志. 北京：科学出版社.

赵魁义, 王德斌, 宋海远. 1988. 西藏沼泽的初步研究. 北京：科学出版社.

赵友年, 陈斌. 2009. 四川省主要构造单元及其特征. 四川地质学报, 29：88-94.

郑度, 王秀红, 申元村. 1992. 青藏高原湿地初探. 长春：吉林科学技术出版社.

中国科学院长春地理研究所沼泽研究室. 1983. 三江平原沼泽. 北京：科学出版社.

周瑞昌, 郎惠卿, 马克平, 等. 1990. 大兴安岭沼泽的形成演替及合理开发利用. 国土与自然资源研究, 2：38-42.

Committee on Characterization of Wetlands, Water Science and Technology Board, Board on Environmental Studies and Toxicology, et al. 1995. Wetlands: Characteristics and Boundaries. Washington DC: National Academy Press.

Conner WH, Gosselink JG, Parrondo RT. 1981. Comparison of the vegetation of three Louisiana swamp sites with different flooding regimes. American Journal of Botany, 68(3): 320-331.

Delaune RD, Patrick Jr WH. 1980. Nitrogen and phosphorus cycling in a Gulf Coast salt marsh. In: Estuarine Perspectives. New York: Academic Press, 143-149.

Kentula ME. 2000. Perspectives on setting success criteria for wetland restoration. Ecological Engineering, 15: 199-209.

Lewis RR. 1989. Wetlands restoration/creation/enhancement terminology: Suggestions for standardization. Wetland Creation and Restoration: The Status of the Science, 2: 3-89.

Mitsch WJ, Jame GG. 2000. Wetland, 3rd ed. New York: John Wiley and Sons.

Quammen ML. 1986. Summary of the conference and information needs for mitigation in wetlands. Wetland Functions, Rehabilitation, and Creation in the Pacific Northwest: The State of Our Understanding, 151-158.

Steever EZ, Warren RS, Niering WA. 1976. Tidal energy subsidy and standing crop production of *Spartina alterniflora*. Estuarine and Coastal Marine Science, 4(4): 473-478.

Zedler JB, Callaway JC. 2000. Evaluating the progress of engineered tidal wetlands. Ecological Engineering, 15: 211-225.

Zhang ZQ, Xing W, Wang GP, et al. 2015. The peatlands developing history in the Sanjiang Plain, NE China, and its response to East Asian monsoon variation. Scientific Reports, 5: 11316.

第 5 章

湿地生态系统功能和服务价值评估

5.1　湿地生态系统功能

　　湿地是生物多样性丰富且生态功能重要的自然生态系统,湿地生态系统功能表现在能提供各类生态系统服务,例如改善水质、调蓄洪水、保护生物多样性和固定 CO_2 等(Mitra et al.,2005;Mitsch et al.,2013;Moomaw et al.,2018;Wang et al.,2019)。虽然湿地面积仅占全球面积的 4%~6%,但其中的碳储量占全球陆地碳储量的 12%~24%(IPCC,2001),因此湿地在全球碳循环过程中担当了重要的角色(Yonghoon and Yang,2004;Moomaw et al.,2018)。湿地可以净化水质,对于生活污水、工业废水等污水中的污染物质都有较高的去除效率(边归国,2006;冷湘梓等,2017;童伟军等,2019)。湿地因其土壤容重小、孔隙度大、持水能力强等特点,拥有巨大的蓄水能力,在蓄水防洪方面起到十分重要的作用。有数据显示,三江平原全区沼泽土壤的蓄水总量可达 $46.97×10^8 \ m^3$(Liu,2007)。湿地生态系统为鸟类、底栖无脊椎动物和大型植物等提供生存所需的空间,湿地的生物多样性保护也是湿地生态系统的重要功能(Hansson et al.,2010)。全面理解湿地生态系统的功能对于湿地的管理和生态保护具有重要意义。

5.1.1　功能分类

　　历史上,人们对湿地生态系统功能认识不足,甚至曾认为湿地是荒野无用之地。随着人们对湿地重要性认识的加深以及湿地自身定义的拓展,湿地生态系统的分类方法也在不断改进。我国地域辽阔,地貌类型多样,湿地类型齐全、数量丰富,有关部门和不少学者都对湿地分类进行过研究,目前较为认可且使用普遍的是由唐小平等提出的分级分类系统(唐小平和黄桂林,2003)。该湿地分类系统采用成因、特征与用途分类相结合的方法,首先根据湿地成因的自然属性,分为天然湿地和人工湿地两大类。之后又分别按照地貌特征、主要功能、水文特征、水淹时间和植被类型等对天然湿地和人工湿地进行逐级分类(唐小平和黄桂林,2003)。因为不同类型湿地的功能存在差异,对湿地生态系统进行适当的分类是理解各类湿地功能的基础。

　　湿地功能一般被定义为发生在湿地的各种过程及其表现形式,按照不同的标准可以有不同的分类。例如,湿地功能可以归纳为水文功能、生物地球化学功能和生态功能三类(陈宜瑜和吕宪国,2003)。对人类而言,湿地生态系统的功能是提供生态系统服务。生态系统服务(ecosystem service)是指生态系统与生态过程所形成及维持的人类赖以生存的自然环境与效用(欧阳志云和王如松,2000)。联合国千年生态系统评估将生态系统服务分为四大类:供给服务、调节服务、文化娱乐、支撑服务(MA,2005),受到学者的广泛认可。供给服务是指从生态系统中获得产品,包括食物、薪材、木材、基因资源等;调节服务是指从生态系统调节过程中获得效益,包括空气质量调节、大气调节、水调节、土壤侵蚀调节、水质净化和废弃物处理等;文化娱乐包括生态旅游和科研教育等;支撑服务是其他三项生态系统服务产生的基础,会对人们产生间接或者长期的影响,而其他三项生态系统服务会对人们产生相对直接或者短期的影响。

本章参考 MA(2005)对生态系统服务的分类,将湿地生态系统功能分为供给功能、调节功能、文化功能和支撑功能 4 大类。

5.1.2 供给功能

湿地植物吸收太阳光能是湿地生态系统供给功能的基础。湿地是地球上初级生产力最高的自然生态系统之一,能为人类提供大量的水资源、动物产品和植物产品。取自湿地的植物产品有谷物、木材、浆果、造纸和编织用的芦苇、工业用的树脂、药材,还有一些饲用植物和蜜源植物,湖泊、池塘中还种植莲藕、菱角等水生经济植物。稻田是一类历史悠久的人工湿地,目前稻米是全球 50% 以上人口的主要粮食。湿地动物产品,如鱼类、贝类、蟹类、虾类等,是人类重要的蛋白质来源。参照 MA(2005),湿地生态系统的供给功能可以分为提供水源、提供食物原材料、提供工业原材料、提供林业原材料和提供水运。

5.1.2.1 提供水源

从古至今,人类逐水而居。对于人类的生产生活,湿地生态系统的供给功能起到不可替代的作用。其中,提供水源是湿地生态系统供给功能中最重要的功能。

水是人类生命的源泉,而人类日常生产生活所需的水资源主要来自湿地的供给。湿地通过提供水源来发挥重要的生态服务价值。湿地是居民用水、工业用水和农业用水的重要水源。溪流、河流、池塘、湖泊中都有可以直接利用的水,泥炭沼泽等可以补充地下水并成为可以被浅水水井利用的水源。在东非,湿地通过农业、渔业、畜牧业和维持当地经济和个人生计的一系列其他生态系统服务在多个时空层次上提供资源(Leauthaud et al.,2013)。

湿地的水循环过程是决定湿地生存与发展的主要驱动力,也是湿地发挥提供水源功能的重要保障(马涛,2012)。湿地水循环过程包括降水、径流、蒸发和地下水交换等。Schot等指出,地下水-地表水相互作用是湿地与周围流域连通的重要纽带,同时地表水向地下水的转变也为地下水盆地下游的人类提供了水资源(Schot and Winter,2006)。湿地在提供水资源方面起到不可替代的作用。湿地的补水功能有两种情况。一种是补给地下水。作为一种长期存在的有着丰富水资源的自然生态系统,湿地与区域地下水联系密切,湿地的地表水可以作为地下水的补给源,水从湿地流入地下蓄水系统,可作为浅层地下水系统的一部分,为周围地区供水、维持水位,或最终流入深层地下水系统,成为长期的水源,还可抬高地下水位。另一种是一块湿地可以向其他湿地供水,或向地表水承泄区排水,因此许多水库都是傍湿地而建,例如河北省的官厅水库和北京市的上庄水库等。

5.1.2.2　提供食物原材料

湿地可为植物提供适宜生长的环境,湿地植物一般具有较高的初级生产力和次级生产力水平,尤其木本沼泽和草本沼泽是地球上生产力最高的生态系统(Keddy,2010),而且自然湿地生态系统不需要人类管理和化石能源的投入。湿地植物和动物为周边生态系统和人类提供了丰富的食物原材料。例如,作为山东地区最大的淡水湖泊湿地,南四湖湿地一直在不断地为当地提供食物原材料(张祖陆和辛良杰,2006)。在对新疆阿勒泰科克苏湿地国家级自然保护区的直接使用价值进行评价时,提供食物原材料的功能是重要的组成部分(田润炜等,2015)。滨海湿地一直是我国水产品的重要来源之一(蒋科毅等,2014)。

5.1.2.3　提供工业原材料

湿地丰富的动植物资源是工业原材料的重要来源。湿地在暴雨和河流涨水期储存过量的水,通过径流均匀地放出,可以用于水力发电,为工业提供水电资源。滨海湿地储藏的大量油气资源也为工业提供了原材料(詹潮安等,2005)。人工湿地植物中的木质纤维素被用来制备燃料乙醇(张小玲等,2013)。工业原材料中的矿物和工业用水等也有很大一部分来自湿地。湿地生态系统中的许多植物具有重要的药用价值,也为制药工业提供重要的原材料。目前,我国造纸原料中,芦苇占了 26%,在我国的洞庭湖、鄱阳湖、博斯腾湖、三江平原、辽河三角洲等地,分布有大面积的芦苇沼泽,是造纸工业的重要原料来源。湿地松林也为造纸提供了大量的纸浆原材料(涂育合,1999;林伟新,2017)。

5.1.2.4　提供林业原材料

湿地植物可提供丰富的林业原材料,主要用于家具制造业等。湿地生长的高大植物也为木制家具的制造提供了原料。美国湿地木材区域大约有 2200×10^4 hm^2,其中约 1300×10^4 hm^2 分布在西部的洛基山区。这些低洼地阔叶林及柏树沼泽所包含的可供商业用途的原木资源达 112 m$^3 \cdot$hm^{-2},每公顷大约价值 620 美元,共约 80 亿美元。

5.1.2.5　提供水运

在许多湿地地区,水运是最有效的,也是最有利于环境的旅游和运输方式。在某些地方,水运是唯一可行的运输方式,尤其在古代和现代的一些发展中国家和地区。例如,尼加拉瓜太平洋海滨红树林内的运河是居民唯一的交通通道。水运便宜且方便,因此对当地居民来说非常重要。例如,河北省的白洋淀是我国著名的湿地水运区;武汉市在城市发展之初,便是依托着位于长江和汉江交汇处的地理优势,靠着水运运输货物来发展汉江沿岸工业(张莹等,2016)。

5.1.3　调节功能

对湿地生态系统而言,生物多样性的保护与维持、气候调节、固碳释氧、涵养水源等都是重要的调节功能,调节功能是湿地生态系统功能中最为重要的。参照 MA(2005),湿地生态系统的调节功能可以细分为生物多样性维持、干扰调控、控制侵蚀和土壤保持、气候调节、气体调节、水质净化、涵养水源和调蓄水量等小类。

5.1.3.1 生物多样性维持

生物多样性可以理解为生物(包括动物、植物、微生物等所有物种)及其所在的生态系统形成的复合体以及各物种的生态过程的总和(麦克尼利,1991)。作为水陆兼有的生态系统,湿地生态系统同时为各种陆生和水生动植物提供栖息地,在生物多样性保护和维持方面具有十分重要的意义和价值。湿地较高的初级生产力为生物多样性的孕育和维持提供了基础,湿地动物群落的生产力大约是陆地动物群落的3.5倍(Keddy,2010),因此湿地生态系统孕育和维持了丰富的生物多样性。

湿地环境复杂,它适于各类生物,如甲壳类、鱼类、两栖类、爬行类、兽类及植物在这里繁衍,当然也特别适于珍稀鸟类的栖息。据初步统计,我国的湿地植物有2760种,其中湿地高等植物约156科437属1380种,高度濒危物种约有100种。从植物生活型方面划分,有挺水型、浮叶型、沉水型和漂浮型等。有一年生或多年生植物:有的是草本,有的是木本;有的是灌木,有的是乔木。我国著名水稻专家袁隆平教授培育的杂交水稻,其中一个遗传材料是采自海南省湿地的野生稻。我国在湿地栖息的野生动物有2000多种,其中水禽大约250种,包括亚洲57种濒危鸟类中的31种,如丹顶鹤、黑颈鹤、遗鸥等,40多种国家一级保护鸟类约有一半在湿地生活。湿地是迁徙鸟类必需的停歇地,仅在亚太地区,就有243种候鸟每年沿着固定的路线迁飞,途经57个国家和地区。以涉禽为例,每年春季和秋季,沿中亚-印度、东亚-澳大拉西亚、西太平洋三条路线在南北半球之间进行上万千米迁飞,途中必须在湿地停歇和补充食物。所以任何一个国家的湿地状况都会影响全球生态环境。滨海湿地是许多海洋动物的繁殖地,如绿海龟(*Chelonia mydas*)常年生活在海洋中,仅在繁殖季节进入广东省惠东县的沙质海滩繁殖产卵,幼龟孵化后又会回到海里生活。

淡水湿地和沿海湿地是鱼类重要的觅食和育幼场所。从某种程度上来说,几乎所有的淡水物种和海洋鱼类(除整个生活史都在深海的鱼类之外)都依靠湿地生存,前者通常在春季洪水期间在沼泽与湖泊的边界或是在河滨森林里产卵;后者在近海产卵,在滨海盐沼湿地度过它们的幼年期,成熟后迁出近海;溯河产卵的鱼从淡水到海洋的迁徙中,有时会逗留在河口及附近的湿地,并在那里产卵。

位于海陆交错带的黄河三角洲滨海湿地,不同位置的气候、土壤和水文等条件差异较大,为动植物生长提供了不同的生境。不同生境的动植物种类不同。生长在潮上带各湿地的动植物共1490种,其中维管植物有298种,浮游植物有291种,陆生动物有901种,具有丰富的生物多样性;潮间带的滩涂湿地则有海洋性水生动物193种;潮下带浅海湿地中存在动植物537种(张绪良等,2011)。黄河三角洲湿地起到了十分重要的生物多样性维持功能。天津古海岸与湿地国家级自然保护区是海洋类保护区,七里海湿地作为其核心区域,有196种维管植物,130种鸟类,其中包括国家重点保护植物野大豆(*Glycine soja*)和7种国家一级重点保护鸟类(张峥等,2002)。位于闽江河口的天然湿地也是动植物重要的栖息地,包括鸟类118种、维管植物109科294属408种(包括亚种和变种)和大型底栖无脊椎动物61种等,其中不乏国家重点保护的动植物(刘剑秋等,2005)。湿地不同类型植被的覆盖可能会带来不同类型的动物。三江平原环形湿地不同植物群落下土壤动物的种类也不尽相同（刘吉平等,2005）。湿地独特的生境使它具有丰富的陆生和水生动植物资源,在保护珍稀物种和维持生物多样性方面起到了不可替代的重要作用。

5.1.3.2　干扰调控

对湿地而言,外界干扰主要包括两类,自然干扰和人为干扰。自然干扰主要包括火烧、洪水、干旱、暴风雨和低温等,主要是通过影响湿地的植物群落来影响湿地。人为干扰则主要包括湿地旅游、污水排放、刈割和伐木等。湿地对于这些外界干扰在一定程度和阈值内具有自动调控能力,但当干扰超过湿地的自身调控范围时,湿地生态系统的功能就会发生退化甚至丧失。扎龙湿地发生的湿地火烧对生长在湿地的芦苇群落造成了严重影响,火烧促使湿地植被发生演替（邵伟庚等,2012）。孙云华等（2011）分析了近 30 年来莱州湾东南海岸湿地的演变发现,湿地总面积先增加后减少,湿地功能也随之变化,所以合理调控人类活动对湿地的干扰是改善莱州湾东南海岸湿地的根本。

5.1.3.3　控制侵蚀和土壤保持

台风、降雨等自然不可控因素和人为因素都会造成一定程度上的土壤侵蚀,并导致水土流失。湿地的抗自然力侵蚀功能主要表现在防止水土流失及防止或减轻风暴潮对海岸线、河口湾及江河岸的侵蚀等（Costanza et al.,1997）。湿地通过植被覆盖等来控制土壤侵蚀,减少水土流失。吉林省西部地区的莫莫格国家级自然保护区内的湿地植被茂盛,地表土壤长期或季节性被水淹没,在减少自然力侵蚀的同时,也相对提高了侵蚀基面,体现了莫莫格湿地的抗自然力侵蚀功能（姜明等,2005）。河岸湿地是河流与陆地系统之间的狭窄的典型交错带,在季节性变化的水文周期和人类活动的影响下不断发生变化,河岸湿地的植被能减少降水带来的土壤侵蚀和养分流失。

5.1.3.4　气候调节

气候调节功能是湿地生态系统重要的调节功能之一,湿地的气候调节功能可以分为直接调节和间接调节两种。直接调节是因为湿地的物理特性而对局域尺度气候产生影响,间接调节则是通过碳储存和甲烷排放等对全球尺度气候产生影响。湿地对气候的直接调节包括湿地自由水面巨大的水汽蒸发及其覆盖植被的水汽蒸腾等。一方面,湿地的热容量大,导热性差,因此湿地地区的气温变幅小,有利于改善当地的小气候,例如我国神农架大九湖湿地,按当地资料推算的季节平均气温与实测气温相比,春季、秋季、冬季的实测气温高于推算气温,而夏季的实测气温则偏低;实测季度平均气温年内变幅（19.5 ℃）小于推算值（19.85 ℃）。尤其秋季气温下降迟缓,秋季实测季度平均气温比推算值高 3.05 ℃。另一方面,湿地积水面积大,或者湿地的潜水位较高,地下水面距离湿地表面的高度在毛管力作用范围内,大量水分在毛管力的作用下源源不断地输送到地表;同时,湿地特殊的地热学性质使湿地源源不断地为大气提供充沛的水分,增加大气湿度,调节降水。例如三江平原沼泽,一个生长季总蒸发量达 86×10^3 t 水,其日平均相对湿度比开垦后的耕地高 7%~13%。新疆的艾比湖湿地研究区湖区面积约为 557.5 km^2,年蒸发量约为 $6 \times 10^8 m^3$,水面水汽蒸发到大气中参与全球水循环并对气候起到十分重要的调节作用(王继国,2007)。有关学者根据西北典型内陆河流湿地——张掖黑河湿地国家级自然保护区周围 3 个气象观测点的数据分析该湿地调温增湿的气候调节功能,并通过生态经济学方法计算和评估该湿地生态系统年水汽蒸发和植被蒸腾量,结果表明,保护区湿地的气候调节功能发挥了重要的作用(张灏和孔东升,2013)。

5.1.3.5　气体调节

湿地气候调节的间接调节则是通过湿地植物吸收固定大气中的 CO_2、减缓全球温室效应来进行的,这种调节是全球尺度的,湿地生态系统中的碳捕获和储量在全球尺度具有重要意义。湿地是陆地生物碳库的重要组成部分,湿地的固碳释氧功能也是全球气体循环的重要组成部分。湿地生态系统为固定和长期储存 CO_2 提供了最佳的自然环境。在全球范围内,红树林沼泽和盐沼等湿地中的碳储量有 44.6 Tg 甚至更多(Chmura et al.,2003)。而在淡水湿地,特别是泥炭地等,可能储存了更多的有机碳。除了盐沼湿地,沿海湿地对全球气候变化敏感,在全球碳循环中也起着重要作用。我国湿地固碳量为 16.87 Pg(315.76 mg·hm^{-2}),约占全球湿地碳储量的 3.8%(Xiao et al.,2019)。有关学者通过碳同位素方法分析佛罗里达州北部海岸湿地沿着土壤年代序列收集的泥炭芯,估计碳累积的长期和短期速率,结果表明,由于较高的碳封存率和较低的甲烷排放量,沿海湿地可能比其他生态系统具有更高价值的单位面积碳汇(Yonghoon and Yang,2004)。Brevik 和 Homburg(2004)以美国加利福尼亚州南部海岸潟湖-湿地复合体的沉积物为核心,利用放射性同位素分析滨海湿地的长期固碳作用,结果表明,其单位体积的固碳效率可以达到 35.9±3.2 kg·m^{-3}。调查澳大利亚的河口自然湿地发现,亨特河口湿地碳储量为 700~1000 Gg,新南威尔士的湿地碳储量为 3900~5600 Gg,湿地对于调节大气碳浓度具有十分积极的作用(Howe and Saco,2009)。气候因素在大尺度上影响湿地的固碳功能,水文、植被类型和植株密度等也是湿地固碳的重要影响因子(吕铭志等,2013)。湿地为植物提供适宜的生存环境,湿地植物不断进行光合作用释放 O_2 到大气中,是大气循环的重要组成部分,也是大气可以保持稳定的 O_2 浓度的重要原因。湿地植物在湿地固碳过程中也发挥着重要的作用,植物的凋落物在分解过程中会直接增加湿地的固碳量。

湿地在全球氮、硫、CH_4 和 CO_2 的循环中起到重要作用。

湿地在氮循环中的重要作用主要是通过反硝化作用将一部分多余的氮返回大气。反硝化作用需要近似的厌氧条件和一个还原环境,例如沼泽表面和有机碳源,后者在湿地中有充足的储备。因为大多数气候温和的湿地都是肥料过剩的农田径流的接收器和理想的反硝化环境,它们对全球的氮平衡是非常重要的。

空气中人为产生的硫的含量几乎达到了一半,大多数来自化学燃料的燃烧。自然界所产生的量是 $103×10^{12}$ g·a^{-1},其中硫酸盐占了大约 25%。硫酸盐被降雨从空气中淋洗出来进入沼泽,沉淀物的还原环境把它们还原成了硫化物,部分硫化物以硫化氢、甲基硫化物和二甲基硫化物的形式再次进入大气循环。

湿地对全球范围的碳循环也有着显著的影响。化石燃料的燃烧和热带雨林被快速砍伐导致树木和土壤中有机物质的氧化,空气中 CO_2 的含量稳步增加。Mitsch 和 Wu(1995)研究发现,泥炭湿地可以作为潜在的 CO_2 接收器,减少空气中增长的碳含量。全球沼泽地以每年 1 mm 的速度堆积泥炭,将有 $3.2×10^{14}$ g 的碳在沼泽地中积累。可见泥炭沼泽是 CO_2 的一个重要的"汇",有助于缓和大气中 CO_2 含量的增加。

湿地经过排水后,土壤的物理性状改变,地温升高,通气性得到改善,提高了植物残体的分解速率,而湿地生态系统有机残体的分解过程产生大量的 CO_2 气体,向大气中排放,此时,湿地生态系统又表现为碳的"源"。

Gorham(1991)提出在全球碳循环中湿地的两个作用:① 泥炭的燃烧和氧化导致约 0.026 $Pg·a^{-1}$ 的碳量回放到大气中;② 因为湿地排水,$0.008 \sim 0.042$ $Pg·a^{-1}$ 的碳释放到大气中(下限是长期,上限是短期)。因此,湿地排水和泥炭燃烧将吸收的 $45\% \sim 89\%$ 的碳排放回大气中。

另外,湿地土壤中过饱和的水分环境使得动植物残体分解缓慢,有机质含量丰富,为 CH_4 的产生提供了良好的条件,从而使湿地成为全球最大的 CH_4 排放源。据估计,全球湿地每年约释放 CH_4 $150×10^{12}$ t,约占每年大气总 CH_4 来源的 25%。根据王明星等(1993)估计,1988 年我国稻田 CH_4 的排放量约为 $17×10^{12}$ g,约占全国 CH_4 总排放量($35×10^{12}$ g)的一半。各种天然湿地的 CH_4 排放量约为 $2.2×10^{12}$ g,约占总排放量的 6%。CH_4 排放与湿地类型、水分状况、温度、土壤理化特征等因素有关。

5.1.3.6　水质净化

湿地被称为"地球之肾",这一比喻强调了其具有极为重要的净化水质的功能。位于水陆交错地带的湿地可以很好地固定和沉积河流中的悬浮物、营养物质和有毒化合物,起到很好的水质净化和污染控制的作用。湿地连接了排水区和河道,将排水区排放的污水经过处理后再排放到河道中去。人们利用湿地进行水质净化已经有很长的历史(Mitsch and Jørgensen,1989)。

湿地的水质净化功能通常可以分为物理净化和生物净化两个方面。物理净化过程主要是悬浮物的吸附沉降,生物净化过程主要是营养物和有毒物质的移出和固定。

悬浮物吸附沉降　湿地由于其特有的自然属性,能减缓水流,从而利于固体悬浮物的吸附和沉降。随着悬浮物的沉降,其所吸附的氮、磷、有机质以及重金属等污染物也随之从水体中沉降下来。不过湿地滞留沉积物的作用是有限的,如果湿地集水区沉积物大量增加,那么过量的沉降对湿地会产生不利影响,导致湿地吸附沉积物的能力大幅度下降,对湖泊和水库来说还会影响其水源。我国的洪泽湖受黄河溃决泛滥的影响,大量泥沙淤积在湖泊中,造成湖盆变浅,容量减少。

移出和固定营养物　一部分营养物会与沉积物结合在一起,随着沉积物同时沉降。营养物沉降之后被湿地植物吸收,通过化学和生物学过程转换而储存起来。许多水生维管植物的生长速度很快,能吸收大量的氮、磷、钾等营养元素,例如有研究得出,每公顷凤眼莲每年可吸收氮 1989 kg、磷 322 kg、钾 3188 kg;每公顷香蒲每年可吸收氮 2630 kg、磷 403 kg、钾 4570 kg。湿地植物吸收的营养物可能随植物的腐烂而再次释放到水体中。然而,人类从湿地中收获生物量,意味着营养物以可被利用的形式从该系统中移除,人工湿地的植物在收获后通常用作饲料有机肥、造纸原料、手工艺品材料等。

移出和固定有毒物质 有毒物质主要指重金属和有机化合物,在许多湿地中,较慢的水流速度有助于沉积物的沉降,也有助与沉积物结合在一起的有毒物质的吸附与转化。湿地的许多水生植物能够在其组织中富集重金属的浓度比周围水中浓度高出 10 万倍以上,许多植物还含有能与重金属螯合的物质,从而参与重金属解毒过程。对有机污染物的净化包括附着、吸收积累和降解等。水生维管植物可以其巨大的体表吸附大量有机物,减少水中有机物的浓度,尽管这不能从根本上消除有机物的存在,还随时可能将其释放到水中,但在一个相对时间内,还是可以起到净化作用的。有数据表明,茭白、慈姑对城市污水生化需氧量(BOD)的降低可达 80% 以上。芦苇、香蒲、眼子菜和凤眼莲等可去除石油废水的有机污染物达 95% 以上。水葱可使食品厂废水中化学需氧量(COD)降低 70% ~ 80%,使 BOD 降低 60% ~ 90%。灯心草、盐生灯心草和水葱等对酚的净化能力都很强,100 g 植物在 100 h 之内对酚的吸收分别为 230 mg·L^{-1}、204 mg·L^{-1} 和 202 mg·L^{-1}。一些水生维管植物对有机农药的净化能力也很强。当水中 DDT 浓度为 0.445 μg·L^{-1} 时,眼子菜体内 DDT 浓度达 1.0 mg·L^{-1},富集系数为 2220;当水中 DDT 浓度为 2.1 mg·L^{-1} 时,富集系数可达 3500。当水中 DDT 浓度为 0.30 μg·L^{-1} 时,蓼属植物体内 DDT 浓度可达 30.3 mg·L^{-1},富集系数为 10 万。

为了使湿地在减少污染、净化水质等方面发挥更好的作用,近年来人们开发了各种方法,特别是湿地网络。通过利用影响湿地功能的主要因素(即湿地种类、湿地面积、湿地地点和湿地水文)来建立湿地网络,实现水质净化(Fan et al.,2012;尹澄清等,2010)。人工湿地也被大量建立用于污水的水质净化,不同类型的人工湿地对水质净化的能力也不相同(Vymazal,2011;Wu et al.,2018)。研究发现在人工湿地,贻贝可以促进植物对多环芳烃的吸收,对五种多环芳烃的去除贡献率达到 15.2%,证明水生动物会影响湿地的污水净化功能(Kang et al.,2019)。山东省也建立了许多人工湿地用于污水净化,其中关于南四湖人工湿地的水质净化有许多的研究(张先军和姚辉勇,2010;Wu et al.,2011)。舒柳(2015)等研究了垂直流、水平流、表面流和沟渠型 4 种不同类型人工湿地净化水质的能力发现,垂直流人工湿地水质净化能力最强,水平流和表面流人工湿地次之,沟渠型人工湿地最差。湿地具有调蓄洪水的功能,可以调节径流、补给地下水、维持区域水量平衡。赵欣胜等(2016)研究了吉林省湿地蓄洪功能在不同区域的数值和空间分布,研究显示,吉林省湿地蓄洪总价值约为 291.01 亿元。

湿地的调节功能还包括净化空气,湿地中生长的植物和微生物对于空气中的有害物质有一定的净化作用。在城市中,修建城市湿地公园等能够对城市空气起到一定净化效果。

5.1.3.7 涵养水源和调蓄水量

湿地生态系统可以通过调节流量和流速来涵养水源和调蓄水量,在调蓄洪水和维持区域水平衡中发挥重要的作用。目前我国在多个城市建设海绵城市试点,其中就包括对湿地生态系统调蓄洪水功能的修复和利用(孟永刚等,2016)。

湿地能贮存大量水分,是巨大的生物蓄水库,它能保持大于其土壤本身重量 3~9 倍甚至更高的蓄水量,能在短时间内蓄积洪水,然后用较长的时间将水排出。这与沼泽土壤具有特殊的水文物理性质有关。三江平原沼泽和沼泽化土壤的草根层和泥炭层,孔隙度为

72%~93%,饱和持水量为 830%~1030%,最大持水量为 400%~600%,出水系数为 0.5 左右,因此其蓄水和透水力较强,全区沼泽湿地蓄水量高达 38.4×10^{8}m^3。

此外,湿地植物可减缓洪水流速,避免所有洪水在短期内下泄,一部分洪水可在数天、几星期甚至几个月的时间内从水储存地排放出来,一部分则在流动过程中蒸发或下渗成地下水而被排出。我国最大的淡水湖鄱阳湖被大片湿地所环绕,可蓄积江西省每年洪水总量的1/3。该处湿地的存在,对于附近河流的水源补给、工农业生产及当地的生态环境起了很大的作用。世界最大的湿地之一潘塔纳尔湿地,减缓了来自玻利维亚、巴拉圭、巴西、乌拉圭组成的拉普拉塔平原的水流,避免了下游地域洪水的泛滥,失去这块“海绵”将会对阿根廷广大的农业区带来巨大的损失。在马萨诸塞州查尔斯河上的冲积平原湿地被认为是对控制洪水非常有效的湿地,因此并没有建造昂贵的洪水控制系统去保护波士顿,这个决定是体现湿地水文学价值的一个经典杰作。如果湿地排水,并在河上筑防洪堤,洪水所带来的危害就会增加到每年 1700 万美元。美国密西西比河低洼地阔叶林储存的水量与河流排放 60 天的水量相等。

当海洋暴风雨上岸时,沿海盐沼和红树林湿地可作为巨大的暴风雨缓冲器,第一时间减轻它的狂暴袭击。我国东南沿海台风盛行,因此红树林防风护堤的作用相当明显。1959 年8 月 23 日,厦门遭受 12 级特大台风袭击,唯有龙海县寮东村的堤岸在 8 m 高的红树林保护下安然无恙。2003 年第 7 号台风“伊布都”登陆时,浪高达 3~4 m,在 330 多公顷红树林的保护下,广东省恩平市横陂镇的 10 km 海堤安然无恙。而另外 5 km 没有红树林防护的高级海堤,被狂风巨浪冲毁,直接经济损失达数千万元。随着沿海湿地的过度围限,台风、风暴潮等自然灾害给沿海地区带来的风险和损失也显著增加。

5.1.4　文化功能

参照 MA(2005),湿地生态系统的文化功能可以分为生态旅游、科研教育等,主要通过湿地公园和各类湿地自然保护区的建立与运行来实现。

湿地,特别是湖泊、河流、海岸,空气新鲜,环境优美,景观独特,栖息着多种多样观赏价值极高的动植物,为人们提供垂钓、射击、划船、游泳、观鸟、赏花等多种机会,是人们旅游、娱乐、疗养的最佳场所。我国有许多重要的旅游景区都分布在湿地,如西湖、滇池、太湖以及一些海岸带湿地等。湿地因为生物多样性丰富、环境优美,日益成为开展生态旅游和科研教育的理想场所。出于对湿地的保护和湿地功能的利用以及履行《湿地公约》的要求,湿地公园被不断建立。湿地公园是指建立在城市及其周边,具有一定自然特性、科学研究和美学价值的湿地生态系统,能够发挥一定的科普与教育功能,并兼有物种及其栖息地保护、生态旅游等作用(雷昆,2005)。湿地公园的最大特点在于主题性、自然性和生态性。根据《国家湿地公园管理办法》,湿地公园分为国家级湿地公园和省级湿地公园。国内著名的湿地公园有常熟沙家浜国家湿地公园、北京汉石桥湿地公园、苏州太湖国家湿地公园、湖北浮桥河国家湿地公园、伊犁天鹅泉湿地公园、杭州西溪国家湿地公园、北京延庆野鸭湖国家湿地公园、临沂滨河湿地公园等。湿地丰富的生物多样性及其为多种保护植物和珍稀濒危动物提供栖息场所的功能,使得湿地公园可以为科学研究与教育提供宽广的平台和比较研究的空间。湿地公园为湿地资源的调查、收集、鉴定、研究、保存和利用,尤其为珍稀濒危物种的保护与研究提供了重要的场所。除了科学研究和科普教育,湿地公园同时也是人们生态旅游、放松心情的重要场所。常熟的沙家浜国家湿地公园将公园内部分为密集种植隔离区、生态鸟岛观赏区、田园风光游览区、休闲垂钓区、野营区等功能区域,对现有资源进行深入挖掘,使湿地公园可以同时完成湿地保护和生态旅游等多项功能的利用,而公园内部的景点和游览设计更符合生态原则。作为我国第一个国家湿地公园的西溪国家湿地公园,也在努力寻求科学保护和适度利用湿地资源的平衡,希望通过建立"西溪模式"来为其他湿地公园做出示范(Gao,2006)。城市湿地公园是充分利用湿地文化功能的典范,是湿地保护和利用的双赢。

从科研的角度来看,所有类型的湿地都具有很高的研究价值。湿地生态系统和湿地生物的多样性,湿地资源的有效保护和合理利用,湿地的类型、演化、分布、结构和功能等为生态学、地理学等多门学科的科学工作者提供了丰富的研究课题。湿地又是十分脆弱的生态系统,与人类的生存和发展息息相关。因此,以有效保护和合理开发利用湿地生态系统为目标的湿地研究就显得至关重要。湿地公园同样也为科普教育提供场所。对湿地公园进行管理,将湿地中具有代表性的植物进行挂牌、标本制作与陈列,可以让更多人系统科学地了解湿地和湿地动植物。

随着经济发展水平的提高和生态文明建设深入人心,越来越多的人选择生态旅游的方式,而随着教育水平的不断提高和教育面的不断拓展,湿地的相关知识和湿地中生存的珍稀濒危动植物也吸引了大批人去进行系统学习与了解,湿地生态系统的文化功能越来越重要。

5.1.5 支撑功能

支撑功能是其他三项生态系统功能产生的基础。参考 MA(2005),支撑功能又分为:初级生产、营养物质循环、形成土壤。

5.1.5.1 初级生产

湿地为植物提供适宜的生长环境,湿地植物具有较高的初级生产力水平,因此湿地具有重要的初级生产的功能。植物净初级生产力(net primary productivity,NPP)指植物在单位时间、单位面积由光合作用产生的有机物质总量扣除自养呼吸后剩余的部分(Lieth and Whittaker,1975)。对红树林占湿地净初级生产力主导地位的香港西北部的潮汐池(9.1 hm^2)在 1986—1988 年的生产力进行估算,其总生产力为 12.47 t,其中 90% 来自大型水生植物(红树林植物和冬青树)(Lee,1990)。利用遥感技术监测湿地净初级生产力的年际变化是评价湿地生态系统健康状况的关键。Bian 等(2010)利用 CASA 模型对若尔盖湿地的 NPP 变化进行测算发现,近十年来该地区的 NPP 呈现出轻微下降的趋势。通过测量加拿大马尼托巴州三角洲沼泽地区十年间浮游植物、表层植物、附生植物和浮游植物的日生产力发现,藻类生产力与沉水植物的生产力相当,表明藻类可能是支持草原湿地食物网的重要资源(Robinson et al.,1997)。影响植物初级生产力的因素主要有水文过程的变化、光照和温度等。有研究显示,在一定范围内,水位的下降有利于湿地植物繁殖和初级生产力的增加(Gopal,1990)。光照和温度主要通过影响湿地植物的光合作用来影响湿地的初级生产力。湿地的初级生产是提供食物原材料、工业原材料和林业原材料的基础,研究湿地的初级生产功能也为更好地理解湿地的供给功能提供基础。

5.1.5.2　营养物质循环

营养物质循环是湿地生态系统的重要支撑功能。生态系统营养物质循环的最主要过程是生物与土壤之间的养分交换过程,也是植物进行初级生产的基础,对维持生态系统的功能和过程十分重要,基于营养物质循环功能的服务机制,可以认为构成植物净初级生产力的营养元素量即为参与循环的养分量,在湿地建立自然保护区对自然保护区内的初级生产力有积极影响,相应的参与循环的养分量也会增加。湿地生态系统的营养物质循环主要包括通过食物网传递的物质循环与能量流动、植物凋落物分解过程中的物质循环与能量流动以及湿地通过沉淀和水质净化等方式参与的物质循环。例如,通过测定薹草地上和地下生活史的季节变化,研究生态系统初级生产力和养分循环发现,薹草春季早期的生长是这些养分在枝条中的重新分配,一些从地下组织转移,一些从土壤中吸收(Bernard and Solsky,1977)。沉积物也是湿地生态系统营养物质循环中的重要组成。Kokfelt 等(2010)通过分析瑞典北部斯托达伦沼泽的泥炭和湖泊沉积物记录来研究沼泽的全新世晚期的发展以及碳和营养循环的相关变化。佛罗里达州海岸沼泽地长期生态研究(FCE-LTER)项目显示,过去 50 年湿地养分有效性和植被分布迅速变化,湿地生态系统恢复和土地利用决策可对湿地的养分循环和初级生产力产生重大影响(Rivera-Monroy et al. ,2011)。植物凋落物分解是湿地的营养物质循环的重要组成部分。邵学新等(2014)研究了三种湿地植物芦苇、互花米草和海三棱藨草的分解过程发现,植物磷分解表现为净释放。

5.1.5.3　形成土壤

湿地生态系统的支撑功能还包括形成土壤。有研究指出,淹没的滨海湿地土壤的高度是靠矿物和有机物在沉积物上的堆积维持的(Nyman et al. ,1990)。土壤的形成也包括颗粒物的沉淀等,很多湿地沼泽化也是一种土壤形成。例如,三江平原中东部沼泽湿地主要是在地势、气候和水文等因素综合作用下,通过水体沉积而形成的(裴善文等,2008)。

5.1.6　小结

湿地生态系统的 4 类功能之间是相互影响的。支撑功能为其他 3 类功能的发挥提供物质基础。调节功能是湿地功能中最重要最珍贵的部分,湿地调节功能的丧失会导致极端气候和洪涝灾害增加、土壤侵蚀、水土流失和水质变差等。供给功能和文化功能与调节功能有时具有此消彼长的权衡关系,传统上人们过于强调湿地的供给功能,往往对湿地开发过度而损害了湿地的文化功能和调节功能,甚至导致湿地整体功能严重退化,而湿地的文化功能随着人类社会的发展和人类文明的进步会发挥越来越重要的作用。

5.2　湿地生态系统服务价值评估

湿地生态系统的功能是提供生态系统服务。湿地生态系统服务价值评估是基于湿地生态系统提供的服务,运用评价方法将抽象的服务转化为人们能感知的货币,直观地反映湿地各项服务所创造的价值。

5.2.1　评估方法

湿地生态系统服务价值的定量评估方法主要有三类:能值分析法、物质量评价法和价值量评价法。

能值分析法是指用太阳能值计量生态系统为人类提供的服务或产品,也就是用生态系统产品或服务在形成过程中直接或间接消耗的太阳能总量表示。

物质量评价法是指从物质量的角度对生态系统提供的各项服务进行定量评价(赵景柱和肖寒,2000)。

价值量评价法是指从货币价值量的角度对生态系统提供的服务进行定量评价。据生态经济学、环境经济学和资源经济学的研究成果,目前较为常用的价值量评价法可分为三类:① 直接市场法,包括费用支出法、市场价值法、机会成本法、减轻损害费用支出法、影子工程法、替代费用法、人力资本法等。② 替代市场法,包括旅行费用法和享乐价格法等。③ 模拟市场价值法,它以支付意愿和净支付意愿来表达生态服务的经济价值,其评价方法只有一种,即条件价值法,适用于缺乏实际市场和替代市场交换商品的价值评估。价值量评价法具体如下:

费用支出法:从消费者的角度来评价生态服务的价值。费用支出法是一种古老又简单的方法,它以人们对某种生态服务的支出费用来表示其经济价值。

市场价值法:先定量地评价某种生态服务的效果,再根据这些效果的市场价格来估计其经济价值。

机会成本法:机会成本指在其他条件相同时,把一定的资源用于生产某种产品时所放弃的生产另一种产品所创造的价值,或利用一定的资源获得某种收入时所放弃的另一种收入。

减轻损害费用支出法:可用来分析需花费多少钱才能减轻或逆转湿地利用方式的改变或某一开发项目对湿地环境造成的破坏,包括为抗衡这些改变或破坏所需的劳动力及物资的费用。

影子工程法:如果某一项开发工程或政策的改变会使湿地的某些环境效益或服务丧失,就可通过分析能够提供替代环境效益或服务的增补工程的费用来估计这一开发工程或政策改变的成本。

替代费用法:可用来分析需要花费多少钱才能弥补某一开发工程或政策对湿地造成的损失,然后把这些费用与避免环境损失所产生的费用相比较。

人力资本法:人力资本法是通过市场价格和工资多少来确定个人对社会的潜在贡献,并以此来估算环境变化对人体健康造成的损失。

旅行费用法:利用游憩的费用资料求出"游憩商品"的消费者剩余,并以其作为生态游憩的价值。

享乐价格法:如果人们是理性的,那么他们在选择时必须考虑房产本身数量,质量,距中心商业区、公路、公园和森林的远近,周围环境等因素,故房产周围的环境会对其价格产生影响,因周围环境的变化而引起的房产价格变化可以估算出来,便以此作为房产周围环境的价格。

条件价值法:也叫问卷调查法、意愿调查评估法、投标博弈法等,它是生态系统服务价值评估中应用最为广泛的评估方法之一,它的核心是直接调查人们对生态服务的支付意愿。

5.2.2　评估指标及价值

5.2.2.1　全球湿地价值

1997 年,美国的 Robert Constanza 等人对全球生态系统的功能和自然资本的价值进行估算,得到全球生态系统每年提供的环境服务功能价值约为 33.3 万亿美元,约等于全球国民生产总值(GNP)的 1.8 倍。其中,湿地生态系统提供的环境服务功能相当于 4.9 万亿美元,约占全部生态系统的 14.7%,占全球自然资源总价值的 45%。

5.2.2.2　中国湿地价值

2000 年,陈仲新和张新时在《科学通报》上发布了他们参考 Constanza 等人的分类方法与经济参数对我国生态系统效益与功能进行的价值估算,得到我国生态系统总价值 7.8 万亿元,其中陆地生态系统价值 5.6 万亿元,是年征税总值(1994 年国内生产总值)的 1.73 倍。海洋生态系统的年价值 2.2 万亿元,湿地生态系统的年价值 2.7 万亿元。

5.2.2.3　湿地价值评估研究

利用环境经济学的方法,从生态系统功能分析的角度对具体湿地的价值进行剖析评价研究,以下是 6 个研究结果样例。

(1) 扎龙湿地价值

扎龙湿地位于东北松嫩平原乌裕尔河和双阳河下游,景观类型多样,主要包括沼泽、草甸、水域、耕地、盐碱地和居民用地,地表植被以沼泽、沼泽草甸、盐化草甸为主,土壤类型包括盐化沼泽土、石灰性草甸土、盐化草甸土、黑钙土和风沙土等(崔丽娟等,2016)。

崔丽娟等人采用市场价值法等环境经济学方法对扎龙湿地生态系统服务价值进行了评估。2011 年,扎龙湿地生态系统服务价值为 679.39 亿元,其中,气候调节价值为 420.0 亿元,调蓄洪水价值为 226.0 亿元,大气调节价值为 17.35 亿元,固碳价值为 8.6 亿元,休闲娱乐价值为 3.86 亿元,授粉服务价值为 1.74 亿元,物质生产价值为 1.43 亿元,水质净化价值为 0.3 亿元,科研教育价值为 0.08 亿元,土壤保持服务价值为 0.03 亿元。

(2) 鄱阳湖湿地价值

鄱阳湖湿地是永久性淡水湖泊,季节性涨水,具有"高水是湖,低水似河"的独特的自然地理景观。鄱阳湖湿地枯水期面积 129000 hm^2,平水期面积 279700 hm^2,丰水期面积 390000 hm^2(刘信中和叶居心,2000)。

经过计算得到,水资源、生物资源、洲滩土地资源、航运、砂矿资源等直接产品价值合计 690.794×10^8 元;涵养水源、调蓄洪水、保护土壤、固定 CO_2、释放 O_2、营养循环、生物栖息地、降解污染等服务功能价值合计 1.4943×10^{12} 元。

可见,不完全统计的鄱阳湖湿地年价值为 1.56×10^{12} 元,这一价值量仅涉及鄱阳湖湿地的直接产品和服务功能的价值,已经十分可观。

(3) 大兴安岭湿地价值

大兴安岭湿地分布广、面积大,而且伴有岛状冻土、兴安落叶松植被类型等特点,是全球气候变暖最敏感地区之一,大兴安岭湿地具有典型性、多样性、稀有性、脆弱性特点,其主要类型有沼泽和沼泽化草甸湿地、湖泊湿地、河流湿地(梁延海等,2005)。大兴安岭湿地总价值为湿地经济价值、湿地环境(生态)价值和湿地公益价值之和,约642.25亿元。其中:

湿地经济价值:鱼类生产1660.95万元,珍稀鸟类380.58万元,植物产品22.29亿元。

湿地环境(生态)价值:大兴安岭湿地固碳和放氧总价值为8.84亿元。采用影子工程法计算出大兴安岭湿地涵养水源的总价值为68.7亿元。大兴安岭湿地侵蚀控制的价值为22.2亿元。

湿地公益价值:科研文化价值77.18亿元,废物处理价值365.92亿元,避难所价值26.63亿元,旅游价值50.28亿元。

(4) 若尔盖高原湿地价值

若尔盖高原湿地不仅是我国面积最大的高原泥炭沼泽集中分布区,也是黄河重要的水源涵养区,它在抵御洪水、控制污染、美化环境、维护生态系统多样性和区域生态平衡等方面均具有重要作用(张晓云等,2009)。2006年,该湿地的物质产品生产价值6.17亿元,气体调节价值57.31亿元,蓄水价值54.87亿元。

(5) 青海湖湿地价值

青海湖是我国最大的内陆高原咸水湖,是维系青藏高原东北部生态安全的重要水体,也是控制西部荒漠化向东蔓延的天然屏障,为社会提供了多项生态系统服务。青海湖作为世界著名的高寒湿地自然保护区,具有保护和维持生物多样性、调节西北地区气候、水源涵养、维持生态平衡等不可替代的作用(江波等,2015)。

运用市场价值法、条件价值法等方法定量评估了2012年青海湖湿地生态系统生态经济价值,结果表明,最终服务总价值为6749.08亿元,其中,原材料生产价值为0.22亿元,水源涵养价值为4797.57亿元,气候调节价值为1929.34亿元,固碳价值为0.11亿元,释氧价值为0.22亿元,休闲娱乐价值为18.40亿元,非使用价值为3.22亿元。

(6) 盘锦地区湿地价值

盘锦地区位于我国东北的辽河三角洲地区,地处辽东湾顶。运用环境经济学、资源经济学、模糊数学等研究方法对该地区的湿地生态系统的服务功能进行了价值评估,得到其服务功能价值为62.17亿元(辛琨和肖笃宁,2002)。其中,生态系统物质生产功能价值为7.26亿元,大气组分调节功能价值为19.95亿元,水调节功能价值为28.3亿元,净化功能价值为1.08亿元,栖息地功能价值为2.2亿元,休闲娱乐功能价值为0.28亿元,文化科研功能价值为3.1亿元。

思 考 题

1. 湿地生态系统的功能有哪些?各功能之间具有怎样的关联性?

2. 湿地生态系统功能的分类标准是什么？

3. 湿地生态系统服务价值评估具有怎样的研究意义？

4. 如何维持和提升湿地生态系统的功能？

参 考 文 献

边归国. 2006. 我国人工湿地净化水质的应用进展. 福建林业科技,33:181-185.

陈宜瑜,吕宪国. 2003. 湿地功能与湿地科学的研究方向. 湿地科学,1:7-11.

崔丽娟,庞丙亮,李伟,等. 2016. 扎龙湿地生态系统服务价值评价. 生态学报,3:36.

刘信中,叶居心. 2000. 江西湿地. 北京:中国林业出版社.

江波,张路,欧阳志云. 2015. 青海湖湿地生态系统服务价值评估. 应用生态学报,26:3137-3144.

姜明,吕宪国,许林书,等. 2005. 湿地抗自然力侵蚀效益评估——以莫莫格国家级自然保护区为例. 东北林业大学学报,33:67-68.

蒋科毅,王斌,杨校生,等. 2014. 浙江省滨海湿地生态效益评价. 浙江林业,1:30-33.

雷昆. 2005. 对我国湿地公园建设发展的思考. 林业资源管理,2:23-26.

冷湘梓,钱新,高海龙,等. 2017. 基于非线性规划模型的低污染水湿地净化方案优化技术. 环境科学与技术,2:190-194.

梁延海,朱万昌,王立功. 2005. 大兴安岭湿地价值的初步评价. 防护林科技,4:54-55.

林伟新. 2017. 湿地松速生丰产栽培技术. 农家科技,1:193-194.

刘吉平,杨青,吕宪国,等. 2005. 三江平原典型环型湿地生物多样性. 生态与农村环境学报,21:1-5.

刘剑秋,曾从盛,陈宁,等. 2005. 闽江河口湿地的生物多样性及其可持续发展策略. 湿地科学与管理,1:27-30.

吕铭志,盛连喜,张立. 2013. 中国典型湿地生态系统碳汇功能比较. 湿地科学,11:114-120.

马涛. 2012. 湿地生态环境耗水规律及水资源利用效用评价. 博士学位论文. 大连:大连理工大学.

麦克尼利著. 薛达元,等译. 1991. 保护世界的生物多样性. 北京:中国环境科学出版社.

孟永刚,王向阳,章茹. 2016. 基于"海绵城市"建设的城市湿地景观设计. 生态经济(中文版),32:224-227.

牛振国,官鹏,程晓,等. 2009. 中国湿地初步遥感制图及相关地理特征分析. 中国科学:D辑,2:188-203.

欧阳志云,王如松. 2000. 生态系统服务功能,生态价值与可持续发展. 世界科技研究与发展,22:45-50.

裴善文,孙广友,夏玉梅. 2008. 三江平原中东部沼泽湿地形成及其演化趋势的探讨. 湿地科学,6:148-159.

邵伟庚,韩勤,刘新宇,等. 2012. 扎龙湿地芦苇对火烧的生态响应. 防护林科技,3:58-60.

邵学新,梁新强,吴明,等. 2014. 杭州湾潮滩湿地植物不同分解过程及其磷素动态. 环境科学,9:3381-3388.

舒柳. 2015. 不同类型人工湿地净化水质季节变化分析. 江苏农业科学,43:384-388.

孙云华,张安定,王庆. 2011. 基于RS和GIS的近30年来人类活动影响下莱州湾东南岸海岸湿地演变. 海洋通报,30:65-72.

唐小平,黄桂林. 2003. 中国湿地分类系统的研究. 林业科学研究,16:20-28.

田润炜,蔡新斌,江晓珩,等. 2015. 新疆阿勒泰科克苏湿地自然保护区生态服务价值评价. 湿地科学,13:491-494.

童伟军,郑文萍,马琳,等. 2019. 不同生物促生剂添加量对垂直流人工湿地水质净化效果的影响. 水生生物学报,43:203-210.

涂育合. 1999. 湿地松工业原料林培育模式的研究:Ⅰ.纸浆林适宜经营密度的确定. 森林与环境学报,19:242-245.

王继国. 2007. 湿地调节气候生态服务价值的估算——以新疆艾比湖湿地为例. 江苏理工学院学报,13:58-62.

王明星,戴爱国,黄俊,等. 1993. 中国CH_4排放量的估算. 大气科学,17(1):52-64.

辛琨,肖笃宁. 2002. 盘锦地区湿地生态系统服务功能价值估算. 生态学报,22:1345-1349.

尹澄清,苏胜利,张荣斌,等. 2010. 以河网作为城市水源的污染问题和湿地净化. 环境科学学报,30:1583-1586.

曾竟,卜兆君,王猛,等. 2013. 氮沉降对泥炭地影响的研究进展. 生态学杂志,32:473-481.

詹潮安,陈玉军,舒春风. 2005. 广东省湿地资源及保护利用对策研究(总报告)——第三章 湿地在社会发展中的地位与作用. 粤东林业科技,1:11-15.

张灏,孔东升. 2013. 张掖黑河湿地国家级自然保护区气候调节功能价值评估. 西北林学院学报,28:177-181.

张建龙. 2001.《湿地公约》履约指南. 北京:中国林业出版社.

张先军,姚辉勇. 2010. 南水北调东线南四湖人工湿地建设与规划. 南水北调与水利科技,8:21-24.

张小玲,赵亚芳,林燕,等. 2013. 人工湿地植物制备燃料乙醇研究进展. 化工进展,32:2867-2891.

张晓云,吕宪国,沈松平. 2009. 若尔盖高原湿地生态系统服务价值动态. 应用生态学报,20:1147-1152.

张绪良,肖滋民,徐宗军,等. 2011. 黄河三角洲滨海湿地的生物多样性特征及保护对策. 湿地科学,9:125-131.

张莹,郭思雨,张仕烜,等. 2016. 江风吹又生:汉江矶口段废弃水域空间的弹性再生. 风景园林,12:25-27.

张峥,刘爽,朱琳,等. 2002. 湿地生物多样性评价研究——以天津古海岸与湿地自然保护区为例. 中国生态农业学报,10:76-78.

张祖陆,辛良杰. 2006. 南四湖湿地生态环境退化特征及其生态经济损失评估. 北京:气象出版社.

赵景柱,肖寒. 2000. 生态系统服务的物质量与价值量评价方法的比较分析. 应用生态学报,11(2):290-292.

赵欣胜,崔丽娟,李伟,等. 2016. 吉林省湿地调蓄洪水功能分析及其价值评估. 水资源保护,32:27-33.

Bernard JM,Solsky BA. 1977. Nutrient cycling in a *Carex lacustris* wetland. Canadian Journal of Botany,55:630-638.

Bian J,Li A,Deng W. 2010. Estimation and analysis of net primary productivity of Ruoergai wetland in China for the recent 10 years based on remote sensing. Procedia Environmental Sciences,2:288-301.

Brevik EC,Homburg JA. 2004. A 5000 year record of carbon sequestration from a coastal lagoon and wetland complex,Southern California,USA. Catena,57:221-232.

Chmura GL,Anisfeld SC,Cahoon DR,et al. 2003. Global carbon sequestration in tidal,saline wetland soils. Global Biogeochemical Cycles,17:1-12.

Costanza R,D'Arge R,De Groot R,et al.1997. The value of the world's ecosystem services and natural capital. Nature,387:253-260.

Fan X,Cui B,Zhang Z,et al. 2012. Research for wetland network used to improve river water quality. Procedia Environmental Sciences,13:2353-2361.

Gao YL. 2006. The practices and improvements of the Xixi National Wetland Park Model,Hangzhou. Wetland Science and Management,2(1):55-59.

Gopal B. 1990. Ecology and management of aquatic vegetation in the Indian subcontinent. Journal of Applied Spectroscopy,59:826-831.

Gorham E. 1991. Northern peatlands:Role in the carbon cycle and probable responses to climatic warming. Ecological Applications,1(2):182-195.

Hansson LA,Brönmark C,Nilsson PA,et al. 2010. Conflicting demands on wetland ecosystem services:Nutrient retention,biodiversity or both? Freshwater Biology,50:705-714.

Howe AJ,Saco PM. 2009. Surface evolution and carbon sequestration in disturbed and undisturbed wetland soils of the Hunter estuary,southeast Australia. Estuarine Coastal and Shelf Science,84:75-83.

IPCC. 2001. Climate Change 2001. Cambridge:Cambridge University Press.

Kang Y,Xie H,Li B,et al. 2019. Performance of constructed wetlands and associated mechanisms of PAHs removal with mussels. Chemical Engineering Journal,357:280-287.

Keddy PA.2010. Wetland Ecology:Principles and Conservation. Cambridge:Cambridge University Press.

Kokfelt U,Reuss N,Struyf E,et al. 2010. Wetland development,permafrost history and nutrient cycling inferred from late Holocene peat and lake sediment records in subarctic Sweden. Journal of Paleolimnology,44:327-342.

Leauthaud C,Duvail S,Hamerlynck O,et al. 2013. Floods and livelihoods:The impact of changing water resources on wetland agro-ecological production systems in the Tana River Delta,Kenya. Global Environmental Change,23:252-263.

Lee SY. 1990. Primary productivity and particulate organic matter flow in an estuarine mangrove-wetland in Hong Kong. Marine Biology,106:453-463.

Lieth H,Whittaker RH. 1975. Primary Productivity of the Biosphere. Berlin,Heidelberg,New York:Springer.

Liu X. 2007. Water storage and flood regulation functions of marsh wetland in the Sanjiang Plain. Wetland Science,5(1):64-68.

MA(Millennium Ecosystem Assessment). 2005. Ecosystems and Human Well-being:Synthesis. Washington DC:Island Press and World Resources Institute.

Mitra S,Wassmann R,Vlek PLG. 2005. An appraisal of global wetland area and its organic carbon stock. Current Science,88:25-35.

Mitsch WJ,Jørgensen SE. 1989. Ecological Engineering:An Introduction to Ecotechnology. New York:John Wiley and Sons.

Mitsch WJ,Nahlik AM,Mander Ü,et al. 2013. Wetlands,carbon,and climate change. Landscape Ecology,28:583-597.

Mitsch WJ,Wu X. 1995. Wetlands and Global Change. Boca Raton:CRC Press.

Moomaw WR,Chmura GL,Davies GT,et al. 2018. Wetlands in a changing climate:Science,policy and management. Wetlands,38:183-205.

Nyman JA,Delaune RD,Patrick WH. 1990. Wetland soil formation in the rapidly subsiding Mississippi River Deltaic Plain:Mineral and organic matter relationships. Estuarine Coastal and Shelf Science,31:57-69.

Rivera-Monroy VH,Twilley RR Ⅲ,Stephen ED,et al. 2011. The role of the everglades mangrove ecotone region (EMER) in regulating nutrient cycling and wetland productivity in South Florida. Critical Reviews in Environmental Science and Technology,41:633-669.

Robinson GGC,Gurney SE,Goldsborough LG. 1997. The primary productivity of benthic and planktonic algae in a prairie wetland under controlled water-level regimes. Wetlands,17:182-194.

Schot P,Winter T. 2006. Groundwater-surface water interactions in wetlands for integrated water resources management. Journal of Hydrology,320:261-263.

Vymazal J. 2011. Constructed wetlands for wastewater treatment:Five decades of experience. Environmental

Science and Technology,45:61-69.

Wang F,Zhang S,Hou H,et al. 2019. Assessing the changes of ecosystem services in the Nansi Lake Wetland, China. Water,11:788.

Wu H,Fan J,Zhang J,et al. 2018. Large-scale multi-stage constructed wetlands for secondary effluents treatment in northern China:Carbon dynamics. Environmental Pollution,23:933-942.

Wu H,Zhang J,Li P,et al. 2011. Nutrient removal in constructed microcosm wetlands for treating polluted river water in northern China. Ecological Engineering,37:560-568.

Xiao D,Deng L,Kim DG,et al. 2019. Carbon budgets of wetland ecosystems in China. Global Change Biology,25:2061-2076.

Yonghoon C,Yang W. 2004. Dynamics of carbon sequestration in a coastal wetland using radiocarbon measurements. Global Biogeochemical Cycles,18:1-12.

第 6 章

湿地的生态水文过程

　　湿地系统的特性决定了它是一个非常敏感的水文系统,湿地水文过程被认为是各种湿地类型形成与维持的最重要的因素,在湿地的形成、发育、演替直至消亡的全过程中都起着直接而重要的作用。湿地水文过程可直接、显著改变营养物质和氧的可获取性、土壤盐渍度、pH 值和沉积物特性等物理化学环境,影响物种的组成和丰富度、初级生产力、有机物质的积累、生物分解和营养循环及使用,进而影响湿地的类型、结构和功能,控制着湿地生态系统的形成和演化。

　　生态水文学的科学框架为湿地生态水文过程的研究提供了重要科学基础。生态水文学是一门从不同尺度(全球、区域、流域)探索和揭示生态格局、过程和水文学机理的学科。生态水文学研究的问题主要包括:河湖生态水文、植被生态水文、湿地生态水文等。湿地生态水文学以湿地生态系统为研究对象,揭示不同时空尺度湿地生态格局和生态过程的水文学机制,是研究湿地水文过程如何影响以湿地植物为主要组分的生物过程及其反馈机制的生态学和水文学的交叉学科,对湿地生态保护与修复、水资源综合管理和应对气候变化等具有极其重要的意义,是生态学家和水文学家关注的焦点。

6.1　湿地的关键水文过程

　　湿地水文循环是水文循环系统的有机组成部分,全球的水文循环控制着湿地水文格局、水量、水质和水资源保证率,同时湿地对流域乃至全球水文循环具有重要的调节功能。在许多湿地流域,满足公共供水、农业或工业的水资源开发利用或洪水防控措施都将显著改变水文循环过程,进而影响水资源可利用量和水资源的可获得性(Acreman and Holden,2013;Bullock and Acreman,2003)。

　　水循环理论是认识流域和湿地水文过程的基础(图 6.1),水量平衡原理则是水循环研究的基本理论前提。因此,在湿地水文过程研究中,依据水量平衡原理对流域内的降水、入渗、蒸散发、地表径流和地下径流等水文要素建立定量关系,通过河流与湿地的相互补给过程,将河流和湿地的水文循环联系起来,进而实现流域湿地水文过程模拟(章光新,2014)。

　　湿地不同于陆地,湿地独特的水文特征主要表现在湿地的水源补给、径流、蒸散发等水循环要素方面。湿地通常发育于地表径流缓慢、下渗受限或有地下水排泄的水陆过渡地带,具有一系列既不同于陆地又有别于水体的独特水文特征,通常情况下,湿地水量平衡可

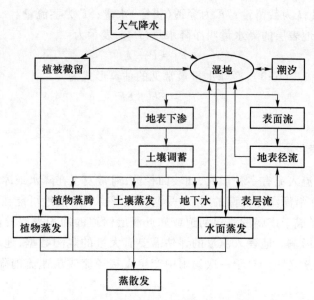

图 6.1 典型湿地水循环过程示意图

用下式表示：

$$\frac{\Delta v}{\Delta t} = P_n + S_i + G_i - ET - S_o - G_o \pm T \qquad (6-1)$$

式中，v 为湿地储水体积；$\Delta v/\Delta t$ 为单位时间内湿地水体积的变化；P_n 为净降水量；S_i 为地表径流入流，包括洪水；G_i 为地下入流；ET 为蒸散量；S_o 为地表出流；G_o 为地下出流；T 为潮汐入流（+）或出流（-）。

6.1.1 湿地补给水源

湿地通常位于低洼的河漫滩、沼泽等地貌部位，其补给水主要来自降水（包括降雨与降雪）、地表径流、河道径流、地下水和潮汐等。不同区域的水文地貌决定了不同的湿地补给类型，从而使得湿地水文特征具有显著差异。

6.1.1.1 降水

湿地中的降水（包括降雨和降雪）广泛存在，当湿地中分布有森林、灌木及其他植物时，部分降水将被植被拦截（尤其是森林湿地），穿过植被直接到达水面的这部分降水称为穿透（贯穿）水量，被上层植被拦截的降水量称为截留。截留量取决于几个因素，如总降水量、降水强度、植被特征（包括植被的生长阶段、植被类型和植被层）。森林的降水截留量在8%~35%。Dunne 和 Leopold（1987）在研究中引用了一些研究的中间值：落叶林为13%，针叶林为28%。

另一个与降水有关的术语是茎流，它是指沿着植被茎流下的水量。该水量通常是湿地水量平衡中一个次要的组分。这几个变量可以用简单的水量平衡公式表示：

$$P = I + TF + SF \qquad (6-2)$$

式中，P 为总降水量；I 为截留量；TF 为穿透(贯穿)水量；SF 为茎流量。

达到水面或湿地表层的降水量叫净降水量(P_n)，表示为

$$P_n = P - I \qquad (6-3)$$

结合式(6-2)和式(6-3)，净降水量最常见的估算形式为

$$P_n = TF + SF \qquad (6-4)$$

6.1.1.2　地表径流

湿地的地表径流入流有多种形式，如坡面径流，通常发生在降水或冰雪融化后的无渠道的层流，有时发生在沿海湿地涨潮的时候；受河网流域影响的湿地可能在一年或大部分的时间接受渠道径流；形成于广阔的浅层河道或靠近浅层河道的冲积平原的湿地很大程度上受季节性径流模式的影响。地表入流量的评估需要有大量的观测数据，地表径流是湿地水量平衡中最重要的要素之一。对于一次暴雨中产生直接径流或快速流的降水量，可以采用以下方程进行估算：

$$S_i = R_p \times P \times A_w \qquad (6-5)$$

式中，S_i 为直接进入湿地的地表径流(m^3)；R_p 为水文响应系数，是指流域降水量形成直接地表径流的比率；P 为流域平均降水量(m)；A_w 为向湿地排水的流域面积(m^2)。从方程中可以看出，地表径流与补给径流的流域降水体积($P \times A_w$)成比例。

有时湿地学家和管理者可能会比较关注一场降水事件流入湿地的洪峰流量。但是对于大流域来说这个计算比较困难，对于面积小于 80 hm^2 的流域，一种应用比较广泛的方法如下所示：

$$S_{i(pk)} = 0.278C \times I \times A_w \qquad (6-6)$$

式中，$S_{i(pk)}$ 为进入湿地的洪峰流量($m^3 \cdot s^{-1}$)；C 为径流系数；I 为降水强度($mm \cdot h^{-1}$)。

径流系数 C 为 0~1，取决于上游土地利用情况。集中的城市区径流系数在 0.5~0.95。乡村区径流系数较小，多数取决于土壤类型，砂砾土壤径流系数最低，在 0.1~0.2；黏土最高，在 0.4~0.5。

6.1.1.3　河道径流

湿地的河道入流和出流是断面面积和平均流速的乘积，可以通过测量径流的流速来确定：

$$S_i = A_x v \qquad (6-7)$$

式中，S_i 为湿地地表河道入流($m^3 \cdot s^{-1}$)；A_x 为河流断面面积(m^2)；v 为平均流速($m \cdot s^{-1}$)。

6.1.1.4　地下水

影响地下水的补给量的因素主要有大气降水量、地下水埋藏深度、包气带岩性、地形地貌等。地下水埋藏深度对地下水补给的影响比较复杂，主要影响大气降水入渗补给系数的大小。当地下水埋藏深度过浅时，毛细饱和带接近地表，降水无法进一步下渗补给地下水，降水大多转化为地表径流，入渗系数较小。当地下水埋藏深度较大时，降水首先会补足包气

带水分的亏缺,才能形成对地下水的有效补给,入渗系数较大,蒸发作用影响趋于零,水分在包气带的截留量不会随深度增加,入渗系数也趋于定值。当降水量一定时,降水入渗补给量随着地下水埋藏深度的增加会先增大;当埋深达到最佳埋深时,入渗补给量达到最大;当埋深大于最佳埋深时,降水入渗补给量会缓慢减小,最后趋于定值(崔丽娟等,2017)。

　　地下水与湿地的水分关系非常复杂,有些湿地强烈地受到地下水的影响,而有些湿地几乎不受地下水影响(Mitsch and Gosselink,2015)。图 6.2 列举出了湿地与地下水的水文交换关系的几种类型。湿地补给地下水主要通过湿地水体渗漏过程实现。当地下水充足时,湿地水流向上移动变为地表水,以此来排出地下水,调节河川径流,这样就对地表水及地下水的天然优化配置起到一个保障作用,从而维持水的良性循环,促进水资源的可持续利用(徐华山等,2011;徐凯等,2013)。地表水与地下水的相互转换频繁,交换水量在整个水资源量中占相当大的比例,自然界中几乎所有的地表水体都和地下水发生着作用,这直接影响着地表水和地下水的水质和水量。

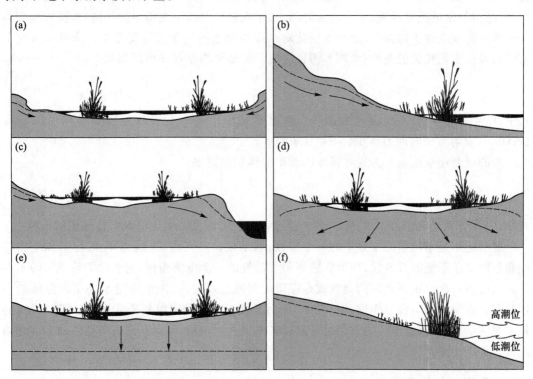

图 6.2　湿地与地下水的不同关系。(a) 地下水补给湿地;(b) 湿地处于陡坡的底部,地下水以泉水的形式补给湿地;(c) 洪泛平原上由地下水补给的湿地;(d) 湿地与地下水互补型;(e) 湿地补给地下水;(f) 潮汐影响下的地下水补给变化。图中的虚线为地下水位线(Mitsch and Gosselink,2015)

　　湿地渗漏耗水量采用公式进行估算:

$$W_b = k \times I \times A \times T \tag{6-8}$$

式中,W_b 为补水量(m^3);k 为渗透系数(其值与土壤类型、剖面组成等有关)(杨泉和罗浩,2010);I 为水力坡度(取 1)(徐华山等,2011);A 为渗流剖面面积(m^2);T 为计算时段长度。

6.1.1.5   潮汐

潮汐作用作为盐沼湿地独特的水文特征能在短时间内强烈影响湿地的水量平衡（Moffett et al. ,2010）。潮汐盐沼湿地是海岸沿线受到海洋潮汐周期性或间歇性影响的有盐生植物覆盖的咸水或淡咸水淤泥质滩涂,潮汐淹水过程会改变湿地的生态过程,如各种环境因子之间的关系（郭海强,2010）。除在大潮期间,潮汐盐沼湿地大部分面积平时基本上不会被海水浸没,出现明显的以半月为周期的淹没和暴露的干湿交替,并且在暴露期间会出现土壤龟裂和盐碱化现象。

6.1.2   湿地径流

对于干旱或半干旱地区的内陆湿地,降水到达湿地后,首先经过草根层吸收,至草根层饱和后才开始产流,即产流模式一般为蓄满产流。湿地内地形起伏较小,由于湿地植被的作用,湿地内的水流速度缓慢,水力持留时间长,水在自然状态下变得更加扩散,水流方程变为一个单一的非线性扩散方程,地形的变化对水深和流速的变化有重要影响。这里引入两个与湿地径流密切相关的变量:水深和滞留时间。湿地平均水深 d 可以表示为

$$d = \frac{V}{A} \tag{6-9}$$

式中,V 为湿地体积;A 为湿地表面积。水量平衡中的各个变量均可以用单位时间深度（$cm \cdot a^{-1}$）或者单位时间的体积（$m^3 \cdot a^{-1}$）来表示。

水的更新速率被定义为通过系统内部单位体积的速率:

$$t^{-1} = \frac{Q_t}{V} \tag{6-10}$$

式中,t^{-1} 为更新速率（时间$^{-1}$）;Q_t 为总入流速率（体积/时间）;V 为湿地单位体积储水量。

更新速率是湖沼研究中常用的一个参数,但是很少有人测量过。实际的化学和生物特性通常取决于系统的开放性,而更新速率是开放性的一个重要指标,它表示了系统中的水多长时间更新一次。更新速率的倒数就是滞留时间或更新时间,用来衡量水停留在湿地的平均时间。由于不均匀混合作用,用式（6-10）计算出的理论滞留时间通常比实际滞留时间要长。通常情况下,部分湿地的水是停滞的或者未混合均匀的,因此在评估湿地水动力学时要谨慎计算理论滞留时间。

6.1.3   水分流失

6.1.3.1   湿地蒸散发

湿地蒸散发指湿地从水体或土壤中蒸发的水分（蒸发）和通过维管植物输送到大气中的水分（蒸腾）之和,是湿地水量支出的主要途径之一,是各种类型湿地的主要水分损失方式,对湿地的水深、水温、水体盐分、水面面积及淹水时间等都有显著影响（章光新等,2008）。湿地蒸散发具有明显的季节变化,与水位也有关系,湿地蒸散量水位与气象要素、植被的生长阶段及生理状况有着密切的联系。在水分充足的情况下,影响蒸散发的气象因

素相似。湿地蒸散发是湿地系统重要的水文特征,一般可以通过实测或者经验公式来计算。

(1) 直接测量

湿地蒸散发可以通过一些直接的方法进行测量。最早运用蒸发器测定,注水式蒸发器是最经典的方法,通过单位时间内水量的减少或水位的下降来测定蒸散量。由于蒸散发表面处于饱和状态,所测定的蒸散量一般是蒸散发能力。该法得到的结果一般与有植被覆盖的下垫面的实际蒸散量有一定误差,因为植物蒸腾作用、土壤饱和状况、植物冠层的遮阴作用以及近地表风速等都会影响蒸散发速率,然而其作用机制还不是很清楚。但是,这种方法也提供了与其他技术相比较的参考的蒸散发速率。而且,湿地土壤绝大多数时间处于饱和的状态,这种方法用于湿地观测要比用于陆地系统精确得多(梁丽乔等,2005)。

学者在应用蒸发器的基础上,根据水量平衡原理设计了蒸渗仪。蒸渗仪的主要构造为一填充土壤的池子,植被可在内部自然生长,更接近于研究区的自然条件,所获得的测量数据比蒸发器数据更为精准,经过多年验证后蒸渗仪已经成为一种准确的测定方法,被广泛应用,现已成为湿地实际蒸散量最通用的直接测量方式和进行水质监测的标准性试验仪器,许多学者运用蒸渗仪对地表蒸散量进行测定(Tyagi et al.,2000)。然而蒸渗仪的应用也有许多的限制性因素,主要是建造费用高,周期长,技术较为复杂。尽管在长期积水的环境下,蒸渗仪可以区分蒸散发和入渗及地下水补给导致的地表水位波动,但是在间歇性积水的湿地,尤其是潮汐湿地,蒸渗仪的用处相对较小。研究人员用蒸渗仪测量弗吉尼亚盐沼的蒸散量,结果表明,盐沼与开阔水体的蒸散量并没有明显的区别;但在潮汐淡水湿地与开阔水体的对比研究中,湿地蒸散量明显大于开阔水体,其差别主要是由于淡水湿地的植被叶面积指数更大(Hussey and Odum,1992;栾兆擎,2004)。

测量湿地蒸散发的直接方法还有波文比-能力平衡法和涡度相关法等。波文比-能力平衡法对气象要素没有特别的要求和限制,然而该方法只有在下垫面开阔、均一的情况下,才能保证较高的精度(王昊等,2006)。涡度相关法具有坚实的物理学基础,测量精度较高,但是该方法在阴雨天气会产生较大误差,而且投入昂贵,还不能作为测量湿地蒸散量的常规方法使用(王昊等,2006)。通过比较,蒸渗仪法是最为可靠的直接测量方法,但在应用中存在费时费力的弊端。

目前,国内外诸多研究中仍然无法将沼泽湿地水面蒸发和植被蒸腾过程很好地区分。一些学者针对不同的湿地植物提出了不同的观测方法,如针对芦苇的蒸散发,王昊等(2006)提出了三筒补偿蒸渗仪法,Moro 等(2004)提出了基于茎热平衡的植物体液流动测量法。用于估算湿地蒸散量的经验模型方法很多,主要是根据能量平衡原理或空气动力学原理,利用各种微气象监测数据及下垫面信息(类型、植物密度、高度等)估算下垫面蒸散量(潜在蒸散量)。

湿地蒸散发同样可以通过测量湿地本身的水位变化来估算。这种方法可按以下公式计算:

$$ET = S_y(24h \pm s) \tag{6-11}$$

式中,ET 为蒸散量($mm \cdot d^{-1}$);S_y 为含水层的给水度(无量纲);h 为午夜 12:00 到凌晨 4:00 每小时水位变化($mm \cdot h^{-1}$);s 为一天内潜水位或水面的净降低(-)或升高(+)值。

这个模式假定一天中植被提水活跃,而且补给的速率是恒定的,同时假定午夜的潜在蒸散量微不足道,这时的潜水位接近日平均值。很多湿地中,水位通常接近或存在于根系区,这是用这种方法准确测量蒸散量的一个必要条件。

(2) 经验估算

湿地蒸散量还可以通过一些经验公式进行估算和模拟。常用的经验公式有 Thornthwaite 公式(Thornthwaite,1948)、Hammer-Kadlec 公式(Hammer and Kadlec,1983)、Penman 公式(Lafleur and Roulet,1992)、PM 模型(Monteith,1965)和 PT 模型(Priestley and Taylor,1972)等。

经验估算一般通过对微气象数据及下垫面信息的监测,利用模型估算参照作物的蒸散量,进而采用作物系数法求得实际蒸散量。其缺点在于:微气象数据不能区分不同物种蒸散发特性的差异;由于缺乏足够的实测资料,许多蒸散发估算模型无法进行参数率定或验证。

对于下垫面均匀的陆地生态系统,Thornthwaite 公式应用较为准确简便,在多种类型的湿地中都比较成功,其表达式如下:

$$ET_i = 16(10T_i/I)^\alpha \tag{6-12}$$

式中,ET_i 为第 i 月的蒸散量;T_i 为月平均温度;I 为局地热指数;α 为常数。

考虑到植被覆盖状况对蒸散发过程的影响,Schette 于 1978 年提出估算夏季蒸散量的经验公式,并由 Hammer 和 Kadlec 加以改进,得出 Hammer-Kadlec 公式,主要用于计算植被覆盖的沼泽湿地蒸散量 ET:

$$ET = a + bR_t + cT_a + dH_r + eu \tag{6-13}$$

式中,a、b、c、d、e 为相关系数;R_t 为入射短波辐射;T_a 为大气温度;H_r 为相对湿度;u 为风速。在计算中,入射短波辐射常常难以测定,这也制约了该经验公式的推广应用。

Penman 公式是从能量平衡和空气动力学理论出发建立的综合分析公式,与 Thornthwaite 公式和 Hammer-Kadlec 公式相比较,具有明确的物理意义(梁丽乔等,2005)。联合国粮食及农业组织(FAO)在 1979 年提出了 Penman 公式的修正公式,精度略低但便于应用。Penman 公式及其修正公式在湿地研究中的应用十分广泛(Lafleur and Roulet,1992)。Penman 公式的计算方程为

$$ET = (\Delta H + 0.27E_a)/(\Delta + 0.27) \tag{6-14}$$

式中,ET 为日蒸散潜量;H 为净辐射;E_a 为质量传输对蒸散发的贡献量;Δ 为水汽压曲线斜率;0.27 是 Penman 公式应用于湿地时干湿球常数的取值。Penman 公式计算的蒸散量与直接观测或其他经验公式计算的蒸散量相比,数值偏小,但误差在允许的范围内。以 Penman 公式为基础,Monteith 在研究作物的蒸散量中引入表面阻力的概念建立了 PM 模型,Priestley 和 Taylor 在 PM 模型基础上建立的半经验 PT 模型,以空气动力学阻力(风速、冠层特征和大气稳定性的函数)和冠层阻力(植物蒸腾的气孔阻力)为理论基础估算蒸散量。

PM 模型:

$$E = \frac{\Delta(R_n - G) + \rho C_p(e_s(T) - e)/r_a}{L\{\Delta + \gamma[1 + (r_s/r_a)]\}} \tag{6-15}$$

式中,R_n 为净辐射;G 为地表热通量;ρ 为大气密度;C_p 为大气定压比热;e_s 为饱和水汽压;T 为 2 m 高度空气温度;e 为实际水汽压;γ 为温度计算常量;r_s 为表面阻力;r_a 为空气动力学阻力;Δ 为水汽压曲线斜率;L 为蒸散潜热。

PT 模型：

$$\lambda E = \alpha \Delta A/\Delta + \gamma \tag{6-16}$$

式中，λ 为汽化潜热；E 为蒸散率；α 为 PT 系数；Δ 为水汽压曲线斜率；A 为可利用能量（MJ·m^{-2}·d^{-1}）；γ 为温度计算常量，由大气压（通常取 101kPa）和大气温度决定；α 反映了平流的变化情况。

总结起来看，Thornthwaite 公式和 Hammer-Kadlec 公式参数需求少，并且容易获取，估算精度比较高。其中，Thornthwaite 公式最为简单，适用于不同的湿地类型，但是要求下垫面必须均一；Hammer-Kadlec 公式考虑到了植被覆盖状况，但是只适用于草原湿地。PM 模型和PT 模型估算精度高，但是过程较为复杂，需要的数据参数比较多，并且较难获取。其中，PT 模型普遍适用于各种湿地类型，PM 模型在植被覆盖较广的湿地中难以应用，但是可以用于非饱和下垫面的蒸散发研究。Penman 公式较复杂，需要参数颇多并且很难获取，精度略低，但是便于应用。

相关学者应用不同的经验模型对湿地蒸散发进行了研究。1996 年，Souch 等（1996）用涡度相关法测量了美国印第安纳州两个湿地的蒸散量，将测量结果与 PT 模型、Penman 公式和 PM 模型得到的结果进行比较发现，PM 模型计算可得到非常好的结果。Mitsch 和 Gosselink（2000）使用 PM 模型和 PT 模型研究了美国俄勒冈州 Klamath 盆地以灯心草为优势种的湿地的蒸散发作用发现，蒸散发作用是该湿地水量净损失的最大因素，且这两个模型都较好地适用于计算被研究湿地的潜热通量，但 PT 模型不适用于湿地植被整个生长期蒸散发的模拟（Bidlake，2010）。考虑到植物在气候变化下的生理反应，可以通过直接测量刺激蒸腾作用的主要气候变量，计算水分在不同植被蒸腾作用中的损失。结果表明，该方法参数少，简单可行，仅考虑了太阳辐射、相对湿度和大气温度 3 个主要气候变量，附加叶片密度和植被覆盖率数据，结果相关性良好（邓伟和胡金明，2003）。

6.1.3.2　湿地渗漏量

湿地渗漏量是湿地水文循环研究的重要内容。由于湿地分解的有机沉积物和植被的作用，湿地下渗过程缓慢、受限制（Winter et al.，1998）。湿地渗漏量主要受湿地水力传导度、地形坡度以及湿地土壤渗透性特征的影响（Pyzoha et al.，2007；Kazezylmaz-Alhan and Medina，2008），此外，对于高寒地区，季节性的冻土对于下渗过程也有影响。湿地渗漏量的测定比较困难，针对国内湿地水文数据资料连续性和系统性差、水文过程信息量贫乏的现状，通常测定水循环的其他要素，利用水量平衡原理测定植被的需水量，或通过测定灌溉或降雨后的土壤含水量假定水量之间的差值都是由地下水交换引起的。对于常年积水区，渗漏量还可以通过饱和入渗方程求得。

6.1.3.3　湿地出流量

对于开放性湿地，雨季湿地的出流量是相当大的。湿地的补给量、气候变化和湿地下垫面特征通过影响湿地内的水流运动来控制湿地的出流量和出流速度。由于湿地的滞留和储存作用，湿地出流过程滞后于入流，且出流量明显小于入流量，因此可充分利用湿地调蓄功能来消减流量、滞后洪峰。

6.1.3.4　地下水的补给量

地下水动态特征主要受控于气象因素、水文因素及人类活动。以影响地下水动态的主要因素为划分依据，可以将研究区内地下水动态主要分为降水入渗-蒸发型、径流型、水文型及人工开采型（徐华山等，2011）。

降水入渗-蒸发型：以接受当地降水补给为主，径流较为微弱，以蒸发的方式排泄。

径流型：广泛分布于山区及山前地带，地下水接受大气降水及侧向补给，主要以径流的方式排泄。

水文型：流域内河水和地下水之间存在着较为密切的水力联系。下游地区，河流补给地下水，随着远离河流，地下水位抬升的时间逐渐滞后，延迟逐渐增大，水位曲线波形趋于平缓。

人工开采型：此类型的地下水以接受大气降水补给为主，以人工开采为主要排泄方式。

6.2　湿地的水文周期

绝大多数湿地水流和水位是动态变化的，降水、地形和与湿地相连的湖泊、河流影响湿地的水文状况（湿地淹水频率、淹水持续时间、淹水周期等）。一般将湿地水位随时间（如小时、日、季节、年际间等尺度）变化的模式称为湿地水文周期，表现为湿地表层和亚表层水位的升降，是湿地入流与出流水量平衡、湿地处在陆地景观中的位置、气候、地形地貌和地质等自然条件和人为因素对水文过程综合影响的结果。因此，湿地水文周期也明显受到深度、面积、形状及体积等形态参数的影响。湿地水文周期是湿地的生态特征之一，海滨湿地水位具有日变化特征，几乎所有湿地都具有季节变化特征，一些湿地水位变化也有年际变化特征。如图 6.3 所示，世界不同地方河流的径流存在年际变化，变化的原因有降雨格局的变化、春季融水的变化等（Keddy，2010）。

湿地水文周期通常用湿地淹水频率和淹水持续时间来度量，它是湿地水文状况的标志，水文周期的稳定性决定了湿地生态系统的稳定性。湿地水文周期是湿地水位的季节性变化格局，可以分为短期、中期和长期三个类型，相关术语定义如表 6.1 所示（Mitsch and Gosselink，2007）。

表 6.1　湿地水文周期相关定义

潮汐湿地	潮下：永久性潮汐淹水
	无规律暴露：地表潮汐暴露少于每天一次
	规律性淹没：每天至少交替淹没和暴露一次
	无规律淹没：淹没少于每天一次

非潮汐湿地	永久性淹水:常年淹水 间歇性暴露:除了极端干旱外常年淹水 半永久性淹水:大部分年份生长季淹水 季节性淹水:生长季节淹水,但生长季末期通常没有地表水 饱和:基质在生长季长时间处于饱和状态,但是静水很少出现 暂时性淹水:生长季短暂淹水,但其他季节水位远低于地表 间歇性淹没:地表水经常存在,但不定期,无季节规律可循

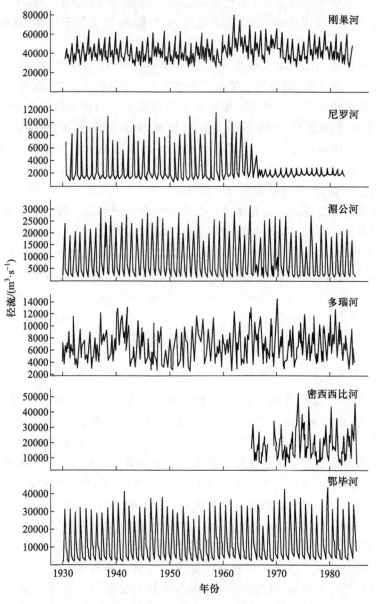

图 6.3 世界不同河流的径流年际变化(Keddy,2010)

不同的湿地类型都具有其特定的水文周期。河滨湿地的水文周期通常是由季节性或年际间的周期性洪水脉冲的水流情势造成的(Junk and Wanten,1989)。滨海湿地通常具有半日潮以及大小潮交替出现的水文周期。湿地水文周期还经常受到气候条件的影响。Stroh等(2008)历时 15 年(1989—2003 年),横跨 2 个干旱期和重新洪水泛滥期,研究了美国卡罗来纳海湾湿地的水文变化和植被响应。结果表明,干旱期水文周期缩短和水位下降导致旱生植物物种覆盖增加,重点区域在浅水湿地的周边;相反地,洪水重新泛滥或较长的水文周期则导致水生植物特别是挺水植物物种的大面积生长。在美国佛罗里达州西南部大柏树沼泽地区,1957—1958 年,均匀的季节性降水使其水文周期相对稳定;但 1970—1971 年的干旱则导致了约 1.5 m 的水位变化(李胜男等,2008;陆健健等,2006)。在华北白洋淀湿地,1952—1964 年的降水量大于平均值,属于湿期,而 1965 年至今属于干期(崔保山和杨志峰,2006)。

水文周期将湿地功能与水文联系在一起(Brinson,1993;Mitsch and Gosselink,1993a),是决定湿地生态系统类型、结构和功能的关键水文因子,在湿地保护、恢复和重建的实践任务中日益受到高度重视和重点考虑。湿地水文周期是影响两栖动物群落的众多因素之一,湿地持水天数的增加或减少都会相应地增加或减少两栖动物的数量和物种多样性(Pechmann et al.,1989)。因为人类活动会经常性地改变湿地水文循环,干扰湿地水文周期,因此,评估和理解湿地水文周期从管理上来看尤为重要,可以减少或避免两栖动物繁殖栖息的湿地消失或退化,并提供管理指导和决策。

如何度量湿地水文周期是湿地水文学研究的一个关键问题。湿地的水文周期与水量平衡有直接的联系,任何水文周期度量必须包括 4 类信息,而且每类信息与季节性格局的独特属性相一致,分别为:① 某段时间的平均水位;② 水位波动的强度或幅度;③ 嵌入水位波动中的循环周期;④ 涉及初级生产力或繁殖等其他生态过程的水位波动时机。

6.3   湿地生态需水

对于湿地生态需水量,不同专业背景、研究方向的学者给出的概念不同,理解也各有差异。有学者认为,生态需水量是指一个特定生态区域内的需水量,而并不是单指生物体的需水量或耗水量。它是一个工程学的概念,与"生态环境需水量"的含义和计算方法应当是一致的。计算生态需水量实质上就是要计算维持生物群落稳定和可再生地维持栖息地的环境需水量,即"生态环境需水量"(崔树彬,2001)。粟晓玲和康绍忠(2003)认为,生态需水是指维持全球或区域生态系统和谐稳定与修复脆弱生态系统,使其形成良性循环,并能最大限度发挥其有益功能,提供最大生态服务,达到水热平衡、源汇动态平衡、生态平衡、水土平衡、水沙平衡、水盐平衡等生物、物理、化学平衡所需要消耗的最小水量。王珊琳等(2004)对生态环境需水量的概念进行了概括:"流域或区域内的天然水体为维持特定的生态环境功能所必须蓄存和消耗的最小水量,以生态环境现状作为评价生态用水的起点,满足一定生态环境标准和规划目标条件下的区域或流域生态系统所需的最小水量;流域或区域内不同时空条件下,人类活动造成水资源量和质的改变未打破人与自然和谐关系,水体的资源、生态和环境功能保持良好条件下需要提供的水量极限值;维系一定生态系统功能所不能被占用的最小水资源需求量",并认为"生态环境需水量由河道内生态环境需水、河道外生态环境需水和景观娱乐需水三部分组成"。杨志峰等(2004)认为,生态环境需水可理解为生态需水和环境需水两部分。其中,生态需水是指"维持生态系统中具有生命的生物物体水分平衡所需要的水量",环境需水是指"为保护和改善人类居住环境及其水环境所需要的水量"。严登华等(2007)从生态学的角度出发,认为生态需水就是"在一定的生态目标下,维持非生物环境的适宜性和生物的生理、生命活动所需要的水量"。总的来说,湿地生态需水量是指维持湿地生态系统平衡和正常发展,保障湿地生态水文功能及其他相关环境功能正常发挥所需要的水量。

6.3.1 湿地生态需水量的特征

6.3.1.1 阈值性

湿地生态需水量研究的主要目的在于确定湿地最佳需水特征,把握湿地生态需水规律。生态需水并不是一个恒定的值,而是阈值(图6.4)(丰华丽等,2005)。

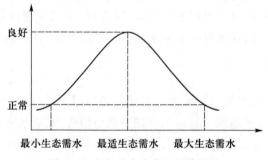

图6.4 生态需水变化的阈值区间

崔保山和杨志峰(2002)在分析湿地生态需水量的临界阈值问题时,从水的年际变化角度指出,根据湿地来水量的差异,丰水年、平水年和枯水年会导致湿地呈现出不同的生态特征,特别是湿地边界有明显变化,因而以不同的年份作为评价基础,生态需水量的计算结果会明显不同。该研究还在三类水平年不同需水量的基础上,加入湿地生态环境的理想需水量和最小需水量(图6.5)。

将不同需水量排序为:丰水年极端用水量($Q_{极大}$)>丰水年需水量($Q_{丰}$)≥理想需水量($Q_{理}$)≥平水年需水量($Q_{平}$)≥最小需水量($Q_{小}$)≥枯水年需水量($Q_{枯}$)>枯水年极端用水量($Q_{极小}$)。其中,$Q_{理}=\alpha Q_{丰}+\beta Q_{平}$,$Q_{小}=\gamma Q_{平}+\delta Q_{枯}$,式中,$\alpha$、$\beta$、$\gamma$、$\delta$为权重,根据具体区域和湿地功能要求而定。最终得出的湿地生态需水量的临界阈值为$Q=[Q_{小},Q_{理}]$。

6.3.1.2 时空变异性

章光新等人对湿地需水量的时空变异性做出了详细的归纳。湿地生态需水量是一个时

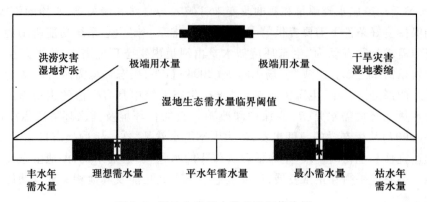

图 6.5 湿地生态需水量临界阈值分析

间、空间变量,具有时空变异性,主要受湿地生态水文过程的制约。计算湿地生态需水量,首先要界定湿地生态的区域范围;另外要考虑湿地生态需水量年内、年际变化。在时间上,即使是同一生态系统,在年内和年际之间,生态需水量也会表现出相对差异,这是由于不同时间里,生态分区内水文气候环境变化和丰枯水期交替,导致影响水资源配置的各因子(如温度、径流、降水和蒸发的变化)以及水文循环过程有所差异。同一生态系统的空间差异性则表现在生态系统的纵向、横向和垂向的差异,不同方向、不同生物群落的需水规律和离水源中心的距离不一样。因此,在研究生态需水时要注意时空分布的差异。

6.3.1.3 目标性

由于需要计算生态需水量的湿地大多为被保护的湿地区域,因此湿地生态需水量计算具有一定的目标性,需与湿地保护目标和管理措施相结合,实现水资源最优化配置。不同类型的湿地有不同的生态建设和保护目标,为了维系不同的生态功能,保护不同的物种,湿地生态系统所需的水量也不同。基于湿地保护目标的生态需水量的计算可以从七个方面开展:① 维系湿地生态环境现状;② 维持新生湿地生态系统不再退化;③ 恢复历史某个时期的湿地生态景观和功能;④ 维持湿地基本特征或者某些具体目标;⑤ 保护湿地生物多样性;⑥ 保护不同级别濒危珍稀物种或特殊生态系统;⑦ 实现国家发展计划(崔丽娟等,2006)。不同类型的湿地,其生态保护目标对湿地生态需水量有不同的影响,根据湿地的水资源利用情况、湿地生态环境规划方案以及保护目标来确定湿地生态需水是科学的,也具有实际意义。

6.3.2 湿地生态需水量的计算方法

6.3.2.1 地表水体生态需水量计算方法

(1)水文法

运用生态与水文方法进行计算是湿地生态需水量计算的基础,是一个多学科交叉应用的方法体系,涉及大量的空间数据库和与之相关联的属性数据,因此需建立研究区域的地理信息系统(GIS)基础数据库,以此为基础,结合水文与生态学的相关专业知识,通过湿地保护目标进行约束,建立或选择适合研究区具体情况的、面向具体应用的各种生态水文模型,组成具有大量实用模型的模型库系统,以数据库、模型库、知识库为基础,构建湿地生态需水量水文模型计算方法,为湿地生态需水量计算的优化提供科学依据。但水文法没有对湿地生态系统组成、结构和功能之间的关系进行辨析,结果具有较大的不确定性。

常见的方法包括 7Q10 法、Tennant 法、最小月平均径流量多年平均值法和径流时段曲线分析法。7Q10 法是一种基于水文学参数,考虑水质因素(河流的自净能力)计算湿地生态需水量的方法,一般采用 90%保证率最枯连续 7 天的平均水量设计值(Caissie and Eljabi,1995)。Tennant 法也称 Montana 法,是非现场测定类型的标准设定法(Tennant,1976)。公式为

$$W = \sum_{i=1}^{12} Q_i \times Z_i \tag{6-17}$$

式中,W 为河道生态需水量(m^3);Q_i 为一年内第 i 个月多年平均流量(m^3);Z_i 为对应第 i 个月的推荐基流百分比(%)。

最小月平均径流量多年平均值法是以河流实测的最小月平均径流量的多年平均值作为河流的基本生态需水量(李丽娟和郑红星,2000)。径流时段曲线分析法需要利用河流的多年流量资料建立一系列的月流量时段曲线,然后依据河流自身的特性及其生态环境功能,确定河流每月多年平均值的百分比,以此作为该月的河流生态需水量(Lazarus et al.,2012)。

(2) 栖息地法

生物对水文过程的影响非常敏感,无论动物还是植物,对水量的需求均有一定的限度,过大或过小都会影响生物的生存和发展。

常见的方法有河道内流量需求的计算机辅助模型法(computer aided simulation model for instream flow requirements in diverted stream,简称 CASIMIR 法)(李丽娟和郑红星,2000)和河道内流量增加法(instream flow incremental methodology,简称 IFIM 法)(张志国,2010)。CASIMIR 法基于现场流量在空间和时间上的变化,采用流水对数表(FST)建立水力学、流量变化、被选定的生物类型之间的关系,估算主要水生生物的数量、规模,并可模拟水电站的经济损失。IFM 法是一种保护河流生态系统生物多样性的有效方法。根据现场数据(如水深、河流基质类型、流速等),采用物理栖息地模型(physical habitat simulation,简称 PHABSIM 模型)模拟流速变化和栖息地类型的关系,通过水力学数据和生物学信息的结合,确定适合于主要的水生生物及栖息地的流量。

(3) 水力学法

常见的有河道湿周法和 R2CROSS 法。河道湿周法假设,保护好临界区域水生生物栖息地的湿周,将会对非临界区域的栖息地提供足够的保护(徐志侠等,2004)。该方法利用湿周作为栖息地的质量指标来估算期望的河道内流量值。从多个河道断面的几何尺寸-流量关系实测数据或单一河道断面的一组几何尺寸-流量数据中计算得出湿周与流量之间的关系,然后根据关系图中影响点的位置确定河道内流量的推荐值。R2CROSS 法(苗鸿等,2003)以 Manning 公式为基础,假设浅滩是最临界的河流栖息地类型,而保护浅滩栖息地也就会保护其他的水生栖息地。该方法以平均深度、平均流速以及湿周长的百分数作为冷水鱼的栖息地指数,平均深度与湿周长的百分数标准分别是河流顶宽和河床总长与湿周长之

比,所有河流的平均流速推荐采用 0.3048 m·s^{-1} 的常数,这 3 种参数是与河流栖息地质量有关的水流指示因子。

6.3.2.2 湖泊湿地生态需水量计算方法

计算湖泊湿地最小生态需水量的方法有水量平衡法、换水周期法、最小水位法和功能法(表 6.2)(刘静玲和杨志峰,2002;张志国,2010)。其中,水量平衡法、换水周期法和最小水位法都可被认为是水文法,功能法可被认为是栖息地法。

表 6.2 湖泊湿地生态需水量计算方法

方法	说明
水量平衡法 $\Delta W_1 = P + R_i^4 / R_f^4 / E + \Delta W_g$	ΔW_1 为湖泊洼地蓄水量的变化量(m^3);P 为降水量(m^3);R_i 为入湖水量(m^3);R_f 为出湖水量(m^3);E 为蒸发量(m^3);ΔW_g 为地下水变化量(m^3)
换水周期法 $W_{\min} = W_{枯} / T$,$T = W/Q$ 或 $T = W/W_q$	$W_{\min}$ 为湖泊最小生态需水量(m^3);$W_{枯}$ 为枯水期的出湖水量(m^3);T 为换水周期;W 为多年平均蓄水量(m^3);Q 为多年平均出湖流量(m^3·s^{-1});W_q 为多年平均出湖水量(m^3)
最小水位法 $W_{\min} = H_{\min} \times S$	$W_{\min}$ 为湖泊最小生态需水量(m^3);$H_{\min}$ 为维持湖泊生态系统各组成要素和满足湖泊主要生态环境功能的最小水位最大值(m);S 为水面面积(m^2)
功能法	根据生态系统生态学的基本理论和湖泊生态系统的特点,从维持湖泊生态系统正常的生态环境功能的角度,对湖泊最小生态需水量进行估算

6.3.2.3 不同湿地组成要素需水量计算方法

(1)湿地植物需水量计算方法

湿地植物正常生长所需要的水分就是植物需水量。其中蒸腾量和土壤蒸发量是最主要的耗水项目,占植物需水量的 99%。因而把植物需水量近似理解为植物叶面蒸腾和棵间土壤蒸发的水量之和,称为蒸散发量(刘昌明和王会肖,1999)。

常见的植物需水量计算方法有面积定额法(张远和杨志峰,2002)、潜水蒸发法(王礼先,2000)、改进 Penman 公式法(王玉敏和周孝德,2002;张志国,2010)(表 6.3)。

表 6.3 不同植物需水量计算方法

方法	说明
面积定额法 $Q_i = F_i \times Z_i$	Q_i 为 i 类型植物的生态需水量(m^3);F_i 为 i 类型植物的面积(hm^2);Z_i 为 i 类型植物的生态用水定额(m^3·hm^{-2})
潜水蒸发法 $Q_i = A_i \times \varepsilon_i \times K$	Q_i 为 i 类型植物的生态需水量(m^3);A_i 为 i 类型植物的面积(hm^2);ε_i 为 i 类型植物所处某一地下水埋深时的潜水蒸发量(m^3·hm^{-2});K 为植被系数

方法	说明
改进 Penman 公式法 $ET_0 = C[WR_n + (1-W)f(u)(E_a - E_d)]$	ET_0 为潜在蒸散发量(mm);C 为补偿白天与夜晚天气条件所起作用的修正系数;W 为与温度有关的权重系数;R_n 为按等效蒸散发量计算得到的净辐射量($mm \cdot d^{-1}$);$f(u)$ 为与风速有关的函数;$E_a - E_d$ 为在平均气温中空气的饱和水汽压(E_a)与实际平均水汽压(E_d)之差(hPa)

在估算大区域或流域湿地植物需水量时,常常采用湿地植物面积和蒸散发量的乘积。理论公式可表达为

$$dW_p/dt = A(t)ET_m(t) \qquad (6-18)$$

式中,W_p 为植物需水量;A 为湿地植物面积;ET_m 为蒸散发量;t 为时间(以月为单位)。

(2)湿地土壤需水量计算方法

计算湿地土壤需水量的重要依据是湿地土壤的含水量,它与植物生长及其需水量密切相关。不同的湿地土壤,持水量和水特性不同,需水量就会有差异,通常根据研究的需要,按照湿地生态需水量阈值特征,用田间持水量或饱和持水量参数进行计算,公式为

$$Q_t = a\gamma H_t A_t \qquad (6-19)$$

式中,Q_t 为土壤需水量;a 为田间持水量或饱和持水量百分比,根据研究的土壤类型而定;γ 为土壤容重;H_t 为土壤厚度;A_t 为湿地土壤面积。

(3)生物栖息地需水量计算方法

湿地是许多野生动物和珍稀物种繁衍、栖息的地方。生物栖息地需水量是湿地中鱼类、鸟类等栖息、繁殖需要的基本水量。计算时以湿地的不同类型为基础,找出关键保护物种,如鱼类或鸟类,根据正常年份鸟类或鱼类在该区栖息、繁殖的情况计算需水量。在计算大区域湿地生物栖息地需水量时,由于湿地分布广、布点多,上述各指标不能一一测出。因此,通常情况下,需要根据栖息地水面面积百分比和水深进行计算。水面面积百分比和水深的确定,视湿地类型及生态环境特点而定。公式为

$$dW_q/dt = A_q(t) \times C \times H(t) \qquad (6-20)$$

式中,W_q 为生物栖息地需水量;$A_q(t)$ 为湿地面积;C 为水面面积百分比;$H(t)$ 为水深;t 为时间。

(4)补给地下水需水量计算方法

湿地具有补给地下水的功能,地表水和地下水之间有着不可分割的联系。地下水补给是通过渗漏途径完成的。计算公式为

$$W_b = K \times I \times A \times T \qquad (6-21)$$

式中,W_b 为补水量;K 为渗透系数;I 为水力坡度;A 为渗流剖面面积;T 为计算时段长度。

(5)其他需水量计算方法

防止盐水入侵需水量计算方法:为控制地表盐化、避免海水从地下侵入,主要计算洪水洗盐和滨海湿地防止盐水入侵需要的水量。公式为

$$W_y = A \times v \times n \times T^* \qquad (6-22)$$

式中,W_y 为洗盐需水量(m^3);A 为洗盐土壤面积(m^2);v 为冲洗下渗水孔隙流速($m \cdot s^{-1}$);n 为土壤孔隙率;T^* 为冲洗时间或计划洗盐时间(d)。

防止岸线侵蚀需水量计算方法:河岸、湖岸的湿地植被是防止岸线侵蚀的屏障,其需水量计算公式为

$$W_s = Q_y C_n^{-1} \qquad\qquad (6-23)$$

式中,W_s 为防侵蚀需水量;Q_y 为泥沙年淤积量(m^3);C_n 为冲泄流能力,常为经验数据,以每 $10^8 \ m^3$ 水量冲泥沙 $5 \times 10^8 \ m^3$ 计。

净化污染物需水量:湿地净化污染物主要为稀释和自净(Martin and Reddy,1997;Mitsch and Reeder,1991)。计算净化污染物需水量需要用到湿地周边的年污水排放量、水质监测资料、河水流量资料、湿地净化率、枯水年湿地最小水量等。从理论上来讲,净化污染物需水量模型可由下式来表示:

$$dW_j/dt = \alpha Q_d(t) + \beta Q_f(t) \qquad\qquad (6-24)$$

式中,W_j 为净化污染物需水量;t 为时间;Q_d 为点源污水进入湿地的量;Q_f 为非点源污水进入湿地的量;α、β 分别为点源污水和非点源污水的稀释倍数,根据达标排放浓度与地表水国家标准比值而定。

6.4 人为活动与气候变化对湿地水文过程的影响

人为活动与气候变化对湿地生态过程的影响研究是关注的热点之一,其影响直接或者间接地传递给湿地的生态过程,进而影响湿地结构与功能(图 6.6)。

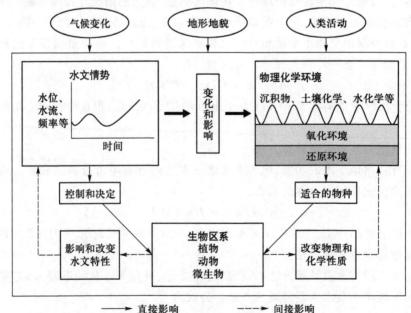

图 6.6 变化环境下湿地生态水文相互作用及影响反馈概念图(Mitsch and Gosselink,2015)

6.4.1 人为活动的影响

影响水文过程最为直接的人为活动为土地利用与覆被的改变(land use and cover change, LUCC),主要是造林和毁林、农业开发的增强、湿地的排水、道路建设以及城镇化等。虽然这些现象和过程发生于从地方到全球所有的空间尺度,但区域和地方尺度是全球变化最重要的来源与驱动力,区域尺度上的 LUCC 水文效应研究将有助于进一步理解全球变化的原因、过程及其影响(Calder,1991)。研究 LUCC 水文效应的最佳区域尺度是流域,因为它代表了水与自然特征、人类水土资源利用的自然空间综合体(Lahmer et al.,2001)。LUCC 对水文过程的改变具有直接和间接两种作用方式。直接作用指土地利用类型或土地利用方式的改变直接导致水循环要素的质、量或时空分布发生变化,例如水坝修建、农田灌溉、城市供水、造林等直接使水循环和水资源的量与质发生变化;间接作用指土地利用类型的改变导致下垫面性质的变化,引起水热循环的重新分配而对气候产生了影响,从而对水文情势产生次生影响。前者由于作用结果的易察性而受到广泛关注,而后者是土地利用变化的一种累积效应,由于其作用结果不明显,往往为人们所忽视。

流域内 LUCC 以直接或间接的方式在不同的时空尺度上对流域内的水文产生各种作用,无论何种变化,其对水文的影响可以归结为以下三个方面:① 径流总量变化;② 洪峰特征变化,包括洪峰发生的频率、洪峰流量和滞时;③ 水质变化。其中径流能够反映整个流域的生态状况,也能用于预测未来潜在的土地变化对水文水资源的影响(Bewket and Sterk,2005),因此,目前 LUCC 水文效应的研究主要侧重于对径流影响的研究,其中年径流量、枯水径流量和洪水过程的变化是反映径流变化的重要方面(郝芳华等,2004)。

LUCC 对水文过程影响的研究主要有三种方法:流域对比试验法、水文特征法和水文模型法。流域对比试验法适用于较小流域,水文特征法适用于下垫面条件比较均匀、降水和土地利用空间差异不大的流域,基于物理机制的水文模型法能够比较准确地刻画流域的水文效应,对水文效应的变化进行机理性的解释。但每种方法都具有其不可避免的缺点,现阶段的研究已开始综合利用以上几种方法研究 LUCC 对水文过程的影响,如水文模型与统计学方法相结合的方法、模型耦合法、模型对比法等。

沼泽湿地往往存在许多闭合的碟形洼地,当湿地地表水水位上升到一定高度时,这些洼地的水可能会发生水力联系,使得湿地既具有明显的显性蓄水空间,又有较大的隐性蓄水空间。所以湿地往往被视为一个大型生态水库,巨大的蓄水能力使其具有重要的调节径流、均化洪水的功能,流域湿地的大面积开垦必然对该功能产生影响。

姚允龙等曾对三江平原的挠力河流域湿地大面积消失情况下的水文过程做过详细的研究。三江平原的挠力河流域曾是我国沼泽湿地集中分布区,且是面积最大的区域。但经过近 50 年的 4 次大规模农业开发活动,景观基质由沼泽湿地转变成了耕地。沼泽湿地面积已由 1954 年的 9435.9 km²(占整个流域面积的 39.8%)下降到 2000 年的 3460.0 km²,面积仅为原面积的 1/3 左右,而耕地面积由总面积的 8.2% 增加到 57.4%(侯伟等,2004),湿地流域变成了农业流域,流域中的湿地在结构和功能上发生了巨大变化。挠力河作为三江平原地区一条典型的沼泽性河流,其径流演变过程受到气候变化和人类活动的双重影响,洪峰径流(一般采用瞬时洪峰、最大日径流量表示洪峰径流)和径流过程都发生了变化。Yao 等

（2017）分析了不同时期以及不同站点 7 天最大径流量之间的关系（图 6.7）。由于湿地损失降低了洪泛区抵御洪水的能力，上游流量对中下游流量的影响比以往任何时候都大，特别是对于较大的洪水。随着湿地在挠力河中游的大面积消失，上游水文站的径流量与中下游水文站的径流量之间的关系变得更加紧密，特别是宝清站和菜嘴子站之间，两者的相关关系（R^2）从 20 世纪 60 年代的 0.59 增加到 21 世纪初的 0.85（图 6.7）。中下游的径流量受上游影响逐渐增大，特别是在菜嘴子站的径流量超过 800 $m^3 \cdot s^{-1}$ 时（图 6.8），同样的降水量会产生更高的峰值流量。因此，大面积湿地损失后应改变防洪政策。

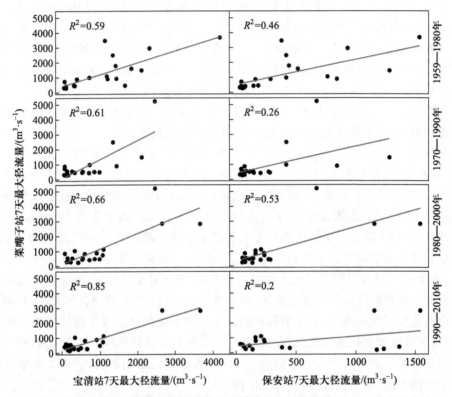

图 6.7 7 天最大径流量在不同时期与不同站点之间的关系（Yao et al.,2017）

6.4.2 气候变化的影响

不管是在陆地生态系统还是水生态系统中，水的可利用程度（即水资源量、季节变化和水文过程的可预测程度）与温度都是生物生存的两个主要的决定因素（驱动力）（Zalewski，2000）。在所有的驱动因子中，水和温度决定初级生产力、生态系统组成、结构和生态系统的生物多样性、能量流动、全球生物量分布范围、生态系统演替形式以及地球上顶极生物群落的类型（Varlygin and Bazilevich,1992）。反过来，作为对地区气候的自然调控力量，植被具有对温度和水循环的反馈作用。

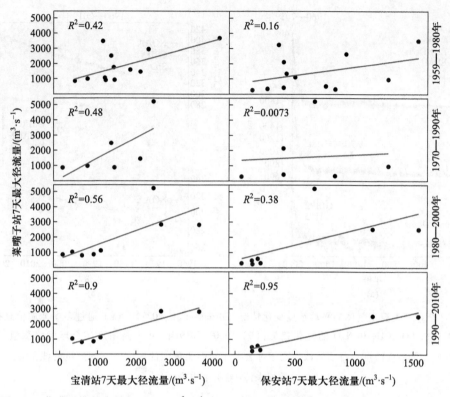

图 6.8 莱嘴子站径流量超过 800 m³·s⁻¹时,不同水文站径流量相关关系(Yao et al.,2017)

6.4.2.1 气候变化

全球温室气体(CO_2、CH_4、N_2O 等)含量的增加,是改变地球能量平衡、增加全球地表平均温度的主要因素(兰樟仁等,2006)(图 6.9)。联合国政府间气候变化专门委员会(IPCC)第六次报告的数据表明,自 1750 年以来观测到的全球温室气体浓度的增加已明确是由人类活动导致的。在 IPCC 第五次报告所采用的 2011 年数据的基础上,温室气体在大气中的浓度仍持续增加。图 6.10 展示的是全球年平均气温和十年平均气温变化情况。过去四十年比 1850 年以来任何一个十年都暖和。2001—2020 年的全球温度相较于工业化前上升了 0.99℃。2011—2020 年的全球温度相较于工业化前上升了 1.09℃,且陆地较海洋升温幅度更大。最新研究表明,除非在未来几十年大幅削减 CO_2 和其他温室气体的排放,否则 21 世纪全球升温将超过 1.5℃甚至 2℃。相较于工业化之前的水平,即便是在极低的排放情境下(SSP1~1.9),2081—2100 年的全球平均温度仍很可能升高 1.0~1.8℃;在中等排放情境下(SSP2~4.5),全球平均温度会升高 2.1~3.5℃;在高排放情境下(SSP5~8.5),全球平均温度会升高 3.3~5.7℃(SSP 为共享社会经济路径)。

未来气候变化及其所带来的水文过程的改变都将严重地威胁湿地生态系统的稳定和健康。湿地水文状况与降雨、气温等气候要素之间是一种非线性的关系,相对较小的降雨和气温变化也会导致水文状况的较大变化。根据 IPCC 的报告,由全球变暖引起的强降雨、洪

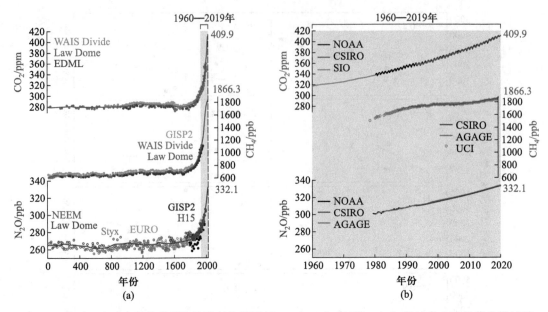

图 6.9   全球三大温室气体的平均浓度变化情况（Pörtner et al., 2022）。（a）通过多个冰芯信息描述了 19 世纪以来 CO_2、CH_4 和 N_2O 的变化趋势；（b）1960—2019 年，几个高精度的全球网络测量了 CO_2、CH_4 和 N_2O 的表面浓度。目前的浓度高于过去在冰芯中测量到的浓度。不同颜色的线条表示不同的数据来源（参见书末彩插）

水、干旱、热浪、热带风暴和火灾等异常现象，在世界很多地区已经开始发生或者发生频率逐渐增大。在气候变化影响下，我国大面积湿地水资源系统的结构发生改变，湿地水资源数量减少和质量降低，导致湿地生态功能退化，已影响和危及区域生态安全和社会经济可持续发展（Solomon et al., 2013）。夏季，海冰范围内（北极）的寒冷地区面积正在萎缩，冰盖融化大大增加，高山地区由于冰湖扩张和岩石崩塌数量增加而不稳定。目前全球很多北方地区的水文系统正经历着径流增加和春季径流洪峰提前，而全球变暖同时又影响着其热量结构和水质。尽管降水量增加，但进一步的变暖和蒸散发增加可能引起土地干旱、径流和水资源可利用量的减少。极端水文事件（即特大洪水和重度干旱）发生的次数、强度和频率在 21 世纪都可能大大增加。

6.4.2.2   气候变化对湿地水文水资源的影响

气候变化对湿地水文水资源的影响具体表现在以下两个方面。一方面，气候变化将加速大气环流和水文循环过程，通过降水变化以及更频繁和更高强度的扰动事件（如干旱、暴风雨、洪水）对湿地能量和水分收支平衡产生影响，进而影响湿地水循环过程和水文条件（Renwick, 2008；吴绍洪和赵宗慈，2009），对于气温不断升高、降雨减少的区域，其对湿地的影响更为强烈。另一方面，气候变化将会增加经济社会用水和农业用水，可能更多挤占湿地生态用水，使湿地水资源短缺状况更加严重。气候变化通过降水事件对湿地水文水资源的影响不仅表现在降水总量上，更重要的是降水强度、频率以及降水量时空分布不均。同时，

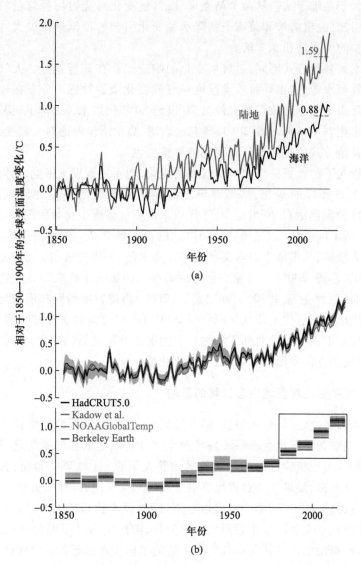

图 6.10 相对于 1850—1900 年的全球表面温度的变化(IPCC,2022)。(a) 陆地温度上升速度较海洋更快;(b) 年平均气温(上)与十年平均气温(下)。不同颜色的线条表示不同的数据来源(参见书末彩插)

气温升高导致蒸散发量增加将进一步加剧湿地水文水资源对气候变化响应的脆弱性。

姚允龙等(2010)曾利用水量平衡法和径流-降水经验模型,定量分析了气候变化对三江平原典型湿地流域——挠力河流域径流的影响,研究结果表明,流域内两个径流站,宝清站(上游站点)和菜嘴子站(中游站点)的年均降水量对年均径流量的影响分别为 42.9% 和 34.8%,年均蒸发量对年均径流量的影响分别为 9.7% 和 10.9%;宝清站径流量的减少受降水量的影响更大一些。宝清站基准期内年均径流量的平均值为 25.1 $m^3 \cdot s^{-1}$,变化期较基准期减少了 14.5 $m^3 \cdot s^{-1}$;菜嘴子站基准期内年均径流量的平均值为 87.9 $m^3 \cdot s^{-1}$,变化期较基准期减少了 48.5 $m^3 \cdot s^{-1}$,其中气候变化对年均径流量的影响分别为 42.7% 和 33.1%,宝清站受到的影响要大于菜嘴子站。从两个站点来看,气候变化对挠力河径流量的影响主要是由降水量的减少引起的,宝清站和菜嘴子站降水量变化引起的径流量减少大约是蒸发量变化引起径流量减少的 4.4 倍和 3.2 倍。

湿地因其水源补给方式不同,对气候变化的响应也存在显著差异。大气降水是高位泥炭沼泽的唯一补给水源,这也导致该类湿地对气候变化最为敏感。分布在瑞典中东部的高位沼泽湿地因降水量减少导致湿地水位自 20 世纪 50 年代以来持续降低,湿地水资源短缺,湿地环境明显退化。Acreman 等(2010)研究也表明,高位沼泽湿地对气候变化最为敏感,比以径流为主要补给方式的湿地受气候变化的影响更大。

气候变化影响下的水资源变化以及气温的变化,也不同程度地影响水体的质量,同时还将引起植被和生态环境的变化,从而对整个湿地生态系统的稳定性构成威胁(邓伟等,2003)。例如,呼伦湖湿地自 20 世纪 80 年代以来由于气候暖干化导致湖体盐度呈显著上升趋势,湿地水环境不断退化(赵慧颖等,2007)。巴音布鲁克高寒湿地由于其地域的封闭性,对气候变化尤为敏感,其湿地生态水文状况与年降水量、年均气温和上游来水量都有显著的相关性(杨青和崔彩霞,2005)。气候变化对洪湖湿地的影响主要表现在生物多样性和生态系统稳定性方面(王慧亮等,2010)。刘宏娟等(2009)将逻辑斯谛回归模型与加拿大气候模拟和分析中心提出的第三代全球气候耦合模型(CGCM3)方案的 3 种排放情景相结合,预测未来气候变化情景下大兴安岭北部沼泽的退化情况以及景观格局变化,结果表明,CO_2 浓度越高,气候越向暖的方向发展,沼泽湿地的退化就越严重。

6.4.2.3 气候变化对湿地生态过程的影响

湿地水文条件是决定湿地生态过程的关键因子,湿地生态系统的结构和过程具有极强的时空变异性,主要是由湿地生态系统独特的水文情势决定的。气候变化引起的地表积水水位变化直接影响湿地植物优势种群结构的演替及氧化-还原环境的变化,导致湿地生态过程发生变化;反过来,湿地生态过程也影响着湿地水文系统,湿地植被通过拦蓄沉积物、遮蔽地表水以及蒸腾的调节作用影响着湿地水文过程(董李勤和章光新,2011)。在气候变化的影响下,即使湿地水文状况发生相对较小的变化,湿地生态过程也会呈现大幅度的变化。就湖滨湿地而言,湖泊水位的波动对其生态系统的结构和功能起着决定性作用。

由于气候变化的影响,湿地生态与水文之间的联系受到许多学者的关注。受气候变化的影响,湿地水文与植被之间的动态时序关系表现出极大的不稳定性。湿地植被通过根系吸水和气孔蒸腾直接作用于水文过程,同时也通过垂直方向的冠层结构和水平方向的群落分布对降雨、下渗、坡面产汇流以及湿地蒸散发产生间接影响,形成湿地生态对水文过程的反馈作用。Milzow 等(2010)对 Okavango 三角洲湿地水文与植被覆盖状况的定量相关分析的结果表明,未来干旱条件下,湿地将由于缺水而逐渐萎缩,不同生态区内的植被优势种群及植被分布状况的变化将会对湿地水文过程产生直接控制作用。

气候变化对湿地的物质循环过程也会产生影响。例如,气温升高对生态系统碳固定过程的影响主要体现在两个方面。一方面,大气中 CO_2 浓度的升高及活动积温的增加有利于植物的生长,使生态系统初级生产力增加,引起生态系统固定的碳总量增加;另一方面,温度升高将导致土壤中微生物的活性增加,引起土壤中有机物的分解速率加快及土壤呼吸强度增加。温度只要上升10℃,土壤中有机质的分解速率将加倍并导致土壤有机碳含量减少(Wagai et al. ,2013)。

全球变暖条件下,非生物条件的状态更为极端和难以预测,科学家由此提出了关于生态水文相互关系动态的变化方向的问题。驱动因子之间的层次结构变化可能降低或者增加生态水文措施的效率。生态水文学方法将在新的或者演变中的稳态条件下以及受到限制的生态系统耐受能力和复原能力下发挥作用。在新的环境框架下对水资源的中尺度循环进行量化并分析能量-水-生物的相互作用,对科学调查研究和管理都至关重要。

6.5 水文过程变化对湿地生态系统的影响

湿地生态系统的组成要素包括生物要素和非生物要素两大部分。湿地水文对湿地生态系统的影响主要表现在对其组分、结构和功能的控制作用上,并与湿地生态系统其他组分相互作用(图 6.11)。

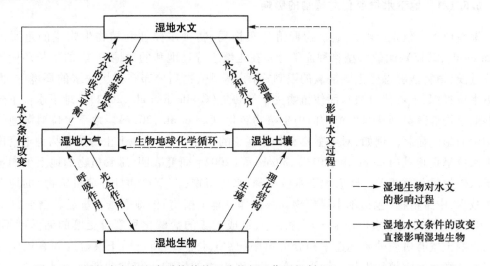

图 6.11　湿地水文与生态系统其他组分的相互作用机制(Mitsch and Gosselink,2007)

各国学者经过几十年的探索已认识到,水文过程是湿地形成、发育和演化的最基本过程和驱动机制(杨志峰,2012)。水文条件对湿地的特定作用主要体现在以下几个方面。水文条件可以形成独特的植被组成,并对物种的丰富度起限制或促进作用;湿地初级生产力因流水环境和水文周期的节律波动而提高,因静水状况而降低;水文过程影响了湿地初级生产力的增加或有机物的分解与输出,从而控制了湿地有机物的累积;水文条件对营养物质的循环和可利用性具有显著的影响(Mitsch and Gosselink,2007)。具体来说,湿地水文条件是连接湿地物理环境和物理过程、化学环境和化学过程的重要环节,影响湿地生物地球化学循环和生态系统能量流动,影响土壤盐分,土壤微生物活性,营养有效性和 C 、N 、S 、P 等大量元素、Hg 等重金属元素和微量元素的迁移、转化和循环等,进而调节湿地中的动植物物种组成、丰富度、初级生产力和有机质分解与积累的过程,控制和维持湿地生态系统的结构和功能。湿地生态系统的植物对外界导致的轻微水文变化(包括水位降低和水位升高)就能做出响应。相对较小的降水、蒸发及蒸腾变化只要改变地表水或地下水位几厘米就足以让湿地萎缩或扩展,或者将湿地转变为旱地,或从一种类型转变为另一种类型。湿地水文条件的轻微改变还可以导致生物区系在物种组成、物种丰富度和生态系统生产力方面产生较大幅度的变化(Mitsch and Gosselink,1993b)。

6.5.1　水文过程变化对植物的影响

湿地植物作为湿地生态系统的重要组成成分,其结构、功能和生态特征能综合反映湿地生态环境的基本特点和功能特性(李冬林等,2011;Moor et al.,2015)。湿地水文过程可以通过湿地水文要素来表达,不同水文要素会通过影响湿地土壤环境以及其他环境因素影响湿地植物的生长状况和分布特征(章光新等,2008),水位波动和极端水位(如洪水)等变化会影响湿地植物的生长状况,塑造具有不同组成、结构的植物群落,是造成湿地植被演替的主要驱动力,并最终影响着湿地生态系统的结构和组成(胡振鹏等,2010)。

6.5.1.1　地下水位变化对植物的影响

湿地地下水位是影响湿地植物群落分布格局、物种多样性和植物生物量的重要因素(Fan et al.,2015),耐缺氧型物种通常分布在土壤水分过饱和的湿地中,它的生长环境地下水位过浅,植物能够忍受土壤缺氧的限制;而耐旱型植物则分布在土壤缺水的环境中,由于地下水位过深,土壤严重缺水而使植物受干旱胁迫(Orellana et al.,2012)。地下水位下降会使湿地植物群落类型从水生植物向中生植物转化(Cao et al.,2017)。地下水位对湿地植物生物量的影响显著。例如,对毛薹草和灰脉薹草的研究表明,其地上生物量和物种丰富度与地下水位呈负相关(Luo et al.,2016);Moore 等(2002)研究表明,维管植物的地上生物量与地下水位呈显著负相关。随着地下水位下降,水生植物(莎草科和灯心草科植物)的地上生物量减少,中生植物(包括禾本科植物和其他部分草本植物)的地上生物量显著增加(Cao et al.,2017)。湿地地下水位影响土壤含水率,造成土壤的盐碱化程度及土壤的温湿度不同,进而影响土壤有机质的矿化速率和分解速率(盛宣才等,2015),而土壤盐度和有机质含量等因素会直接影响植物生长。地下水位对湿地植物的影响不仅取决于地下水位的高低,水位影响持续的时间、植物固有的生态位以及不同的湿地环境等也是决定影响程度的重要因素(盛宣才等,2015)。但特定的植物种或群落所占据的环境,其条件可能是很宽泛的,在不同生境之间甚至同一生境之间也不是一致的。例如,不同的湖泊之间滨线分带上的植物种和群落的水位差别相当大。在确定地下水位与植物种分布或群落分布的明晰关系方面之所以有困难,原因可能有很多,例如其他环境变量(或生物变量)也可能影响植物的分布,即植物的分布不仅仅取决于地下水位,也不仅是植物种对水分条件变化的响应所致。

植物的功能性状可以反映植物对外界环境条件变化的适应能力(Moor et al.,2015),是跨区域和跨尺度比较植物特征的指标,可用于预测植物应对外界环境干扰的反应(李雅等,2018),常用于研究湿地植物对水文过程变化的响应(Lou et al.,2016)。已有一些学者报道了湿地植物对水位、水深等的响应(姚鑫等,2014;徐金英等,2016),其研究侧重于描述湿地植物竞争关系及群落演替等与水位的关系,以及从人工控水等角度进行总结。探讨湿地植物功能性状对湿地水文过程的响应,对于预测湿地水文条件的改变对植物生长、繁殖以及分布等产生的影响至关重要,且湿地植物在水文变化过程中的适应机制也可以基于湿地植物功能性状给出很好的解释。

6.5.1.2 干湿交替过程变化对植物的影响

湿地水位梯度不同会显著影响湿地土壤的干湿状况,水位高会使土壤处于水淹状况,当水位下降到湿地土壤暴露出来,会使湿地土壤处于相对干旱状况。湿地土壤干湿状况的变化会改变湿地地表植被类型与个体形态(Maltchik et al.,2007)。湿地土壤干旱会使湿地植物生物量和物种多样性减少,并促进耐旱型湿地物种的增加。长时间的严重干旱会使湿地范围以及典型水生物种生态幅变窄,加速湿地物种的消失(Garssen et al.,2014)。干旱胁迫环境会使植物的生理过程受到一定的抑制,植物通过减小气孔开度来减少水分的过度消耗,忍受光辐射强度增加和空气相对湿度的减弱,从而限制其光合作用(栾金花,2008)。在淹水环境下,土壤与空气之间的气体交换速率降低会导致土壤环境中氧气缺乏,使土壤处于厌氧环境中,降低土壤氧化还原电位,影响植物根系对营养物质的吸收和植物的新陈代谢。湿地植物(如香蒲、薹草和芦苇)会通过形成通气组织和气生根以抵抗缺氧环境,其深而广阔的根系和特别的营养繁殖特性等也可以增强其对干扰的适应(Catford and Jansson,2015),往往成为局地优势物种。

湿地土壤干湿交替变化还会改变植物生物量的分配。在干旱条件下,湿地植物地下生物量和地上生物量之比增大,植物将更多的生物量分配在地下,通过增加根系的比例来促进植物对水分的吸收,以适应干旱的环境(Maltchik et al.,2007)。湿地植物根深度的可塑性是决定湿地植物应对湿地土壤干旱的重要因素,植物可以通过将根系延伸至地下水来抵抗干旱,或通过快速繁殖以度过干旱期(Catford and Jansson,2015)。在淹水环境下,湿地植物会减少根系的重量以减少氧气的消耗,同时增加叶部的生物量分配比例以增加植物与空气的接触面积,提高氧的获得性(Visser et al.,2000)。

洪水和干旱作为水文干湿交替的典型,一方面通过改变下垫面条件,影响湿地物种生态栖息条件;另一方面对湿地生态系统直接产生干扰,改变湿地系统生物多样性。同时,洪水和干旱过程通过对影响湿地生态的其他因素产生作用,如觅食条件、植被覆盖、污染程度等,间接影响湿地生态系统。洪水过程可以淹没湿地周围过渡带,带来营养物质和能量,增加湿地面积和类型的多样性,实现水陆间物质和能量的交换,同时也有利于湿地中一些水生植物的生存和鱼类的繁殖。干旱过程可以暴露出更多的陆生生物所需的营养物质,有利于适应干旱环境的动植物的生长,带来独特的过渡带栖息环境。然而,极端的洪水和干旱过程则会在一定程度上破坏湿地生态。因此,洪水和干旱过程通过直接影响、间接影响和其他影响因素3个方面,对湿地生态产生重要作用,是驱动过渡带生态过程的重要因子(孙可可和陈进,2013)。

6.5.1.3　湿地植物对水位变化的响应

对水生植物而言,水深的不同意味着植物可利用的光能和水体溶解氧有较大差异,从而影响到植物的光合作用(姚鑫等,2014),不同物种对光和溶解氧的需求不一,如淡水湖泊常见的菹草、狐尾藻、大茨藻、金鱼藻等水生植物种,其光补偿点差别可达数倍以上,故最终呈现出对水位的不同选择。对湿生植物(如香蒲、芦苇等)而言,根系组织需要给露出的茎叶部分提供足够的氧气,水深增加会导致植物内部输氧能力的变化,较深的水中甚至出现由于根系需求过大,茎叶自身氧浓度偏低的现象,从而影响其正常生理功能(Sorrell et al.,2000),同时,湿生植物的光合作用差异十分显著(Nielsen,1993)。也有部分学者认为,水深变化改变了土壤的水分和盐碱度(谭学界和赵欣胜,2006),进一步改变了以此为基础的物质循环和能量流动,对湿生植物群落分布也非常重要。

湿地植物对水位变化的响应最直观地反映在植物的地上部分,包括植物株高、节间距、分枝数、叶长和叶宽等形态特征。湿地不同的水位梯度会改变水下光照和底泥特性,并会影响土壤水分、供氧等环境条件,这些因素会通过影响植物的生长而对植物功能性状产生影响。随着水深增加,可利用的光资源会减少,水体透明度降低,各组织间气体传输的阻力增加,使植物消耗地下部分的营养,更多沿垂直方向生长,减少水平方向的生长,如增加株高、降低分枝数量与密度,使深水区植株地上部分生物量的比例增加。例如,Coops 等(1996)对湿生植物的研究表明,生长于深水处的芦苇和莎草的地上、地下部分生物量比和根、茎直径都显著增加,同时,处于深水位的植物扎根更靠近土壤的表层,且拥有更高的相对生长速率(relative growth rate,RGR)。Lentz 和 Dunson(1998)对水生植物的研究发现,处于深水处的植株最大叶片高度在生长期时高于浅水处的植株高度,有利于其进行光合作用。此外,不同植物实现表型可塑性的方式不同,决定了其适应能力的差别。例如在黄河三角洲湿地中,不同水深或水深变幅不同的生境中,群落优势植物和伴生植物明显不同,芦苇的平均高度与平均茎粗和平均水深呈显著相关(崔保山和杨志峰,2006);而水麦冬(*Triglochin palustris*)则能以生成、脱落海绵叶的方式快速调整。研究表明,沉水植物在一定范围内随水位升高而增加,但过高的水位会限制沉水植物的生长,所以沉水植物的生长存在最适的水位。水位上升在一定范围内有利于湿地植物的生长,但上升幅度超过植物的耐受限度,反而会制约植物的生长发育,且不同的植物类群和物种对水位变化的响应存在差异。

水位变化也会直接影响湿地植物的地下部分。高水位环境下,湿地植物主要通过根系分布、根长、根冠比、根直径的变化及产生气生根以适应缺氧的生境。例如,高水位时,蓼科(Polygonaceae)植物能够增加根的直径,提高气体在根部的运输能力(Visser et al.,2013)。气生根是对水淹条件的一种特殊适应现象,它甚至可以替代原有根系,维持根系正常功能(Pezeshki,2001)。

水位太深对植物的生长和繁殖有显著的抑制作用,淹水环境下水深变化会通过限制植物可利用的资源(如 CO_2 和 O_2)的量影响植物的生长、繁殖与分布(李威等,2014)。研究发现,当水深超过 3 m 时,荇菜基本上不能生存(Khanday et al.,2016)。O_2 是湿地生态系统的限制性因素之一,当湿地植物完全被水淹后会通过重新分配生物量的方式来适应不利的环境,例如将更多的生物量分配给地上部分来增加 O_2 的吸收,并减少地下生物量以减少 O_2 的消耗（Yan et al. ,2015）。植物性状对水深梯度的适应性响应只是外在表现形式,根本原因可能是支配这些性状的个体发育和异速生长过程与环境因子之间具有相互作用(符辉等,2015)。

极端水位(如洪水)会对植物的生长和分布造成影响。例如 1998 年夏天,长江发生特大洪水,洪水过后鄱阳湖湿地的马来眼子菜(*Potamogeton malaianus*)、苦草(*Vallisneria natans*)和灰化薹草的密度以及生物量都显著下降,洪水对湿地植物地上生物量的影响远大于地下生物量,严重影响沉水植物第二年的生长(李雅等,2018)。洪水发生的季节不同会对湿地植物的生长和分布产生不同的影响,在春季发生洪水会影响湿地植物萌发(Armstrong et al. ,1999),在夏季发生洪水会导致水体中有些湿地物种消失,在秋季发生洪水则会影响植物的营养积累过程,并影响湿地植物第二年的生长和生物量(Dolinar et al. ,2016)。在洪水淹没条件下,厌氧代谢使得植物在细胞水平上可以耐受缺氧的环境,水淹可以使得植物从有氧代谢向厌氧代谢方向转化,湿地植物通过预存营养物质以及减少对碳水化合物(包括淀粉和可溶性糖)的消耗来适应缺氧的淹水环境(Yan et al. ,2015)。

水位波动会通过影响水环境中气体溶解量而对湿地植物产生影响。在水体静止的状态下,植物的光合作用会因为水体中营养物质和气体扩散传播的速度减慢而受到限制。水位波动会促进水中气体和营养物质的输送与传播,从而促进植物的光合作用以及植物的生长(Bornette and Puijalon,2011)。水位变化的振幅、水位波动的周期和时间都会对湿地植物产生影响。

水位波动还将影响湿地的种子库物种。Casanova 和 Brock(2000)的研究具有一定代表性,他们以最大深度变幅、淹没持续时间和频率作为 3 个因素表征,通过测定种子库的物种丰富度及生物量发现,淹没持续时间和频率共同决定了湿地植被由陆生种到湿生种、水生种的转变,而最大深度变幅的作用较小,其作用主要在于影响植物种发展为波动耐受型(fluctuation-tolerator)还是波动响应型(fluctuation-responder)。除此之外,Vretare 等(2001)设置不同水位变幅来表征波动,较大水位变幅会导致植物相对生长速率减小。Nicol 等(2003)以水位变化速率这一单因素模拟湿地退水对湿地种子库的影响发现,退水速度较快有利于陆生植物种建群。在美国佛罗里达州沼泽的中部,有 60% 的湿地因为湿地被排干或过度淹水而消失(陆健健等,2006)。

水位波动还影响湿地物种的丰富度。Riis 和 Hawes(2002)在新西兰的湖泊研究慢速生长的植物如何对湖泊的水位产生响应,结果发现,湖泊的水位波动范围(处于 25% ~ 75% 分位的水位认为是湖泊的水位波动范围)影响植物的多样性,月水位变化较大的湖泊,其湿地植物多样性更高,年际间水位变化较大的湖泊比年内水位变化较大的湖泊的植物多样性更高(图 6.12)。

综上所述,水位波动对湿地植被既有直接影响也有间接影响(严格意义上,水位变化对光照、溶解氧的改变也是间接影响),既可以是限制因子也可以是非限制因子。波动本身难以定量测定,增加了其研究难度。人工模拟和自然条件下的研究实际上分别从植物生理和生态两个角度探讨水位波动的影响,前者易于解释微观机理,后者更擅长从宏观上把握植被变化过程,各有所长也各有局限,相互结合才能优势互补。

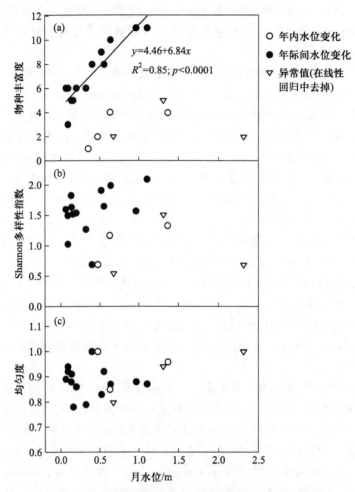

图 6.12　水位变化范围与物种多样性的关系(IPCC,2014)

6.5.2　水文过程变化对湿地元素循环的影响

湿地土壤不仅是许多湿地化学转化发生的场所,还是许多湿地植物所需的有效化学物质的主要储存地(章光新等,2008)。湿地水文是促成湿地土壤发育的最主要因素,湿地特有的土壤通常称为湿土或水成土。湿地水文不仅影响湿地土壤的水分条件,还影响湿地土壤的养分、盐分状况和氧化还原电位等理化性质以及土壤中微生物的活性。反过来,湿地土壤对湿地水文过程也有重要影响,例如土壤的理化性质会直接影响界面水通量和水质(章光新,2006)。

不论是天然湿地还是人工湿地的淹水土壤中,氮常常是最主要的限制性养分。湿地氮循环主要是指氮的持留和迁移转化等。水位、水压负荷、有机碳以及植被等都显著影响着湿地对氮的持留能力。河岸湿地是重要的脱氮生物反应器(Elgood et al.,2010),不同除氮方式的贡献率不确定。长期以来,硝化过程和反硝化过程被认为是湿地生态系统氮循环的关键环节。湿地中的反硝化过程也被认为是最理想的消减硝酸盐的方法,该过程将 NO_3^- 转化为 N_2,而不是将氮暂时储存在土壤或植物中。但研究表明,如果反硝化过程的主要产物是 N_2O,反硝化过程将不再是理想的除氮方法(Hefting et al.,2006)。

水位变化会直接改变湿地系统氧浓度。水位过高,系统大部分处于厌氧状态;水位降低,O_2 随水位下降,由大气带入基质层,提高系统溶解氧浓度,增强硝化反应强度。水位变化也间接通过影响植物的形态结构、分配策略以及根系分泌物来改变硝化和反硝化过程。植物根系作为微生物附着生长的载体,其分泌物也会对微生物的生长和生理产生一定程度的影响(郭士林等,2016)。Hunter 等在湿地污水处理模拟系统中发现,水力持留时间越长,NH_4^+-N 的去除率越高,通过模拟湿地水文条件对氮的去除能力的影响,可为人工湿地污水处理系统中的参数设计提供依据。湿地中氮的淋失量受水位的制约,干湿交替过程会促进硝态氮的淋失。湿地水文周期引起的干湿交替和洪水泛滥是造成氮元素显著的水平分异和垂直分异的重要因素。白军红等(2010)研究了土壤解冻期间,霍林河不同淹水频率的泛滥平原中沼泽土壤无机氮含量的空间分布情况。结果发现,5 个泛滥平原表层土壤中 NH_4^+-N 和 NO_3^--N 的水平分布在很大程度上都受淹水频率的影响。湿地的干湿变化会对氮的硝化过程和反硝化过程产生影响。在一个湿地水文周期中,干旱期湿地水位下降,水量减少,其生物地球化学反应就由反硝化过程向硝化过程发展;相反,在淹水条件下,湿地土壤氧化还原电位(Eh 值)在 220 mV 以下时,NO_3^- 被还原为 N_2O 或 N_2,即向反硝化过程发展。最新研究发现,以亚硝酸盐为电子受体的厌氧氨氧化(anaerobic ammonium oxidation,ANAMMOX)反应(Mulder et al.,1995)是一种环境友好型的除氮过程。该反应不需要 O_2 和有机物的参与,也被认为是将氮永久性脱离生态系统的有效途径。厌氧氨氧化过程作为一个重要的脱氮过程已逐渐被认识,然而在活性氮富集的湿地生态系统中,厌氧氨氧化的动态变化及其对总脱氮的贡献还知之甚少。

湿地氮循环中一个不容忽视的问题是 N_2O 的排放问题。自工业革命以来,由于人类对氮循环的干扰,N_2O 浓度增加了 18%(Solomon et al.,2007),其中湿地是自然系统中仅次于海洋的第二大 N_2O 排放源(Prather et al.,1995)。湿地土壤 N_2O 的产生过程主要是硝化和反硝化过程,在河岸区域,反硝化过程被假定是造成 N_2O 排放的主要过程。现有研究发现的 N_2O 的产生途径包括:硝化过程中的羟胺氧化、NO_3^- 还原(包括反硝化细菌的反硝化)(Wrage et al.,2001)和反硝化细菌的异养反硝化(图 6.13)。也有研究发现,厌氧氨氧化过程释放少量的 N_2O,但不是主要的 N_2O 产生途径。反硝化过程中需要硝酸盐或亚硝酸盐作为电子受体,因此硝化过程是反硝化过程的一个前提条件(Kim et al.,2016)。最近的研究发现,硝化过程也是产生 N_2O 的重要过程,这取决于土壤湿度(Wunderlin et al.,2013)、氧化还原条件、微生物群落及其活性、有机质的质与量和营养盐(N、P、S)等。硝化过程与反硝化过程是耦合在一起的,又受到不同条件的限制,如硝化过程的条件通常是需氧、低 pH 值和自养型,反硝化过程的条件是低氧和碳含量高。河岸湿地水位的波动导致湿地土壤干湿交替,引起土壤中氧化还原状态的变化,导致硝化过程与反硝化过程的不断转换,增加了分辨 N_2O 排放来源的难度。稳定同位素技术可以用于判断 N_2O 的来源问题,方法包括双同位素法(如 $\delta^{15}N$ 和 $\delta^{18}O$)和择优点(site preference,SP)法,这是迄今最有效的两种方法,其中双同位素法可以大体估计 N_2O 的来源,但精度低于 SP 法(Zhang et al.,2016)。

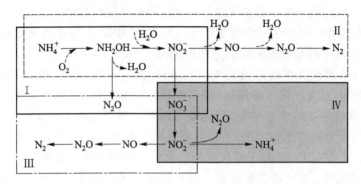

图 6.13　土壤产生 N_2O 的过程(Zhang et al.,2016)。Ⅰ,硝化过程;Ⅱ,硝化细菌反硝化过程;
Ⅲ,典型的反硝化过程;Ⅳ,硝酸盐异化还原或铵过程

湿地储藏着全球 12%~24%的碳物质,比农业生态系统、温带森林生态系统以及热带雨林生态系统的碳储量都要高。湿地固碳潜力对各国应对气候变化和碳减排履约具有重要意义,在维持碳平衡和调节全球气候中起着重要作用。湿地是全球碳循环的源和汇,一般情况下,相对于生态系统呼吸释放的 CO_2,植物通过光合作用能够积累更多的有机质,因此湿地生态系统是 CO_2 的汇;同时,厌氧环境导致 CH_4 的产生,湿地又是 CH_4 的源。因此,植被 CO_2 净同化与生态系统 CO_2、CH_4 净释放间的平衡决定了湿地生态系统是大气的碳源还是碳汇。但 CO_2 与 CH_4 的红外吸收特征及其在大气中的寿命不同,导致在百年尺度上,单位质量的 CH_4 在大气中的增温效果比 CO_2 高 25 倍。因此,虽然某些湿地表现为 CO_2 的净汇,但由于其释放大量的 CH_4,也可能表现为温室效应的源。

湿地在 CO_2、CH_4 等温室气体的固定和释放中也起着重要的"开关"作用,被称为"转换器"。水文条件是影响湿地中碳积累和分解过程的重要控制因素,水文条件的季节性变化对碳的生物地球化学过程也有较大的影响。干湿交替引起土壤中氧化还原状态的变化,从而影响土壤呼吸过程中 CH_4 及 CO_2 的排放量。湿地水文过程控制湿地水位和水的流动速率,进而决定溶解性有机碳的输入与输出过程(刘景双,2005;宋长春,2003)。例如,冬季积雪融化和夏季降雨所产生的径流对湿地溶解性有机碳的输入和输出起决定性作用,输入湿地中的溶解性有机碳的量及其化学特征也受水文条件变化的影响。湿地地表积水深度和地下潜水水位影响土壤 CO_2 通量,CH_4 通量对水位变化也较敏感。稳定的水位使湿地在一段时间内处于缺氧环境而生成 CH_4;相反,若水位变动幅度大,则沉积的有机碳被氧化,不能提高系统中碳的积累量(熊汉锋和王运华,2005)。黄国宏等(2001)从 1997 年开始,对我国四大河口三角洲之一的辽河三角洲芦苇湿地生态系统 CH_4 排放进行了较深入的研究,结果表明,其排放有明显的季节变化规律。6 月 10 日前,由于气候干燥,土壤含水量低,缺乏嫌气条件,芦苇湿地吸收 CH_4,其通量为 29~968 $\mu g\ CH_4 \cdot m^{-2} \cdot h^{-1}$。而淹水后,随着淹水期延长以及气温不断升高,芦苇植株生长旺盛,CH_4 排放量开始逐渐增加,出现了多个排放高峰并一直持续到 10 月底。随后,虽然死亡的芦苇根系及其凋落物进一步增加,但土壤积水较少,温度降低,限制了甲烷菌的活动,CH_4 排放显著下降。

湿地水文还通过影响土壤 pH 值,影响微生物活性和土壤有机碳周转,进而造成土壤的碳积累或碳损失。于君宝等(2010)曾根据植被分布状况,在黄河三角洲国家级自然保护区核心区新生湿地内,由黄河岸边至海滩方向布设两条平行样带,研究土壤营养元素空间分布特征。研究发现,土壤含盐量和 pH 值是影响土壤中总有机碳、总硫、$NO_3^- - N$、总氮含量和碳氮比的主要指标。

6.6 湿地生态水文模型

6.6.1 湿地水文过程模拟模型

湿地水文过程模拟通常借助于流域水文模型和水动力学模型,以湿地水文与生态相互作用过程和机制的模拟为主要研究内容。它是随着流域水文模拟研究同步推进的,研究对象是湿地整个水文过程,目的在于研究湿地各水文要素在时间和空间上的变化。广义地讲,湿地生态水文模型就是任何可以用于描述和模拟湿地生态-水文相互作用关系、过程机理及互馈机制的数学模型。具体而言,湿地生态水文模型是在认识和揭示变化环境下湿地生态水文相互作用关系、过程机理与互馈机制的基础上,运用计算机技术建立的模拟和预测湿地水文、土壤、植被等系统的主要构成要素之间相互作用机制及变化状况的模型,是研究变化环境下湿地生态系统水文受到的影响及其响应的重要途径和手段。参考殷康前等的分类(倪晋仁等,1998),按模型功能可以划分为:① 系统模型。这种模型把湿地看作一个整体来研究,例如把湿地看作水库或者水箱,主要目的是研究湿地蓄水量的时间变化。② 流域湿地水文模型。这种模型把湿地的水循环过程纳入流域单元内,考虑湿地与周边的密切水文联系,主要目的是模拟及预测湿地水文过程。③ 水动力学模型。这种模型采用水力学理论和方法计算湿地地表流,用以模拟湿地在微地貌和水体植被的作用下水流的运动模式。④ 地下水模型。主要用于描述湿地基质水文过程,即湿地基质中的水平流和垂直流过程,研究湿地与周围地下水的补给关系。

湿地自然地理要素的空间差异导致水文过程的时空变化,涉及复杂的物理、化学和生物及质量、能量和动量交换过程(王兴菊等,2006)。因此,湿地水文模型的构建比常规的流域水文模型更加困难。首先,需要对湿地的结构和功能具有充分认识和理解,进而建立能够有效模拟湿地水文过程的模型;其次,用于驱动湿地水文模型的数据大多较难获取,尤其在我国,缺乏对湿地生态系统长期、定量和系统的观测。然而,湿地水文建模仍然在不断发展,其中北美和欧洲处于该领域研究的前沿。

针对不同类型的湿地,水文模拟方法往往有所不同,在较大范围内,较多根据观测资料和质量守恒原理,运用湿地水量平衡方法研究其水文过程(刘大庆和许士国,2006)。然而,简单的湿地水量平衡不能揭示人类活动和气候变化下的湿地水文和生态响应,在这种情况下,需要选择有物理基础的水文模型解决这些问题。

根据不同的分类标准,可以将模型分为不同的种类。基于对原形的概化程度,可划分为黑箱模型(black-box model)、概念性模型(conceptual model)、物理机制模型(physically-based model);基于水分运动空间变异性的能力,可划分为集总式模型(lumped model)和分布式模型（distributed model）；基于模型的模拟时间尺度，可划分为连续模型（continuous model）和单事件模型（single-event model）。

黑箱模型是一种具有统计性质的时间序列回归模型。它建立在系统输入-输出关系之上，核心问题是通过"系统识别"求一个脉冲响应函数。"系统识别"常用的方法是最小二乘法。该模型的计算过程无明确的物理法则，仅仅用一种转换函数关系将输入和输出联系起来。例如，基于流域水文过程长期观测数据和土地利用变化数据，利用统计分析中的多种趋势分析方法和回归拟合方法研究土地利用对水文过程的影响。代表模型有 SLM、LPM、CLS、VGFLM、MISLM、MILPM、MIVGFLM、ANN 等。

概念性模型利用一些简单的物理概念和经验关系，如下渗曲线、蓄水曲线、蒸发公式等，或有物理意义的结构单元，如线性水库、线性河段等，组成一个系统来近似描述或概化流域内复杂水文过程。主要模型有 API、Tank、Stanford、Sacramento、SMAR、NAM、Arno、新安江模型、河北雨洪模型等。

物理机制模型根据质量、动量与能量守恒定律，用连续方程、动量方程和能量平衡方程来描述水在流域中的时间和空间运动与变化规律。典型模型有 SHE、MIKE SHE、HSPF、SWAT 等。

集总式模型中各点水力学特性均匀分布在一个单元体，只考虑单元体内水的垂向运动。该模型能表述整个流域的有效响应，但不能明确刻画水文响应的空间变化。集总式模型的过程相对简单，一般是根据观测资料和质量守恒原理，运用水量平衡方法及蓄水量-面积关系计算水面面积、蓄水量及水深等，进而研究湿地水文过程（刘大庆和许士国，2006）。集总式模型的参数较少，简单易用，但它的一个主要缺点是不能模拟水文过程和流域特征参数的空间变化。代表模型有 Stanford、SSARR、HBV。国外专家学者利用单库模型对非洲 Sudd 湿地的水循环变化（Sutcliffe and Parks，1987）、尼罗河上游湿地的水量平衡（Mohamed et al.，2004）、澳大利亚 Murray-Darling 河流域河流与洪泛平原的交互作用（Whigham and Young，2001）和澳大利亚 Loch McNess 湿地蓄水动态变化（Krasnostein and Oldham，2004）等开展了大量研究工作。Dincer 等（1987）利用多库模型研究非洲 Okavango 湿地的水量分配。国内方面，许士国等（2008）利用水库模型研究了扎龙湿地水文过程。集总式模型的关键在于如何准确模拟各水循环要素，尤其是水通量大的要素。模型优点是所需数据量小，且模型参数易于标定，缺点是只能从整体上模拟湿地水循环，而无法反映空间变异性。

分布式模型的使用前提是将流域分割成足够多的不嵌套单元，以考虑降雨等因子输入和下垫面条件客观存在的空间分异性。它具有以下显著优点：具有物理机制，能描述流域内水文循环的时空变化过程；其分布式结构容易与全球气候模型（GCM）嵌套，研究自然和气候变化对水文循环的影响；由于建立在数字高程模型（DEM）基础之上，所以能及时地模拟人类活动和下垫面因素变化对流域水文循环过程的影响。基于物理机制的分布式模型能够清楚地表述一些（不是全部）重要的陆地表层特征的空间变化（如地形高度、坡向、坡度、植被、土壤）和一些气候参数（如降雨、气温和空间蒸发）。该模型明显优于传统的集总式模型，又兼顾概念性模型的特点，能为真实地描述和科学地揭示现实世界的水文变化规律提供有力工具，俨然已成为未来水文学者研究的前沿阵地之一。Woolhiser 曾认为，若要考虑流域内人类活动对于水环境的影响程度，具有物理基础的分布式模型是唯一的选择

(Woolhiser,1996)。但分布式模型的参数较多,并且需要进行参数的率定,有较高的精度要求,否则难以评估模拟结果的不确定性。此外,分布式模型要求资料比较齐全,操作也较烦琐。

殷康前和倪晋仁(1998)在湿地综合分类的基础上,提出了湿地水动力学模拟方法,并在深圳湾流域进行了实验探索;Sun等(1998)针对森林湿地特点开发了FLATWOODS模型,将包气带一维非饱和流子模型和水位以下的二维饱和流子模型相结合,但该模型受到空间尺度和模型结构的影响,对地下水和地表水之间相互作用的描述有限。MIKE SHE是迄今最为完整的湿地水文模型,能模拟几乎所有水文变量在时间和空间上的动态分布规律,还可以模拟土地利用和植被对湿地水文的影响(邓伟和胡金明,2003)。Thompson等(2004)将MIKE SHE与MIKE11耦合,对英格兰东南部的Elmley沼泽湿地水文过程进行了模拟。尽管MIKE SHE是完全分布式的水文模型,但由于MIKE SHE无法模拟渠道内的控制结构,也无法模拟渠道淹没,因此无法很好地模拟明渠流。美国某试验站在湿地恢复计划(WRP)中提出了湿地动态水平衡模型(WDWBM)(Walton et al.,1996),用于模拟湿地地表水过程、地下水过程以及地表水与地下水之间的垂直交互过程和整个湿地系统的水深、流量及流速等,并将其应用于模拟美国阿肯色州Black沼泽水循环过程。Walton等(1996)使用ModFlow模型评估了各种水利工程对美国大沼泽湿地和浅层地下水水位的影响,模拟结果与实测水位的对比显示模型结果令人满意。

由于湿地数据相对缺乏,与分布式模型相比,需要较少数据和参数的半分布式模型(semi-distributed model)得到了更多的应用,通过将湿地作为模型的单元或节点来模拟湿地水文过程及其与周围环境的交互过程。Pietroniro等采用分布式模型SPL7对寒冷的加拿大北部湿地降雨径流过程进行了模拟;Kite(2001)利用半分布式模型SLURP模拟了湄公河土地径流过程及Tonle Sap湖水位和水面面积变化;Costelloe等(2006)采用一个基于网格的、日时间尺度的概念性模型模拟了澳大利亚西南部Diamantina河洪泛平原湿地的洪水过程(Costelloe et al.,2006);Murray-Hudson等(2006)利用半分布式模型模拟了气候变化和人类活动对湿地未来的可能影响,模拟结果显示,上游取水对Okavango三角洲的洪水类型可能会有短期的影响,上游修筑大坝、砍伐森林等活动的影响更为明显,然而,当前气候变化的影响是最明显的。

6.6.2　常用水文模型

现阶段流域尺度上比较常用的水文和非点源污染模拟模型主要包括:农业非点源污染模型(agricultural nonpoint source pollution model,AGNPS)(Bingner et al.,2009)、年际化农业非点源污染模型(annualized agricultural nonpoint source pollution model,AnnAGNPS)(Yuan et al.,2008)、区域非点源流域环境响应模拟(areal nonpoint source watershed environment response simulation,ANSWERS)(Beasly and Huggins,1982)、ANSWERS-Continuous、二维平面的CASCade(CASCade of planes in 2-dimensions,CASC2D)、动态流域模拟模型(dynamic watershed simulation model,DWSM)(Borah et al.,2002)、水文模拟Fortran程序(hydrological simulation program-Fortran,HSPF)(Bicknell et al.,1996)、动态径流和侵蚀模型(kinematic runoff and erosion model,KINEROS)、欧洲水文系统模型(the European hydrological system model, MIKE SHE)(Abbott et al. ,1986)、降水-径流建模系统(precipitation-runoff modeling system,PRMS)、土壤和水评估工具(soil and water assessment tool,SWAT)(Gassman et al. , 2007)。更多的模型描述可参见 Singh 和 Woolhiser(2002)的文章。

我们根据模型的模拟时间尺度将这些模型划分为连续模型和单事件模型(表 6.4,表 6.5)。

表 6.4　流域尺度水文和非点源污染模拟模型——连续模型

模型	模型模拟能力	时间尺度	模拟步长	流域的表示方式
AnnAGNPS	能够模拟土壤管理对水文、沉积物、营养物质、杀虫剂的影响,具有用户交互程序,能够从 DEM 中产生水系图	长时期	1 天或半天	同质的陆地区域(格网),河段和集水区
ANSWERS-Continuous	能够模拟以天为单位的水平衡、入渗、径流、地表水流、排水、蒸散发、沉积物分离、沉积物转移、氮磷的转化及植物吸收、径流和沉积物产生的营养物质损失	长时期	具有双重时间:无雨时模拟步长为 1 天,雨天模拟步长为 30 秒	具有相同水文特征的正方形格网;一维模拟
HSPF	能够模拟透水区和不透水区的径流和水质,河道内及混合水库内的水流运动和水分组成。是美国环境保护署(EPA)BASINS 模型中的一个组成部分。BASINS 模型具有较好的用户界面,被整合到 Arc-ViewGIS 平台	长时期	多种固定步长(每小时)	透水区和不透水区,河道、混合水库;一维模拟
MIKE SHE	能够模拟截流、蒸发、地表径流和河道内的水流,雪水融化、蓄水层和河流之间的水分交换,溶解物的水平运移和离散,地球化学过程,作物生长和作物根部的氮元素的化学过程,土壤侵蚀和灌溉等。具有数据前期和后期处理的用户界面	长时期和单次降雨事件	多种步长(依赖于数字的稳定性)	二维的正方形或矩形的地表格网,一维河道,一维的不饱和径流层和三维的饱和径流层
SWAT	能够模拟水文、气象、沉积物、土壤温度、作物生长、营养物质、杀虫剂、农业管理、河道与水库、水流运移。该模型是 BASINS 模型中的一个组成部分,BASINS 模型具有较好的用户界面,而且被整合到 ArcGIS 平台	长时期	1 天	基于气象、水文响应的单元(具有相同的地表覆被、土壤和管理措施)、池塘、地下水和主要河道

表 6.5 流域尺度水文和非点源污染模拟模型——单事件模型

模型	模型模拟能力	时间尺度	模拟步长	流域的表示方式
AGNPS	能够模拟水文,土壤侵蚀,沉积物、氮、磷的转移,化学需氧量。具有数据输入和结果分析的用户界面	单次暴雨事件	步长为降雨持续期	同质的正方形区域(cell),部分区域含有河渠
ANSWERS	模拟径流、入渗、亚表层排水、土壤侵蚀和地表物质运移	单次暴雨事件	多种固定步长(依赖于数字的稳定性)	具有相同水文特征的方形格网,一些格网具有河渠的元素,一维模拟
CASC2D	空间变化的降雨资料输入,包括用雷达估计的二维格网径流路径,连续的土壤湿度统计,高地侵蚀,河渠内沉积物转移。具有图形用户界面,并可以进行 GIS 数据的处理	长时期和单次暴雨事件	多种固定步长(依赖于数字的稳定性)	地表是二维的方形格网,沟渠是一维的
DWSM	空间变化的降雨数据输入,每一地表区域都有各自的雨量图,地表和亚地表径流、地表侵蚀和沉积物转移,农业化肥的混合和转移,河道侵蚀、沉积及径流路线	单次暴雨事件	多种固定步长	地表、河渠和水库都是由自然的地形所定义,一维模拟
KINEROS	分布式的降雨资料输入,每个流域可以指派 1 个雨量站(最多为 20 个),地表径流,河网、河道侵蚀及沉积物转移	单次暴雨事件	多种固定步长(依赖于数字的稳定性)	径流坡面,河渠或沟渠,池塘或蓄水池,一维模拟
PRMS	水文和地表径流,河道径流,河道水库径流,土壤侵蚀,地表沉积物转移。此模型连接美国地质调查局(USGS)的数据管理程序 ANNIE,该程序可为模型处理输入数据及分析模拟结果	单次暴雨事件	多种固定步长(依赖于数字的稳定性)	径流坡面,河渠段和水库,一维模拟

　　连续模型可用于模拟水文变化和流域管理措施的长期效应,尤其是农业活动的效应。单事件模型可用于分析单次暴雨事件,并对流域的管理措施进行评估,尤其是建筑活动。其中 CASC2D、MIKE SHE 和 PRMS 既具有模拟长时期效应的能力,也具有模拟单次暴雨事件的能力。

　　AGNPS、AnnAGNPS、DWSM、HSPF、MIKE SHE 和 SWAT 能够模拟土壤管理对三种组分(水文、沉积物和化学物质)的长期影响。SWAT 作为一个连续模型,非常适合农田占主要部分的流域。在农田和城镇占主要部分的流域内,HSPF 模型非常有应用前景。在单事件模型中,DWSM 模型处于简单模型和计算复杂的模型之间,因此,对于一个农业流域来说,DWSM 模型是一个有前景的单事件模型。

　　学者主要基于现有的水文模型或生态模型,修改或增加相应的湿地模块,应用于湿地生态水文过程模拟与分析。湿地水文模拟包含的内容广泛,湿地水文模型的应用要依赖长期的水位资料、土地资料和包括当地降雪资料在内的气象数据。而目前这些数据资料的缺乏限制了湿地水文模型的应用和发展。

目前湿地水文模拟具有明显的由传统的集总式模型向具有物理基础的分布式模型发展的趋势。分布式模型的优点在于它同时考虑质量守恒和动量守恒,机理性更强,能对流域下垫面特性进行细致地描述,同时也能够更加充分地模拟气候变化和人类活动等外在因素对水文过程的影响,能更加真实、准确地反映湿地水文过程(田富强等,2008)。但是分布式模型需要强大的数据支撑,由于湿地系统本身的复杂性,加上很多模型参数很难通过实测得到,因而分布式模型仍然存在争议。所以在实际应用中,集总式模型和半分布式模型的应用都很普遍,应用于世界各地不同类型的湿地中。

6.6.3　湿地生态水文模型的构建

由于湿地生态水文模型具有抽象性、灵活应用性以及良好的经济性等优点,近年来相关研究已受到普遍关注。目前,湿地生态水文模型的构建主要包括三种方法:① 传统的数理统计法(周德民等,2007;Peters,2008),基于长期监测数据建立生态-水文过程的相互关系,但这种方法对数据要求较高,同时缺乏对湿地生态-水文过程相关机理的考虑。② 遥感方法,应用 GIS 和遥感方法提取湿地生态与水文参数,结合统计分析方法、数学模型等构建生态水文模型(胡胜杰等,2015)。③ 数值模拟方法,目前主要包括两种方法:分别建立湿地水文模型和生态模型,并交互进行松散耦合;借助水文、水动力或水质模型,在耦合湿地模块的基础上,完成对湿地生态水文模型的构建。

由于水文过程的复杂性以及水文要素时空分布的不均匀性和变异性,且大部分湿地是无资料地区,难以获得长期的水文气象和生态定位观测数据,致使研究面临极大的困难。近年来,3S 技术已经应用到湿地研究中,其中,遥感(RS)可以同步、快速获取大面积的地物信息,实现对同一地区的重复观测,提供多时相的湿地信息,深入研究湿地情况与周边气候、地形地貌、土地利用、植被变化、生物多样性以及社会经济发展情况的关系;全球导航卫星系统(GNSS)高精度的定位能力可以为 RS 和 GIS 提供准确的定位数据;地理信息系统(GIS)具有强大的数据管理、图像显示、空间和属性分析等功能,能够有效处理遥感影像数据,并对遥感信息提取的结果数据进行管理和分析。

3S 技术在湿地生态水文模型中的应用思路和方法:首先采用遥感解译手段获得目标区域研究时段内的若干期水文、水质和生态空间数据,然后利用现代地理信息技术对各期数据进行叠加、融合、相关等空间分析,揭示湿地水位、水面面积、蓄水量等水文情势变化与湿地景观格局演变之间的相互关系及驱动机制,在此基础上构建湿地生态水文模型。Mendindo等(2000)基于遥感时间序列和湿地冲积平原的光谱响应得到生态水文的 REVIVE's GOALS 方法。该方法主要包括三个步骤:① 搜集数据;② 湿地分析;③ 生态水文假设检验。首先基于地理信息数据库,形成一个有时空维度的矩阵。然后应用 GIS 和 RS 技术,用常见的指标揭示湿地的光谱响应,如植被指数。最后,用基于动力学的可行的长期情景生成现状分析系统,辅助决策过程。分析系统包括恢复力、多样性和洪泛平原生物相关系数。

6.6.4 气候变化与湿地生态水文模型

Olde Venterink 和 Wassen(1997)比较了 6 个专家知识与经验相结合的生态水文模型，这些模型都可定量预测基于水文特征的生境变化引起的植物群落响应特征，但是在应用尺度、应用对象和参数特征等各个方面都存在较大差异。Su 等(2000)利用修正后的 SLURP 模型对加拿大萨斯喀彻温省的草甸湿地水文状况进行了模拟，结果发现，冻土、融雪产生的春季径流对湿地水环境的维持至关重要，修正后的 SLURP 模型能充分体现草甸湿地水位变异性，可预测未来气候变化与土地利用变化情景下的湿地水位变化。Milzow 等(2010)将构建的湿地生态水文模型与大气环流模型(general circulation model, GCM) 相结合，运用历史降水、潜在蒸散发和径流资料对模型进行率定和验证，输入时间序列信息(代表水资源利用状况和气候条件)，反演历史洪水淹没范围和发生频率以及地下水位的变化等变量，能够很好地描述湿地演化过程;模型也可以预测未来长时间序列洪水分布情况，但不能对未来某一年的洪水模式进行精确预测。Acreman 等(2010)初步构建气候变化对湿地生态水文的影响评估框架，在确定研究目标、湿地类型以及气候变化情景的基础上，根据湿地植被环境(如水文条件、水文等) 选择相应的气候模型和变量，如降雨、风速等，这些可作为湿地生态水文模型的输入，预测湿地相关变量对未来气候变化的响应。

总之，生态水文模型作为研究气候变化对湿地生态水文影响的重要手段，其关键任务在于研究湿地水文过程同生态系统结构与功能之间的定量关系(周德民等,2007)。近些年来，国外湿地生态水文模型发展较快，由于湿地生态-水文系统特有的复杂性，开发研制的众多生态水文模型中，数理模型还占据主导地位。但是，随着对湿地生态-水文相互作用机理的认识不断深入，具有物理机制的生态水文模型将逐渐在气候变化与湿地生态水文的关系研究中发挥重要作用。

思 考 题

1. 湿地独特的水文特征主要表现在湿地的水源补给、径流、蒸散发等水循环要素，请列举出湿地的重要水源来源?
2. 不同区域的湿地具有不同的水文周期，请说明水文周期的影响因素有哪些?
3. 湿地植物作为湿地生态系统的重要组成，请说明湿地的水文过程变化如何影响湿地植物的物种组成和分布?
4. 气候变化和人类活动如何影响湿地的水文过程?

参 考 文 献

白军红，王庆改，肖蓉，等. 2010. 霍林河下游洪泛区湿地土壤中铵态氮水平运移模拟研究. 农业环境科学学报,29(11):2203-2207.

崔保山,杨志峰.2002.湿地生态环境需水量研究.环境科学学报,22:219-224.

崔保山,杨志峰.2006.湿地学.北京:北京师范大学出版社.

崔丽娟,鲍达明,肖红,等.2006.基于生态保护目标的湿地生态需水研究.世界林业研究,19:20-24.

崔丽娟,赵欣胜,李伟,等.2017.基于土壤渗透系数的吉林省湿地补给地下水功能分析.自然资源学报,32:
    1457-1468.

崔树彬.2001.关于生态环境需水量若干问题的探讨.中国水利,8:71-74.

邓伟,胡金明.2003.湿地水文学研究进展及科学前沿问题.湿地科学,1:12-20.

邓伟,潘响亮,栾兆擎.2003.湿地水文学研究进展.水科学进展,14:521-527.

董李勤,章光新.2011.全球气候变化对湿地生态水文的影响研究综述.水科学进展,22:429-436.

丰华丽,郑红星,曹阳.2005.生态需水计算的理论基础和方法探析.南京晓庄学院学报,21:50-55.

符辉,钟家有,袁桂香,等.2015.沉水植物功能性状变异的来源与结构:以微齿眼子菜(Potamogeton maacki-
    anus)为例.湖泊科学,27:429-435.

郭海强.2010.长江河口湿地碳通量的地面监测及遥感模拟研究.博士学位论文.上海:复旦大学.

郭士林,叶春,李春华,等.2016.人工湿地氮转化对水位变化响应的研究进展.环境工程技术学报,6:
    585-590.

郝芳华,陈利群,刘昌明,等.2004.土地利用变化对产流和产沙的影响分析.水土保持学报,18:5-8.

侯伟,张树文,张养贞,等.2004.三江平原挠力河流域50年代以来湿地退缩过程及驱动力分析.自然资源
    学报,19:725-731.

胡胜杰,牛振国,张海英,等.2015.中国潜在湿地分布的模拟.科学通报,60:3251-3262.

胡振鹏,葛刚,刘成林,等.2010.鄱阳湖湿地植物生态系统结构及湖水位对其影响研究.长江流域资源与环
    境,19:597.

黄国宏,肖笃宁,李玉祥,等.2001.芦苇湿地温室气体甲烷(CH_4)排放研究.生态学报,21:1494-1497.

兰樟仁,张东水,邱荣祖,等.2006.闽江口湿地遥感时空演变应用分析.地球信息科学,8:114-120.

李冬林,王磊,丁晶晶,等.2011.水生植物的生态功能和资源应用.湿地科学,9:290-296.

李丽娟,郑红星.2000.海滦河流域河流系统生态环境需水量计算.地理学报,55:495-500.

李胜男,王根绪,邓伟.2008.湿地景观格局与水文过程研究进展.生态学杂志,27:1012-1020.

李威,何亮,朱天顺,等.2014.洱海苦草(Vallisneria natans)水深分布和叶片C、N、P化学计量学对不同水深
    的响应.湖泊科学,26:585-592.

李雅,于秀波,刘宇,等.2018.湿地植物功能性状对水文过程的响应研究进展.生态学杂志,37:952-959.

梁丽乔,闫敏华,邓伟.2005.湿地蒸散测算方法进展.湿地科学,3:74-80.

刘昌明,王会肖.1999.土壤-作物-大气界面水分过程与节水调控.北京:科学出版社.

刘大庆,许士国.2006.扎龙湿地水量平衡分析.自然资源学报,21:341-348.

刘宏娟,胡远满,布仁仓,等.2009.气候变化对大兴安岭北部沼泽景观格局的影响.水科学进展,20:
    105-110.

刘景双.2005.湿地生物地球化学研究.湿地科学,3:302-309.

刘静玲,杨志峰.2002.湖泊生态环境需水量计算方法研究.自然资源学报,17:604-609.

陆健健,何文珊,童春富.2006.湿地生态学.北京:高等教育出版社.

栾金花.2008.干旱胁迫下三江平原湿地毛苔草光合作用日变化特性研究.湿地科学,6:223-228.

栾兆擎.2004.三江平原典型沼泽湿地界面水文过程研究.博士学位论文.北京:中国科学院研究生院.

苗鸿,魏彦昌,姜立军,等.2003.生态用水及其核算方法.生态学报,23:130-138.

倪晋仁,殷康前,赵智杰.1998.湿地综合分类研究:Ⅰ.分类.自然资源学报,3:22-29.

盛宣才,邵学新,吴明,等.2015.水位对杭州湾芦苇湿地土壤有机碳、氮、磷含量的影响.生态与农村环境学报,31:718-723.

宋长春.2003.湿地生态系统碳循环研究进展.地理科学,23:622-628.

粟晓玲,康绍忠.2003.生态需水的概念及其计算方法.水科学进展,14:65-69.

孙可可,陈进.2013.典型洪水和干旱过程对湖泊湿地的生态作用.长江科学院院报,30:5-8.

谭学界,赵欣胜.2006.水深梯度下湿地植被空间分布与生态适应.生态学杂志,25:1460-1464.

田富强,胡和平,雷志栋.2008.流域热力学系统水文模型:本构关系.中国科学:技术科学,38:671-686.

王昊.2006.芦苇湿地蒸散发测算方法及耗水预测研究.博士学位论文.大连:大连理工大学.

王昊,许士国,孙砳石.2006.扎龙湿地芦苇沼泽蒸散耗水预测.生态学报,26:1352-1358.

王慧亮,王学雷,厉恩华.2010.气候变化对洪湖湿地的影响.长江流域资源与环境,19:653.

王礼先.2000.植被生态建设与生态用水——以西北地区为例.水土保持研究,7:5-7.

王珊琳,丛沛桐,王瑞兰,等.2004.生态环境需水量研究进展与理论探析.生态学杂志,23:111-115.

王兴菊,许士国,张奇.2006.湿地水文研究进展综述.水文,26:1-5.

王玉敏,周孝德.2002.流域生态需水量的研究进展.水土保持学报,16:142-144.

吴绍洪,赵宗慈.2009.气候变化和水的最新科学认知.气候研究进展,5:125-133.

熊汉锋,王运华.2005.湿地碳氮磷的生物地球化学循环研究进展.土壤通报,36:240-243.

徐华山,赵同谦,孟红旗,等.2011.滨河湿地地下水水位变化及其与河水响应关系研究.环境科学,32:362-367.

徐金英,陈海梅,王晓龙.2016.水深对湿地植物生长和繁殖影响研究进展.湿地科学,14:725-732.

徐凯,陆垂裕,汪林.2013.西辽河流域平原区地下水动态补给研究.水利水电技术,44:22.

徐志侠,陈敏建,董增川.2004.河流生态需水计算方法评述.河海大学学报:自然科学版,32:5-9.

许士国,刘大庆,唐晓亮.2008.基于水库模型的扎龙湿地水循环模拟.水科学进展,19:36-42.

严登华,王浩,王芳,等.2007.我国生态需水研究体系及关键研究命题初探.水利学报,38:267-273.

杨青,崔彩霞.2005.气候变化对巴音布鲁克高寒湿地地表水的影响.冰川冻土,27:397-403.

杨泉,罗浩.2010.不同土壤质地的土壤含水率的空间变异性.吉林水利,11:30-32.

杨志峰.2012.湿地生态需水机理、模型和配置.北京:科学出版社.

杨志峰,崔保山,刘静玲.2004.生态环境需水量评估方法与例证.中国科学:地球科学,34:1072-1082.

姚鑫,杨桂山,万荣荣,等.2014.水位变化对河流、湖泊湿地植被的影响.湖泊科学,26:813-821.

姚允龙,吕宪国,王蕾,等.2010.气候变化对挠力河径流量影响的定量分析.水科学进展,21:765-770.

殷康前,倪晋仁.1998.湿地综合分类研究:Ⅱ.模型.自然资源学报,4:25-32.

于君宝,管博,单凯,等.2010.黄河三角洲新生滨海湿地土壤营养元素空间分布特征.环境科学学报,30:855-861.

张远,杨志峰.2002.林地生态需水量计算方法与应用.应用生态学报,13:1566-1570.

张志国.2010.生态需水概念与计算方法.资源开发与市场,26:799-802.

章光新.2006.关于流域生态水文学研究的思考.科技导报,24:42-44.

章光新.2014.湿地生态水文与水资源管理.北京:科学出版社.

章光新,尹雄锐,冯夏清.2008.湿地水文研究的若干热点问题.湿地科学,6:105-115.

章光新,张蕾,冯夏清,等.2014.湿地生态水文与水资源管理.北京:科学出版社.

赵慧颖,李成才,赵恒和,等.2007.呼伦湖湿地气候变化及其对水环境的影响.冰川冻土,29:795-801.

周德民,宫辉力,胡金明,等.2007.湿地水文生态学模型的理论与方法.生态学杂志,26:108-114.

Abbott MB, Bathurst JC, Cunge JA, et al. 1986. An introduction to the European Hydrological System—Systeme Hydrologique Europeen, "SHE", 1:History and philosophy of a physically-based, distributed modelling system.

Journal of Hydrology,87:45-59.

Acreman M,Holden J. 2013. How wetlands affect floods. Wetlands,33:773-786.

Acreman MC,Blake JR,Booker DJ,et al. 2010. A simple framework for evaluating regional wetland ecohydrological response to climate change with case studies from Great Britain. Ecohydrology,2:1-17.

Armstrong J,Afreen-zobayed F,Blyth S,et al. 1999. Phragmites australis:Effects of shoot submergence on seedling growth and survival and radial oxygen loss from roots. Aquatic Botany,64:275-289.

Beasly D,Huggins L. 1982. ANSWERS,areal nonpoint source watershed environment response simulation:User's manual. United States of America,EPA-905/9-82-001.

Bewket W,Sterk G. 2005. Dynamics in land cover and its effect on stream flow in the Chemoga watershed,Blue Nile basin,Ethiopia. Hydrological Processes,19:445-458.

Bicknell BR,Imhoff JC,Kittle JJL,et al. 1996. Hydrological simulation program—FORTRAN. User's manual for release 11. United States of America,EPA/600/R-97/080.

Bidlake WR. 2010. Evapotranspiration from a bulrush-dominated wetland in the Klamath basin,Oregon. Journal of the American Water Resources Association,36:1309-1320.

Bingner R,Theurer F,Yuan Y. 2009. Agricultural Non-point Source Pollution Model. AnnAGNPS Technical Processes Documentation Version,5.

Borah D,Xia R,Bera M. 2002. DWSM—a dynamic watershed simulation model for studying agricultural nonpoint source pollution.

Bornette G,Puijalon S. 2011. Response of aquatic plants to abiotic factors:A review. Aquatic Sciences,73:1-14.

Brinson M. 1993. Changes in the functioning of wetlands along environmental gradients. Wetlands,13:65-74.

Bullock A,Acreman M. 2003. The role of wetlands in the hydrological cycle. Hydrology and Earth System Sciences,7:358-389.

Caissie D,Eljabi N. 1995. Comparison and regionalization of hydrologically based instream flow techniques in Atlantic Canada. Canadian Journal of Civil Engineering,22:235-246.

Calder IR. 1991. Hydrologic effects of landuse change. In:Maidment DR. Handbook of Hydrology. New York:McGraw-Hill.

Cao R,Xi X,Yang Y,et al. 2017. The effect of water table decline on soil CO_2 emission of Zoige peatland on eastern Tibetan Plateau:A four-year in situ experimental drainage. Applied Soil Ecology,120:55-61.

Casanova MT,Brock MA. 2000. How do depth,duration and frequency of flooding influence the establishment of wetland plant communities? Plant Ecology,147:237-250.

Catford JA,Jansson R. 2015. Drowned,buried and carried away:Effects of plant traits on the distribution of native and alien species in riparian ecosystems. New Phytologist,204:19-36.

Coops H,Vanden Brink FWB,Van der Velde G. 1996. Growth and morphological responses of four helophyte species in an experimental water-depth gradient. Aquatic Botany,54:11-24.

Costelloe JF, Grayson RB, McMahon TA. 2006. Modelling streamflow in a large anastomosing river of the arid zone, Diamantina River, Australia. Journal of Hydrology, 323(1-4): 138-153.

Dincer T,Child S,Khupe B. 1987. A simple mathematical model of a complex hydrologic system—Okavango Swamp,Botswana. Journal of Hydrology,93:41-65.

Dolinar N,Regvar M,Abram D,et al. 2016. Water-level fluctuations as a driver of Phragmites australis primary productivity,litter decomposition,and fungal root colonisation in an intermittent wetland. Hydrobiologia,774:69-80.

Dunne T,Leopold LB. 1987. Water in Environmental Planning. New York:W. H. Freeman and Company.

Elgood Z,Robertson WD,Schiff SL,et al. 2010. Nitrate removal and greenhouse gas production in a stream-bed de-nitrifying bioreactor. Ecological Engineering,36:1575-1580.

Fan S,Yu H,Liu C,et al. 2015. The effects of complete submergence on the morphological and biomass allocation response of the invasive plant *Alternanthera philoxeroides*. Hydrobiologia,746:159-169.

Garssen AG,Verhoeven JTA,Soons MB. 2014. Effects of climate-induced increases in summer drought on riparian plant species:A meta analysis. Freshwater Biology,59:1052-1063.

Gassman PW,Reyes MR,Green CH,et al. 2007. The soil and water assessment tool:Historical development,appli-cations,and future research directions. Transactions of the ASABE,50:1211-1250.

Hammer DE,Kadlec RH. 1983. Design principles for wetland treatmeent systems. Epa Municipal Environmental Research Lab,EPA-600/S2-83-026.

Hefting MM,Bobbink R,Janssens MP. 2006. Spatial variation in denitrification and N_2O emission in relation to ni-trate removal efficiency in a N-stressed riparian buffer zone. Ecosystems,9:550-563.

Hussey BH,Odum WE. 1992. Evapotranspiration in tidal marshes. Estuaries,15:59-67.

IPCC. 2014.Climate Change 2014 Synthesis Report. Geneva:IPCC.

Junk WJ,Wanten KM. 1989. The flood pulse concept in river-floodplain systems. Canadian Special Publication of Fisheries and Aquatic Sciences,106:110-127.

Kazezylmaz-Alhan CM,Medina Jr. MA. 2008. The effect of surface/ground water interactions on wetland sites with different characteristics. Desalination,226:298-305.

Keddy PA. 2010. Wetland Ecology:Principles and Conservation. Cambridge:Cambridge University Press.

Khanday SA,Yousuf AR,Reshi ZA,et al. 2016. Management of *Nymphoides peltatum* using water level fluctuations in freshwater lakes of Kashmir Himalaya. Limnology,18:219-231.

Kim H,Bae HS,Reddy KR,et al. 2016. Distributions,abundances and activities of microbes associated with the ni-trogen cycle in riparian and stream sediments of a river tributary. Water Research,106:51-61.

Kite G. 2001. Modelling the Mekong: Hydrological simulation for environmental impact studies. Journal of Hydro-logy, 253(1-4):1-13.

Krasnostein AL,Oldham CE. 2004. Predicting wetland water storage. Water Resources Research,40:2709-2710.

Lafleur PM,Roulet NT. 1992. A comparison of evaporation rates from two fens of the Hudson-Bay lowland. Aquatic Botany,44:59-60.

Lahmer W,Pfutzner B,Becker A. 2001. Assessment of land use and climate change impacts on the mesoscale. Physics and Chemistry of the Earth Part B:Hydrology Oceans and Atmosphere,26:565-575.

Lazarus K,Blake DJH,Dore J,et al. 2012. Negotiating flows in the Mekong. In:Öjendal J,Hansson S,Hellberg S. Politics and Development in A Transboundary Watershed. Dordrecht:Springer,127-153.

Lentz KA, Dunson WA. 1998. Water level affects growth of endangered northeastern bulrush, *Scirpus ancistrochaetus* Schuyler. Aquatic Botany,60:213-219.

Lou YJ,Pan YW,Gao CY,et al. 2016. Response of plant height,species richness and aboveground biomass to flooding gradient along vegetation zones in floodplain wetlands,Northeast China. PloS One,11:13-18.

Luo FL,Huang L,Lei T,et al. 2016. Responsiveness of performance and morphological traits to experimental sub-mergence predicts field distribution pattern of wetland plants. Journal of Vegetation Science,27:340-351.

Maltchik L,Rolon AS,Schott P. 2007. Effects of hydrological variation on the aquatic plant community in a flood-plain palustrine wetland of southern Brazil. Limnology,8:23-28.

Martin JF,Reddy KR. 1997. Interaction and spatial distribution of wetland nitrogen processes. Ecological Model-ling,101:1-21.

Mendiondo EM, Neiff JJ, Depettris CA. 2000. Eco-hydrology of wetlands aided by remote sensing: A case study with the REVIVE's GOALS itative. New Trends in Water and Environmental Engineering for Safety and Life, 2000:1-9.

Milzow C, Burg V, Kinzelbach W. 2010. Estimating future ecoregion distributions within the Okavango Delta Wetlands based on hydrological simulations and future climate and development scenarios. Journal of Hydrology, 381:89-100.

Mitsch W, Gosselink J. 1993a. Wetlands. New York: Von Reinhold.

Mitsch W, Gosselink J. 1993b. Wetlands. Quarterly Review of Biology, 3:535-544.

Mitsch W, Gosselink J. 2000. Wetlands. New York: John Wiley and Sons.

Mitsch W, Gosselink J. 2007. Wetlands, 4th edn. Hoboken: John Wiley and Sons.

Mitsch W, Gosselink J. 2015. Wetlands, 5th edn. Hoboken: John Wiley and Sons.

Mitsch W, Reeder BC. 1991. Modelling nutrient retention of a freshwater coastal wetland: Estimating the roles of primary productivity, sedimentation, resuspension and hydrology. Ecological Modelling, 54:151-187.

Moffett KB, Wolf A, Berry JA, et al. 2010. Salt marsh-atmosphere exchange of energy, water vapor, and carbon dioxide: Effects of tidal flooding and biophysical controls. Water Resources Research, 46:5613-5618.

Mohamed YA, Bastiaanssen WGM, Savenije HHG. 2004. Spatial variability of evaporation and moisture storage in the swamps of the upper Nile studied by remote sensing techniques. Journal of Hydrology, 289:145-164.

Monteith JL. 1965. The State and Movement of Living Organisms. New York: Academic Press.

Moor H, Hylander K, Norberg J. 2015. Predicting climate change effects on wetland ecosystem services using species distribution modeling and plant functional traits. AmBio, 44:113-126.

Moore TR, Bubier JL, Frolking SE. 2002. Plant biomass and production and CO_2 exchange in an ombrotrophic bog. Journal of Ecology, 90:25-36.

Moro MJ, Domingo F, López G. 2004. Seasonal transpiration pattern of *Phragmites australis* in a wetland of semi-arid Spain. Hydrological Processes, 18:213-227.

Mulder A, Van de Graaf AA, Robertson LA, et al. 1995. Anaerobic ammonium oxidation discovered in a denitrifying fluidized bed reactor. FEMS Microbiology Ecology, 16:177-184.

Murray-Hudson M, Wolski P, Ringrose S. 2006. Scenarios of the impact of local and upstream changes in climate and water use on hydro-ecology in the Okavango Delta, Botswana. Journal of Hydrology, 331(1-2): 73-84.

Nicol JM, Ganf GG, Pelton GA. 2003. Seed banks of a southern Australian wetland: The influence of water regime on the final floristic composition. Plant Ecology, 168:191-205.

Nielsen SL. 1993. A comparison of aerial and submerged photosynthesis in some Danish amphibious plants. Aquatic Botany, 45:27-40.

Nuttle WK. 1997. Measurement of wetland hydroperiod using harmonic analysis. Wetland, 17:82-89.

Olde Venterink H, Wassen MJ. 1997. A comparison of six models predicting vegetation response to hydrological habitat change. Ecological Modelling, 101:347-361.

Orellana F, Verma P, Loheide SP, et al. 2012. Monitoring and modeling water-vegetation interactions in groundwater-dependent ecosystems. Reviews of Geophysics, 50:135-162.

Pechmann JHK, Scott DE, Gibbons JW. 1989. Influence of wetland hydroperiod on diversity and abundance of metamorphosing juvenile amphibians. Wetlands Ecology and Management, 1:3-11.

Peters J. 2008. Ecohydrology of wetlands: Monitoring and modelling interactions between groundwater, soil and vegetation. PhD thesis. Ghent: Ghent University.

Pezeshki SR. 2001. Wetland plant responses to soil flooding. Environmental and Experimental Botany, 46:

299-312.

Pörtner HO, Roberts DC, Poloczanska ES, et al. 2022. IPCC, 2022: Summary for policymakers.

Prather MJ, Derwent R, Ehhalt D, et al. 1995. Other trace gases and atmospheric chemistry. In: Houghton JT. Climate Change 1994: Radiative Forcing of Climate Change An Evaluation of the IPCC IS92 Emission Scenarios. Cambridge: Cambridge University Press, 73-126.

Priestley BHB, Taylor RJ. 1972. On the assessment of surface heat flux and evaporation using largescale parameters. Monthly Weather Review, 100: 81-92.

Pyzoha JE, Callahan TJ, Sun G. 2007. A conceptual hydrologic model for a forested Carolina bay depressional wetland on the Coastal Plain of South Carolina, USA. Hydrological Processes, 22: 2689-2698.

Renwick J. 2008. IPCC Technical Paper on Climate Change and Water.

Riis T, Hawes I. 2002. Relationships between water level fluctuations and vegetation diversity in shallow water of New Zealand lakes. Aquatic Botany, 74: 133-148.

Singh VP, Woolhiser DA. 2002. Mathematical modeling of watershed hydrology. Journal of Hydrologic Engineering, 7: 270-292.

Solomon S, Qin D, Manning M, et al. 2001. Climate Change 2001: The Physical Science Basis. Contribution of Working Group I to the Third Assessment Report of the Intergovernmental Panel on Climate Change. Cambridge: Cambridge University Press.

Solomon S, Qin D, Manning M, et al. 2007. Climate Change 2007: The Physical Science Basis. Contribution of Working Group I to the fourth Assessment Report of the Intergovernmental Panel on Climate Change. Cambridge: Cambridge University Press.

Sorrell BK, Mendelssohn IA, Mckee KL, et al. 2000. Ecophysiology of wetland plant roots: A modelling comparison of aeration in relation to species distribution. Annals of Botany, 86: 675-685.

Souch C, Wolfe CP, Grimmond CSB. 1996. Wetland evaporation and energy partitioning: Indiana Dunes National Lakeshore. Journal of Hydrology, 184: 189-208.

Stroh CL, Steven DD, Guntenspergen GR. 2008. Effect of climate fluctuations on long-term vegetation dynamics in Carolina bay wetlands. Wetlands, 28: 17-27.

Su M, Stolte WJ, Van der Kamp G. 2000. Modelling Canadian Prairie wetland hydrology using a semi-distributed streamflow model. Hydrological Processes, 14: 2405-2422.

Sun G, Riekerk H, Comerford NB. 1998. Modeling the forest hydrology of wetland-upland ecosystems in Florida. Journal of the American Water Resources Association, 34: 827-841.

Sutcliffe JV, Parks YP. 1987. Hydrological modelling and the sustainable development of the Hadejia-Nguru Wetland, Nigeria. Hydrologiques, 32: 143-159.

Tennant DL. 1976. Instream flow regiments for fish, wildlife, recreation and related environmental resources. Fisheries, 1: 6-10.

Thompson JR, Sorenson HR, Gavin H. 2004. Application of the coupled MIKE SHE/MIKE 11 modelling system to a lowland wet grassland in southeast England. Journal of Hydrology, 293: 151-179.

Thornthwaite CW. 1948. An approach toward a rational classification of climate. Geographical Review, 38: 55-94.

Tyagi NK, Sharma DK, Luthra SK. 2000. Determination of evapotranspiration and crop coefficients of rice and sunflower with lysimeter. Agricultural Water Management, 45: 41-54.

Varlygin DL, Bazilevich NI. 1992. Production linkages of zonal world plant formations with some climate parameters. Izvestiya Akademii Nauk SSSR, Seriya Geograficheskaya, 1: 36-64.

Visser EJW, Blom CWPM, Voesenek LACJ. 2013. Flooding-induced adventitious rooting in *Rumex*: Morphology and development in an ecological perspective. Plant Biology,45:17-28.

Visser EJW,Bögemann GM,Steeg HMVD,et al. 2000. Flooding tolerance of *Carex* species in relation to field distribution and aerenchyma formation. New Phytologist,148:93-103.

Vretare V,Weisner SEB,Strand JA,et al. 2001. Phenotypic plasticity in *Phragmites australis* as a functional response to water depth. Aquatic Botany,69:127-145.

Wagai R,Kishimoto-MO AW,Yonemura S,et al. 2013. Linking temperature sensitivity of soil organic matter decomposition to its molecular structure, accessibility, and microbial physiology. Global Change Biology, 19: 1114-1125.

Walton R,Chapman RS,Davis JE. 1996. Development and application of the wetlands Dynamic Water Budget Model. Wetlands,16:347-357.

Whigham PA,Young WJ. 2001. Modelling river and floodplain interactions for ecological response. Mathematical and Computer Modelling,33:635-647.

Winter TC,Harvey JW,Franke OL,et al. 1998. Ground Water and Surface Water A Single Resource. U.S. Geological Survey Circular 1139.

Woolhiser DA.1996. Search for physically based runoff model—a hydrologic El Dorado? Journal of Hydraulic Engineering, 122(3): 122-129.

Wrage N,Velthof GL,Van Beusichem ML,et al. 2001. Role of nitrifier denitrification in the production of nitrous oxide. Soil Biology and Biochemistry,33:1723-1732.

Wunderlin P,Lehmann MF,Siegrist H,et al. 2013. Isotope signatures of N_2O in a mixed microbial population system:Constraints on N_2O producing pathways in wastewater treatment. Environmental Science and Technology, 47:1339-1348.

Yan H,Liu R,Liu Z,et al. 2015. Growth and Physiological Responses to Water Depths in *Carex schmidtii* Meinsh. PloS One,10:e0128176.

Yao YL,Wang L,Yu HX. 2017. Characteristics of extreme floods of Naoli river in northeast China and the impacts of the large area wetlands loss. Fresenius Environmental Bulletin,26:1410-1417.

Yuan Y,Locke M,Bingner R. 2008. Annualized agricultural non-point source model application for Mississippi Delta Beasley Lake watershed conservation practices assessment. Journal of Soil and Water Conservation,63: 542-551.

Zalewski M. 2000. Ecohydrology—the scientific background to use ecosystem properties as management tools toward sustainability of water resources. Ecological Engineering,16:1-8.

Zhang Z,Jim WJ,Lu X. 2016. Fingerprint natural soil N_2O emission from nitration and denitrification by dual isotopes (^{15}N and ^{18}O) and site preferences. Acta Ecologica Sinica,36:356-360.

第 7 章

湿地生物地球化学循环

湿地生物地球化学循环一般是指湿地生物有机体及其产物与无机环境之间进行的物质交换和能量转换过程,包括系统内循环通过各种转化过程与湿地及周围水域、景观、大气之间的化学交换(白军红等,2002)。湿地特有的水文土壤生物特征使其自身的一些生物地球化学过程并不与陆生或水生生态系统所共享,这些过程可以影响甚至塑造湿地诸多独特的生态功能。湿地的生物地球化学循环相关研究不仅是生态学的一个重要研究领域,也是当前国内外湿地研究的热点。本章主要论述了包括碳、氮、硫、磷、铁在内的湿地主要元素生物地球化学循环特征及其影响因素,并以胶州湾和黄河口湿地为例,分别阐明了湿地碳和氮源汇转换特征及其生态效应。

7.1 湿地元素生物地球化学循环

湿地元素生物地球化学循环主要指生源要素(碳、氮、磷、硫、铁等)在湿地生态系统不同分室之间进行的各种迁移转化和能量交换,其中包含了很多复杂的生物、物理、化学过程。气候变化和人类活动已经成为改变湿地关键元素生物地球化学循环的主要营力,在局地乃至区域尺度上,当前人类活动的影响已经远远超过气候变化,对于湿地生物地球化学循环的改变更为直接和迅速。因此,对于受到人类活动和气候变化双重影响的湿地生态系统中关键限制性元素的认知,是理解微观和宏观各个尺度上元素循环与生态系统中物种组成、群落结构、景观格局以及生态系统功能和服务之间关系的核心问题之一。

7.1.1 湿地碳的生物地球化学循环

湿地由于较高的初级生产力和较低的有机质分解速率,地下碳储量可达 535 Gt (Bridgham et al.,2006),因此成为碳循环研究的重点对象之一。碳循环的关键过程包括固碳作用、有机质分解过程、土壤呼吸以及温室气体排放等(图 7.1)。

湿地生态系统中的碳主要以五种形式存在:植物生物量碳、颗粒有机碳(POC)、溶解性有机碳(DOC)、微生物量碳(MBC)以及气态最终产物。湿地植物(包括大型植物和藻类)通过光合作用将无机碳转化为有机碳,这也使得湿地生态系统的净初级生产力高于许多陆地生态系统,与热带雨林的初级生产力大致相同;POC 主要包括腐烂的植物体、微生物细胞以及土壤表层的颗粒有机物等;DOC 是土壤中活性较高、易被微生物分解矿化的部分,如根系

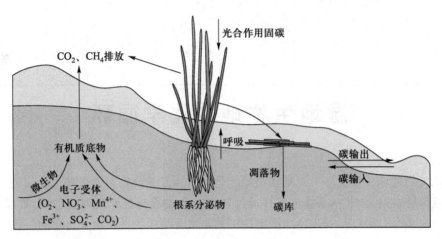

图 7.1   湿地碳循环过程(修改自 Reddy and Delaune,2008)

分泌物等;MBC 存在于异养微生物的分解活动中,这些分解活动将有机碳转化为无机碳,并将 POC 和 DOC 矿化。MBC 虽仅占总有机碳(TOC)的 3%~5%,但 MBC 的周转速度很快,而且可能在几天内完成。气态最终产物包括 CO_2 和 CH_4,二者均可在厌氧条件下由有机质分解产生,但只有 CO_2 可在好氧条件下产生。

在湿地生态系统中,土壤有机质的积累受植物残体和凋落物输入与分解的显著影响。凋落物分解是影响土壤碳汇的关键因素,难分解、存留久的植物凋落物能显著增强土壤的碳库。分解过程是指复杂有机质逐步转化为简单有机组分的过程,主要包括三个过程:淋溶和破碎化、胞外酶水解和微生物的代谢活动。淋溶作用是影响木质纤维素物质分解的重要因素,在淹水环境中 10%~20% 含有木质纤维素的凋落物组织被分解(Benner et al.,1987)。除淋溶作用以外,植物凋落物会被湿地动物破碎成小块,增加表面积,从而加速酶和微生物的代谢活动。在淋溶和破碎化之后,植物凋落物的分解取决于木质素、纤维素、半纤维素、脂质以及蛋白质的数量,这些成分主要是颗粒物,必须分解成更小的单元,如葡萄糖、有机酸、脂肪酸等,才能被微生物所利用,成为其营养的潜在来源。微生物分泌的胞外酶可以将这些复杂的高分子有机质水解为简单的低分子底物。因为有些反应必须在严格好氧环境下进行,所以在湿地中一些酶对木质素和腐殖质的分解作用并不显著。凋落物并不是作为一个整体分解,不同成分的分解速率不同,不同物种的凋落物的分解速率也不同。研究表明,滇西北高原湿地纳帕海湖滨 3 种植物群落凋落物分解速率不同,并随月平均气温升高均呈加快的趋势,刘氏荸荠分解最快,荩草次之,水葱最慢(郭绪虎等,2013)。此外,凋落物分解也受季节、土壤温度和积水深度制约。杨继松(2006)对三江平原小叶章草甸湿地及湿地垦后农田的有机碳动态变化研究表明,植物残体的分解动态均表现为快-慢交替的周期性变化特征,夏、秋季快于冬、春季。地表枯落物在季节性淹水湿地中的分解快于非淹水湿地,而土壤中根系的分解快于地表枯落物,且在非淹水湿地中分解较快。分解过程中,残体碳的浓度呈先升后降的变化趋势,而绝对量则呈单调下降趋势。不同水分梯度带上残体的分解速率差异明显。

微生物对有机质的代谢主要包括有氧代谢和厌氧代谢。有氧氧化是最常见的一种有机质代谢方式,在透气性较差的湿地生态系统中,高含量的有机质使得 O_2 在土壤表层几毫米的深度内被消耗殆尽(Furukawa et al.,2004)。在湿地深部的厌氧环境中,有机质代谢不会因为 O_2 的缺失而停止。在有适合的电子受体(NO_3^-、Mn^{4+}、Fe^{3+}、SO_4^{2-})存在的情况下,有机质会进一步进行厌氧氧化。当这些电子受体全部被消耗之后,有机质则会通过产 CH_4 途径完成代谢过程(图 7.2)(Canavan et al.,2006)。

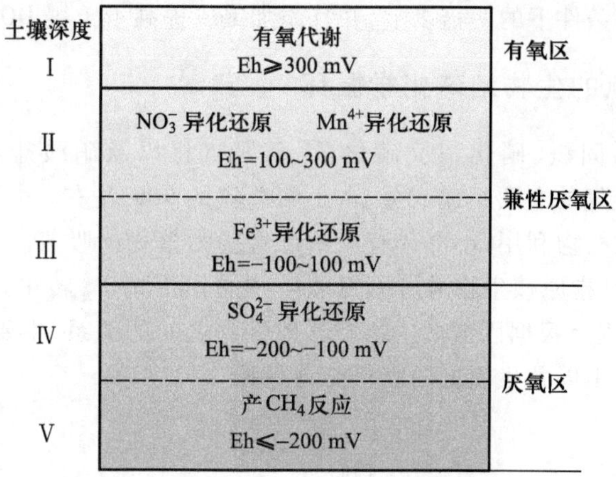

土壤深度		
I	有氧代谢 Eh≥300 mV	有氧区
II	NO_3^- 异化还原　　Mn^{4+} 异化还原 Eh=100~300 mV	兼性厌氧区
III	Fe^{3+} 异化还原 Eh=-100~100 mV	
IV	SO_4^{2-} 异化还原 Eh=-200~-100 mV	厌氧区
V	产 CH_4 反应 Eh≤-200 mV	

图 7.2　湿地有机质代谢途径及氧化还原电位(Eh)范围(修改自 Reddy and Delaune,2008)

甲烷(CH_4)是一种很重要的温室气体,其在大气中存在 100 年的增温潜势是 CO_2 的 25 倍。CH_4 是厌氧条件下有机质分解的终端产物,产 CH_4 过程需在严格厌氧条件下进行,是产甲烷菌作用于产 CH_4 底物的结果。产 CH_4 过程根据代谢途径的差异可以分为乙酸发酵途径、H_2/CO_2 途径和甲基化合物歧化途径。已有大量研究表明,湿地是 CH_4 最主要的自然源。而湿地 CH_4 排放的影响因素主要包括温度、底物、pH 值、盐分、Fe(Ⅲ)、硫酸根等(宫健等,2018)。

温度通过影响产甲烷菌的代谢速率和底物供应来影响 CH_4 产生,对大多数产甲烷菌而言,25℃为 CH_4 产生的最适温度,但也存在极端环境的产甲烷古菌,如嗜热菌的最适温度为 55℃,极端嗜热菌的最适温度高于 80℃,嗜冷菌的最适温度低于 0℃。Yvon-Durocher 等(2014)研究发现,湿地在季节性温度增加的背景下,产甲烷菌会产生更多的 CH_4,并且全球变暖将使湿地贡献更多的温室气体,从而成为不可忽视的 CH_4 排放源。产甲烷菌能够利用的底物十分有限,仅包括几种分子结构简单的小分子物质,如 H_2、CO_2、乙酸盐、甲酸盐、甲基化合物(甲醇、甲胺、三甲胺以及二甲基硫)等,底物的种类决定了产 CH_4 的数量和途径。大多数产甲烷菌最适 pH 值为 6.0~8.0,pH 值影响有机质分解速率、产甲烷菌的活性以及代谢过程。Kotsyurbenko 等(2007)在西伯利亚泥炭湿地的研究发现,当 pH 值从 4.8 降至 3.8 时,产甲烷菌由乙酸发酵途径转变为 H_2 途径,且物种丰富度显著降低,这表明产甲烷菌对 pH 值变化相当敏感。甲烷氧化菌对土壤酸碱度的敏感性低于产甲烷菌,但其对酸性条件更为敏感,最适的 pH 值范围为 5.5~6.5。盐分也是影响 CH_4 排放的重要因素,Neubauer(2013)通过对美国加利福尼亚州南部河口潮汐淡水沼泽湿地进行原位添加海水模拟实验发现,盐分增加对 CH_4 排放产生抑制作用。湿地中硫酸盐和 Fe^{3+} 通过异化还原作用分解有机质所产生的能量要大于产 CH_4 过程中产生的能量,导致硫酸盐还原菌和 Fe^{3+} 还原菌对有机质的竞争能力一般高于产甲烷菌。目前国内外已有大量添加外源硫酸盐和 Fe^{3+} 等电子受体从而抑制产甲烷菌的活动,来减少 CH_4 排放。Zou 等(2018)对三江平原淡水湿地土壤添加 Fe^{3+} 进行室内培养,结果表明,Fe^{3+} 抑制了 CH_4 排放,同时促进了 CO_2 排放,在淹水条件下的碳排放总量是饱水条件下的两倍以上,并且添加 Fe^{3+} 提高了土壤 DOC 含量。

7.1.2　湿地氮的生物地球化学循环

　　氮循环主要包括固氮、硝化和反硝化、厌氧氨氧化以及硝酸盐异化还原等过程(图 7.3)。有机氮是土壤氮的主要组成成分,占土壤总氮的 90% 左右。大部分有机氮通过矿化作用成为无机态氮供植物利用,小部分有机氮可直接为植物所吸收。生态系统中氮元素主要来源于生物固氮,是指原核生物通过固氮微生物的作用将 N_2 转化为 N 化合物(如 NH_4^+、溶解有机氮等)的过程。根据固氮微生物和其他生物之间的关系,主要分为自生固氮、联合固氮和共生固氮。其中以共生固氮的固氮能力最强。

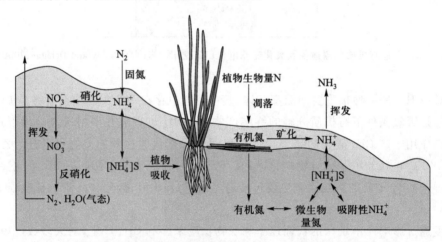

图 7.3　湿地氮循环过程(修改自 Reddy and Delaune,2008)

　　硝化作用是指氨态氮转化为硝态氮的过程,这个过程主要分为两步,由两种类型的微生物执行,即将氨态氮氧化为 NO_2^-(氨氧化作用)和 NO_2^- 氧化为 NO_3^-(亚硝酸盐氧化作用)。氨氧化作用也叫亚硝化作用,是硝化作用的第一个反应步骤,是全球氮循环的中心环节。2015年 Van Kessel 等(2015)在富集氮循环微生物时发现,*Candidatus*[①] *Nitrospira nitrosa* 和 Candidatus *N. nitrificans* 能执行完整的硝化过程,即完全硝化过程。人们一直认为,氨氧化作用主要由一些化能自养的氨氧化细菌催化完成,直到 Könneke 等(2005)从西雅图水族馆海洋水中分离培养出第一株氨氧化古菌,对氨氧化微生物的认识发生了革命性的变化。之后大量研究发现,氨氧化古菌广泛分布于海洋、湖泊和土壤等多种环境,并且其数量通常远远高于

---

①　Candidatus,暂定种。

氨氧化细菌(贺纪正和张丽梅,2009)。在小尺度上,不同土地利用方式、外源氮添加等均会影响氨氧化细菌和古菌的数量以及群落组成;而在大尺度上,土壤 pH 值是影响氨氧化细菌和古菌分布的主要驱动因子。

反硝化作用是指在多种微生物作用下将硝酸盐还原为 N_2 的过程,在中间过程释放强制热效应的温室气体 N_2O。与硝化作用相对,反硝化作用在嫌气或低氧土壤中普遍存在和发生。在滨海湿地,随着生活废水和工业废水大量排入,大量含氮污染物进入沉积物中。反硝化过程对滨海湿地生态系统中的氮去除起着重要作用,有研究指出,滨海湿地生态系统中超过 50%的溶解性无机氮通过反硝化过程去除(Mosier and Francis,2010)。盐度、pH 值、溶解性无机氮、溶解性有机碳、温度被认为是影响反硝化过程的重要因素。滨海湿地生态系统土壤中活性溶解性有机碳和 NO_3^- 的含量较高,反硝化速率较快。以年尺度来看,反硝化的速率为 $96.2 \sim 170.3 \text{ g} \cdot \text{N} \cdot \text{m}^{-2} \cdot \text{a}^{-1}$,并且反硝化速率呈现春快夏慢的季节变化规律(Wang et al.,2012b)。孙志高(2007)以三江平原小叶章湿地及垦后农田为研究对象,通过野外定位观测、微区试验和室内模拟研究发现,湿地土壤的净矿化/硝化速率均呈明显波动变化,并受生物固持、反硝化作用、温度、降水和 C:N 值等因素的影响。湿地 $0 \sim 15$ cm 土壤的年净矿化量为 $5.51 \sim 19.41 \text{ kg} \cdot \text{hm}^{-2}$,年净硝化量为 $0.28 \sim 4.27 \text{ kg} \cdot \text{hm}^{-2}$。湿地土壤氮的年净矿化量低于草地和森林生态系统,因而更利于有效氮保持。湿地土壤 $0 \sim 30$ cm 土层的反硝化活性和反硝化速率较高,并与土壤理化性质密切相关,其对反硝化氮损失的贡献率高达 $52.39\% \sim 66.40\%$。

厌氧氨氧化是微生物在厌氧条件下以亚硝酸盐为电子受体将氨氧化为 N_2 的过程,即 $NH_4^+ + NO_2^- \rightarrow N_2 + 2H_2O$,主要由浮霉状菌目细菌所催化完成。参与厌氧氨氧化过程的细菌属自养菌,吸收并固定 CO_2 作为碳源,反映了 C、N 元素的生物地球化学循环的相互联系。目前已知的厌氧氨氧化细菌有 5 个属,分别为 *Candidatus Brocadia*、*Kuenenia*、*Scalindula*、*Anammoxoglobus* 和 *Jettenia*。NO_3^- 的可利用性、温度、有机质含量、盐度、溶解氧、磷酸盐、NO_2^-、NH_4^+ 等因素都会影响厌氧氨氧化作用。厌氧氨氧化细菌具有较强的适应性,温度在 20℃ ~ 43℃、pH 值在 $6.7 \sim 8.3$ 时,厌氧氨氧化细菌都能表现出脱氮活性(龚骏和张晓黎,2013)。

硝酸盐异化还原成铵(dissimilatory nitrate reduction to ammonium,DNRA)是在厌氧条件下,硝酸盐在微生物作用下异化还原成铵,也称为发酵型异化还原。执行 DNRA 过程的微生物有以有机物为电子供体的异养型微生物和以 H_2S、$Fe(\text{II})$ 或其他无机物为电子供体的化能自养型微生物。许多微生物包括专性厌氧细菌、兼性厌氧细菌、好氧细菌和真菌等都能进行 DNRA 作用。同样是以硝酸盐为底物将其还原的过程,DNRA 反应将 NO_3^- 还原至 NH_4^+ 所需的自由能比反硝化作用将 NO_3^- 还原为 N_2O 和 N_2 的自由能高,多数情况下反硝化作用更容易发生(Tiedje et al.,1982),而 DNRA 多数情况下仅在沉积物深部发生。厌氧氨氧化作用与反硝化作用及 DNRA 作用之间具有紧密的耦合作用,厌氧氨氧化作用与反硝化作用既紧密联系又相互竞争,它们对脱氮作用的贡献率是目前的研究热点。

7.1.3 湿地硫的生物地球化学循环

硫元素作为生物必需的大量营养元素之一,在植物生长发育过程中具有重要的作用,如参与蛋白质和氨基酸的合成、光合作用、呼吸作用等;同时对维持生态系统的健康发展也有着重要的意义。此外,硫的生物地球化学循环在湿地生态系统与碳矿化、水体酸化、黄铁矿的形成、金属元素循环以及大气硫释放等一系列重要生态过程紧密联系(Nedwell and Watson,1995;Mandernack et al.,2000)。自然界中,硫以多种化学形态存在,包括单质硫、还原性硫化物、硫酸盐和含硫有机物。常见的还原性硫化物包括 H_2S、硫代硫酸盐($S_2O_3^{2-}$)和亚硫酸盐(SO_3^{2-})等。湿地作为硫的汇是指湿地能接受来自大气干沉降和湿沉降、地下水补给和径流输入的硫。硫主要以 SO_4^{2-} 的形式进入湿地生态系统,在生物、物理、化学等综合作用下转化为其他形态,形成多种硫化物(图 7.4)。

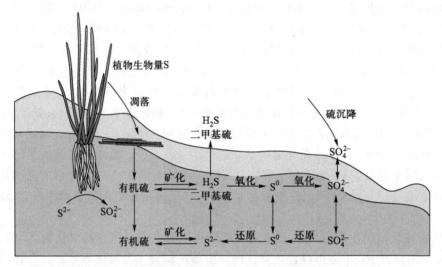

图 7.4 湿地硫循环过程(修改自 Reddy and Delaune,2008)

湿地土壤由于长期处于淹水状态,常呈现还原环境,硫的还原常以硫酸盐异化还原过程为主,是指还原硫的专性厌氧菌如脱硫弧菌属(*Desulfovibrio*)进行厌氧呼吸,使硫酸盐发生还原反应生成 H_2S。这一过程生成的 H_2S 可以参与 3 种类型的反应:① H_2S 向上扩散到有氧区被重新氧化为硫酸根离子;② H_2S 和溶解性铁离子反应生成不溶性的 FeS 或者 FeS_2;③ H_2S 进一步和有机质反应结合形成碳键硫。

硫酸盐异化还原过程显著受到氧化还原电位(Eh)和 pH 值的制约。王国平等(2003)指出,当 Eh 为-150~-75 mV 时,硫化物是主要的电子接受者,其接受电子的能力位于硝酸盐、Fe 和 Mn 之后。也有研究表明当 Eh 处于-240~-100 mV,SO_4^{2-} 均可被还原,并且当 Eh 为-240 mV 时,反应速率最大(Istvan and Delaune,1995)。关于 pH 值对 SO_4^{2-} 还原影响的研究结果也不一致,这一过程在很广的 pH 值范围内均可发生,但是还原速率不同,在接近中性时还原速率最大(Stuart and John,1984)。造成这些不同研究结果的原因可能是环境条件的不同和生物的参与使反应变得复杂。硫酸盐异化还原是产生质子的汇,对缓解土壤、水体酸化具有重要意义。但是由于硫酸盐异化还原产物可以和 Fe、Mn 等重金属元素发生反应,也会对环境造成潜在影响。

土壤中的硫一般以有机硫的形态存在,包括碳键硫、酯键硫和惰性硫,但能被植物直接吸收的主要是 SO_4^{2-},有机硫只有转化为 SO_4^{2-} 后才能被植物吸收,了解有机硫在土壤中的矿化速率和潜力对于预测土壤的供硫能力以及合理指导施肥都是至关重要的。在国内,有关土壤有机硫矿化的研究还很少,一般采用开放系统培养法。李书田等(2002)利用开放系统培养法分别研究了在 20℃和 30℃、好气和淹水条件下,四种土壤有机硫的矿化特征,结果表明,30℃条件下土壤有机硫累积矿化量显著高于 20℃,好气条件下有机硫的矿化量高于淹水条件下。李新华和刘景双(2007)利用密闭培养系统,在 20℃条件下研究了小叶章典型草甸和沼泽化草甸土壤有机硫的矿化,连续培养 14 周后的结果表明,两种草甸土壤有机硫的矿化量分别有 48.70%和 51.41%来自前两周的矿化,各形态有机硫均有不同程度的矿化,其中以酯键硫的矿化量最多,碳键硫次之,未知态硫最少。迟凤琴等(2008)利用开放培养系统,分别在 20℃和 30℃条件下研究了北安、海伦、公主岭三个采样区域的黑土在不同施肥条件下有机硫的矿化特征,结果表明,在好气培养条件下,黑土有机硫累积矿化量随培养时间的增加而不断增加,温度越高,土壤有机硫矿化势值越大,矿化化学反应速率常数也越大,半衰期越短,并且施用有机肥可提高土壤供硫潜力。

湿地作为硫的源能够释放出多种挥发性含硫气体,如硫化氢(H_2S)、羰基硫(COS)、二甲基硫(DMS)、二硫化碳(CS_2)、甲硫醇(MeSH)和二甲基二硫(DMDS)等,这些气体参与了生物、化学和地球化学过程,在全球硫循环中起着主要作用。李新华和刘景双(2007)利用静态箱/气相色谱法,观测了小叶章沼泽化草甸和典型草甸两种湿地类型中 H_2S 和 COS 在生长季的释放动态,结果表明,在两种小叶章湿地中,H_2S 和 COS 的排放通量均具有明显的季节和日变化规律,且受到植物生长过程的影响,在植物生长旺盛期出现 H_2S 排放峰值和 COS 吸收峰值。不同湿地类型既可以是含硫气体的排放源,也可以是其汇。李新华等(2015)利用静态箱法研究黄河三角洲高、中、低潮滩湿地 DMS 的排放,结果表明,黄河三角洲潮滩湿地系统 DMS 的排放均具有明显的时空变化,显著受到季节变化的影响,其排放主要集中在植物生长季;不同潮滩类型湿地间 DMS 的排放通量差异显著,表现为低潮滩>中潮滩>高潮滩。

7.1.4 湿地磷的生物地球化学循环

磷是植物生长的必需元素,在河口湿地生态系统的生物地球化学循环中起着重要作用,对河口湿地的初级生产力以及入海河口和近海水域的水质安全起决定性作用。沉积物和土壤中的磷主要以吸附态、有机态、铁结合态、钙结合态、铝结合态等形式存在。在大多数土壤中,磷以无机形态为主,可分为溶解性无机磷(DIP)和颗粒无机磷(PIP),主要以正磷酸盐(PO_4^{3-}、HPO_4^{2-}、$H_2PO_4^-$)的形式存在,有机形态的磷含量较低,可分为溶解性有机磷(DOP)和颗粒有机磷(POP)(孙宏发等,2006)。磷循环是指磷元素通过空气沉降、地表径流、岩石风化等途径输入河口湿地生态系统,在湿地系统内部植物和土壤之间、各营养级生物之间、生物体内和土壤内部迁移转化,最终通过地面径流、风蚀、淋溶等途径输出(敦萌,2012)。但由于土壤中的磷具有难溶性以及难移动的特点,所以参加生物地球化学循环的磷只是全部磷的一小部分。

土壤和植物之间磷的迁移转化主要包括吸附、解吸、化学沉淀和溶解等过程。外界生态系统中的磷进入湿地以后,DOP 被土壤吸附或被植物吸收、同化为自身可利用物质,并通过食物链移动,最终被微生物分解又以无机物的形式回到土壤,再次被植物利用(图 7.5)。

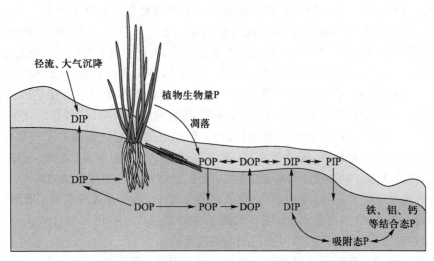

图 7.5   湿地磷循环过程(修改自 Reddy and Delaune,2008)

　　湿地磷的生物地球化学循环的主要影响因素有温度、土壤水分、植物以及人为因素等。温度的升高可以使磷从土壤向水体迁移,使湿地成为无机磷的汇,向周围生态系统中输送有机磷酸盐,可能会造成水体的营养化。秦胜金(2008)以三江平原小叶章草甸湿地为研究对象,通过野外观测、室内培养和微区模拟实验发现,植物体磷主要积累在地下部分,水分条件对植物体磷库分配起着重要作用;枯落物中磷的含量随时间推移逐渐减少,而积累量逐渐增加,这主要受植物体本身磷含量变化的影响。例如,沼泽化草甸中的小叶章磷的利用效率高于湿草甸小叶章,水分条件是其最主要的影响因素。磷的输入对湿地系统生物量累积的促进作用不明显,同时存在氮的输入时可刺激生物量的增加。土壤水分等条件可通过影响土壤磷的有效性而改变磷输入对湿地的影响。植物还可以通过改变根系形态(如根长、根尖、根密度、根体积和根表面积等)增加对磷元素的吸收和利用(王震宇等,2010)。此外,一些大型水生植物通过增加颗粒有机物沉降的形式提高对磷的截留(王进欣等,2016)。许多湿地中磷的生物地球化学循环因人为干扰等活动已发生显著变化。例如有机类农药和化肥的使用、污水灌溉等活动可增加湿地中磷的输入,同时会带来其他废物,并对湿地磷的循环产生区域性的影响。围湖造田、养殖等农业活动造成的农业面源污染,也在很大程度上对湿地磷循环产生影响。

7.1.5　湿地铁的生物地球化学循环

　　铁(Fe)是地壳最丰富的氧化还原敏感性金属元素,也是生物圈最常利用的变价金属元素,其地球化学丰度为 5.1%,全铁量在 4%~15%(赵其国,2002)。铁元素是许多细胞物质的主要组成成分,而且参与各种生理过程。对于湿地植物而言,铁元素是一把双刃剑,不足或过量都可能对植物的生理生态造成胁迫。对我国三江平原沼泽湿地铁循环的研究表明,植物的铁含量不仅受到土壤铁元素的影响,还取决于不同物种各自的耐受性。铁在湿地植物-土壤系统内的赋存、迁移通量及其循环模式(图 7.6)受到土壤的异质性、植物物种差异、人为干扰等因素的影响(姜明等,2006,2018;Zou et al.,2011)。

图 7.6　三江平原湿地铁的分室循环模式(修改自 Zou et al.,2011)

　　除了自循环外,铁还可以在湿地中扮演"维生素"的角色,双边或多边作用于碳、氮、硫、磷等多种宏量元素和痕量重金属等(姜明等,2018;段勋等,2022)。我国力争于 2060 年前实现"碳中和",而实现这一战略目标的根本在于"固碳"和"减排"。铁作为有机碳矿物保护的核心元素之一,不仅对沉积物碳库储量及其分子结构稳定性有重要影响,还直接和间接地调控着其他有机碳平衡过程:既可以通过异化还原和芬顿/类芬顿反应促进有机碳分解,还可以通过微生物毒性和吸附、络合、共沉淀、夹层复合等途径固持有机碳,扮演一把"双刃剑"的角色,是深入理解沉积物碳平衡的重要抓手。在微生物的介导下,铁可以同时调控有机碳的分解与固持。

　　铁-碳关系若干互动过程中,尤以铁异化还原研究持久且深入。铁的正三价氧化物及氢氧化物水合物是湿地土壤含量最丰富的电子受体之一,在中性环境中主要以不溶态的形式存在。铁还原微生物利用 $Fe(\text{III})$ 作为电子受体,将 $Fe(\text{III})$ 还原为 $Fe(\text{II})$,将有机质底物代谢为 CO_2 和 H_2O,微生物在此过程中完成自身的呼吸作用(Canfield et al.,1993)。湿地中铁异化还原的电子受体主要以溶解态 $Fe(\text{III})$ 与固相不可溶态 $Fe(\text{III})$ 两种形式存在。溶解态 $Fe(\text{III})$ 含量虽然非常低,但是被还原的速率很快,因此大部分 $Fe(\text{III})$ 在湿地沉积物中常以固相矿物形态出现,并且存在多种形式,如纤铁矿、水铁矿、磁铁矿、赤铁矿等。高活性的 $Fe(\text{III})$ 矿物将优先被铁还原微生物作为电子受体,反应速率也相对较快,当高活性 $Fe(\text{III})$ 矿物被耗尽并且有机质底物过量时,少量低活性的 $Fe(\text{III})$ 矿物也能参与还原反应,但是反应速率较缓慢。通常这些高活性的 $Fe(\text{III})$ 矿物被称为无定形态 $Fe(\text{III})$ 矿物,低活性的 $Fe(\text{III})$ 矿物被称为晶质态 $Fe(\text{III})$ 矿物。有机质的质量也是制约铁异化还原速率的重要因素,主要取决于其 C:N 值,例如木质素的 C:N 值较高,不易被铁还原微生物利用;而单糖、脂肪酸、蛋白质和核酸的 C:N 值比较低,更易被铁还原微生物利用。

　　在湿地的厌氧环境下,铁和氮在氧化还原过程中存在微生物作用下的耦合过程(图7.7),主要表现为微生物利用 NO_3^- 氧化 Fe^{2+}、利用 Fe^{3+} 氧化 NH_4^+ 以及厌氧环境下 NO_3^- 对 Fe^{3+} 的抑制作用。湿地土壤季节性或长期积水,当土壤中的 O_2 被消耗掉,随着 Eh 值逐渐降低,以 O_2 作为电子受体的 Fe^{2+} 的氧化将停止进行。Straub 等(1996)通过培养实验以及测定铁和氮的变化,首次鉴别出了可以进行这一过程的细菌,证实了反硝化硫杆菌和施氏假单胞菌可以在厌氧条件下利用 NO_3^- 氧化 Fe^{2+}。不同形态的 Fe^{2+} 矿物被 NO_3^- 氧化的程度也不同。Weber 等(2001)比较了几种常见的固相 Fe^{2+} 矿物被 NO_3^- 氧化的速率,结果发现,自制的 Fe^{2+} 矿物能在微生物的作用下迅速被 NO_3^- 氧化,而生物成因的 $FeCO_3$ 几乎没有被氧化。Clément 等(2005)在对湿地土壤泥浆的厌氧培养中发现,总溶解氮的减少显著影响了 Fe^{2+} 的增加,NO_2^- 和 Fe^{2+} 的浓度具有很强的相关性,推测发生了 Fe^{3+} 作为电子受体将 NH_4^+ 氧化为 NO_2^- 的生物化学反应,而这一反应从热力学的角度也是合理的。

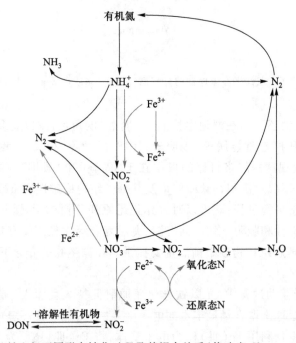

图 7.7　湿地铁和氮不同形态转化过程及其耦合关系(修改自 Clément et al.,2005)

　　在滨海沼泽湿地最常见的是硫酸根异化还原和铁异化还原之间的竞争,潮汐作用不断向潮滩输送 SO_4^{2-},发生硫酸盐异化还原,而其产物 H_2S 可以还原 Fe^{3+} 矿物生成 FeS 以及 S^0,如果孔隙水中的 H_2S 含量比较丰富,Fe^{2+} 则会和 H_2S 生成 FeS 及更加稳定的 FeS_2。Wijsman 等(2002)发现,增加有机质输入会同时促进硫酸根异化还原和铁异化还原,但有机质浓度增加到一定程度之后,硫酸根异化还原的增加速率会远远超过铁异化还原的增加速率,使得 SO_4^{2-} 成为主要电子受体,从而抑制铁异化还原(图 7.8)。Luo 等(2014)在闽江河口潮滩湿地通过对剖面铁的形态与含量分布进行研究发现,在向海方向上有机碳代谢途径由铁异化还原主导向硫酸根异化还原主导转变。在向海方向上,铁异化还原的竞争能力逐渐减小,硫酸根异化还原逐渐增加。虽然铁异化还原的产能要大于硫酸根异化还原,但由于$Fe(\text{III})$在沉积物中多为固相矿物,根据局部极限平衡理论,固态$Fe(\text{III})$与微生物接触时反应速率低于溶解态的SO_4^{2-}与微生物接触的反应速率,导致SO_4^{2-}比$Fe(\text{III})$更具有竞争性(Postma and Jakobsen,1996)。硫酸根异化还原和铁异化还原之间的竞争并不仅仅出现在湿地沉积物中,在植物根际也发现了两者竞争的证据(Luo et al.,2018)。

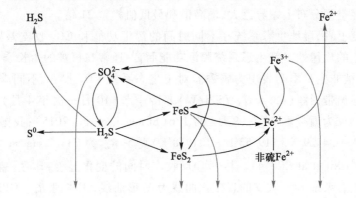

图 7.8　湿地铁和硫不同形态转化过程及其耦合关系(修改自 Wijsman et al.,2002)(参见书末彩插)

7.2　湿地物质源汇特征、转换及其生态效应

7.2.1　湿地碳源汇特征、转换及其生态效应

较高的初级生产力和碳埋藏速率使湿地生态系统成为抑制大气温室效应的有效"碳汇",而在微生物作用及人类活动干扰下,湿地生态系统在一定时期和条件下释放CO_2,从而转化为"碳源"。湿地在碳的源、汇之间的转化主要取决于碳的输入输出量和土壤碳驻留时间,其核心是CO_2的转化动态和平衡过程,该过程是生态系统生产量的基础,也直接影响大气温室气体浓度。因此,对湿地生态系统中碳收支及其控制机制的研究对于准确评估全球碳收支具有十分重要的意义。

7.2.1.1　湿地碳源汇特征

CO_2收支主要包括三个方面:生态系统净交换(net ecosystem exchange, NEE)、生态系统呼吸(ecosystem respiration, R_{eco})和总初级生产力(gross primary production, GPP)。其中NEE值研究与碳源汇功能有关,在一定时期内,NEE为负表示研究区在该段时间表现为碳汇,负值越小,单位时间固定的CO_2越多,碳汇能力越强;NEE为正则表示研究区在该段时间表现为碳源,正值越大,单位时间释放的 CO_2 越多,碳源能力越强。

从空间尺度上看,虽然绝大多数湿地生态系统在一年中表现为碳汇,只有青藏高原高寒湿地等极少数湿地在全年表现为碳源,但不同湿地生态系统的源汇能力仍存在着明显差异。通常, CO_2 汇能力及 R_{eco} 均会随着纬度和海拔的升高而减小。例如,位于较低纬度的澳大利亚河漫滩湿地(Beringer et al.,2013)的 NEE 值是处于较高纬度的丹麦泥炭地的 50 多倍(Nordstroem et al.,2001)。 R_{eco} 的空间变化规律与 NEE 类似,不同区域湿地的 R_{eco} 差异较大。Hilary 等(2012)总结了北纬 74°30′至南纬 2°10′的不同气候带湿地生态系统 CO_2 的排放量发现, R_{eco} 在空间分布上差异巨大,最高值和最低值相差 21 倍。

从时间尺度上看,湿地生态系统在不同时间的源汇功能和 CO_2 收支差异较大,但其动态变化具有一定的规律性。就生态系统源汇功能而言,通常在植被的生长季,生态系统表现为碳汇,而在植被非生长季则表现为碳源。对于生态系统 CO_2 收支,不同季节收支大小差别很大,例如,某温带沼泽(45.4°N,75.5°W)寒冷季节(10 月—次年 4 月)NEE 的日均值(0.4 $g \cdot m^{-2} \cdot d^{-1}$)仅为温暖季节(5—9 月)的 1/6(Strachan et al.,2015);我国东南沿海的滨海盐沼(32°48′N—34°29′N,119°53′E—121°18′E)夏季 R_{eco} 为 733.7 $mg \cdot m^{-2} \cdot h^{-1}$,而冬季仅 96.5 $mg \cdot m^{-2} \cdot h^{-1}$(Xu et al.,2014)。尽管 CO_2 收支时间的变化显著,却存在着一定的规律:绝大多数湿地生态系统 CO_2 收支的日变化曲线为 V 形曲线,正午时 R_{eco}、GPP 取得最大值,NEE 取得最小值;月变化曲线同样为 V 形曲线,通常北半球的湿地在 7—8 月 R_{eco} 和 GPP 出现最大值,而 1 月左右出现最小值,NEE 则相反(表 7.1)(Syed et al.,2006;Han et al.,2014;Lee et al.,2015)。

表 7.1　不同湿地生态系统在植物生长季 CO_2 收支比较

地点	生态系统	NEE/ ($g \cdot m^{-2}$)	R_{eco}/ ($g \cdot m^{-2}$)	GPP/ ($g \cdot m^{-2}$)	R_{eco} : GPP	观测时间
中国黄河三角洲	芦苇湿地	−956	1657	2612	0.63	2010 年 5—10 月
中国黄河三角洲	芦苇湿地	−781	1242	2023	0.61	2011 年 5—10 月
中国青藏高原	高寒湿地	−230	1735	1965	0.88	2005 年 5—9 月
加拿大渥太华河谷	香蒲沼泽	−64	468	532	0.88	2010 年 5—9 月
美国墨西哥湾	大克拉莎沼泽	−825	1286	2111	0.61	2012 年 5—10 月
加拿大北方森林自然保护区	泥炭地	−154	—	—	—	2005 年 5—10 月
中国胶州湾	芦苇湿地	−1129	1745	2874	0.61	2014 年 5—10 月

7.2.1.2　湿地碳源汇转换的影响因素

湿地 NEE 受到光合作用从大气中获取 CO_2 和呼吸、分解作用向大气释放 CO_2 这两个过程的共同调节,而这两个过程受诸多影响因子的控制,作用机理复杂。综合看,湿地生态

系统 CO_2 源汇功能主要受气温、土壤状况、水文条件、植物及人为干扰等因素的影响。

（1）自然因素

气候条件是湿地碳循环生物地球化学过程的重要驱动因素，尤其气温是影响全球碳循环的重要因素。气温也是湿地 NEE 变化的一个重要影响因子。在我国三江平原淡水沼泽湿地，生长季 CO_2 吸收量随气温的升高而增加。在高纬度湿地，融雪时间对湿地生态系统 CO_2 源汇功能影响很大，是最重要的决定因素，原因在于融雪时间决定了光合作用的开始时间，而融雪时间又是由气温决定的。

目前人们认为，气温升高、全球变暖有可能使世界上最大的碳库——湿地的土壤和沉积物成为极大的碳排放源。而有些研究者却得出了相反的结论：Aurela 等（2004）对亚北极的泥炭地研究表明，气候变暖将会增加生长季的时间，有益于而不是危害泥炭地碳库。Corradi 等（2005）通过对比研究不同纬度湿地和苔原生态系统认为，全球变暖将会增强而不是削弱湿地 CO_2 汇的能力。

湿地土壤状况包括土壤温度和 pH 值等。在生长季，土壤温度影响湿地 NEE 是通过影响 R_{eco} 实现的，土壤温度与夜间 R_{eco} 呈显著正相关。Lund 等（2010）研究发现，年度 NEE 与土壤 pH 值呈极显著负相关（$p<0.001$），但 pH 值并不是提高 CO_2 吸收的直接驱动力，而是湿地生态系统的指示器，高 pH 值指示了高的叶面积指数和生产力因素，更重要的是指示了好的营养状况，从而土壤 pH 值高的湿地有高的 CO_2 净吸收量。

水文条件是湿地生态系统的重要特征，湿地植物对水文状况的变化非常敏感，季节性的干湿变化以及水位变化都能引起湿地 NEE 的变化。水位是决定 NEE 季节变化的环境因子，在一定范围内，水位升高会加强湿地 CO_2 汇的作用，水位降低使湿地由 CO_2 的汇变成弱源。这是由于水位降低减少了植物生产量，降低了总光合作用，因而导致了湿地生态系统 CO_2 净吸收的减少。Burkett 和 Kusler（2000）发现，湿地在排干或半排干状态下，即水位降低时成为 CO_2 的源，水位升高则减少 CO_2 排放量，使湿地 CO_2 汇的作用加强，而水位高至植被淹水时湿地 CO_2 汇能力也会减弱。相比 2007 年，2006 年温带草甸沼泽的 CO_2 汇能力更弱，这是因为 2006 年长达两周的洪水淹没使植被 CO_2 固定速率降低，从而大幅度地减少了 CO_2 净吸收。Schedlbauer 等（2010）也得出了相似的结论，淹水降低了大型植物的 CO_2 吸收，实质上限制了总生态系统生产，从而使得热带、亚热带沼泽湿地生态系统在干季成为 CO_2 的汇，在湿季成为 CO_2 的源。但水位太低以致干旱同样会抑制湿地对 CO_2 的净吸收，降低生态系统 CO_2 汇能力。

湿地地表覆被不同，生态系统 NEE 有很大差异。Strilesky 和 Humphreys（2012）对不同植被类型的温带泥炭湿地的 NEE 进行了研究，结果显示，泥炭沼泽 NEE（$-72\ \mathrm{g\ C \cdot m^{-2} \cdot a^{-1}}$）与开阔泥炭沼泽 NEE（$-104\ \mathrm{g\ C \cdot m^{-2} \cdot a^{-1}}$）差异很大。Glenn 等（2006）对加拿大艾伯塔省北部泥炭地的研究表明，泥炭藓泥炭地在生长季固定的 CO_2 量是苔类泥炭地的 3 倍。

叶面积指数反映了植物群体生长状况，影响生态系统 CO_2 源汇功能。在一定范围内，随着叶面积指数的增大，生态系统 CO_2 净吸收量增加，湿地 CO_2 汇的能力也会加强。Han 等（2014）研究发现，在生长季，滨海芦苇湿地 CO_2 净吸收量随着叶面积指数的增大而增加。在北方薹草泥炭湿地，叶面积指数低的薹草湿地作为 CO_2 源，而叶面积指数高的薹草湿地却表现为 CO_2 的汇。

湿地植物的焚烧将使生态系统 CO_2 通量发生变化。湿地生态系统在火干扰条件下可以减少 CO_2 的释放。在牲畜啃食植物的情况下,湿地生态系统 CO_2 净吸收明显减少,这与牲畜啃食后一段时间内地上生物量明显减少有关。

外部条件(如氮增加、紫外线辐射、O_3 和 CO_2 浓度增加等)也对湿地 NEE 产生影响。Zhang 等(2013)通过实验研究淡水沼泽 NEE 对氮增加的响应发现,氮增加在短期内使 CO_2 吸收减少,但随着时间推移(1 年后),该趋势发生了变化。短波紫外线的长期辐射会轻微增加 CO_2 累积,这是因为长期短波紫外辐射降低了泥炭地中的生物活动,但不会明显影响湿地生态系统 CO_2 平衡。O_3 对湿地生态系统总光合作用或 CO_2 净通量没有明显影响,而高的 CO_2 浓度却增加了湿地生态系统 CO_2 的吸收量。

(2)人为因素

湿地转变为耕地是常见的土地利用类型改变方式,是人类活动对湿地的重大干扰,如东北三江平原沼泽湿地的开垦及长江中下游地区的"围湖造田"。天然湿地的开发利用会引起湿地生态系统 CO_2 排放量的显著增加,使其 CO_2 汇能力减弱或丧失,湿地相应地从大气 CO_2 汇变成 CO_2 源。Wang 等(2012a)利用基于过程的生态系统模型探索了三江平原湿地的温室气体通量及其机制,模拟结果表明,1949—2008 年湿地生态系统 CO_2 净吸收减少了 280.4 Tg,并且在所有因素中,湿地土地利用方式的改变起了最主要的作用。我国黄河三角洲湿地被开垦为农田改变了原有湿地的 CO_2 封存能力,虽然农田全年表现为 CO_2 汇,并且与湿地总 CO_2 净固定量相差不多,但是当考虑到生物量移除时,农田为 CO_2 强源。Hatala 等(2012)利用涡度相关法,在 2 年时间内同时测定了排干的、过度放牧的和转化成水稻田的泥炭地 CO_2 等温室气体通量,以评价由排干到水淹的开发利用方式对湿地温室气体通量的影响。结果表明,排干及过度放牧使泥炭地成为大气 CO_2 源,而转化成水稻田则使其封存了大气中 $84 \sim 283$ g $C \cdot m^{-2} \cdot a^{-1}$ 的 CO_2;排水和泥炭开采能使泥炭地变为大气 CO_2 源,而稻作农业作为一种水淹农业利用方式,因为能够通过限制生态系统呼吸、减缓泥炭地退化而成为 CO_2 的汇。

退化湿地生态系统经修复后,其作为大气 CO_2 汇的能力也会随之逐渐恢复。Strack 等(2014)对比研究了加拿大艾伯塔省北部修复泥炭地与邻近未修复泥炭地在生长季的 CO_2 通量,结果表明,未修复泥炭地表现为大气 CO_2 源,而修复后的泥炭地则表现为大气 CO_2 汇。Waddington 等(2003)研究了藓类泥炭沼泽的修复发现,其修复后的短期内表现为稍强的 CO_2 源,CO_2 汇的能力没有恢复,主要原因在于沼泽地覆被层的分解。Soini 等(2010)则通过对比修复 10 年后的泥炭地与营养状况和气候条件均相似的原始泥炭地发现,前者作为大气 CO_2 汇的能力已经完全得到恢复。

7.2.1.3　湿地碳源汇转换的生态效应

IPCC 第五次评估报告指出,目前大气中 CO_2、CH_4 和 N_2O 等温室气体的浓度已上升到过去 80 万年来的最高水平。自前工业时代(1850—1900 年)以来,CO_2 浓度已经增加了 40%。随之而来的世界范围内持续的气候变暖将引发一系列严重的生态灾害问题,对湿地生态系统的结构和功能产生巨大的影响,而湿地中储存的大量碳对气候变化也将有一定程度的反馈。随着全球变化研究的不断深入,人们越来越认识到这种反馈过程不仅造成大气的巨大变化,而且会直接影响到区域海洋、植物以及土壤等,进而改变整个生态系统的结构和组成。因此,了解湿地碳源汇转换的生态效应对于探索区域可持续生态系统管理和维护生态安全具有重要意义。

(1) 对大气温度的影响

湿地是地球表层系统中的重要碳汇,对于吸收大气中的温室气体、减缓全球变暖有重要作用。由于近年来全球变暖及人类活动的影响,湿地碳汇功能不断减弱(于洪贤和黄璞祎,2008)。例如,滨海湿地植被,特别是红树林,具有较高的初级生产力,具有固碳和储碳等减缓全球变暖的作用。但是红树林土壤排放的温室气体(CO_2、CH_4 和 N_2O)会减少植被吸收 CO_2 所带来的正面作用。研究显示,九龙江口红树林湿地在受到营养物的输入影响后,土壤温室气体,特别是 CH_4 和 N_2O 的释放剧烈增加,说明该地区的红树林湿地在人为干扰下,对减缓温室效应的总体作用已经减弱。同时,湿地中储藏的有机碳大量降解,使得湿地成为向大气释放温室气体的"碳源"(周念清等,2009)。大量温室气体的排放所产生的温室效应导致全球平均气温升高。这种增温又会加速湿地生态系统的退化,促进深层碳的排放,进一步加剧这种增温效应。例如,近几十年来,被誉为"川西北高原绿洲"的若尔盖泥炭地在气候变化和人为干扰作用下发生了不同程度的退化。其中,温度升高和水位降低形成有氧环境是退化的两个重要表现。增温、有氧或两者叠加使土壤碳释放有很大的增加,尤其深层古碳(由于缺氧及低温形成的活性较低的碳)易于形成有氧环境,微生物活性也会随之增强,使得深层古碳参与到碳循环中,释放出更多 CO_2 等温室气体(Liu et al.,2016)。

CO_2 作为全球第一大温室气体,对温室效应的贡献占 55% ~ 60%(郑乐平,1998)。据九龙江口红树林温室气体的平均通量及其增温潜力计算,红树林夏季土壤排放温室气体的当量通量为 82.33 ~ 674.92 $mg \cdot m^{-2} \cdot h^{-1}$,而 CO_2 是最大的贡献因素(余丹等,2014)。CO_2 在大气中浓度的增加必然导致全球大气温度的变化。大气 CO_2 浓度增加一倍将导致地球大气层温度平均升高 1.5 ~ 4.5℃。IPCC 第四次评估报告指出,近百年来(1906—2005 年),随着 CO_2 浓度的增加,全球平均地表温度上升了 0.74℃。过去 50 年的线性增暖趋势为每 10 年升高 0.13℃,是过去 100 年来的两倍,升温加速,且全球气温仍将持续升高。CO_2 浓度升高并不一定使地球上的不同地区产生相同的温度变化。一般而言,增温现象在两极地区大于赤道地区,高纬度地区大于低纬度地区,冬季大于夏季(Qin et al.,2006)。但是当 CO_2 浓度加倍时,在低纬度地区低层升温可能达 1.0℃ 以上,而在两极地区则为 2 ~ 3℃。

(2) 对海洋的影响

湿地由碳汇转为碳源,CO_2 排放量增加,由温室效应引起的全球变暖,必然导致海洋的热膨胀和冰川、极地冰雪融化,从而引起海平面上升。连展等(2013)在模拟海表面温度升高的条件下,对 1855—2010 年全球海平面的变化情况进行分析后得出,2010 年全球海平面相对于常年(即 1975—1993 年)上升 43.8 mm,我国近海平均海平面相对于常年上升54.8 mm。尤其我国沿海地区,在气候变暖背景下,海平面呈明显上升趋势。我国沿海海平面监测数据显示,1980—2015 年,沿海海平面平均上升速率为 3.0 $mm \cdot a^{-1}$,高于全球平均水平。王慧等(2018)研究表明,2016 年,我国沿海气温和海温较 1993—2011 年逐渐升高,同时在 4 月、9 月、10 月和 1 月,海平面均达到 1980 年以来同期最高位。美国国家海洋和大气管理局根据世界 21 个最具代表性的验潮站记录得出,过去 100 年全球海平面平均上升

$0.18\ \mathrm{cm \cdot a^{-1}}$。IPCC 在 1995 年发布的评估报告中指出,若不采取有效措施控制温室气体排放,全球海平面上升将进一步加快,至 2050 年总上升量可达 18 cm。海水将淹没农田,盐水入侵将污染淡水资源,洪泛和风暴潮灾害增多,改变海岸线和海岸生态系统,直接威胁沿海地区以及广大岛屿国家人民的生存环境及社会经济发展(刘宏文和夏秀丽,2008)。

湿地 CO_2 排放量增加,大气中 CO_2 体积分数持续升高,导致过量的 CO_2 溶解到海水中,破坏了海水原有的酸碱平衡和碳酸盐溶解平衡,海洋吸收 CO_2 的量不断增加,海水 pH 值下降,最终造成海洋酸化(任志明等,2017)。美国夏威夷 Mauna Loa 站和 Aloha 站的长期监测结果显示,截至 2017 年,大气中 CO_2 浓度以大约 $1.7\ \mathrm{ppm \cdot a^{-1}}$ 的速度升高,海平面 CO_2 分压相应升高,同时海水表面的 pH 值持续降低导致海水酸化。随着大气 CO_2 浓度的升高,目前海洋 pH 值与工业革命前比较已经下降了 0.1 个单位(Orr et al. ,2005)。据 IPCC 预测,到 2100 年,海水 pH 值平均值将因此下降 $0.3 \sim 0.4$ 个单位,至 7.9 或 7.8,海水酸度将比工业革命开始时大 $100\% \sim 150\%$。到 2300 年下降 $0.7 \sim 0.8$ 个单位(Caldeira and Wickett,2003)。海水酸性的增加将改变海水化学的种种平衡,使依赖于化学环境稳定性的多种海洋生物乃至生态系统面临巨大威胁。

(3)对生物的影响

湿地由碳汇转为碳源所引起的增温效应会影响温热带生物多样性。由于气温持续升高,北温带和南温带气候区将向两极扩展,气候的变化必然导致物种迁移。许多物种似乎不能以高的迁移速度跟上现今气候的迅速变化。所以,许多分布局限或扩散能力差的物种在迁移过程中无疑会走向灭绝。只有分布范围广泛、容易扩散的种类才能在新的生境中建立自己的群落(刘宏文和夏秀丽,2008)。

湿地由碳汇转为碳源所引起的大气 CO_2 浓度升高,对作物有施肥效应,促进作物光合作用的发生,通常对多数 C3 作物光合作用的影响显著,但对 C4 作物的影响不显著。王建林等(2012)研究了 CO_2 浓度倍增对 8 种作物叶片光合作用的影响,结果表明,CO_2 浓度升高可以提高光合速率,且 C3 类作物(大豆、甘薯、花生、水稻)比 C4 类作物(棉花、玉米、高粱、谷子)的光合速率增幅大。CO_2 浓度升高对 C3 植物的叶绿体类囊体膜发育呈正效应,而对 C4 植物类囊体膜发育则趋于负效应。石贵玉等(2009)研究了米草对 CO_2 浓度变化的光合响应,结果表明,CO_2 浓度从 50 $\mathrm{\mu mol \cdot mol^{-1}}$ 增至 1000 $\mathrm{\mu mol \cdot mol^{-1}}$ 时,米草的净光合速率逐渐增大,水分利用效率得到提高。廖建雄和王根轩(2002)对春小麦光合效率在 CO_2 浓度和温度升高条件下的变化做了研究,结果发现,CO_2 浓度和温度升高共同作用下,各水分处理的小麦光合增强,群体水平的水分利用效率增加。许金铸等(2016)探讨了大气 CO_2 浓度升高对水华藻类的影响,即 CO_2 浓度升高下柱胞藻的光合效率显著增加。胡晓雪等(2017)研究发现,CO_2 浓度升高后,万寿菊叶片栅栏组织增多,栅栏组织内的叶绿体数量增加,光合色素含量增加,净光合速率增大,表明 CO_2 浓度升高促进了万寿菊叶片光合作用。刘紫娟等(2017)研究发现,CO_2 浓度升高使八宝景天叶片光合色素含量增加,夜间净光合速率和蒸腾速率显著增加,因此 CO_2 浓度升高也促进了八宝景天光合作用。随着 CO_2 浓度升高,植物鲜重增加,单位面积叶片的叶绿素、类胡萝卜素含量增多,从而提高叶绿体对光能的吸收。

湿地由碳汇转为碳源所引起的大气 CO_2 浓度升高,还会影响植物化学构成,提高植物组织内 C:N 值。已有研究显示,在 CO_2 浓度升高 1 倍的情况下,枯枝落叶中的 C:N 值将提高 20%~40%,甚至提高 1 倍。研究表明,CO_2 浓度升高,浮游植物细胞内的碳含量增加、氮含量降低,C:N 值提高,且显著提高了亚心形扁藻的 C:N 值。陈法军等(2006)也证实了 CO_2 浓度升高明显影响小麦麦穗与麦粒的化学组成,使葡萄糖、二糖、多糖、总糖含量增加,总糖与总氮的比值增加,麦粒中可溶性蛋白、游离氨基酸及 C:N 值均增加。Cotrufo 等(2010)研究发现,CO_2 浓度升高影响山毛榉树嫩枝的化学组成,降低 N 的含量,C:N 值增加。钱蕾等(2015)研究表明,在 CO_2 浓度倍增条件下,四季豆叶片的粗蛋白含量明显下降,而总糖、组织淀粉、可溶性蛋白和游离氨基酸含量却显著升高,使得四季豆 C:N 值增加。王娜等(2016)在高浓度 CO_2 条件下研究红松幼苗组织内的 C、N 含量,结果显示,高浓度 CO_2 导致红松幼苗根、茎、叶 N 浓度显著降低,茎 N 吸收量显著下降 27.45%,根、茎、叶 C:N 值升高。丁波等(2017)研究表明,CO_2 含量增加,空心莲子草叶片的可溶性总糖含量升高,含 N 化合物含量降低,叶片 C:N 值增加。陈法军等(2004)研究发现,高浓度 CO_2 中种植的棉花,游离脂肪酸和游离氨基酸增加,可溶性蛋白含量降低,棉花 C:N 值增加。

(4) 对土壤的影响

湿地由碳汇转为碳源所引起的大气 CO_2 浓度升高,会影响土壤呼吸。土壤呼吸主要由三个生物学过程和一个非生物学过程组成。其中土壤动物呼吸和土壤中的非生物学过程产生的 CO_2 量只占很小比例,在实际测量中常被忽略,通常我们所说的土壤呼吸主要指根呼吸和微生物呼吸。

一般情况下,CO_2 浓度升高,土壤呼吸增强。Sowerby 等(2000)研究表明,CO_2 浓度升高,土壤原位呼吸显著增加。罗艳(2003)研究发现,随着 CO_2 浓度升高,土壤微生物的呼吸速率加快。寇太记等(2007)研究了大气 CO_2 浓度升高对冬小麦生长期间土壤呼吸的影响发现,CO_2 浓度升高增加了土壤呼吸的排放速率和释放量。徐国强等(2002)研究表明,随着水稻生长阶段的进行,土壤呼吸作用逐渐增加。Zak 等(2010)研究发现,随着 CO_2 浓度升高,禾草类、其他草本及木本植物种类的土壤呼吸分别平均增加 20%、24% 及 13%。

CO_2 浓度升高对土壤呼吸的影响随作物生长阶段不同而存在差异。寇太记等(2008)研究发现,CO_2 浓度升高对冬小麦不同生长阶段的根系呼吸影响不同,在拔节期影响小,孕穗抽穗期的根系呼吸显著增加。Weigel 等(2005)研究发现,CO_2 浓度升高对甜菜田间土壤呼吸的影响随着作物不同生长阶段表现出差异。大气 CO_2 浓度由 380 $\mu mol \cdot mol^{-1}$ 升高至 550 $\mu mol \cdot mol^{-1}$ 时,甜菜的土壤呼吸除在生长阶段最旺盛时增加约 34% 外,其余生长阶段均无显著增加。徐国强等(2002)研究表明,随着水稻生长阶段的进行,土壤呼吸作用逐渐增加,但后期有所下降。Kou 等(2008)发现,在作物生长初期大气 CO_2 浓度升高对根系呼吸速率的影响不大,在生长旺盛期根系呼吸显著增加,而在生长后期根系呼吸降低。

7.2.1.4 案例研究:胶州湾湿地碳源汇特征及转换

滨海湿地作为一种特殊的湿地类型,虽然仅占据全球湿地面积的 0.3%~0.5%,但其单位面积上的碳汇能力比内陆湿地大得多(Xi et al., 2019)。高效率的捕捉能力和长久的封存时效,使滨海湿地成为地球上的高密度碳汇之一,也是全球"蓝碳"重要贡献者。胶州湾被称为青岛的"母亲湾",是山东半岛面积最大的河口海湾,几乎涵盖所有滨海湿地类型,包括芦苇湿地、碱蓬湿地和光滩湿地等,CO_2 汇功能比较大。但同时,由于人类活动的干扰,胶州湾湿地又面临着功能退化与面积丧失的威胁,急需对其 CO_2 源汇特征及转换进行分析,为滨海湿地保护和碳汇能力评估提供参考和依据。

(1) 基于 NEE 值的胶州湾湿地 CO_2 源汇分析

1) 日变化特征

胶州湾三种湿地类型(米草、芦苇、碱蓬)的 NEE 值在白天(6:00—18:00)呈 V 形变化,在夜间变化不大(图 7.9a,b 和 c)。一般来说,NEE 值在 6:00 左右由正值(净 CO_2 排放)逐渐变为负值(净 CO_2 吸收),最小值出现在 10:00—14:00,在 18:00 左右逐渐变为正值。最大净吸收速率表现为:米草湿地为 73.40 mg $CO_2·m^{-2}·min^{-1}$,芦苇湿地为 41.10 mg $CO_2·m^{-2}·min^{-1}$,碱蓬湿地为 14.00 mg $CO_2·m^{-2}·min^{-1}$。然而,光滩各月 NEE 日变化没有表现出明显的规律(图 7.9d)。其中在 5 月,除 3:00 外,光滩全天吸收 CO_2,NEE 值接近于零。8 月和 10 月,CO_2 吸收主要发生在 6:00—15:00,分别在 10:00 和 8:00 达到峰值。

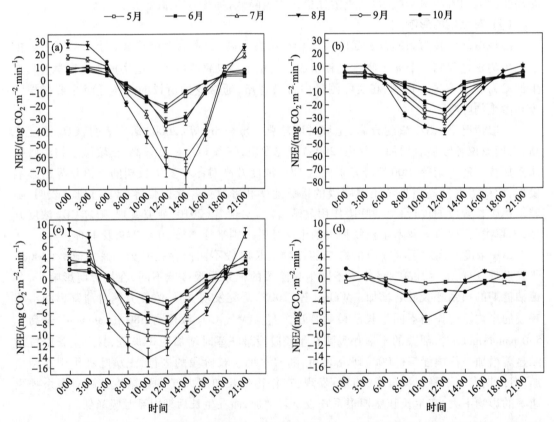

图 7.9 2014 年生长季(5—10 月)胶州湾湿地 NEE 日变化特征。(a)米草湿地;(b)芦苇湿地;(c)碱蓬湿地;(d)光滩(董成仁,2015)

在非生长季节,仅测量了 2013 年 12 月和 2014 年 2 月的 NEE,结果表明,非生长季节,米草、芦苇、碱蓬湿地中 NEE 均呈正值,说明各植被类型湿地均为弱 CO_2 源(图 7.10)。三种植被类型湿地作为 CO_2 源的能力排序为:芦苇湿地>米草湿地>碱蓬湿地。然而,光滩中的 NEE 表现为轻微的负值,表明即使在非生长季节,光滩也是弱的 CO_2 汇。

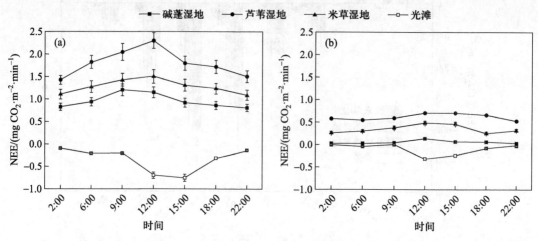

图 7.10 2013 年 12 月(a)和 2014 年 2 月(b)胶州湾湿地非生长季 NEE 日变化特征(Xi et al.,2019)

2) 月变化特征

NEE 的月累积值在非生长季为正值,生长季为负值(图 7.11)。在非生长季,2013 年 12 月三个湿地的总 NEE($176.72\ g\ CO_2 \cdot m^{-2} \cdot mo^{-1}$)是 2014 年 2 月($39.45\ g\ CO_2 \cdot m^{-2} \cdot mo^{-1}$)的 4.5 倍。在生长季,各植被类型湿地的 NEE 月累积绝对值在 8 月达到最大,其次为 7 月。米草和芦苇湿地的 NEE 最低月累积绝对值出现在 10 月,碱蓬出现在 5 月。结果表明,胶州湾湿地在生长季内 CO_2 总净吸收量分别为:米草湿地 1202.83 g、芦苇湿地 1129.16 g、碱蓬湿地 237.43 g。在整个研究期间,光滩的 NEE 的月累积值是负的。与其他湿地类型相似,光滩在 8 月吸收 CO_2 的能力最强。数据显示,光滩的 CO_2 吸收能力弱于其他湿地类型。

3) 空间变化特征

在非生长季,三种植被类型湿地作为 CO_2 源,光滩作为 CO_2 汇。芦苇湿地 2 个月的 CO_2 累积排放量最高($101.94\ g \cdot m^{-2}$),分别约是米草湿地($68.63\ g \cdot m^{-2}$)和碱蓬湿地($42.77\ g \cdot m^{-2}$)的 1.5 倍和 2.4 倍。芦苇湿地中频繁的人类活动导致土壤有机质分解加快,从而表现出最强的 CO_2 排放能力。

在生长季,所有植被类型湿地都表现为 CO_2 汇,米草湿地和芦苇湿地的 NEE 月累积值没有显著差异($p>0.05$),但均显著高于碱蓬湿地($p<0.05$)。米草湿地($-1202.83\ g\ CO_2 \cdot m^{-2}$)和芦苇湿地($-1129.16\ g\ CO_2 \cdot m^{-2}$)的总 NEE 值分别约是碱蓬湿地($-237.43\ g\ CO_2 \cdot m^{-2}$)的 5.1 倍和 4.8 倍。总体而言,胶州湾不同湿地类型 CO_2 汇的能力排序为:米草湿地>芦苇湿地>碱蓬湿地>光滩,表明米草的入侵增强了胶州湾滨海湿地生态系统的 CO_2 汇能力。

4) 芦苇湿地 CO_2 源汇变化及 R_{eco} 和 GPP 分析

日动态上,R_{eco} 呈先升高后下降的趋势,在 12:00—14:00 达到最大值,然后逐渐下降(图 7.12a);GPP 的日动态表现为明显的单峰模式,其值从 0:00 开始逐渐升高并在 12:00 左右

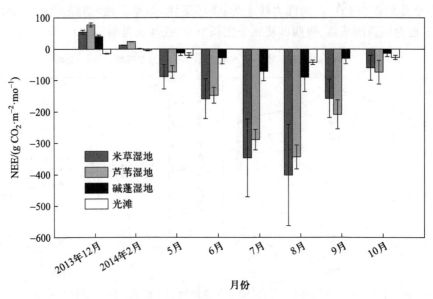

图 7.11   胶州湾湿地 NEE 月变化特征(Xi et al., 2019)

达到峰值,之后呈下降趋势(图 7.12b)。在季节动态上,R_{eco} 最低值出现在 5 月,峰值出现在 8 月,变化范围为 92.38~658.44 g $CO_2 \cdot m^{-2} \cdot mo^{-1}$;GPP 的变化范围为 165.85~1001.92 g $CO_2 \cdot m^{-2} \cdot mo^{-1}$。总体而言,芦苇湿地中 2874.05 g·$m^{-2}$ 的 CO_2 作为 GPP 被吸收,1744.89 g·m^{-2} 的 CO_2 以 R_{eco} 形式排放到大气中,2014 年生长季的净 CO_2 汇能力为 1129.16 g·m^{-2}。

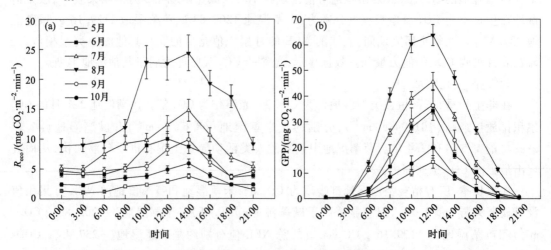

图 7.12   2014 年生长季芦苇湿地 R_{eco}(a)和 GPP(b)的日变化特征(Gao et al., 2011)

(2) 胶州湾湿地 CO_2 收支的影响因素探讨

1)温度对 R_{eco} 的影响

气温和土壤温度是影响 R_{eco} 的关键因子(Powell et al., 2006)。利用 SPSS 软件对温度和 R_{eco} 进行相关性分析发现,R_{eco} 与气温和 5 cm、10 cm、20 cm 的土壤温度均呈极显著相关

（$p < 0.01$）。进一步进行回归分析，结果表明，温度与 R_{eco} 存在指数关系，判定系数（R^2）为 0.61~0.82，其中 5 cm 土壤温度与 R_{eco} 的拟合度最强（图 7.13）。这些研究结果与众多其他湿地生态系统的研究结果一致（Han et al.，2013），也证明了温度是影响 R_{eco} 的重要因素。

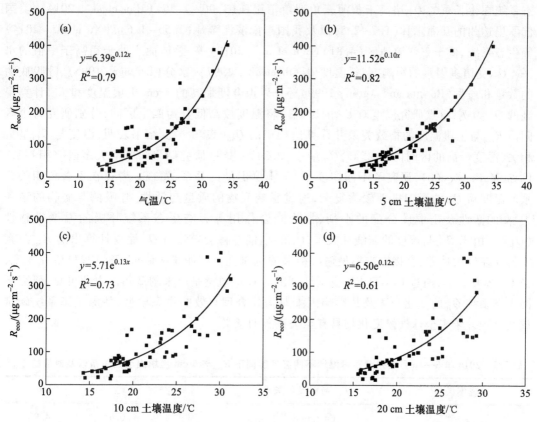

图 7.13　2014 年 5—10 月胶州湾芦苇湿地 R_{eco} 与气温和 5 cm、10 cm、20 cm 土壤温度的关系

（Gao et al.，2017）

R_{eco} 由地上植物呼吸和土壤呼吸两部分组成，土壤呼吸从严格意义上讲指未受扰动的土壤中产生 CO_2 的所有代谢作用（Singh and Gupta，1997），包括植物根系呼吸、土壤动物呼吸、土壤微生物呼吸以及含碳物质的化学氧化。分析文献资料并结合生态系统呼吸的组成部分，总结出温度对 R_{eco} 产生影响的 5 个可能途径：① 温度会对与呼吸、分解作用有关的酶的活性产生影响，在一定温度范围内，高温会促进酶的活性，进而使土壤动物、微生物和植物的呼吸作用强度增大，R_{eco} 增大（Ryan，1991）；② 温度会对植物和土壤动物的生长和生理活动产生影响，在一定温度范围内，高温促进植物和土壤动物的生长，并增强土壤动物的活动能力，促进植物和土壤动物的呼吸作用（Andrews et al.，2000）；③ 温度会对土壤中优势微生物的活性产生影响，在一定温度范围内，高温增强土壤微生物的活性，加速其对有机质的分解，使土壤中 CO_2 浓度增大；④ 温度会对土壤动物和优势微生物的物种丰富度产生影响，在一定温度范围内，高温会使土壤动物和优势微生物的物种丰富度增大，从而使 R_{eco} 增大；

⑤ 温度会对土壤 CO_2 向大气输送的过程产生影响,在一定温度范围内,高温使土壤中 CO_2 向大气的排放增强(Tang et al. , 2003)。

Q_{10} 是评价温度敏感性的指标,是大气碳平衡估算中的关键参数,指温度每升高 10℃ 生态系统呼吸速率增加的倍数(Van't Hoff, 1898)。与其他生态系统相比,胶州湾芦苇湿地生态系统在生长季的 Q_{10} 略高于黄河三角洲芦苇湿地(1.90~2.56)(Han et al. , 2014)、美国佛罗里达州的某灌木林(1.7~2.5)以及我国东南滨海湿地(1.55~1.63)(Xu et al. , 2014)等生态系统,低于三江源地区(4.81)(Wu et al. , 2010)等,总体而言处于稍高于中值的水平。Q_{10} 受诸多因素的影响,包括温度(Keith et al. , 1997)、水分(Larcher, 1995)、呼吸底物的数量和质量(Bosatta and Agren, 1999)等。以拟合度最高的 5 cm 土壤温度和 R_{eco} 计算得到的 Q_{10} 为例,重点研究温度对 Q_{10} 的影响。将温度按高低分为四个区间,分别研究每个区间内 R_{eco} 与土壤温度的指数关系并计算出相应的 Q_{10}(表 7.2)。结果表明,温度与 Q_{10} 呈负相关,温度最高的区间内(>25℃)Q_{10} 最小(2.34)。这一研究结果与先前大多研究一致。例如,Mark 等(2001)研究了不同纬度 Q_{10} 与土壤温度的关系,发现二者存在显著负相关关系。温度对 Q_{10} 的影响机理较为复杂,通过影响底物的质量与活性、呼吸酶与底物的亲和力、酶的活性及土壤碳分配的平衡、植物光合作用等影响生态系统呼吸的温度敏感性(Q_{10})。由于 R_{eco} 与温度的非线性关系,Q_{10} 的小偏差将会导致由 Q_{10} 建模计算出的 R_{eco} 与真实值存在较大偏差,直接影响模型输出结果的可靠性。例如 Townsend 等(1997)研究发现,当 Q_{10} 增大 25%,通过 CENTURY 模型计算出的 CO_2 通量是原来的 2 倍。由此可见,研究不同生态系统 Q_{10} 的变化规律及其影响因素对构建合理有效的生态模型,估测生态系统碳排放甚至预计未来全球气候变化均具有至关重要的意义。

表 7.2　2014 年 5—10 月胶州湾芦苇湿地不同温度区间下 R_{eco} 与 5 cm 土壤温度的关系以及对应的 Q_{10}

温度区间	R_{eco} 与温度的关系	n	R^2	Q_{10}
≤15℃	$y = 3.66e^{0.159x}$	8	0.45	4.90
15℃$<T_{soil}$≤20℃	$y = 6.17e^{0.135x}$	22	0.38	3.86
20℃$<T_{soil}$≤25℃	$y = 12.22e^{0.101x}$	21	0.34	2.75
>25℃	$y = 20.92e^{0.085x}$	11	0.45	2.34

注:y 代表 R_{eco}($\mu g \cdot m^{-2} \cdot s^{-1}$),$x$ 代表 5 cm 土壤温度(℃)。

2) 温度和光照强度对 NEE 和 GPP 的影响

温度不仅对 R_{eco} 有显著影响,也对 NEE 和 GPP 影响显著(Lafleur et al. , 2001)。对温度和 NEE、GPP 进行相关性分析(表 7.3)发现,生长季芦苇湿地生态系统 NEE 与气温、5 cm 土壤温度均呈极显著相关($p<0.01$),与 10 cm 土壤温度显著相关($p<0.05$);而 GPP 则与气温和三个深度的土壤温度均呈极显著相关($p<0.01$)。以气温为例进行回归分析发现,NEE、GPP 与气温呈现出和 R_{eco} 与气温相似的指数关系,R^2 分别为 0.45 和 0.69(图 7.14)。

表 7.3 2014 年 5—10 月胶州湾芦苇湿地 NEE、GPP 与气温和土壤温度的相关性

CO₂ 收支	温度/℃			
	气温	5 cm 土壤温度	10 cm 土壤温度	20 cm 土壤温度
NEE	−0.723**	−0.412**	−0.298*	−0.219
GPP	0.820**	0.603**	0.503**	0.425**

注: ** $p < 0.01$; * $p < 0.05$。

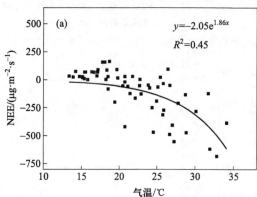 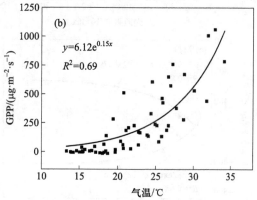

图 7.14 2014 年 5—10 月胶州湾芦苇湿地气温与 NEE 和 GPP 的关系(Gao et al.,2017)

光照强度是影响日间 NEE 和 GPP 的关键因素。回归分析表明,NEE 和 GPP 与光照强度存在着指数关系,R^2 分别为 0.68~0.99 和 0.82~0.99(图 7.15)。从图中可以看出,7 月和 8 月的 R^2 显著低于其余 4 个月,这和光照强度与光合作用强度的关系有关。当光照强度较低时,随着光照强度的增加,光合作用强度也逐渐增加,NEE 的绝对值和 GPP 也呈上升趋势;当光照强度增长到某一定值即光饱和点时,光合作用强度不再随光照强度的增加而增加,NEE 绝对值略有下降,GPP 值基本不变;当光照强度增加到足够高时,则会出现光抑制现象,植物对光能的利用率降低,光合作用强度下降,NEE 绝对值和 GPP 值均会减小。只有7 月和 8 月正午的光照强度使芦苇出现了光抑制现象,造成了日间 NEE 和 GPP 独特的变化趋势。总体而言,温度和光照强度均会对 NEE 和 GPP 产生显著影响。

3)地上生物量对 CO₂ 收支的影响

CO₂ 收支与地上生物量有着密切的关系。在整个生长季,胶州湾芦苇湿地生态系统的 NEE、R_{eco} 和 GPP 与芦苇地上生物量表现为多项式关系,R^2 分别为 0.45、0.57 和 0.51(图7.16)。然而许多研究发现,CO₂ 收支与地上生物量呈显著线性相关。因此,为进一步探究地上生物量对 CO₂ 收支的影响,将生长季分为两部分:前期和高峰期(5—8 月)以及末期(9—10 月)。分析发现,5—8 月 CO₂ 收支与地上生物量存在着与诸多研究一致的显著线性相关关系,R^2 分别为 0.84、0.99 和 0.97。这种差异可以从以下几个方面进行解释:① 芦苇湿地生态系统在生长季末期虽有较大的地上生物量,但环境条件(如低温和弱光强)已不利

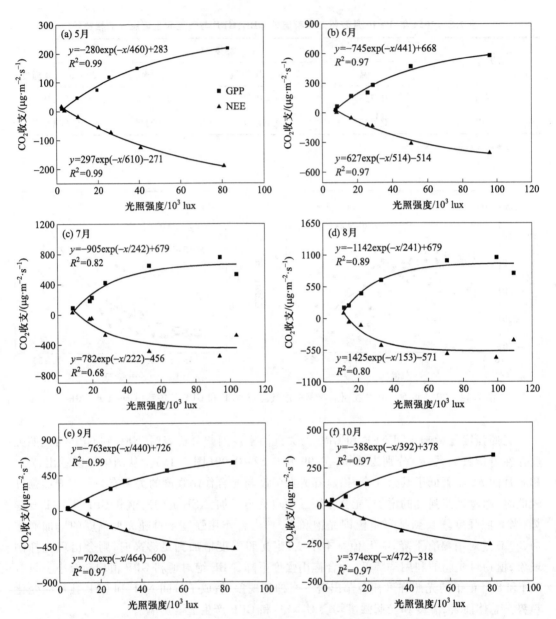

图 7.15   2014 年 5—10 月胶州湾芦苇湿地光照强度与日间 NEE 和 GPP 的关系(Gao et al.,2017)

于芦苇的生长和生理活动,呼吸作用和光合作用强度低;② 生长季末期温度较低,不利于土壤动物和优势微生物的生长,土壤动物的活动能力和微生物的分解能力降低,进而由土壤动物和微生物产生的土壤呼吸量减少,这与地上生物量的多少并无直接关系。因此,在芦苇生长季末期 CO_2 收支与地上生物量表现出了负相关关系。总体而言,地上生物量对 CO_2 收支的影响不容忽视。

结合已有研究分析,植被地上生物量可能通过以下两方面对 CO_2 收支产生影响:一方

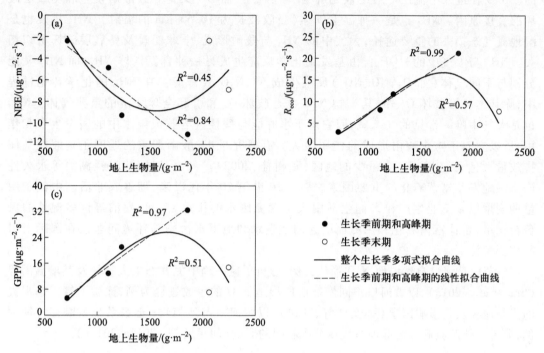

图 7.16 2014 年 5—10 月胶州湾芦苇湿地生态系统 CO_2 收支(NEE、R_{eco}、GPP)与芦苇地上生
物量的关系(Gao et al.,2017)

面,地上生物量与植物光合作用和呼吸作用关系密切,进而影响 NEE、R_{eco} 和 GPP;另一方面,地上生物量与植物叶面积指数有关(Wickland et al.,2001),叶面积指数可通过控制生态系统吸收光的能力影响光合作用吸收 CO_2 的量,进而对 NEE 和 GPP 产生影响(Lund et al.,2010)。

7.2.2 湿地生态系统氮归趋及其生态效应

氮在湿地生态系统中的归趋主要有两方面含义:一是氮在湿地不同介质中的分布、迁移与转化,涉及湿地系统内外诸多物理、化学和生物过程,主要包括矿化作用、硝化作用、反硝化作用、物理运移、植物吸收和残体分解等;二是系统内的氮或系统外的氮进入系统后经过一系列的物理、化学和生物过程而输出系统外的过程,主要包括硝化-反硝化作用导致的气态损失(如 N_2、NO_x)、NH_3 挥发、径流、侵蚀和植物收获等过程。

当前,氮在湿地生态系统中的归趋是全球变化研究的重要领域,与全球气候变暖、酸沉降和臭氧层破坏等问题密切相关。湿地常年积水或季节干湿交替的环境条件为氮的硝化-反硝化作用提供了良好的反应条件,而硝化-反硝化作用又是导致氮气体损失(如 N_2、N_2O)的重要机制,其强弱直接影响着 N_2O 释放量。N_2O 作为温室效应强烈的温室气体,有着巨大的环境效应,其在过去 100 年中对全球温室效应的贡献达 4%~7%。由于 N_2O 的寿命是已知温室气体中最长的(可达 150 年),所以它对于全球环境的影响是长期的和潜在的。N_2O 在进入平流层后最终被光解为 N_2 和 NO,而 NO 又是导致酸雨发生和臭氧层破坏的直接原因。NH_3 也是一种温室气体(吸收波长为 10.53 μm 的辐射),NH_3 挥发也是湿地氮气态损失的重要途径,大气中的 NH_3 与酸雨形成、全球变暖及臭氧层破坏密切相关。NH_3 与大气中的 $\cdot OH$ 自由基发生化学反应生成另一种含氮气体 NH_2,而 NH_2 又能分别与不同气体(如 O_3、NO、NO_2)反应生成 N_2、N_2O、NO_x 等。在 NH_3 的化学转化过程中,除其本身可破坏 O_3 外,其产物 N_2O 也是破坏 O_3 和引起全球变暖的重要气体。NH_3 也是大气中唯一常见的气态碱,因它溶于水并能与酸性气溶胶或雨水中的酸发生中和作用,所以它对于防止酸雨形成的作用很大。有研究指出,酸雨严重的地区正是酸性气体排放量大且大气中 NH_3 含量少的地区(戴树桂,2002)。氮也是导致江河、湖泊等永久性淹水湿地发生富营养化的重要因素之一。20 世纪 70 年代以来,随着农业活动中氮肥用量的剧增以及工业生产和人们生活中大量含氮废水的排放,江河、湖泊等许多湿地的氮负荷剧增,水体富营养化和因氮而引起的地表水和地下水污染等环境问题已在国际上引起广泛关注。

本节以黄河口自然湿地 N_2O 释放为例,分析了氮归趋中氮气态损失特征及其增温潜势(Sun et al.,2013);以黄河口不同恢复阶段湿地 N_2O 的生成过程为例,探讨了氮气态损失的主要途径及其影响因素(孙文广等,2014);以黄河口湿地植物-土壤系统氮赋存特征为例,分析了外源氮输入对湿地系统氮分配状况的影响(胡星云等,2017a,2017b)。

7.2.2.1 湿地 N_2O 通量特征及其增温潜势

(1) N_2O 通量特征

基于静态箱-气相色谱法对黄河口滨岸不同类型湿地 N_2O 通量特征的研究表明,4 种类型湿地的 N_2O 通量在春季(4 月)、夏季(7 月)、秋季(10 月)和冬季(12 月)为 $-0.0147\sim$ 0.0982 $mg \cdot m^{-2} \cdot h^{-1}$,吸收与排放均有发生(图 7.17)。除中潮滩外,其他潮滩的 N_2O 通量在不同季节均存在显著差异。除高潮滩表现为 N_2O 释放外,其他潮滩在一些采样季节或采样时间还表现为吸收。4 种类型湿地的 N_2O 通量在春季、秋季和冬季均存在极显著差异,而在夏季不存在显著差异。中潮滩的 N_2O 通量在研究时段内均低于其他潮滩,而高潮滩的 N_2O 通量在春季、夏季和秋季显著高于中潮滩和光滩,在春季和秋季则显著高于低潮滩。另外,冬季低潮滩的 N_2O 通量极显著高于中潮滩或显著高于光滩。总之,高潮滩、中潮滩、低潮滩和光滩的 N_2O 通量均值分别为 0.0325 $mg \cdot m^{-2} \cdot h^{-1}$、0.0089 $mg \cdot m^{-2} \cdot h^{-1}$、0.0119 $mg \cdot m^{-2} \cdot h^{-1}$ 和 0.0140 $mg \cdot m^{-2} \cdot h^{-1}$,说明滨岸潮滩整体表现为 N_2O 的释放源。

(2) N_2O 增温潜势

在 4 个研究季节,黄河口滨岸潮滩整体为 N_2O 的净释放源。就季节贡献而言,春季和冬季的 N_2O 释放量对于潮滩净 CO_2-e 释放的贡献率显著高于夏季和秋季(表 7.4)。上述结果表明,非生长季潮滩湿地的 N_2O 释放贡献显著高于生长季,这一变化对于准确估算潮滩湿地 N_2O 释放量及其增温潜势不容忽视。

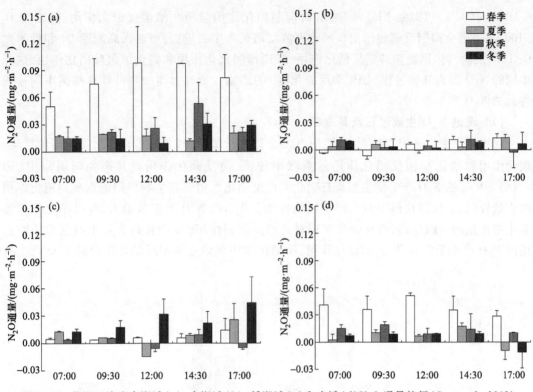

图 7.17　黄河口滨岸高潮滩(a)、中潮滩(b)、低潮滩(c)和光滩(d) N_2O 通量特征(Sun et al.,2013)

表 7.4　不同季节黄河口滨岸潮滩湿地 N_2O 释放量

单位: $mg\ CO_2-e\cdot m^{-2}$

湿地类型	春季	夏季	秋季	冬季
高潮滩	50297±13189	11390±1978	17770±6340	12425±2651
中潮滩	3117±1009	3297±1673	4079±2927	3865±2995
低潮滩	4212±2668	6959±1178	1744±1920	16529±8552
光滩	25273±6868	3630±2409	7684±4078	3019±2518
滨岸潮滩	20725±6634	6319±1264	7819±2559	8960±2703
季节占比	47.29%	14.42%	17.84%	20.45%

注:在 100 年尺度上, N_2O 的增温潜势为 CO_2 的 298 倍(IPCC, 2007)。 CO_2-e 即 CO_2-equivalents,将 N_2O 释放量折算成 CO_2 当量。

7.2.2.2　湿地 N_2O 生成过程及其影响因素

通过采集未恢复区(取样前一直处于退化状态, R_0)、2002 年恢复区(2002 年开始生态恢复, R_{2002})和 2007 年恢复区(2007 年开始生态恢复, R_{2007})3 个典型芦苇湿地样地土壤,基于 Webster 和 Hopkins(1996)提出的过程抑制法区分 N_2O 的不同产生过程。通入低浓度的

C_2H_2(0.01 kPa)可抑制 NH_3 氧化,从而抑制硝化作用与硝化细菌反硝化作用;高浓度 O_2(100 kPa)则会抑制反硝化作用和硝化细菌反硝化作用的进行;而通入高浓度 O_2 和低浓度 C_2H_2 的混合气体则既能抑制反硝化作用,又能抑制硝化作用和硝化细菌反硝化作用,这样生成的 N_2O 即为其他过程(如化学反硝化等)的产物。通过上述处理可计算得到不同过程各自的 N_2O 产生量。

(1) 湿地 N_2O 生成过程及其贡献

就表层土壤(0~10 cm)而言,R_0 的 N_2O 总产生量最低,且主要来自非生物作用的贡献。硝化作用和硝化细菌反硝化作用的贡献率较低,而反硝化作用对其产生削弱作用(图7.18)。R_{2002} 的 N_2O 产生量主要来自硝化细菌反硝化作用和非生物作用的贡献。硝化作用的贡献较低,而反硝化作用对其产生削弱作用。R_{2007} 的 N_2O 产生量最大,并以硝化作用和非生物作用的贡献较高,而反硝化作用对其产生削弱作用。3 个样地表层土壤仅非生物作用的 N_2O 产生量差异显著,而硝化作用、反硝化作用和硝化细菌反硝化作用的 N_2O 产生量

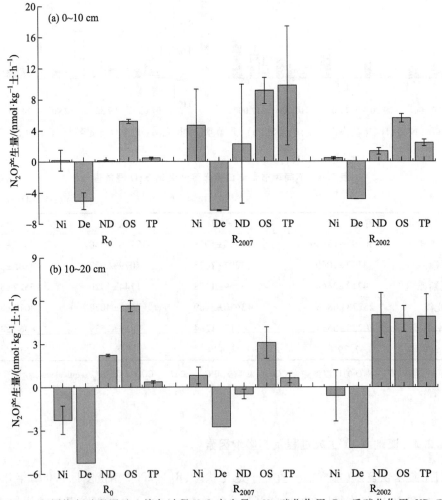

图 7.18　不同恢复阶段湿地土壤各过程 N_2O 产生量。Ni,硝化作用;De,反硝化作用;ND,硝化细菌反硝化作用;OS,非生物作用;TP,总产生量。下同

差异均不显著。就亚表层土壤(10~20 cm)而言,R_0 的 N_2O 总产生量亦最低,且差异达到极显著水平。N_2O 产生量主要来自硝化细菌反硝化作用和非生物作用的贡献,而硝化作用和反硝化作用对其产生削弱作用(图 7.18)。与表层土壤不同,R_{2002} 的 N_2O 总产生量要远大于 R_{2007},且硝化细菌反硝化作用和非生物作用对其贡献较高,而硝化作用和反硝化作用对其产生削弱作用。R_{2007} 的 N_2O 产生量主要来自硝化作用和非生物作用的贡献,反硝化作用和硝化细菌反硝化作用则对其产生削弱作用。3 个样地亚表层土壤硝化细菌反硝化作用和非生物作用的 N_2O 产生量均存在极显著或显著差异,而硝化作用和反硝化作用的 N_2O 产生量差异均不显著。

(2)水分对湿地土壤 N_2O 生成过程的影响

25℃培养条件下水分对不同恢复阶段湿地表层土壤 N_2O 生成过程的影响不尽相同(图 7.19,图 7.20)。随着水分的增加,R_0 的 N_2O 总产生量反而降低,而 R_{2002} 和 R_{2007} 的 N_2O 总产生量分别增加 12.32 倍和 7.24 倍。具体而言,水分对 R_0 土壤 N_2O 生成过程的影响较小。当水分增加后,R_0 的硝化细菌反硝化作用降低,非生物作用增强,但两个过程在不同水分处理间的差异均不显著。与之相比,R_{2007} 和 R_{2002} 土壤的 N_2O 生成过程受水分影响较大。当水分增加后,二者反硝化作用过程的 N_2O 生成均受到明显抑制;R_{2007} 土壤非生物作用的 N_2O 产生量增加 1.23 倍,且其差异达到极显著水平;相对于 R_{2007},R_{2002} 土壤的硝化细菌反硝化作用和非生物作用的 N_2O 产生量增幅较小。

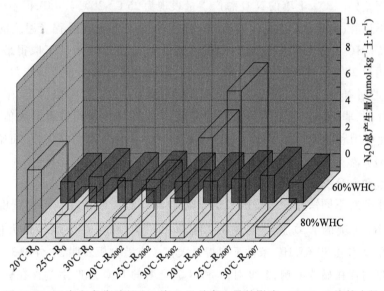

图 7.19 温度和水分对湿地土壤 N_2O 总产生量的影响。WHC,土壤持水量

(孙文广等,2014)

(3)温度对湿地土壤 N_2O 排放过程的影响

温度对不同恢复阶段湿地表层土壤 N_2O 排放过程的影响程度差异较大(图 7.19,图 7.20)。R_{2002} 土壤的 N_2O 总产生量表现为 25℃ > 30℃ > 20℃,且不同温度处理之间存在显著差异($p<0.05$)。R_0 土壤的 N_2O 总产生量整体表现为 20℃ > 30℃ > 25℃,且不同温度处理之

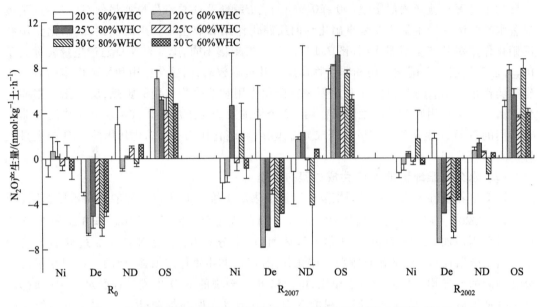

图 7.20　温度和水分对湿地土壤 N_2O 生成过程的影响（孙文广等，2014）

间亦存在显著差异。R_{2007} 土壤的 N_2O 总产生量表现为 25℃>20℃>30℃，但不同温度处理之间的差异并不显著（$p>0.05$）。具体而言，R_0 土壤的诸 N_2O 生成过程受温度的影响程度不尽一致。80%WHC 水分条件下，硝化作用的 N_2O 产生量在 25℃ 条件下取得最大值，硝化细菌反硝化作用在 20℃ 条件下取得最大值，而非生物作用在 30℃ 条件下取得最大值。与之相比，R_{2007} 土壤的诸 N_2O 生成过程受温度的影响程度较为一致。25℃ 条件下，硝化作用、硝化细菌反硝化作用、非生物作用的 N_2O 产生量以及 N_2O 总产生量均取得最大值。不同的是，R_{2002} 土壤硝化作用和非生物作用的 N_2O 产生量在 30℃ 条件下取得最大值，而硝化细菌反硝化作用的 N_2O 产生量在 25℃ 条件下取得最大值。

（4）温度和水分交互作用对湿地土壤 N_2O 生成过程的影响

温度和水分对不同恢复阶段湿地表层土壤的 N_2O 总产生量存在不同程度的交互影响（图 7.19）。R_0 土壤的 N_2O 总产生量在 20℃ 和 80%WHC 条件下取得最大值，而 R_{2007} 和 R_{2002} 土壤均在 25℃ 和 80%WHC 条件下取得最大值。方差分析表明，水分对 3 个样地土壤的 N_2O 总产生量均存在显著影响，温度对 R_0 和 R_{2002} 土壤的 N_2O 总产生量存在极显著影响，而温度和水分交互作用对 R_0 和 R_{2002} 土壤的 N_2O 总产生量均存在极显著影响。温度和水分交互作用对不同恢复阶段湿地表层土壤诸 N_2O 生成过程的影响程度差异较大（图 7.20）。就 R_0 土壤而言，尽管 20℃ 和 60%WHC 条件下反硝化作用和硝化细菌反硝化作用对 N_2O 产生量的抑制作用最大，但明显促进了非生物作用的 N_2O 产生量。与之相比，R_{2007} 土壤的硝化作用、硝化细菌反硝化作用和非生物作用的 N_2O 产生量均在 25℃ 和 80%WHC 条件下取得最大值，而 R_{2002} 土壤的硝化作用和非生物作用的 N_2O 产生量在 30℃ 和 80%WHC 条件下取得最大值。

7.2.2.3 湿地氮赋存特征对氮输入的响应

基于野外原位氮输入模拟试验,选择黄河口北部滨岸高潮滩的碱蓬湿地为研究对象,研究不同氮输入梯度下湿地植物氮累积特征、土壤氮分布特征以及植物-土壤系统氮分配状况。设置 4 个氮输入水平:① N0,对照处理,无额外氮输入,其值为当前实际氮输入量。结合该区现有资料,考虑陆源氮输入($2.5 \sim 3.5$ g N·m^{-2}·a^{-1})和氮沉降($3 \sim 4.5$ g N·m^{-2}·a^{-1})的综合影响,将值确定为 6.0 g N·m^{-2}·a^{-1};② N1,低氮处理,1.5N0(9.0 g N·m^{-2}·a^{-1}),模拟湿地未来较低的外源氮输入量;③ N2,中氮处理,2.0N0(12.0 g N·m^{-2}·a^{-1}),模拟湿地未来较高的外源氮输入量;④ N3,高氮处理,3.0N0(18.0 g N·m^{-2}·a^{-1}),模拟湿地未来更高的外源氮输入量。

(1)氮输入对湿地植物氮累积特征的影响

不同氮输入处理下,因生长阶段和自身组织结构的不同,碱蓬各器官 TN 含量变化模式存在一定差异(图 7.21a—c)。整体而言,不同氮处理下植物各器官的 TN 含量表现为叶>根>茎,说明叶是氮的主要累积器官,而根作为养分供给器官亦具有很强的氮吸收能力。不同氮输入处理下,根中 TN 含量均在生长初期最高,之后整体呈波动降低趋势,并均于 10 月下旬达到最低值后骤然增加。与根相似,不同氮输入处理下,茎中 TN 含量整体呈波动降低趋势,并均于 10 月下旬取得最低值后又小幅增加。与根和茎相比,不同氮输入处理下叶中 TN 含量的变化较为复杂,其在 5—6 月显著降低,之后则呈迅速增加趋势;至生长末期,除 N2 处理叶的 TN 含量在 9 月上旬骤然降低外,其他处理的 TN 含量均于 10 月上旬后小幅降低。另外,N2 处理下根和茎中 TN 含量在 10 月末的骤然增加与其在叶中的骤然降低亦存在较好的同步性。尽管不同氮输入处理下碱蓬根、茎和叶中的 TN 含量均不存在显著差异,但不同时期各器官的 TN 含量相对于 N0 处理均存在不同程度的降低。不同氮处理下碱蓬立枯体的 TN 含量动态变化模式较为相似(图 7.21d),其中 N0、N1 和 N2 处理下立枯体的 TN 含量均呈先降低后升高趋势,并均在 10 月末取得最大值;而 N3 处理下立枯体的 TN 含量呈一直增加趋势,亦于 10 月末达到最高值。生长末期,4 种氮处理下立枯体的 TN 含量均显著降低。尽管不同氮处理下立枯体的 TN 含量不存在显著差异,但 N3 处理的 TN 含量整体高于 N0 处理,而 N2 和 N1 处理的 TN 含量大多低于 N0 处理。

不同氮输入处理下植物各器官的氮累积受植物生长节律影响明显。生长初期(5—6月),植物生长需从土壤中吸收大量的氮养分,导致这一阶段植物根和茎中的 TN 含量均处于较高水平;随着生物量的不断增加(图 7.22),"稀释效应"使得根与茎中的 TN 含量不断降低(图 7.21)。生长中期(7—10月),水热条件的改善和植物生长的养分需求使得这一时期叶中的 TN 含量迅速上升并取得最高值,而根和茎作为养分的吸收和运输器官则将氮养分大量转移至叶(包括种子),从而导致这一时期根和茎中的 TN 含量持续降低。生长末期(10月末以后),植物开始大量死亡,地上器官中的氮开始向地下转移。由于叶最先死亡,氮养分整体呈现出先向茎再向根转移的特征,从而导致根的 TN 含量骤然增加,而茎的 TN 含量仅出现小幅增加;植物中残存的氮也会转移至立枯体中,导致这一时期立枯体中的 TN 含量整体不断增加。随着时间的推移,由于立枯体受到淋溶和微生物分解的影响(Bell et al.,2018),养分逐渐流失并归还土壤,导致其 TN 含量出现显著降低。植物各器官的氮累积特

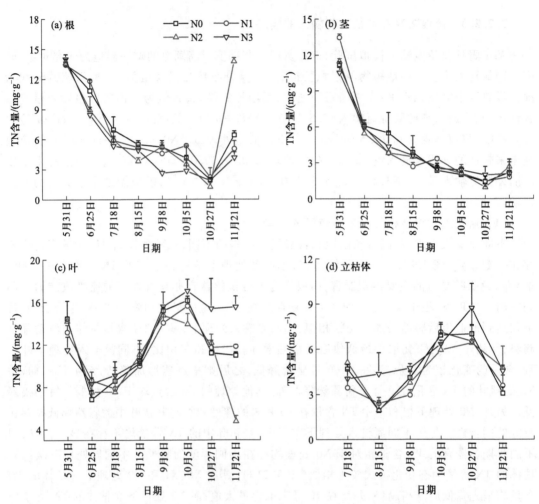

图 7.21　不同氮输入处理下碱蓬各器官及立枯体总氮(TN)含量动态变化

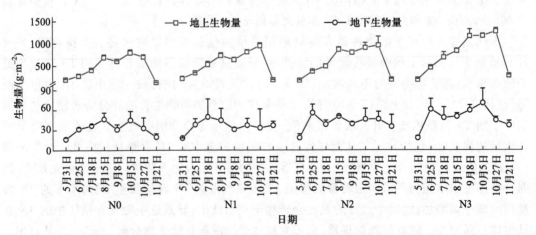

图 7.22　不同氮输入处理下碱蓬生物量动态变化

征还受到不同氮输入梯度的影响,而植物会采取不同的适应策略。在 N2 处理下,适量的氮输入可通过促进蛋白质的合成、植物的光合作用等加速种子的灌浆和发育(Zangani et al.,2021),使得种子较其他氮处理提前 20 天左右成熟。尽管 N3 处理在一定程度上也提高了植物的 TN 含量,但由于碱蓬具有对贫养分环境的特殊适应特性,其果实发育对高养分环境的敏感程度较低。此外,生长末期根中 TN 含量的骤然增加与其在叶中的骤然降低存在较好的同步性,说明植物在生长末期可将地上器官中的大量氮养分转移至地下。尤其是在 N2 处理下,植物能够通过明显改变植物各器官的氮分配比来更好地适应生长环境。

(2)氮输入对湿地土壤氮分布特征的影响

不同氮输入处理下,湿地土壤的 TN、NH_4^+-N 和 NO_3^--N 含量具有相似的垂直分布特征(图 7.23),即整体均以表层土壤(0~10 cm)的氮含量最高,且随着土层深度增加而逐渐降低。不同土层的 TN 和 NH_4^+-N 含量整体上在 N3 处理最高,N0 处理最低(图 7.23a,b);而 NO_3^--N 在 N2 处理下最高(图 7.23c)。不同氮输入处理下湿地土壤的氮含量亦呈现出一定的季节变化特征,以表层土壤的变化最为明显。具体而言,不同氮处理下表层土壤中 TN 和 NH_4^+-N 含量的变化特征较为相似,其值在 N1、N2 和 N3 处理下均不断波动上升,N1 和 N2 处理下的 TN 含量在 6—8 月达到最大值,且 N3 处理下的 TN 含量在 11 月达到最大值且显著高于其他处理(图 7.23a,b)。与之不同,表层土壤的 NO_3^--N 含量在植物生长初期变化不大,但在生长旺期迅速增加,并于 7—8 月取得高值后又迅速降低(图 7.23c)。在生长末期,不同氮输入处理下土壤中的 TN、NH_4^+-N 和 NO_3^--N 含量均存在不同程度的升高,特别是 NO_3^--N 含量在 N2 和 N3 处理下的增幅尤为明显。

不同氮输入处理下湿地土壤氮含量垂直分布的差异主要与氮在土壤中的物理运移以及植物根系对氮养分的吸收利用有关。外源氮从地表进入深层土壤,可因无机氮在土壤中的水平运移或垂直淋失能力的减弱而逐渐减少。此外,植物根系亦随土层深度的增加而减少,而表层较多的根系可吸收并截留部分氮养分,从而使得深层土壤的氮养分减少。尽管表层较多根系对氮养分的吸收量较高,但由于输入表层土壤的外源氮量要高于根系的吸收量,由此表层土壤的氮养分量依然很高。不同氮输入处理下湿地土壤氮含量的季节变化特征主要与生长季内植被与土壤之间的养分供给关系密切相关。生长初期,植物生长需要大量的氮营养,此时 N0 处理下土壤中的 TN、NH_4^+-N 和 NO_3^--N 含量整体较低,而其他三种处理下的土壤由于外源氮来源丰富且有利于氮矿化作用的进行,其土壤中的 TN、NH_4^+-N 和 NO_3^--N 含量整体呈波动增加趋势(图 7.23)。7—8 月为黄河口的夏季,也是碱蓬的生长旺季(图 7.22),较为充沛的降水和较高的温度在很大程度上加速了土壤氮矿化作用的进行(Luce et al.,2016),从而使得这一时期土壤中的 NH_4^+-N 和 NO_3^--N 含量均达到高值(图 7.23b,c)。同时,夏季较为充沛的降水形成的厌氧环境也会使得土壤中的反硝化作用强烈,加速 NO_3^--N 的气态损失及其随土壤水分的深层淋失(Song et al.,2013),由此导致该时期土壤中的 NO_3^--N 含量在达到峰值后又迅速降低(图 7.23c)。生长末期,土壤中的氮养分有所回升,特别是表层土壤的 NO_3^--N 含量在 N2 和 N3 处理下增加迅速。原因可能有两方面:一是生长末期植物地上氮养分转移到地下根系,而根系死亡后氮养分大量归还土壤。N2 和 N3 处理下(特别是 N2)植物根系中氮含量较高,由此可能导致其土壤中氮含量的增加较为明显;

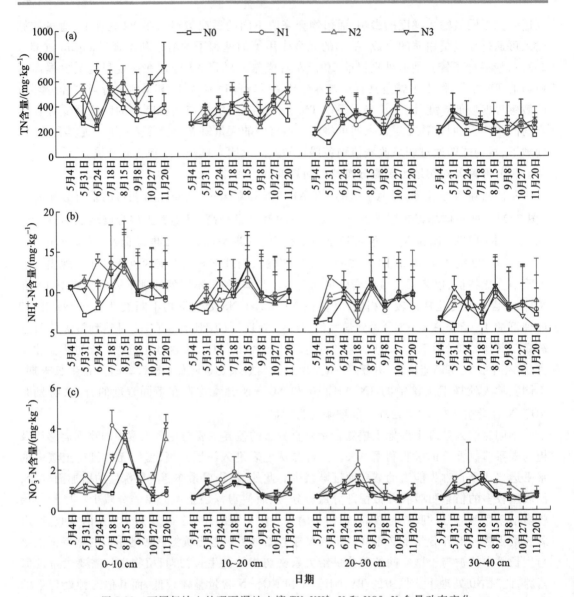

图 7.23 不同氮输入处理下湿地土壤 TN、NH_4^+-N 和 NO_3^--N 含量动态变化

二是地表残体早期分解释放的氮养分大量归还土壤,尤其是较高的氮输入可促进残体的分解和养分释放(Gong et al.,2020),由此导致 N2 和 N3 处理下土壤中的氮含量迅速增加。

(3)氮输入对湿地植物-土壤系统氮分配状况的影响

1)湿地植物-土壤系统氮分配特征

不同氮输入处理下湿地植物-土壤系统氮分配状况的研究显示(表 7.5),茎、叶+果实均为不同处理下植物亚系统的主要氮储库,二者氮储量之和分别为 2.99 $g \cdot m^{-2}$(N0)、3.27 $g \cdot m^{-2}$(N1)、3.52 $g \cdot m^{-2}$(N2)和 4.78 $g \cdot m^{-2}$(N3),其占植物亚系统氮储量的比例分别高达 79.90 %(N0)、77.32 %(N1)、74.49 %(N2)和 79.04 %(N3)。随着氮输入量的增加,茎与叶+果实中的氮储量整体呈增加趋势。相对于 N0 处理,N1、N2 和 N3 处理下二者的氮储量分别增加了 9.36 %、17.73 % 和 59.87 %。与之相比,不同氮输入处理下根和立枯体的氮储量均较低,二者之和分别仅为 0.75 g·m⁻²(N0)、0.96 g·m⁻²(N1)、1.21 g·m⁻²(N2)和 1.27 g·m⁻²(N3)。随着氮输入量的增加,根和立枯体的氮储量之和均提高,但根的氮储量在 N2 处理下最高,而立枯体的氮储量在 N3 处理下最高。在 4 个湿地植物–土壤系统中,植物亚系统氮储量所占的比例均较低。与之相比,土壤系统的氮储量为湿地植物–土壤系统的主要氮储库,其所占比例分别高达 97.52 %(N0)、97.40 %(N1)、97.49 %(N2)和 97.06 %(N3)。另外,随着氮输入量的增加,土壤系统的氮储量也随之增加,其中 N1、N2 和 N3 处理下的氮储量相对于 N0 处理分别增加了 8.20 %、25.46 % 和 36.15 %。整体而言,不同氮输入处理下土壤无机氮占湿地植物–土壤系统氮库的比例均很低,有机氮为湿地植物–土壤系统氮库的主体,其占比较高。

表 7.5　不同氮输入处理下湿地植物–土壤系统氮分配状况(胡星云,2018)

| 处理 | 项目 | 根 | 地上活体 | | 立枯体 | 植物亚系统 | 土壤(0~40 cm) | | 植物–土壤系统 |
			茎	叶+果实			无机氮	有机氮	
N0	氮储量/(g·m⁻²)	0.20	0.99	2.00	0.55	3.73	5.04	141.50	150.27
	百分比/%	5.44	26.43	53.47	14.66	2.48	3.35	94.16	100
N1	氮储量/(g·m⁻²)	0.23	1.11	2.16	0.73	4.23	5.33	153.23	162.79
	百分比/%	5.40	26.15	51.17	17.29	2.60	3.27	94.13	100
N2	氮储量/(g·m⁻²)	0.26	1.13	2.39	0.95	4.73	5.47	178.38	188.58
	百分比/%	5.52	23.94	50.55	19.99	2.51	2.90	94.59	100
N3	氮储量/(g·m⁻²)	0.24	1.59	3.19	1.03	6.06	5.62	193.90	205.57
	百分比/%	3.88	26.24	52.80	17.08	2.94	2.73	94.33	100

2)氮输入对湿地植物–土壤系统氮流通的影响

基于分室模式的思路,将不同氮输入处理下湿地植物–土壤系统划分为 4 个相对独立的分室,即地上植物分室、地下根系分室、残体分室和土壤分室。在前述各项研究的基础上,运用 Li 和 Redmann(1992)的研究方法计算了不同分室间的氮流通量(图 7.24)。研究显示,不同氮处理下湿地植物–土壤系统的氮生物循环处于动态变化之中,且不同分室间的氮流通量差异较大。随着氮输入量的增加,地下根系分室以及地上植物分室对氮的吸收量均随之增加。尽管后者向前者转移的氮量并未随氮输入量的增加而递增,但其值总体均大于 N0 处理。地上植物分室向残体分室转移的氮说明外源氮输入提高了前者向后者转移的氮量,特别是 N2 处理下转移至后者中的氮量最高。此外,地下根系分室向土壤分室转移的氮,说明根系周转导致的死根分解均可向土壤归还氮养分,但 N2 和 N3 处理下前者向后者转移的氮量均较 N0 处理低。

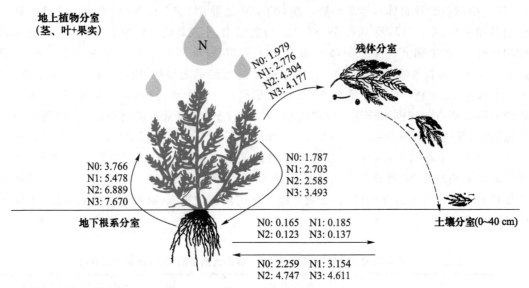

图 7.24   不同氮输入处理下湿地植物–土壤系统氮生物循环分室模式(单位:g·m^{-2}·a^{-1})

思 考 题

1. 湿地生态系统元素循环的基本过程是什么?
2. 土壤如何在湿地生物地球化学循环中发挥作用?
3. 湿地碳、氮源汇转换的驱动因素有哪些?
4. 如何理解和实现健康的湿地生物地球化学循环?

参 考 文 献

白军红,邓伟,朱颜明.2002.湿地生物地球化学过程研究进展.生态学杂志,21:53–57.

陈法军,戈峰,刘向辉.2004.棉花对大气 CO_2 浓度升高的响应及其对棉蚜种群发生的作用.生态学报,24:991–996.

陈法军,吴刚,戈峰.2006.春小麦对大气 CO_2 浓度升高的响应及其对麦长管蚜生长发育和繁殖的影响.应用生态学报,17:95–100.

迟凤琴,张玉龙,汪景宽.2008.东北黑土有机硫矿化动力学特征及其影响因素.土壤学报,45:288–295.

戴树桂.2002.环境化学.北京:高等教育出版社,73–74.

丁波,史梦竹,李建宇,等.2017.空心莲子草及其天敌莲草直胸跳甲对高含量 CO_2 的响应.福建农业学报,32:195–200.

董成仁. 2015. 胶州湾滨海湿地 CO_2 通量及源/汇功能研究. 硕士学位论文. 青岛:青岛大学.

段勋,李哲,刘淼,等. 2022. 铁介导的土壤有机碳固持和矿化研究进展. 地球科学进展,37:202-211.

敦萌. 2012. 黄河口湿地土壤碳、磷的分布特征及影响因素研究. 硕士学位论文. 青岛:中国海洋大学.

宫健,崔育倩,谢文霞,等. 2018. 滨海湿地 CH_4 排放的研究进展. 资源科学,40:173-184.

龚骏,张晓黎. 2013. 微生物在近海氮循环过程的贡献与驱动机制. 微生物学通报,40:44-58.

龚子同. 1984. 中国的湿地土壤. 土壤,16:3-10.

郭绪虎,肖德荣,田昆,等. 2013. 滇西北高原纳帕海湿地湖滨带优势植物生物量及其凋落物分解. 生态学报,33:1425-1432.

贺纪正,张丽梅. 2009. 氨氧化微生物生态学与氮循环研究进展. 生态学报,29:406-415.

胡晓雪,宗毓铮,张仟雨,等. 2017. CO_2 浓度升高对万寿菊生长发育与光合生理的影响. 核农学报,31:1210-1216.

胡星云. 2018. 氮负荷增强对黄河口新生湿地氮生物循环过程与循环状况的影响. 硕士学位论文. 福州:福建师范大学.

胡星云,孙志高,孙文广,等. 2017a. 黄河口新生湿地碱蓬生物量及氮累积与分配对外源氮输入的响应. 生态学报,37(1):226-237.

胡星云,孙志高,张党玉,等. 2017b. 外源氮输入对黄河口碱蓬湿地土壤碳氮含量动态的影响. 水土保持学报,31(6):204-211.

姜明,吕宪国,杨青,等. 2006. 湿地铁的生物地球化学循环及其环境效应. 土壤学报,43:143-149.

姜明,邹元春,章光新,等. 2018. 中国湿地科学研究进展与展望——纪念中国科学院东北地理与农业生态研究所建所 60 周年. 湿地科学,16:279-283.

寇太记,朱建国,谢祖彬,等. 2007. 冬小麦旺盛生长期 CO_2 浓度升高对土壤呼吸的影响. 农业环境科学学报,26:1111-1116.

寇太记,朱建国,谢祖彬,等. 2008. CO_2 浓度增加和不同氮肥水平对冬小麦根系呼吸及生物量的影响. 植物生态学报,32:922-931.

李书田,林葆,周卫. 2002. 土壤有机硫矿化动力学特征及影响因素. 土壤学报,38:184-192.

李新华,刘景双. 2007. 三江平原小叶章湿地土壤有机硫矿化特征. 土壤与作物,23:86-88.

李新华,孙志高,孙文广,等. 2015. 黄河三角洲潮滩湿地系统二甲基硫排放通量的时空变化. 环境科学学报,35:3947-3955.

连展,魏泽勋,方国洪,等. 2013. 气候变暖下海面高度变化的数值模拟. 海洋科学进展,31:455-464.

廖建雄,王根轩. 2002. 干旱、CO_2 和温度升高对春小麦光合、蒸发蒸腾及水分利用效率的影响. 应用生态学报,13:547-550.

刘宏文,夏秀丽. 2008. 浅析温室效应及控制对策. 中国环境管理干部学院学报,18:49-51.

刘紫娟,杨宗鹏,李萍,等. 2017. 大气 CO_2 浓度升高对八宝景天生长及光合生理的影响. 应用生态学报,28:1969-1976.

罗艳. 2003. 土壤微生物对大气 CO_2 浓度升高的响应. 生态环境学报,12:108-111.

钱蕾,蒋兴川,刘建业,等. 2015. 大气 CO_2 浓度升高对西花蓟马生长发育及其寄主四季豆营养成分的影响. 生态学杂志,34:1553-1558.

秦胜金. 2008. 三江平原小叶章湿地系统磷的迁移转化过程研究. 博士学位论文. 长春:中国科学院东北地理与农业生态研究所.

任志明,詹萍萍,母昌考,等. 2017. CO_2 驱动海洋酸化对三疣梭子蟹(*Portunus trituberculatus*)幼蟹甲壳结构和组成成分的影响. 海洋与湖沼,48:198-205.

石贵玉,康浩,梁士楚,等. 2009. 米草对 CO_2 浓度的光合和蒸腾响应. 广西科学,16:322-325.

孙宏发,刘占波,谢安. 2006. 湿地磷的生物地球化学循环及影响因素. 内蒙古农业大学学报(自然科学版),27:154−158.

孙文广,孙志高,甘卓亭,等. 2014. 黄河口不同恢复阶段湿地土壤 N_2O 产生的不同过程及贡献. 环境科学, 35(8):3110−3119.

孙志高. 2007. 三江平原小叶章湿地系统氮素生物地球化学过程研究. 博士学位论文. 长春:中国科学院东北地理与农业生态研究所.

王国平,刘景双,张玉霞. 2003. 向海湿地全硫与有效硫垂向分布. 水土保持通报,23:5−8.

王慧,范文静,张建立,等. 2011. 中国沿海近 31 年冬季海平面变化特征. 海洋通报,30:637−643.

王慧,刘克修,范文静,等. 2018. 2016 年中国沿海海平面上升显著成因分析及影响. 海洋学报,40(2): 43−52.

王建林,温学发,赵风华,等. 2012. CO_2 浓度倍增对 8 种作物叶片光合作用、蒸腾作用和水分利用效率的影响. 植物生态学报,36:438−446.

王进欣,张威,郭楠,等. 2016. 影响海岸带盐沼土壤有机质、TN 和 TP 含量时空变化的关键因子:潮水和植被. 地理科学,36:247−255.

王娜,张韫,钱文丽,等. 2016. CO_2 浓度倍增对红松幼苗根尖和叶解剖结构及生理功能的影响. 植物生态学报,40:60−68.

王震宇,刘利华,温胜芳,等. 2010. 2 种湿地植物根表铁氧化物胶膜的形成及其对磷素吸收的影响. 环境科学,31:781−786.

徐国强,李杨,史奕,等. 2002. 开放式空气 CO_2 浓度增高(FACE)对稻田土壤微生物的影响. 应用生态学报, 13:1358−1359.

许金铸,白芳,杨燕君,等. 2016. CO_2 浓度变化对拟柱胞藻生长与光合作用的影响. 水生生物学报,40: 1221−1226.

杨继松. 2006. 三江平原小叶章湿地系统有机碳动态研究. 博士学位论文. 长春:中国科学院东北地理与农业生态研究所.

于洪贤,黄璞祎. 2008. 湿地碳汇功能探讨:以泥炭地和芦苇湿地为例. 生态环境,17:4−8.

余丹,陈光程,陈顺洋,等. 2014. 夏季九龙江口红树林土壤−大气界面温室气体通量的研究. 应用海洋学学报,33:175−182.

张仲胜,吕宪国,薛振山,等. 2016. 中国湿地土壤碳氮磷生态化学计量学特征研究. 土壤学报,53: 1160−1169.

赵其国. 2002. 红壤物质循环及其调控. 北京:科学出版社.

郑乐平. 1998. 温室气体 CO_2 的另一源——地球内部. 环境科学研究,11:22−24.

周念清,王燕,钱家忠. 2009. 湿地碳循环及其对环境变化的响应分析. 上海环境科学,28:93−96.

Andrews JA, Matamala R, Westover KM, et al. 2000. Temperature effects on the diversity of soil heterotrophs and the $\delta^{13}C$ of soil-respired CO_2. Soil Biology Biochemistry,32:699−706.

Aurela M, Laurila T, Tuovinen JP. 2004. The timing of snow melt controls the annual CO_2 balance in a subarctic fen. Geophysical Research Letters,31:L16119.

Bell MC, Ritson JP, Verhoef A, et al. 2018. Sensitivity of peatland litter decomposition to changes in temperature and rainfall. Geoderma,331:29−37.

Benner R, Fogel ML, Sprague EK, et al. 1987. Depletion of ^{13}C in lignin and its implications for stable carbon isotope studies. Nature,329:708−710.

Beringer J, Livesley SJ, Randle J, et al. 2013. Carbon dioxide fluxes dominate the greenhouse gas exchanges of a seasonal wetland in the wet-dry tropics of northern Australia. Agricultural and Forest Meteorology,182:239−247.

Bosatta E,Agren GI. 1999. Soil organic matter quality interpreted thermodynamically. Soil Biology and Biochemistry,31:1889-1891.

Bridgham SD,Megonigal JP,Keller JK,et al. 2006. The carbon balance of North American wetlands. Wetlands,26: 889-916.

Burkett V,Kusler J. 2000. Climate change:Potential impacts and interactions in wetlands of the United States. Journal of the American Water Resources Association,36:313-320.

Caldeira K,Wickett ME. 2003. Oceanography:Anthropogenic carbon and ocean pH. Nature,425:365.

Canavan RW,Slomp CP,Jourabchi P,et al. 2006. Organic matter mineralization insediment of a coastal freshwater lake and response to salinization. Geochimica et Cosmochimica Acta,70:2836-2855.

Canfield DE,Jørgensen BB,Fossing H,et al. 1993. Pathways of organic carbon oxidation in three continental margin sediments. Marine Geology,113:27-40.

Clément JC,Shrestha J,Joan G,et al. 2005. Ammonium oxidation coupled to dissimilatory reduction of iron under anaerobic conditions in wetland soils. Soil Biology Biochemistry,37:2323-2328.

Corradi C,Kolle O,Walter K,et al. 2005. Carbon dioxide and methane exchange of a north-east Siberian tussock tundra. Global Change Biology,11:1910-1925.

Cotrufo MF,Ineson P,Scott A. 2010. Elevated CO_2 reduces the nitrogen concentration of plant tissues. Global Change Biology,4:43-54.

Furukawa Y,Smith AC,Kostka JE,et al. 2004. Quantification of macrobenthic effects ondiagenesis using a multicomponent inverse model in salt marsh sediments. Limnology and Oceanography,49:2058-2072.

Gao M, Kong F, Xi M, et al. 2017. Effects of environmental conditions and aboveground biomass on CO_2 budget in *Phragmites australis* wetland of Jiaozhou Bay, China. Chinese Geographical Science, 27(4): 539-551.

Glenn AJ,Flanagan LB,Syed KH,et al. 2006. Comparison of net ecosystem CO_2 exchange in two peatlands in western Canada with contrasting dominant vegetation,*Sphagnum* and *Carex*. Agricultural and Forest Meteorology, 140:115-135.

Gong JR,Zhu CC,Yang LL,et al. 2020. Effects of nitrogen addition on above- and belowground litter decomposition and nutrient dynamics in the litter-soil continuum in the temperate steppe of Inner Mongolia,China. Journal of Arid Environments,172:104036.

González-Pérez M, Buurman P, Vidal-Torrado P, et al. 2012. Pyrolysis-gas chromatography/mass spectrometry characterization of humic acids in coastal spodosols from southeastern Brazil. Soil Science Society of America Journal,76:961-971.

Han GX,Xing QH,Yu JB,et al. 2014. Agricultural reclamation effects on ecosystem CO_2 exchange of a coastal wetland in the Yellow River Delta. Agriculture,Ecosystems and Environment,196:187-198.

Han GX,Yang LQ,Yu JB,et al. 2013. Environmental controls on net ecosystem CO_2 exchange over a reed (*Phragmites australis*) wetland in the Yellow River Delta,China. Estuaries and Coasts,36:401-413.

Hilary F,Angus G,Laurence J,et al. 2012. Methane,carbon dioxide and nitrous oxide fluxes from a temperate salt marsh:Grazing management does not alter global warming potential. Estuarine Coastal and Shelf Science,113: 182-191.

IPCC. 2007. Changes in atmospheric constituents and in radioactive forcing. In: Climate Change: The Physical Science Basis. Contribution of Working Group I to the Fourth Assessment Report of the Intergovernmental Panel on Climate Change. Cambridge: Cambridge University Press.

Istvan D,Delaune RD. 1995. Formation of volatile sulfur compounds in salt marsh sediment as influenced by soil redox condition. Organic Geochemistry,23:283-287.

Keith H, Jacobsen KL, Raison RJ. 1997. Effects of soil phosphorus availability, temperature and moisture on soil respiration in *Eucalyptus* forest. Plant Soil, 190:127-141.

Könneke M, Bernhard AE, Torre JR, et al. 2005. Isolation of an autotrophic ammonia-oxidizing marine archaeon. Nature, 437:543-546.

Kotsyurbenko OR, Friedrich MW, Simankova MV, et al. 2007. Shift from acetoclastic to H_2-dependent methanogenesis in a west Siberian peat bog at low pH values and isolation of an acidophilic *Methanobacterium* strain. Applied and Environmental Microbiology, 73:2344-2348.

Kou T, Zhu J, Xie Z, et al. 2008. The effects of temperature and soil moisture on soil respiration in the cropland under elevated pCO_2. Ecology & Environment, 17:950-956.

Lafleur PM, Roulet NT, Admiral SW. 2001. Annual cycle of CO_2 exchange at a bog peatland. Journal of Geophysical Research: Atmospheres, 106:3071-3081.

Larcher W. 1995. Physiological Plant Ecology. Berlin: Springer, 401-402.

Lee C, Fan CJ, Wu ZY, et al. 2015. Investigating effect of environmental controls on dynamics of CO_2 budget in a subtropical estuarial marsh wetland ecosystem. Environmental Research Letters, 10:25005-25016.

Li YS, Redmann RE. 1992. Nitrogen budget of *Agropyron dasystachyum* in Canadian mixed prairie. American Midland Naturalist, 128(1):61-71.

Liu L, Chen H, Zhu Q, et al. 2016. Responses of peat carbon at different depths to simulated warming and oxidizing. The Science of the Total Environment, 548-549:429-440.

Luce MS, Whalen JK, Ziadi N, et al. 2016. Net nitrogen mineralization enhanced with the addition of nitrogen-rich particulate organic matter. Geoderma, 262:112-118.

Lund M, Lafleur PM, Roulet NT, et al. 2010. Variability in exchange of CO_2 across 12 northern peatland and tundra sites. Global Change Biology, 16:2436-2448.

Luo M, Liu Y, Huang J, et al. 2018. Rhizosphere processes induce changes in dissimilatory iron reduction in a tidal marsh soil: A rhizobox study. Plant and Soil, 433:83-100.

Luo M, Zeng CS, Tong C, et al. 2014. Abundance and speciation of iron across a subtropical tidal marsh of the Min River Estuary in the East China Sea. Applied Geochemistry, 45:1-13.

Mandernack KW, Lynch L, Krouse HR, et al. 2000. Sulfer cycling in wetland peat of the New Jersey Pinelands and its effect on stream water chemistry. Geochimica et Cosmochimica Acta, 64:3949-3964.

Mark G, Tjoelker JO, Reich PB. 2001. Modeling respiration of vegetation: Evidence for a general temperature-dependent Q_{10}. Global Change Biology, 7:223-230.

Mosier AC, Francis CA. 2010. Denitrifier abundance and activity across the San Francisco Bay estuary. Environmental Microbiology Reports, 2: 667-676.

Nedwell DB, Watson A. 1995. CH_4 production, oxidation and emission in a U.K. ombrotrophic peat bog: Influence of SO_4^{2-} from acid rain. Soil Biology and Biochemistry, 27:893-903.

Neubauer SC. 2013. Ecosystem responses of a tidal freshwater marsh experiencing saltwater intrusion and altered hydrology. Estuaries and Coasts, 36:491-507.

Nordstroem C, Soegaard H, Christensen TR, et al. 2001. Seasonal carbon dioxide balance and respiration of a high-arctic fen ecosystem in NE-Greenland. Theoretical and Applied Climatology, 70:149-166.

Oliveira DMS, Schellekens J, Cerri CEP. 2016. Molecular characterization of soil organic matter from native vegetation-pasture-sugarcane transitions in Brazil. Science of the Total Environment, 548:450-462.

Orr JC, Pantoja S, Pörtner HO. 2005. Introduction to special section: The ocean in a high CO_2 world. Journal of Geophysical Research: Oceans, 110:C09S01.

Postma D,Jakobsen R. 1996. Redox zonation:Equilibrium constraints on the Fe(Ⅲ)/SO₄²⁻ reduction interface. Geochimica et Cosmochimica Acta,60:3169-3175.

Powell TL,Bracho R,Li JH,et al. 2006. Environmental controls over net ecosystem carbon exchange of scrub oak in central Florida. Agricultural and Forest Meteorology,141:19-34.

Qin D,Ding Y,Su J. 2006. Assessment of climate and environment changes in China (Ⅰ):Climate and environment changes in China and their projection. Advances in Climate Change Research,2:1-5.

Reddy KR,Delaune RD. 2008. Biogeochemistry of Wetlands:Science and Applications. Boca Raton:CRC Press.

Ryan MG. 1991. Effects of climate change on plant respiration. Ecological Applications,1:157-167.

Schedlbauer JL,Oberbauer SF,Starr G,et al. 2010. Seasonal differences in the CO₂ exchange of a short-hydro period Florida Everglades marsh. Agricultural and Forest Meteorology,150:994-1006.

Singh JS,Gupta WH. 1997. Plant decomposition and soil respiration in terrestrial ecosystems. Botanical Review, 43:449-529.

Soini P,Riutta T,Yli-Petays M,et al. 2010. Comparison of vegetation and CO₂ dynamics between a restored cutaway peatland and a pristine fen:Evaluation of the restoration success. Restoration Ecology,18:894-903.

Song CC,Wang LL,Tian HQ,et al. 2013. Effect of continued nitrogen enrichment on greenhouse gas emissions from a wetland ecosystem in the Sanjiang Plain,Northeast China:A 5 year nitrogen addition experiment. Journal of Geophysical Research:Biogeosciences,118:741-751.

Sowerby A,Blum H,Gray TRG,et al. 2000. The decomposition of *Lolium perenne* in soils exposed to elevated CO₂: Comparisons of mass loss of litter with soil respiration and soil microbial biomass. Soil Biology & Biochemistry, 32:1359-1366.

Strachan IB,Nugent KA,Crombie S,et al. 2015. Carbon dioxide and methane exchange at a cool-temperate fresh water marsh. Environmental Research Letters,10:65006-65015.

Strack M,Keith AM,Xu B. 2014. Growing season carbon dioxide and methane exchange at a restored peatland on the Western Boreal Plain. Ecological Engineering,64:231-239.

Straub KL,Benz M,Schink B,et al. 1996. Anaerobic nitrate-dependent microbial oxidation of ferrous iron. Applied and Environmental Microbiology,62:1458-1460.

Strilesky SL,Humphreys ER. 2012. A comparison of the net ecosystem exchange of carbon dioxide and evapotranspiration for treed and open portions of a temperate peatland. Agricultural and Forest Meteorology,153:45-53.

Stuart JB, John WW. 1984. Bacterial sulfate reduction and pH: Implications for early diagenesis. Chemical Geology,43:143-149.

Sun ZG,Wang LL,Tian HQ,et al. 2013. Fluxes of nitrous oxide and methane in different coastal *Suaeda salsa* marshes of the Yellow River estuary,China. Chemosphere,90:856-865.

Syed KH,Flanagan LB,Carlson PJ,et al. 2006. Environmental control of net ecosystem CO₂ exchange in a treed, moderately rich fen in northern Alberta. Agricultural and Forest Meteorology,140:97-114.

Tang JW,Baldocchi DD,Qi Y,et al. 2003. Assessing soil CO₂ efflux using continuous measurements of CO₂ profiles in soil with small solid-state sensors. Agricultural and Forest Meteorology,118:207-220.

Tian HQ, Chen GS, Zhang C, et al. 2010. Pattern and variation of C :N :P ratios in China's soils: A synthesis of observational data. Biogeochemistry, 98:139-151.

Tiedje JM, Sexstone AJ, Myrold DD, et al. 1982. Denitrification: Ecological niches, competition and survival. Antonie Van Leeuwenhoek,48:569-583.

Tolu J,Rydberg J,Meyer-Jacob C,et al. 2017. Spatial variability of organic matter molecular composition and elemental geochemistry in surface sediments of a small boreal Swedish lake. Biogeosciences,14:1773-1792.

Townsend A, Vitousek PM, Desmarais DJ, et al. 1997. Soil carbon pool structure and temperatures sensitivity inferred using CO_2 and $^{13}CO_2$ incubation fluxes from five Hawaiian soils. Biogeochemistry, 38:1−17.

Van Kessel MAHJ, Speth DR, Albertsen M, et al. 2015. Complete nitrification by a single microorganism. Nature, 528:555−559.

Van't Hoff JH. 1898. Lectures on Theoretical and Physical Chemistry. London: Edward Arnold Press.

Waddington JM, Greenwood MJ, Petrone RM, et al. 2003. Mulch decomposition impedes recovery of net carbon sink function in a restored peatland. Ecological Engineering, 20:199−210.

Wang L, Tian H, Song C, et al. 2012a. Net exchanges of CO_2, CH_4 and N_2O between marshland and the atmosphere in Northeast China as influenced by multiple global environmental changes. Atmospheric Environment, 63: 77−85.

Wang SY, Zhu GB, Peng YZ, et al. 2012b. Anammox bacterial abundance, activity, and contribution in riparian sediments of the Pearl River Estuary. Environmental Science and Technology, 46:8834−8842.

Weber KA, Picardal FW, Roden EE. 2001. Microbially catalyzed nitrate-dependent oxidation of biogenic solid-phase Fe (Ⅱ) compounds. Environmental Science & Technology, 35(8):1644−1650.

Webster FA, Hopkins DW. 1996. Contributions from different microbial processes to N_2O emission from soil under different moisture regimes. Biology and Fertility of Soils, 22:331−335.

Weigel HJ, Pacholski A, Burkart S, et al. 2005. Carbon turnover in a crop rotation under free air CO_2 enrichment (FACE). Pedosphere, 15:728−738.

Wickland K, Striegl R, Mast M, et al. 2001. Carbon gas exchange at a southern Rocky Mountain wetland, 1996−1998. Global Biogeochemical Cycles, 15:321−335.

Wijsman J, Herman P, Middelburg J, et al. 2002. A model for early diagenetic processes in sediments of the continental shelf of the Black Sea. Estuarine, Coastal and Shelf Science, 54:403−421.

Wu L, Gu S, Zhao L, et al. 2010. Variation in net CO_2 exchange, gross primary production and its affecting factors in the planted pasture ecosystem in Sanjiang Yuan Region of the Qinghai-Tibetan Plateau of China. Chinese Journal of Plant Ecology, 34:770−780.

Xi M, Zhang X, Kong F, et al. 2019. CO_2 exchange under different vegetation covers in a coastal wetland of Jiaozhou Bay, China. Ecological Engineering, 137:26−33.

Xu WH, Zou XQ, Cao LG, et al. 2014. Seasonal and spatial dynamics of greenhouse gas emissions under various vegetation covers in a coastal saline wetland in southeast China. Ecological Engineering, 73:469−477.

Yvon-Durocher G, Allen AP, Bastviken D, et al. 2014. Methane fluxes show consistent temperature dependence across microbial to ecosystem scales. Nature, 507:488−491.

Zak DR, Pregitzer KS, King JS, et al. 2010. Elevated atmospheric CO_2, fine roots and the response of soil microorganisms: A review and hypothesis. New Phytologist, 147:201−222.

Zangani E, Afsahi K, Shekari F, et al. 2021. Nitrogen and phosphorus addition to soil improves seed yield, foliar stomatal conductance, and the photosynthetic response of rapeseed (Brassica napus L.). Agriculture, 11:1−10.

Zhang L, Song C, Nkrumah PN. 2013. Responses of ecosystem carbon dioxide exchange to nitrogen addition in a freshwater marshland in Sanjiang Plain, Northeast China. Environmental Pollution, 180:55−62.

Zhang Z, Wang JJ, Lyu X, et al. 2019. Impacts of land use change on soil organic matter chemistry in the Everglades, Florida—a characterization with pyrolysis-gas chromatography-mass spectrometry. Geoderma, 338: 393−400.

Zhang ZS, Wei Z, Wang JJ, et al. 2018. Ants alter molecular characteristics of soil organic carbon determined by pyrolysis-chromatography/mass spectrometry. Applied Soil Ecology, 130:91−97.

Zou Y, Jiang M, Yu X, et al. 2011. Distribution and biological cycle of iron in freshwater peatlands of Sanjiang Plain, Northeast China. Geoderma, 164:238-248.

Zou Y, Zhang S, Huo L, et al. 2018. Wetland saturation with introduced Fe (Ⅲ) reduces total carbon emissions and promotes the sequestration of DOC. Geoderma, 325:141-151.

第 8 章

湿地生态系统的保护与管理

8.1 退化湿地生态系统恢复与重建

湿地具有涵养水源和提供食物的功能,对水域和野生动物的健康至关重要。湿地还可以调节养分和微量金属元素循环,并能对一些重金属元素(如镉、铁、铜等)和其他污染物进行吸附和过滤,以此来净化水质。另外,湿地作为碳库储存着全球大部分的土壤碳,但未来气候变化可能导致湿地成为碳源,尤其是在永冻土区域(Davidson et al. ,2018)。由于气候变化及不合理的人类活动,全球湿地面积减少,功能下降。2018 年拉姆萨尔大会《全球湿地展望》报告指出,从 1970 年至 2015 年,全球有 35% 的湿地丧失,并且湿地面积减少的速度($0.78\% \cdot a^{-1}$)是森林($0.24\% \cdot a^{-1}$)的三倍。此外,受排干、污染、外来物种入侵、不可持续利用、水文情势改变和气候变化等因素的干扰,现存湿地的状况也会受到影响。相对而言,人工湿地增长速度加快,占据了湿地面积的 12% 左右,然而这并不能弥补自然湿地的丧失。

湿地的退化、丧失和利用方式的改变导致湿地失去了原本具有的多种生态系统服务功能,这使得欧洲和北美一些国家开始进行大规模湿地恢复与重建以及河流恢复项目,以期恢复湿地生态系统服务功能。美国开展受干扰湿地的恢复与重建工作较早。从 1975 年到 1985 年,美国政府对 313 个湿地恢复项目进行了资助,主要涉及湿地周边污水排放研究、湖泊的分类和营养状况研究、湿地恢复计划实施的可行性研究等。美国湿地修复最为成功的案例是 20 世纪 90 年代初实施的佛罗里达州大沼泽湿地(Everglades wetlands)修复,此修复工程显著增加了湿地的面积和生物多样性,控制了水体中的磷含量的增加(Smith,2014)。在过去的千年里,欧洲 80% 的原始湿地已经消失(Verhoeven,2014),50% 的湿地转化为城市和农业用地(Gumiero et al. ,2013)。自 1784 年以来,丹麦丧失了约 2/3 的浅水湖泊、沼泽和湿地。为了扭转湿地丧失的趋势,促进现有湿地保护和退化湿地恢复工作,国际组织和欧盟制定了一系列规章制度,旨在防止湿地生态系统进一步退化,例如《湿地公约》《欧盟水框架指令》。虽然这些规定有助于湿地保护和恢复,但湿地受排干和填海的影响仍然较大,特别是在涉及重大经济利益的情况下(Verhoeven,2014)。从 1993 年到 2015 年,EU-LIFE 自然项目对西欧 80 余个湿地进行了工程恢复并进行科学监测,目标是恢复近 1000 km^2 的泥炭地(Andersen et al. ,2017)。亚洲湿地面积最大,占全球湿地面积的 31.8%(Davidson et al. ,2018)。随着社会经济的发展和城市化进程的加快,我国湿地正面临着巨大的威胁(盲目围垦和改造、环境污染、生物资源的过度利用等),湿地面积和资源正在严重丧失。过去的两次全国湿地资源调查结果对比显示,从 2003 年到 2013 年,同口径下我国湿地面积减少了 $339.63×10^4$ hm^2,其中自然湿地面积减少了 $337.62×10^4$ hm^2,减少率为 9.33%。我国从 20世纪 50 年代开始对湿地进行了大量的研究,所研究的湿地类型包括滨海湿地、湖泊湿地、沼泽湿地和人工湿地等,研究大多侧重于湿地的资源、环境、生物多样性及其保护与利用等方面。近年来,我国在生态文明建设理念的引领下,开展了大量的受损湿地的生态恢复工作,针对滨海盐沼湿地、红树林、泥炭地、内陆珍稀水鸟栖息地以及长江经济带、黄河流域等国家重大战略实施了一批湿地保护修复国家重点工程项目。

在本章中,我们根据研究工作与经验总结了湿地恢复工作的流程,主要包括湿地恢复的基本原理、主要原则、恢复方法与技术以及恢复项目的监测与评估。我们以四个湿地恢复工程为例,概述了这些湿地退化的历史原因、恢复目标的设定及不同地点的湿地恢复过程,同时探讨了我国湿地恢复的经验教训和面临的主要挑战。

8.1.1 湿地生态恢复研究

湿地多样的动、植物群落决定其具有较高的生产力和丰富多样的生物物种与生态系统类型。而湿地特殊的水文条件决定了湿地生态系统易受自然及人为活动干扰,生态极易被破坏,且被破坏后难以恢复。此外,湿地生态系统具有水陆相兼的特殊地带性分布规律。因此,湿地的生态恢复应在充分考虑湿地生态系统特点和功能的基础上,按照恢复生态学的理论和方法进行研究。湿地生态恢复是指使受损湿地生态系统的结构和功能恢复到受干扰前状态的过程(Aber and Jordan,1985),其理论基础是恢复生态学。恢复生态学是研究生态系统退化的原因、退化生态系统恢复和重建的技术与方法、生态学过程与机理的科学。利用恢复生态学理论,应在充分考虑湿地生态系统的特点及功能的基础上,侧重湿地生境恢复技术,提高湿地基质和基底恢复、水文状况恢复以及土壤恢复的能力。1992 年,美国国家科学研究委员会在水生生态系统恢复研究中认为,恢复是“生态系统回归到接近其在扰动之前的状态”。

湿地恢复是一个复杂的过程,湿地恢复的目标、策略不同,拟采用的关键技术也不同。在设计一个特定的恢复项目时,必须考虑决定湿地结构和功能的各种特定区域和相互依赖因素。同时,要遵循湿地恢复的基本流程,包括湿地现状调查及问题诊断、应用恢复原则、设定恢复目标、选择恢复方法及技术、评估恢复效果等。

8.1.1.1 湿地恢复原则

(1)可行性和可操作性原则

湿地恢复的可行性主要包括两个方面,即环境的可行性和技术的可操作性。通常情况下,湿地恢复方法的选择在很大程度上由当前的环境条件及空间范围所决定。当前的环境状况是自然界和人类社会长期发展的结果,其内部组成要素之间存在着相互依赖、相互作用的关系,尽管可以在湿地恢复过程中人为创造一些条件,但只能在退化湿地基础上加以引导,而不是强制管理,只有这样才能使湿地恢复具有自然性和持续性。例如,在温暖潮湿的气候条件下,自然恢复速度比较快;而在寒冷干燥的气候条件下,自然恢复速度比较慢。不同的环境状况下恢复所需的时间不同,甚至在恶劣的环境条件下恢复很难进行。另一方面,一些湿地恢复的愿望是好的,设计也很合理,但操作非常困难,恢复实际上是不可行的。因此全面评价湿地恢复的可行性是成功恢复湿地的保障。

国内外的实践证明,湿地系统的恢复与重建是一项技术复杂、时间漫长、耗资巨大的工作。由于湿地系统的复杂性和某些环境要素的突变性,加上人们对湿地恢复的成果以及最终的湿地生态演替方向难以进行准确的估计和把握,这就要求对被恢复对象进行系统综合的分析、论证,查明湿地系统的空间组合,在恢复过程中尽力做到恢复与利用相结合,合理利用湿地,因地制宜,在最小风险、最小投资的情况下获得最大效益,在考虑生态效益的同时,还应考虑经济和社会效益,以实现生态、经济、社会效益相统一。总之,对湿地的恢复不能单纯从技术和理论方面考虑,还要与当地的经济条件和社会现状相结合。恢复与利用保护相结合,才能使湿地的恢复具有实践意义。

（2）稀缺性和优先性原则

湿地恢复必须要有明确的目标,要从当前最紧迫的任务出发。为充分保护区域湿地的生物多样性及湿地功能,在制定恢复计划时应全面了解湿地的广泛信息,包括该区域湿地的保护价值,该区域湿地是否是湿地的典型代表类型,是否是候鸟飞行固定路线的重要组成部分,等等。尽管任何一个恢复项目的目的都是恢复湿地的动态平衡并阻止陆地化过程,但轻重缓急在恢复前必须明确。例如,一些濒临灭绝的动植物,它们的栖息地恢复就显得非常重要,即所谓的稀缺性和优先性原则。小规模的物种、种群或稀有群落比一般的系统更脆弱、更易丧失,因此恢复这种类型的湿地难度也就更大,有时甚至会事与愿违。而作为人类水源地的湿地,其水质恢复就应该优先考虑。对于污染严重的退化城市湿地而言,其水质净化及景观恢复可能更为重要。

（3）综合性和主导性原则

对湿地的恢复应考虑到湿地的各个要素,包括水文、生物、土壤等。其中水文要素应当优先考虑,因为水是湿地存在的关键,没有水就没有湿地。在沼泽湿地进行水源补给的时候,还要考虑到水质、水量、水温、水中悬浮物等因素,及时实现对水质的监测分析,以免对沼泽湿地产生二次污染。在考虑水的同时,兼顾生物、土壤等要素,只有将湿地要素综合起来考虑,才可避免湿地恢复后再次出现退化现象。

（4）结构完整性和功能稳定性原则

湿地恢复应尽可能重新建立退化湿地生态系统的完整结构,恢复退化湿地的生态完整性。一个完整的生态系统是一个弹性的、自我维持的自然系统,生态功能稳定性好,能够适应压力和变化。其关键生态系统过程,如养分循环、演替、水位和水流模式以及泥沙侵蚀和沉积物的动态,都在自然变化范围内正常运行。在生物学上,它的植物和动物群落大多是该地区土著群落;在结构上,水文波动周期和水深等物理特性是动态稳定的。通过使用有利于自然过程和当地群落的方法,争取在目前流域范围内实现生态完整性修复的最佳效果,这种恢复手段可使生态系统得以长期维持。例如,恢复湿地基质的海拔,对于恢复水文状况、自然扰动周期和养分通量至关重要。

8.1.1.2 湿地恢复的流程

(1) 目标湿地的现状调查

对目标湿地的现状调查及问题诊断可以帮助了解该湿地的环境条件,有利于恢复项目的实施和恢复目标的实现。最主要的调查信息包括土壤类型、地理位置、流域特征(面积、坡度、水量和水质等)、现有植被覆盖类型、生物多样性和群落结构、水文特征、营养水平、邻近的土地利用方式、区域边界以及湿地动物栖息地。

(2) 分析湿地退化的驱动力

确定一个湿地的恢复目标需要了解该湿地在退化之前的历史条件范围以及未来的环境条件。这些信息可以用于确定湿地恢复项目的目标。在某些情况下,流域变化的程度可能会限制该地点的生态潜力。因此,湿地恢复规划应考虑到流域内所有可能影响正在恢复的湿地系统的不可逆转的变化,并着重于恢复其剩余的自然潜力。如果退化根源持续存在,恢复工作很可能失败。因此,必须查明湿地退化的原因,并尽可能消除或纠正这些持续发挥作用的因素。有的湿地退化由一种因素直接影响造成,例如湿地的开垦,但许多湿地退化是由很多间接因素共同影响造成的,例如地表流量变化、水质污染和植被破坏等。在确定湿地退化的主要原因时,要了解上游活动及其对湿地恢复项目地点的直接影响。在某些情况下,可能还需要考虑下游的改造,如修建大坝和沟渠。

(3) 湿地恢复的目标设定

湿地恢复是通过适当的生物、生态和工程措施对退化湿地生态系统的结构和功能进行恢复,最终达到湿地生态系统自我维持的能力。科学设定恢复目标是湿地恢复流程中最重要,也是首先需要考虑的一环。湿地恢复目标要根据湿地类型、湿地退化的驱动因子、恢复的不同要素来科学确定。沼泽、湖泊湿地、河流湿地、红树林及人工湿地等不同类型的湿地发生退化后,其恢复目标、恢复技术与恢复方案均有所不同。

湿地恢复目标的设定要具体、可测度和可实现。在综合考虑湿地生态系统整体功能恢复的前提下,还要根据不同的退化驱动力,设定针对具体湿地的不同要素或某种功能进行修复的目标,例如对缺水湿地的水文条件恢复、污染湿地的水质净化功能恢复、退化湿地的植被恢复、珍稀物种栖息地的生境恢复、城市湿地的景观恢复等。湿地恢复实施过程中,其目标设定要切实可行,通过相关恢复方法及技术手段可以实现,不能好高骛远,设置不可能实现的目标。特别是在规划阶段,关键要考虑到技术可行性、财政、社会和其他方面的因素,集中研讨拟议的湿地恢复方案是否可行。湿地恢复项目需要可靠的社区支持来确保它的长期可行性。生态可行性也至关重要,例如,如果湿地退化之前的水文状况无法恢复,湿地恢复项目就不太可能成功。

(4) 从流域尺度进行湿地恢复规划设计

湿地恢复需要基于整个流域进行设计,而不仅仅是基于湿地中退化最严重的那部分。整个流域的活动可能对正在恢复的湿地资源产生不利影响。局部修复项目可能无法改变整个流域的状况,但它可以被设计改造以更好地适应流域效应。例如,未来的城市发展可能会增加径流量,增大河流下蚀、河岸侵蚀程度并增加污染物负荷。在这种情况下,通过考虑流域整体环境状况,湿地恢复规划应综合考虑流域水资源规划配置、侵蚀防护等目标实现,同时消除或缓解邻近土地利用对径流和非点源污染的影响。

（5）选择参考湿地

参考湿地是指结构和功能与退化湿地的恢复目标相当的湿地区域。因此,参考湿地可以作为湿地恢复项目的模型以及衡量项目进展的标准。对于已被改变或破坏的湿地,虽然可以在其恢复项目中使用历史信息,但历史条件往往是未知的,因此最好确定一个现有的、相对健康的、类似的湿地作为项目参考。然而,每个湿地恢复项目都将呈现独特的环境,没有任何两个湿地系统是完全相同的。因此,根据给定的情况调整恢复项目,考虑参考湿地和恢复湿地之间的差异非常重要。

（6）长期监测评估及维护

湿地恢复项目完成后的监测将有助于确定是否需要采取其他行动或做出调整,并可为今后的恢复工作提供有用的资料。这种监测和调整的过程被称为适应性管理。监测计划应在成本和技术方面可行,并应始终提供与实现项目目标相关的信息。环境和社会都是动态变化的,虽然不可能精确地规划未来,但许多可预见的生态和社会变化可以而且应该被考虑到湿地恢复设计中。例如,在修复河道时,需要考虑开发活动造成的上游径流的变化。除了流域土地利用变化的潜在影响外,植物群落演替等自然变化也会影响湿地恢复。在评价湿地恢复项目的结果时,长期项目的后续监测应考虑到诸如水文补给、植被再生等连续过程。

湿地恢复是一项复杂的工作,因此其监测与评估要综合生态学、水生生物学、水文学和水力学、地貌学、工程、规划、通信和社会科学等学科。在资源允许的范围内,湿地恢复项目的执行与监测评估应邀请具有特定项目所需学科经验的人参与。大学、政府机构和私人组织可能能够提供有用的信息和专业知识,以帮助确保湿地恢复项目建立在平衡和全面计划的基础上。

8.1.1.3 湿地恢复方法及技术

湿地恢复的主要技术研究一般包括恢复或管理湿地水文,消除或控制影响湿地功能的化学或其他污染物,以及恢复原有本地生物物种或群落（National Research Council,1992）。在选择恢复地点时,每个地点可能存在的限制因素也需要考虑,例如土地所有权、成本、可达性以及消除退化原因的不确定性,这些限制因素决定了恢复成功的可能性大小。选择最具成本效益的技术对于项目的成功是至关重要的,它有助于实现目标并使效益最大化。成本效益分析是一种经济评价方法,在确定目标后,对备选措施进行比较,以选择成本最低、效果最好的措施（Zanou et al. ,2003）。

从方法论角度出发,湿地恢复可以归结为主动恢复和被动恢复两种模式。主动恢复模式指主要通过人为干预工程措施等来改善、重构湿地地形及水系,以促进湿地恢复、重建或改善湿地生态系统,如湿地地形改造、利用导流坝等水利工程设施改变水流、人工定植、建立生境岛、开挖 V 形缓坡恢复滨岸生境以及通过土壤移植创造适合本地动植物生长的土壤基质等（李晓文等,2014）。被动恢复模式则强调通过去除导致湿地退化的人为干扰因子,修复湿地的正向生态演替机制和功能,从而促使其通过生境演替而实现自然恢复（Prach and Hobbs,2008）。湿地主动恢复模式主要依靠人为干预,工程量较大,费用较高,耗时较短,重建速度较快,主要适用于已严重退化、基本丧失自我恢复功能的湿地区域;而被动恢复模式的成功常常取决于湿地本身的自然特性,如湿地蓄水量、湿地动植物间关系以及物种在湿地恢复区域的散布机制等,耗时较长,费用较低,恢复速度较慢,主要适用于人为破坏尚不严重,湿地生境自然恢复机制还没有被完全破坏、仍可恢复并发挥作用的湿地区域。

湿地的水文条件恢复对于退化湿地而言至关重要,常用的方法是通过水利工程或拆除阻隔水系连通的障碍物,进行水源补给以满足湿地的生态需水。我国在若尔盖、扎龙、向海以及乌梁素海等重要湿地均进行了生态补水,并制定了科学的水资源管理计划及水资源补偿机制,有效恢复了湿地的重要生态功能。2013 年,国家在松嫩平原开展了河湖连通工程,将松花江、嫩江和洮儿河的洪水与 203 个湖泊与泡沼连通起来,将嫩江的洪水资源有效截留,并通过连通工程补给到不同的湿地区,恢复湿地面积近 $30×10^4$ hm²,形成了以向海、莫莫格、查干湖和波罗湖为核心的 4 个集中连片、河湖互济、动态平衡的生态群落。大量候鸟落户栖息,世界上 90% 的白鹤每年都来松嫩平原西部地区栖息停留,这为半干旱地区的湿地补水提供了很好的恢复案例。

湿地植物恢复主要采取近自然恢复,充分利用土壤种子库,结合水文调控进行目标物种的筛选。但针对退化严重的湿地及土壤种子库缺乏的区域,需要进行湿地植物的移栽,此时更多考虑本地物种,避免造成外来入侵。事实上,许多湿地正受到入侵植物的破坏,可以利用焚烧或刈割来消除入侵植物,并种植本地湿地植物,以保障野生动物栖息地和筑巢区。传统上,人们是通过放牧和刈割来管理湿草甸的,这种做法为动植物保留了宝贵的栖息地。放弃传统的管理方法常常导致植物群落结构的剧烈变化,甚至物种灭绝。Joyce(2014)研究发现,一些湿草甸植物群落对环境变化具有弹性,优势草本植被可以持续数个世纪并限制木本植物入侵,而其他草原在废弃后几年内就会被木本植被所主导。因此,湿地恢复工作一般应优先考虑没有树木、土壤养分较低、被弃置时间少于 20 年的湿草甸。

土壤种子库对退化生态系统的恢复以及植被更新发挥着重要的作用,为湿地植物群落的保护和植物多样性重建提供了关键技术和有效途径,已经被广泛应用于湿地恢复中。种子来源的距离和散布机制是影响许多湿地生物多样性和再生的关键因素,因此是恢复选址需要考虑的重要因素。通过设置合适的环境条件,如营养盐浓度、水位及淹水频率等,可以恢复特定的植被群落。水流对于河漫滩湿地植被种子的传播和繁殖具有重要作用。Riis 等(2014)研究发现,高水流量使得河漫滩湿地沉积了大量具有活性的种子,并且在泥沙沉积较多的洪积平原汇合带区域中发现了多样化的植被幼苗。Kolár 等(2017)研究发现,埋藏深度对种子萌发有显著影响,种子仅在土壤表面和 1 cm 深度萌发,而在 3 cm 和 5 cm 深度未萌发。Wang 等(2015)对三江平原天然湿地及开垦农田的土壤种子库进行了调查。通过分析发现,土壤种子库主要受纬度、水深和开垦年限 3 个因素的制约。通过对三江示范区天然湿地及开垦 1~50 年的农田的地上植被及土壤种子库进行大规模监测与分析后发现,天然湿地中保存有大规模的沼泽湿地物种种子,是湿地植被更新的种质资源库。而湿地开垦后,种子库的结构和规模发生显著变化。随着开垦年限的增加,湿地物种的丰富度及种子密度迅速下降。而非湿地物种种子密度相对稳定,维持在一个较低的水平(图 8.1)(Wang et al.,2017)。湿地优势物种薹草在湿地开垦 5 年后从土壤种子库中迅速消失,小叶章等其他湿地物种的种子密度维持在一个较高的水平。但开垦年限超过 15 年后,小叶章等湿地物种同样在土壤种子库中消失(Wang et al.,2017)。

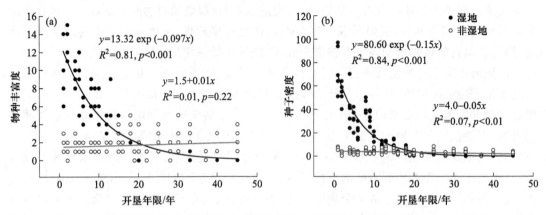

图 8.1　不同开垦年限下种子库物种丰富度及种子密度的变化趋势（Wang et al.,2017）

　　基于以上发现,Wang 等(2017)构建了大面积退耕地湿地植被自然恢复潜力概念模型,将湿地开垦年限分为 3 个阶段。0~5 年,该时期土壤种子库中含有大量的薹草类等莎草科物种以及禾草等湿地物种,该类退耕地湿地恢复潜力巨大,是湿地自然恢复的优先区域;5~15 年,该时期土壤种子库中莎草科物种基本消失,而小叶章等其他湿地物种仍大量存在,该类退耕地仍然具有恢复成新的湿地群落的潜力,为湿地自然恢复的次优先区域;大于15 年,该时期土壤种子库中绝大部分湿地物种基本消失,该类退耕地湿地自然恢复难度巨大,应结合湿地植被移栽、土壤繁殖体库移植,同时配合湿地水文恢复等相关技术进行湿地恢复工作。

　　土壤过程对于整个湿地的发展至关重要,特别是对于成功实现生态系统服务功能至关重要。因此,土壤参数的开发应纳入恢复目标、项目设计、现场施工和长期监测。特别需要注意的是,水文状况、土壤压实度、养分状况以及通常与施工阶段有关的生境结构的变化,可能会影响项目完成后多年的土壤开发过程。添加土壤改良剂已被证明是增加非潮汐淡水湿地土壤生物量、阳离子交换量（CEC）、土壤湿度、持水能力、磷吸附能力和反硝化能力的有效策略（Burchell et al.,2007）。通过对恢复实践进行总结,研究促进土壤发育轨迹向自生阶段发展的方法,可以提高湿地功能恢复的成功率。

8.1.1.4　湿地恢复效果评估

　　长期以来,湿地恢复工作的成败一直是一个充满挑战和争议的问题,因为湿地恢复工作的成败取决于恢复目标。规则是否被遵守取决于恢复过程中是否遵守了协议的条款,例如合同或许可证;而功能是否得以成功实现是通过评估系统的生态功能是否已经恢复和是否可持续来决定的。从以往的研究来看,计划性和功能性的实现都集中在单个项目或正在恢复的湿地项目上。但是,每个湿地都不是孤立存在的,在评估恢复效果时还应考虑湿地恢复在区域景观规模上的效果。区域景观规模上的效果是一种衡量湿地恢复的标准,有助于实现维持区域或景观的生态完整性和生物多样性等目标。水文地貌法（hydro-geomorphology method,HGM）（Brinson,1993;Smith et al.,1995）依赖于景观视角,建立在湿地结构和功能可以通过地貌背景、水源和水动力学来表达的前提下,利用 HGM 课程开发的景观剖面提供了预测和评估由管理措施(如湿地恢复)导致的湿地功能区域变化的潜力。景观剖面可以用来设定一个地区的湿地管理和恢复目标,还能够用来评估目标能否实现(Kentula, 2000)。

确定恢复成功的另一种方法是建立参考湿地或模型作为比较标准(Short et al. ,2000)。Short 等(2000)对湿地恢复的成功率进行了计算,即将用于恢复的指标值与利用参考湿地数据建立的成功标准进行比较。用于评估的指标变异系数越低,工程实施的性价比就越高,就代表生态系统功能恢复得越好。确定合适的参考标准是确定恢复目标和评估恢复项目成功与否的先决条件。通常选取一个相似的、相近的湿地作为参考湿地。与参考湿地比较可以有效地阐明单个恢复项目的状态,并对控制湿地功能和项目开发的机制提供见解。然而,在提供基本信息的同时,对单个地点的研究和/或对少量地点的比较并不能准确推断整个湿地恢复项目的结果(Kentula,1992)。此外,比较的结果以及最终是否恢复成功在很大程度上取决于参考地点的选择以及它可以在多大程度上体现修复目标。

大多数对于湿地恢复效果的评估包括三个主要的生态系统指标:① 多样性;② 植被结构;③ 生态过程。多样性通常通过测定不同营养水平的生物丰富度和丰度来表达。评估不同功能类群中物种的多样性提供了一种间接的生态系统弹性度量(Peterson et al. ,1998)。植被结构通常是通过测量植被覆盖度(如草本、灌木和乔木)、植物密度、生物量来衡量,这些指标能够用于预测植物演替的方向。生态过程(如营养循环和生物相互作用)提供了恢复湿地生态系统的弹性信息。营养循环决定了有机体在生态系统中存活的有机和无机成分的数量,通常通过估算养分有效性间接测量。对多样性、植被结构和生态过程的评估可以反映恢复湿地生态系统的恢复轨迹和自我维持能力。

湿地是否能成功恢复取决于很多因素,例如土地利用类型及退化程度、营养盐含量、水文状况、植被群落结构等。评估恢复项目的效果常用植被特征作为参考,而很少考虑土壤、动物和水文特性。栖息地恢复的成功标准历来集中于物种的出现和数量,而不是目标物种的地位是否长期得到维持或改善。虽然湿地恢复项目中植被的某些特征可能与类似的自然湿地较为接近,但整体功能的等效性还没有得到证明,如植被覆盖率和初级生产力。实际上,由于湿地中生物和非生物过程运行的尺度不同,恢复湿地在不断发展和自我调整。因此,仅以植被短时期的恢复效果来评估整个湿地生态系统的恢复效果是不科学的,还应该考虑湿地整个生态系统的结构、功能及可持续性。Doren 等(2009)利用系统概念生态模型,给出了常见的恢复指标,并制定了红绿灯报告卡(stoplight report card)来帮助评估恢复进展。湿地恢复是一个动态过程,其评估结果应随具体情况变化而进行调整,即应强调湿地恢复的动态评估(李晓文等,2014)。

此外,还需要意识到恢复时间的重要性。经过十年的研究,Frenkel 和 Morlan(1991)估计恢复俄勒冈海岸的盐沼至少需要 50 年。很多研究表明,湿地中的植物和野生动物,包括水禽和无脊椎动物,其生物量恢复到参考湿地水平的速度相对较快(不到 10 年)(Skelly et al. ,1999;Stevens et al. , 2003;Batzer et al. , 2006;Nedland et al. , 2007)。Ballantine 和 Schneider(2009)研究发现,某些对水质功能至关重要的土壤特性需要几十年或几个世纪才能达到自然参考水平。土壤表层(5 cm)的某些指标(如有机质含量、容重体积密度和离子交换能力)在恢复 55 年后达到了 50% 的参考水平。虽然对恢复湿地的监测一般集中在恢复生态系统的初始建立阶段,但后期的自生阶段对湿地重要土壤特性的发育轨迹有很大影响。因此,在恢复设计、研究和监测中,应考虑不同演替阶段在湿地生态系统长期发展轨迹中的作用。另外,推动恢复速度的一个关键因素可能是每个生态系统的开放程度及其与外部来源(非生物如沉积物、有机物,生物如种子、根状茎)的连接。在河流或潮汐沼泽等开放水文系统中,矿物质沉淀和有机颗粒的外部输入可能对湿地恢复起到补偿作用并加速湿地恢复(Anderson et al.,2005)。Moreno-Mateos 等(2012)对全球 621 个湿地进行调查发现,即使湿地恢复一个世纪后,恢复湿地的生物结构(主要是植物群落结构)和生物地球化学功能(主要是湿地土壤中储存的碳)也比参考湿地分别平均低了 26% 和 23%。这些恢复湿地一方面恢复非常缓慢,另一方面在被扰动后生态系统有可能转向与参考湿地不同的演替状态。环境对恢复率和恢复程度也具有显著影响,在温暖(温带和热带)气候下恢复的大型湿地比在寒冷气候下恢复的小型湿地恢复的速度更快。同时,经历更多水文交换(河流和潮汐)的湿地恢复得比低洼湿地更快。Kristensen 等(2014)对丹麦斯凯恩河(Skjern River)的恢复进行了长期调查后发现,斯凯恩河的恢复并没有达到预期目标,因为恢复工程完成十年以后,斯凯恩河并没有重新建立以前存在于河漫滩平原的重要自然栖息地,如岛屿、回水湾和牛轭湖等,并且仅仅依靠河流和冲积平原之间的自然动态过程来塑造这些栖息地是极其缓慢的。而丹麦的另一条河流(Gelså River)的大型无脊椎动物在恢复 19 年后和恢复 8 年后并没有明显差异,只不过栖息地的类型在一定程度上影响了大型无脊椎动物的种类组成(Friberg et al.,2014)。Moreno-Mateos 等(2012)认为目前的恢复实践证明,即使经过几十年也无法恢复湿地生态系统功能的原有水平。而实际上,恢复方法、管理制度、人为干扰、气候变化和地形以及历史和初始条件的变化都可能影响恢复湿地后期的发展。因此,我们认为,对恢复湿地的效果评估不能仅仅是短期的,而应该着眼于湿地的长期稳定发展和可持续性。

8.1.2　湿地恢复案例

每一个恢复项目都是独一无二的,恢复的目标必须考虑场地的特殊性和各种环境因素。要确定一个退化或受损的湿地是否得到恢复,需要掌握当地动植物、土壤和水文的足够信息,充分了解退化湿地的结构和功能的受损程度。我们选取了 4 个典型湿地恢复案例,其中中国 2 个,荷兰和美国各 1 个,详细阐述了湿地恢复的目标设置、遵循的生态原理、采取的恢复方案和技术以及恢复效果评估等。

8.1.2.1　湿地生态廊道恢复

湿地生态廊道(wetland ecological corridor)是位于湿地区域之间的具有一定宽度的条带状通道,它能使湿地中的基因流动,具有重要的栖息地、传输、过滤和阻抑以及物质源、汇等功能(姜明等,2009)。湿地生态廊道可以将不同湿地连接起来,缓解景观破碎化,扩大湿地景观,增强湿地间的连通性,从而促进动植物的迁徙和生物地球化学循环。

三江国家级自然保护区和洪河国家级自然保护区是中国东北三江平原地区重要的沼泽湿地生态系统保护区,在全球同一生态带中具有典型性和代表性,是我国东方白鹳、丹顶鹤等珍稀水鸟的重要繁殖地及栖息地。浓江分别流经洪河和三江国家级自然保护区,其中在两个保护区之间有一段长 5.1 km、宽 1.3 km 的河道没有纳入保护范围,但这部分河槽与河漫滩宽阔,动植物资源丰富,是理想的连接两个保护区的自然走廊(姜明等,2009)。但由于浓江湿地生态廊道区域没有被列入保护区的保护范围,因此面临湿地开垦、过度提取地表水进行农业灌溉等不合理的人类活动,湿地退化明显,生物多样性受到威胁。如何恢复浓江湿地生态廊道,对于保持三江平原湿地生态系统的完整性和自然性具有重要意义,有利于保持物种之间的自然联系,保护野生动物物种的丰富度和多样性及其独特的遗传组成。

浓江湿地生态廊道位于黑龙江省佳木斯市抚远市和黑龙江农垦总局建三江分局的分界区域,在土地管理上属于抚远市,但其右岸土地管理权属于建三江分局;具体位于建三江分局鸭绿河农场、前锋农场和抚远市鸭南乡之间,行政区划隶属于抚远市。廊道地区受到人类活动的影响明显,严重削弱了其作为湿地生态廊道的功能;同时该地区为抚远市政府和建三江农垦系统的分界区域,因此建立基于地方政府和农垦系统联合保护,三江国家级自然保护区和洪河国家级自然保护区联合管理的生态廊道区,在保护地的管理机制方面也是一个突破与创新。

在联合国开发计划署/全球环境基金"中国湿地生物多样性保护和可持续利用"项目的支持下,本次工作对浓江湿地生态廊道区域进行了数次野外考察、调研和讨论,查清了廊道区域自然和社会经济背景以及面临的问题,了解了廊道建立的技术方法及保护途径和方式。

浓江湿地生态廊道以河流为核心连接两个重要保护区,周边有大面积的农田和村屯,因此在设计廊道宽度时需充分考虑边际化效应;同时鉴于廊道具有栖息地、过滤、通道及防洪功能,结合该廊道的生境结构及周边环境影响要素,利用"3S"手段(遥感、地理信息系统和全球导航卫星系统)对廊道景观进行了设计,将廊道划分为核心区、缓冲区和实验区(图 8.2),每个区域具有不同的生态功能。结合浓江的实际情况,从保护生物和防洪的角度分析,在设计廊道宽度时应考虑洪水的洪泛区范围、邻近的陡坡阶地以及湿地保护区。洪河国家级自然保护区与三江国家级自然保护区之间的浓江

图 8.2　浓江湿地生态廊道(姜明摄)

段穿越的农田地势平坦,廊道包括主河道及两侧十年一遇的洪水所淹没的范围,从河岸向两侧延伸的距离为 200~500 m,包括河床、河漫滩及部分阶地。在纵向结构上,河流廊道是一个由带状的廊道串起的一系列小的自然斑块,并连接几个大型自然斑块的串珠状结构。考虑到两端的保护区已经对浓江及其生境具有保护作用,所以廊道的纵向边界以保护区为界限。浓江生态廊道是物种迁移的通道,大型自然斑块既有边缘效应,又有内部生境,是保持物种多样性的基础;小的自然斑块提供了多样化的生境,也是生物迁移的暂歇地;而多尺度的自然斑块也为防洪功能的实现提供了保障。

浓江湿地生态廊道模式得到了抚远市政府、黑龙江农垦总局建三江分局、洪河国家级自然保护区和三江国家级自然保护区的认可,抚远市政府和建三江分局签署了对该廊道进行联合管理的协议。针对廊道不同的功能分区进行分级管控,这不仅表明了生态廊道模式的可适用性,也促进了三江平原地区的湿地保护。通过调查监测发现,廊道内的湿地开垦已经被杜绝,湿地的生态基流在枯水期得以保障,生物多样性得到大幅度提升,该湿地已经成为丹顶鹤和东方白鹳的繁殖地。

8.1.2.2　三江平原退耕还湿案例:富锦国家湿地公园

为保护湿地,各国都建立了大量的湿地公园,作为重要的湿地保护手段。富锦国家湿地公园位于黑龙江省富锦市锦山镇滞洪区,地处三江平原腹地,属于挠力河流域,总面积 2200 hm^2,以保护珍稀水禽及其栖息地为主。

2005 年之前,由于人口过剩、排水过度等历史原因,该区域几乎所有湿地均被开垦。过度抽取地下水、水污染和土地遗留问题也对自然湿地产生了重大影响。这导致当地一些野生动物灭绝,尤其是水禽。2005 年,通过拆除围堰并存储滞留区内的水进行湿地的保护和修复,并成立了富锦国家湿地公园。2008 年,富锦国家湿地公园进行了湿地恢复计划。在设计湿地公园恢复方案时,制定了以下恢复目标:① 改造当地地形,建立合理的异质生境。结合现有水文和植被条件,改善生境和景观异质性,建设生态岛。② 调整水生植物的空间分布,改善自然植被群落结构。植物群落设计应以本地物种为主,包括不同地区的水生植物和陆生植物,因为它们对水分的要求不同。③ 增加野生动物物种和吸引水鸟栖息。根据三江平原地区不同动物的生境和食物需求,采取就地保护和异地恢复相结合的方法,将目标恢复物种划分到不同的区域,同时兼顾当地物种的分布和食物网结构。根据不同区域的动物栖息地,设计迁徙走廊和活动区域。④ 改善景观格局和恢复生态系统完整性。在考虑区域生态旅游的同时,合理安排生态恢复区,采用物种引入、栖息地改造等方法,改善生物多样性,为公园野生动物创造更好的栖息地。结合该湿地公园的设计要求和三江平原其他湿地生态系统的自然特征,在适当疏离野生动物和人类的同时,淡化各生态区域之间的界线。最终,创造一个和谐的旅游环境,并尽可能减小对恢复区域与影响。具体实施计划包括:① 增加开放水域面积。在现有的池塘中清除淤泥,以增加开放水域面积。主要实行区域是公园的入口和周围的生态岛屿。② 创建生态岛屿。回收的淤泥被用来在地势相对高的地点建造生态岛屿。所有生态岛屿都从河岸分离出来,为鸟类提供最合适的栖息地。③ 设计道路边缘。直线型的主干道与公园的整体自然景观不协调。在道路边缘增加一个小半岛,形成更加自然的景观。④ 恢复沟渠和河道。原灌溉沟渠和河道的形态表现出强烈的人工痕迹。对河道一侧或两侧的堤岸进行修整或拆除,恢复蜿蜒的景观。

通过地形改造,为不同类型的植被创造适宜的生境,为植被快速繁殖形成群落提供了适宜的条件。一些本地物种(如细叶沼柳、*Salix rosrinifolia*)也被引入公园中,以恢复群落结构。在恢复之前,植被群落以香蒲和芦苇为优势种,这限制了公园的生物多样性。项目完成后,不仅景观发生变化,生物多样性也显著增加。例如,水深从 0.5 m 增加到 2.5 m,开放水域、岛屿和过渡区从深水区到浅水区相应增加。

湿地恢复后水鸟的种类和数量显著增加。2013 年,在常规野外监测中,发现了 21 种水鸟新种。在新建成的生态岛屿上发现了一些水鸟的巢穴,包括黑翅长脚鹬(*Himantopus himantopus*)、普通燕鸥(*Sterna hirundo*)和金眶鸻(*Charadrius dubius*)。鱼类调查显示,由于冬季水深的增加,鱼类的数量显著增加。此外,鱼类的增加也为水鸟提供了足够的食物。新生境的建立也促进了湿地植被的进一步生长和繁殖。2014年共发现15种新的植物种类。野外监测结果表明,恢复后,野慈姑(*Sagittaria trifolia*)、菖蒲(*Acorus calamus*)和玉蝉花(*Iris ensata*)等植物种类明显增加。同时发现了一种新的记录物种,国家一级重点保护植物、濒危物种貉藻(*Aldrovanda vesiculosa*)(图8.3)。这意味着该湿地公园具有重要的物种保护和恢复潜力。

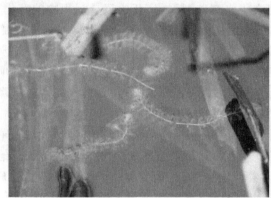

图8.3　富锦国家湿地公园发现的貉藻(付宏臣摄)

通过创建开阔的开放水域,河道恢复了植被多样性,从而使湿地公园展现出更自然的景观,观赏价值和景观质量也显著提高。此外,水体流动性的增加进一步降低了水体富营养化的可能性,生境异质性的增加也提高了整个生态系统的稳定性。对恢复区总氮(TN)、总磷(TP)、铵态氮(NH_4^+-N)和硝态氮(NO_3^--N)等水质参数进行定期监测,结果显示,恢复区湿地对农田排水中的总氮、总磷降解率达60%以上。

8.1.2.3　美国大沼泽湿地恢复

大沼泽湿地(Everglades wetlands)位于美国佛罗里达州南部。19世纪中期,佛罗里达州基西米湖群(Kissimmee Chain of Lakes)的水流经基西米河(Kissimmee River),向南进入奥基乔比湖(Lake Okeechobee)。佛罗里达州雨季降雨量较大,奥基乔比湖的水溢出向南流入佛罗里达湾(Florida Bay)。19世纪晚期,佛罗里达州人口不断增长,大沼泽湿地被排干后,部分地区变成可以耕种的农田,且土地廉价,这种利益十分诱人。于是,人们开始尝试开垦佛罗里达州南部的大沼泽湿地。20世纪早期,当地居民为了防洪,挖掘沟渠、建筑大坝来排干大沼泽湿地中的水,造成了大沼泽湿地大量水土流失。20世纪中期,为了应对土壤侵蚀和飓风导致的洪水事件,佛罗里达州政府联合美国联邦政府挖掘了大量的沟渠,建造了大量的水闸和大坝。佛罗里达州中部和南部项目(C&SF项目)于1948年首次由美国国会批准,它是一个多用途项目,包括提供防洪、市政、工业和农业用水,防止盐水入侵,维持大沼泽湿地国家公园供水以及保护鱼类和野生动物资源;主要系统包括1600 km的防洪堤,1160 km的运河,以及近 200 个水利控制结构。C&SF 项目很好地实现了其预想的功能,然而该项目对南佛罗里达生态系统独特而多样的环境产生了意想不到的负面影响,影响范围包括大沼泽湿地和佛罗里达湾。到 20 世纪 70 年代,过度排干和水文模式的改变已经非常明显,70% 的水丧失,大量淡水进入海洋,影响了佛罗里达州东西部沿海的淡水-盐水平衡,进而影响了淡水植被和海洋生物。受农业发展的影响,氮和磷等营养盐浓度急剧增加,导致水质退化,大沼泽湿地的水质由寡营养状态变为富营养状态,有害藻类水华现象频发,这也造成了植被优势种由莎草科变为耐磷的香蒲,渔业资源急剧下降,85% ~ 90% 的鸟类消失(Bancroft,1989),68 种物种被列为濒危物种。20 世纪 90 年代,美国开始对红树林进行监测,并通过南佛罗里达全球气候变化项目(SOFL-GCC)建立了水文监测网络,开始记录沉积物的变化。美国联邦法院于 1992 年签署了《解决协定》(作为一项同意法令),要求采取若干积极措施来解决输入大沼泽湿地的水质营养过剩问题。佛罗里达州于 1994 年通过了《大沼泽湿地永久法》(Everglades Forever Act)来保护大沼泽湿地。根据这项法律创建的大沼泽湿地建设项目为减少阻止大沼泽湿地恢复的营养负荷奠定了基础,将进入大沼泽湿地的水的磷含量降低到了 50 ppb。

2000 年由美国国会颁布的大沼泽湿地综合恢复计划(Comprehensive Everglades Restoration Plan,CERP)是一项关于"恢复、保护和维护佛罗里达州生态系统,同时满足该地区其他与水有关的需求,包括供水和防洪"的计划。美国国会于 2000 年通过了水资源开发法案(WRDA),将该计划制定为法律。这是美国有史以来最大的水文恢复工程,耗资超过 105 亿美元(最初估计耗资 78 亿美元),仅 2010—2015 年耗资就达 11 亿美元,时间跨度超过 35 年(最初估计需要 30 年才能完成,而最近的估计表明,该计划将需要大约 50 年的时间来执行)(Stern,2013)。它是历史上最大的环境恢复项目的概念性计划,用于解决由排干沼泽地农田化和季节性河流向大沼泽湿地公园输送营养物质所引起的水质问题,恢复佛罗里达大沼泽湿地生态系统,满足不断增长的人类需求。该计划覆盖了 16 个县,面积超过 47000 km^2,由 68 个主要项目组成,是在佛罗里达州不同组织之间达成的协议,承诺为城市居民和农户提供用水和防洪措施,同时在分配 30 年恢复项目时,维持对自然系统的优先保障(增加湿地面积、改善生态功能、增加物种生物量和多样性)(Clarke and Dalrymple,2003)。

在恢复工程开始之前,生态环境专家做了大量的调研,科学地探讨恢复的关键问题,如大沼泽湿地淡水储存和恢复的机制,恢复工程能否达到预期效果等。通过调研,在恢复工程中设计在堤坝附近建造不透水渗流屏障,以减少沼泽地的渗流,从而保障恢复过程中水源充足。部分恢复目标有望通过增加抽水站将地下水渗流泵回,增加蓄水池来控制沼泽地的渗流,以防止水通过地下水流动造成不必要的损失。为了改善水质,城市污水需要先在大沼泽湿地周边的污水处理厂进行净化,使废水达到国家水质标准,然后再排入大沼泽湿地中,从而增加生态修复可用水量。针对河流的恢复技术(如回填沟渠),拆除一些控制结构并征地进行退耕还湿。为了改善自然区域的连通性,并加强水体的自然流动性,大沼泽湿地内超过 380 km 长的堤坝和隧道被移除,并重建桥梁和涵洞。佛罗里达州积极进行土地收购项目,包括保护休闲用地项目以及土地收购信托基金项目,这些土地用来进行退耕还湿。每年全州超过 3 亿美元预算用于购买环境敏感地区和可作为沼泽地缓冲区的土地。此外,美国联邦政府征用土地和非政府组织购买土地也发挥了重要作用。在许多情况下,土地征用的成本远远低于防洪的长期成本,因此土地征用也成为发展长期和短期蓄水区以便恢复环境原貌的一个关键途径(Perry,2004)。

美国国家研究委员会2012年发布的报告指出,针对大沼泽湿地生态系统的核心区域所做的恢复工作几乎没有取得任何进展。相反,大多数恢复项目建设都发生在周边地区(National Research Council,2013)。该报告评估了大沼泽湿地10个生态系统属性的现状,包括磷负荷、泥炭深度和濒危动物数量等,结果表明,生态系统功能持续下降的趋势并没有得到有效扭转,有必要制定以大沼泽湿地水质和生态系统功能整体提升为恢复目标的综合方案。2016年,美国中央湿地规划项目(Central Everglades Planning Project, CEPP)获得批准。CEPP结合了从奥基乔比湖到大沼泽湿地国家公园的几个CERP组成部分,包括大沼泽湿地中心蓄水、水质处理、运输和分解(拆除堤坝和沟渠)。目前,每年向大沼泽湿地输送淡水约 $3.7 \times 10^8 \ m^3$,大沼泽湿地90%的水质已经达标,奥基乔比湖有害物的排放数量、持续时间和频率明显减少,北部河流水量有所增加,佛罗里达湾的盐度已有改善(South Florida Water Management District,2018)(图8.4)。CEPP的下一个阶段的规划工作正在进行中。这些工作包括西部大沼泽湿地恢复项目、奥基乔比湖流域恢复项目和洛沙哈切河流域恢复项目。

图8.4 大沼泽湿地恢复效果(袁宇翔摄)(参见书末彩插)

　　对于这种规模较大和持续时间较长的项目来说,适应性管理是必要的。大沼泽湿地的恢复跨越了许多管辖边界的大片区域,并且包含一系列利益相关者。大沼泽湿地的恢复充分利用专家团队资源,综合各学科的科学信息,使湿地恢复方案既能够实现湿地生态功能恢复,还能充分考虑相关利益方和社区的发展,这对湿地恢复效果的长期稳定维持至关重要。Wetzel 等(2017)从湿地的水文状况、土壤、景观过程、小型鱼类和涉禽的动态变化等方面对恢复方案进行了评估,认为与现有条件相比,所有恢复方案都对生态系统做出了重大改进,地表水储量增加,并减少水流障碍,使约 91% 的水流能到达海湾,以最少的资源提供了最佳的生态效益。LoSchiavo 等(2013)记录了大沼泽湿地综合恢复计划发展和实施十年间获得的三个关键经验教训,包括:① 建立制定湿地恢复适应性管理计划的立法和监管机构,以维持资金支持并进行项目适应性管理。② 将湿地恢复适应性管理活动整合到现有的恢复方案中,并制定技术指导,建立独立的外部同行评审制度,可为维持和改进生态系统恢复的自适应管理实施提供重要反馈,有助于确保适应性管理活动得到公众理解。③ 设立湿地恢复的科学目标,明确对实现恢复目标构成风险的不确定性因素,做好恢复过程的评估,并将评估结果及调整建议等科学信息纳入政府决策过程。大沼泽湿地综合恢复计划的适应性管理方案取得了较好的湿地综合恢复效果,可为其他自然资源管理和恢复工作提供参考。

8.1.2.4　荷兰矿养泥炭沼泽恢复

　　矿养泥炭沼泽不同于雨养泥炭地,其生物地球化学过程主要受到富含矿物质的地下水或地表水影响(Wheeler and Proctor,2000)。矿养泥炭沼泽面积约为 1.5×10^6 km^2,占全球湿地面积的 26% 和泥炭沼泽面积的 42%,其碳储量约 200 Pg(Joosten and Clarke,2002;Ramsar Convention Secretariat,2013),同时还具有水文服务、水质净化和丰富生物多样性等重要生态系统服务功能(Lamers et al.,2015)。欧洲地区矿养泥炭沼泽面积约为 0.3×10^6 km^2(Lamers et al.,2015),但由于一直以来畜禽饲养以及高强度的农作物种植,湿地营养负荷较高,硝酸盐和磷酸盐浸出致使地表水富营养化,从而对湿地生态系统产生了一系列影响。

　　据估计,加拿大约有 15% 的泥炭沼泽被开垦用于农业生产,美国该项数据为 10%,欧洲国家之间该项数据差异很大,芬兰约 2%,瑞典为 5%,德国和荷兰则为 85%(Strack,2008)。荷兰西部第一次大规模的泥炭沼泽垦殖要追溯到 11—12 世纪(Borger,1992)。荷兰矿养泥炭沼泽具有密度高、斑块多而小等特征(Schulp and Alkemade,2011),并且天然泥炭沼泽由于垦殖影响,形成了独特的“泥炭池塘”景观(在荷兰被称为“petgaten”)。此外,泥炭沼泽也被采挖用作燃料,因此留下了大片废弃的泥炭矿坑。由于水体陆域沼泽化影响,酸化和富营养化导致了湿地植被的退化以及大部分湿地生态系统的消失(Nienhuis et al.,2002)。

　　目前,荷兰境内矿养泥炭沼泽受到了当地自然保护政策的监管和保护,并且绝大部分泥炭沼泽也已被列为拉姆萨尔国际重要湿地,从国家和国际两个角度强调了高度优先保护和恢复沼泽湿地的必要性。排水被认为是导致泥炭沼泽受损的主要原因,恢复泥炭沼泽生态系统往往从恢复水文过程开始。地下水恢复被认为是在集中管理区保护受威胁的沼泽物种的先决条件(Wassen et al.,1990),如果能够恢复湿地植物群落的地下水位及其波动特征,那么恢复工作往往就能够成功(Lamers et al.,2002)。对于仅发生富营养化的矿养泥炭沼泽,表层(5~10 cm)草皮去除已经被证明是一种有效的修复方法。一方面它可以促进富含钙质的地表水或地下水的侵入,另一方面可以去除表层多余的养分,从而降低营养浓度。在进行综合修复时,可以将草皮切成条状,同时在条状之间保留完整的植被。如此做使得种子可以从完整的条带迁移到裸露条带发芽和繁殖,从而保留相对完整的种子库(Beltman et al.,2001)。此外,在富营养化的沼泽湿地,必须尽量降低流入地表水或地下水的养分浓度,而内部富营养化可以通过碱性或富含硫酸盐的河水进行补给,通过水文交换以降低富营养化水平。

由于荷兰人口密度非常大,并且荷兰国土面积的 20% 都是人工填海形成的,因此,单从生态的角度来考虑泥炭沼泽的管理和恢复是不可能的。在进行生态恢复的同时要进行适当的人为干预,协调好农业生产与湿地恢复、维持生物多样性的矛盾(Lamers et al.,2002)。例如,在某些区域重新采用传统管理技术,如刈割和低强度的放牧,对恢复湿地景观有着不错的效果(Nienhuis et al.,2002);荷兰政府还大力推行"多用途土地利用技术",发展湿地净水、湿地生态旅游等多种产业,协调好保护与发展的关系;此外,荷兰政府还采用生态补偿和土地置换方式,将政府补偿和市场补给有机统一,并且注重利益相关者的权益保护,促进了湿地保护与社区民众的和谐共荣(赵岳平,2014)。

8.2 人工湿地构建原理与应用

8.2.1 人工湿地的组成与结构

8.2.1.1 人工湿地的概念

人工湿地(constructed wetland)是效仿自然湿地降解污染物的机理,人工开发的一种用于污水处理的生态型工程技术,属于狭义人工湿地的范畴。一般筑成水池或沟槽,底面铺设防渗隔水层,内部充填基质,表层种植水生植物,利用基质、水生植物和微生物的物理、化学、生物三重协同作用,通过过滤、沉淀、吸附、离子交换、植物吸收和微生物分解等过程实现对污水中污染物的净化。人工湿地具有较强的污染物去除能力,不仅能高效地去除污水中的悬浮物、有机污染物、氮、磷等物质,而且能去除病原体和重金属等,因此广泛应用于城镇污水处理厂尾水、农村分散生活污水、城市地表径流、畜禽养殖污水、农业退水和矿山废水等的处理。由于微生物、基质和植物的有机匹配,人工湿地在污水的处理能力、耐污染冲击程度和可控性等方面均大大超过了自然湿地生态系统(汪俊三,2009)。与传统的污水处理设施相比,人工湿地具有投资少、运行和管理简单、费用低等优点,但占地面积大、对水力负荷和污染负荷的耐冲击能力较弱、处理效能受气候影响较大。人工湿地除了具有一定的污染净化功能外,还有明显的生态和美学等价值。因此,人工湿地受到了越来越多的关注和重视。

8.2.1.2 人工湿地发展演化

世界上第一个用于处理污水的人工湿地建于 1903 年,位于英国约克郡 Earby,它一直运行到 1992 年(Hiley,1995)。1953 年,德国人 Seidel 和 Kickunth 的研究表明,利用芦苇等水生植物能去除污水中的有机物和重金属。20 世纪 60 年代以来,人工湿地开始推广至处理工业废水、江河水、地表径流和生活污水等领域,研究主要集中在湿地植物应用方面。1972 年 Kickunth 提出了"根区法"(the root-zone method)理论,开启了人工湿地污水处理时代,对人工湿地污水处理技术的深入研究及其应用起到了极大的推动作用。Othfrensen 于 1974 年在德国建造了世界上第一个完整的人工湿地试验基地(郑雅杰,1995)。20 世纪 70 年代末,人工湿地由试验阶段进入规模化应用阶段。80 年代后,人们对人工湿地机理的认识进一步深入,对人工湿地类型的开发趋于多样化。1996 年 9 月,在奥地利维也纳召开的第四届国际人工湿地研讨会,对人工湿地的机理进行了深入探讨,并提出了可参考的设计规范与数据。

　　相比而言,我国利用人工湿地系统处理污水的研究及实践起步较晚,"七五"期间才开始着手借鉴国外研究成果对人工湿地进行初步研究。天津市环境保护科学研究所建成了实验室规模的人工湿地研究系统,并在 1987 年建成我国第一个芦苇湿地工程;1990 年,国家环境保护局(现为生态环境部)华南环境科学研究所在深圳白坭坑构建了国内第一座人工湿地(Zhang et al.,2009),之后又陆续建成一系列的人工湿地示范工程(吴振斌等,2003)。2005 年以来,水污染治理越来越受到重视,中国科学院、生态环境部下属单位及一些高校相继开展了一系列人工湿地处理污水的试验研究。据初步估计,全国目前至少有 600 座人工湿地在运行。

8.2.1.3　人工湿地的组成

　　人工湿地的组成包括透水性基质、植物及微生物,人工湿地系统中的基质是由不同级配、比例的单一或混合填料构成,形成不同大小的空隙,对污水起到过滤作用。同时,基质也是植物、微生物附着的载体和支撑物,为系统内各种反应提供界面。人工湿地系统中,植物通过密集的根系和茎叶截留、吸收水中的污染物,根系分泌的有机酸为一些功能微生物提供碳源,根系也将氧气输送到根区,直接或间接地促进污染物的去除。微生物作为人工湿地中污染物的分解者,对污染物的去除效能影响很大,其中最重要的是微生物的种类和丰度(付融冰等,2005)。人工湿地中各组分的功能列于表 8.1。

表 8.1　人工湿地系统的组成及功能

组成	功能
植物	直接作用:通过根、茎和叶直接吸收、吸附和富集污染物 间接作用:提供微生物附着点;传输氧气至植物根部,创造好氧环境;增加基质透水性
基质	为植物、微生物提供附着和支撑,为系统内各种反应提供界面
微生物	污染物降解的主要承担者,不同微生物参与不同的生物反应
污水	为植物、微生物提供营养物质

8.2.1.4　人工湿地的类型与结构

根据不同的布水方式,把人工湿地分为表面流人工湿地(free water surface constructed wetland,FWS CW)和潜流人工湿地(subsurface flow constructed wetland,SSF CW),而潜流人工湿地又分为水平潜流人工湿地(horizontal subsurface flow constructed wetland,HSSF CW)、垂直潜流人工湿地(vertical subsurface flow constructed wetland,VSSF CW)和潮汐流人工湿地(tidal flow constructed wetland,TF CW)3 种(Kadlec and Wallace,2008)。

(1) 表面流人工湿地

表面流人工湿地指污水在基质表面水平流过(图 8.5),填充了土壤或砂砾等基质,底部和侧壁衬有防渗层,同时种植水生植物,水位线在基质表面线之上。表面流人工湿地池体内水位较浅,一般水深 0.3~0.5 m,水面暴露在空气中。污水通过物理(沉降、过滤和紫外线照射)、化学(沉淀、吸附和挥发)和生物(微生物降解和营养转化、植物根部摄取、微生物竞争和细菌衰减)过程得到净化。表面流人工湿地去污效能优于天然湿地。大部分污染物的去除是通过水生植物茎秆(水下部分)上的生物膜分解来完成的,这种人工湿地构造简单、建设和运行成本低,但占地面积较大,污染物负荷和水力负荷较小,去污能力有限,如管理运行不当,容易滋生蚊蝇、产生臭味,温度的季节变化对处理率影响较大。表面流人工湿地多应用于生活污水二级出水的后续深度处理,也可用于暴雨径流和矿井排水的处理。

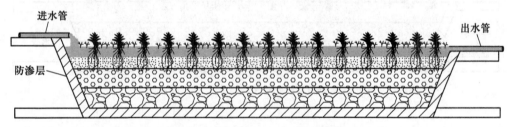

图 8.5　表面流人工湿地剖面图

(2) 潜流人工湿地

水平潜流人工湿地指在一定的水力坡降作用下,污水在湿地表面以下的基质内大致呈水平方向流动(图 8.6)。污水在流动过程中,通过基质表面的生物膜、基质及植物根系的生物、物理和化学作用来净化污水中的污染物。优点是污染负荷和水力负荷较大,对有机污染物、悬浮物和总氮的处理效果较好,环境卫生条件较好,受气候的影响较小。由于水平潜流人工湿地不利于好氧反应,对污水中氨氮的净化能力有限。常用于污水的二级处理,冬季运行效果也比表面流人工湿地好。相比表面流人工湿地,水平潜流人工湿地的工程造价较高,运行管理难度也相对较大。

垂直潜流人工湿地指污水以近似垂直(上行或下行)的方向流过基质层的人工湿地(图 8.7 和图 8.8)。同水平潜流人工湿地一样,垂直潜流人工湿地也是通过生物膜、基质及植物根系的生物、物理和化学作用来净化污染物,一般采用间歇进水方式运行,基质处于水分不饱和状态,氧气可通过大气扩散和植物根茎传输到人工湿地床体,故垂直潜流人工湿地的硝化能力较强,氨氮的去除效果好。垂直潜流人工湿地的优点是污染物负荷和水力负荷大,占

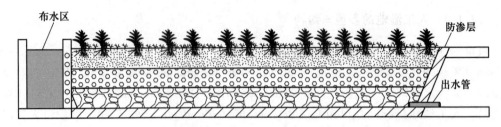

图 8.6　水平潜流人工湿地剖面图

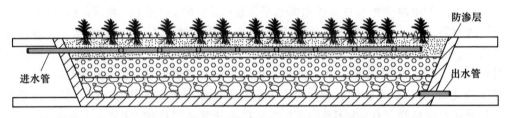

图 8.7　垂直潜流(下行流)人工湿地剖面图

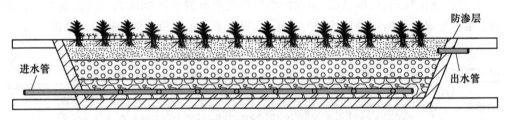

图 8.8　垂直潜流(上行流)人工湿地剖面图

地面积小,去除氨氮的效果好,受气候影响小,环境卫生条件好,但反硝化作用较弱,建造成本高,运行管理相对复杂。

潮汐流人工湿地是近年来伯明翰大学研发的一种新型潜流人工湿地类型(Sun et al.,1999),仿照潮汐定期涨退的规律,通过水泵人为控制进水-排水,创建好氧-厌氧环境,促进硝化-反硝化反应周期性进行,提高对氨氮、硝氮的去除能力。潮汐流人工湿地的运行过程一般分为两个阶段。① 进水-反硝化阶段:利用水泵使基质快速充满污水,在基质吸附有机物和 NH_4^+-N 的同时,上一周期硝化反应生成的 NO_3^--N 利用进水中的有机物进行反硝化反应;② 排水-硝化阶段:利用水泵将处理后的污水迅速排出,大量的新鲜空气随之进入基质,使吸附在基质表面的 NH_4^+-N 和有机物发生硝化、氧化反应而被去除(胡沅胜等,2015)。

实际应用中会将各种类型的人工湿地进行组合或多级串并联,以取长补短,更好地适应水力条件变化,增强系统抗污染负荷冲击的能力,发挥系统的综合除污效益,如潜流-表面流复合、垂直流-水平流复合、下行流-上行流复合、水平潜流串联等。

8.2.2　人工湿地净化污染物的机理

人工湿地的净化机理是利用基质、植物及微生物的物理、化学及生物协同作用,通过过滤、吸附、沉淀、离子交换、微生物分解和植物吸收等过程实现对污水中氮、磷、有机物和重金属等污染物的去除。

8.2.2.1 植物

植物作为人工湿地的重要组成部分,对污染物的转化和降解具有重要作用。植物去除污染物的机理包括以下几个途径。

直接吸收污染物 氮和磷是植物生长的重要营养元素,植物根系能大量吸收污水中的氨氮、硝氮和水溶磷(污水中的部分有机氮经微生物分解也可转变为无机氮),合成植物自身蛋白质及其他有机氮和有机磷成分。植物对污水中的重金属(梁银秀等,2018)和有毒有害污染物也具有一定的吸收能力,个别功能植物还具有一定的富集能力。植物吸收的污染物(氮、磷、大部分重金属等)可通过定期收割从人工湿地中被移除出去,某些污染物(如 Hg、Se、As)也可通过挥发的方式被部分转移到大气中。研究发现,植物吸收分别可占潜流湿地氮、磷总去除率的 14.7%~26.7% 和 11%~22.4%(刘树元,2011)。

分解有机物 植物的根系可以穿透大部分基质,在基质中形成细小的气室空隙(Brix,1987),提高了水分、污染物和氧气的传输能力;而且水生、湿生植物具有从叶片向根茎输送氧气,并从根系泌氧的能力(因此也被称为天然的微型"曝气机"),使根际成为富氧区,在根区形成好氧、厌氧、缺氧交错分布的微环境,适宜不同类型的微生物生长,促进水中可溶性有机物的生物降解。研究发现,亲水性有机氯农药更容易在植物体内累积富集,有些还可在芦苇、香蒲和金鱼藻组织中运输(Guo et al.,2014);水生植物能快速吸收莠去津、林丹和氯丹(Hinman and Klaine,1992);美国密西西比州一处人工湿地系统中 10% 的丁草胺、25% 的毒死蜱、49% 的 λ-氯氟氰菊酯和 76% 的氟氯氰菊酯的去除与植物有关(Moore et al.,2001,2002,2009)。

吸附、沉淀、过滤 植物地上部分的茎秆增加了人工湿地表面的糙度,可分散水流、减缓流速,促进对污水中悬浮物的沉淀与拦截;浓密的根系是天然的过滤网,微生物附着在根系表面形成生物膜,可吸附、拦截与净化污染物。另外,植物根系和枝叶的分泌物会与污水中某些重金属离子(Pb^{2+}、Zn^{2+}、Cu^{2+} 等)发生螯合等作用,降低重金属离子的移动性,促使其从水相转移到基质而从污水中去除。

8.2.2.2 基质

人工湿地的基质一般为砾石、粗砂、沸石、炉渣、碎陶片、石英砂、膨胀珍珠岩、陶粒、钢渣、废砖头和磁铁矿石等,常按粒级大小分层填充,同一湿地中的基质可以是其中的一种或几种混合构成;基质不仅为植物和微生物的生长提供了附着表面,还可以通过沉淀、过滤、吸附、离子交换等作用拦截和去除水中的污染物(冯培勇和陈兆平,2002),因此基质类型与级配对湿地净化效率有重要影响。

基质去除污染物的机理主要有两个方面:

吸附、沉淀和过滤作用 基质具有一定的表面积,可为生物膜提供附着载体;有些基质(如炉渣)表面多孔隙,组成基质的矿物还具有一定的吸附点位,也可能与污水中的离子发生交换,使水中污染物通过物理与化学吸附、电解、电絮凝、过滤、沉淀等作用被去除。在基质表面和空隙中,污水中的悬浮物、磷以及难以生物降解的大分子有机物可通过基质的物理过滤、吸附和沉淀而去除;同时,碱性条件下基质中溶出的 Ca^{2+},中性和酸性条件下基质中溶出的 Fe^{3+}、Al^{3+} 等离子均可与污水中的可溶性无机磷通过化学吸附生成难溶性化合物而沉淀在基质上(王晓明等,2009),物理与化学吸附是基质净化重金属等污染物最主要的途径,也是基质所起到的直接的净化作用。研究发现,基质吸附分别可占潜流湿地氮、磷总去除率的 4.9% ~ 7.3% 和 52% 以上(刘树元,2011)。

间接作用　人工湿地基质具有多种级配,其间空隙密布,既大大减缓污水流速,保障污水在系统内有足够的滞留时间,又可增强污水的水力传导率;基质吸附、植物吸收、微生物参与下的硝化、反硝化作用均需要一定的接触时间,因此基质的间接作用也能增强污染物的去除效果。

8.2.2.3　微生物

作为人工湿地中污染物的分解者,微生物是人工湿地去除氮和有机物等污染物的主要承担者。人工湿地中的微生物有自养微生物和兼性微生物两大类,包括细菌、真菌、藻类以及微小的原生动物等。人工湿地中,微生物种类和数量对污染物的去除效果影响较大(付融冰等,2005),而不同进水水质的人工湿地中微生物的优势种群也会不同,优势种群的大量繁殖保证了系统对进水中特定污染物稳定的降解速率(梁威和胡洪营,2003)。

不同的微生物有不同的净化功能,不同污染物的净化由不同的微生物完成。人工湿地对有机物具有较强的降解能力,可生化降解的有机污染物的净化机理有两种:一是被填料和根系上附着的生物膜作为碳源,参与微生物的生理代谢活动而被消化掉;二是直接被废水中的溶解氧矿化。通常在进水浓度较低时,人工湿地对可生物降解的有机物的去除率可达85% 以上。研究发现,根际微生物群落多样性越高,微生物利用碳水化合物的能力越强,人工湿地对有机污染物的去除效率就越高(魏成和刘平,2008)。对难降解有机物而言,微生物的新陈代谢活动不能完全将其降解,但可能会使其发生断链,分子量变小,如微生物能够矿化莠去津的乙烷基侧链,将莠去津转化成无毒的物质(Runes et al.,2003)。

人工湿地去除废水中的氮是通过微生物参与下的氨化作用、硝化作用和反硝化作用实现的,氮循环细菌、硝化菌和反硝化菌可以有效促进有机氮的分解(氨化作用)、氨氮的硝化(硝化作用)和硝酸盐的反硝化(刘东山和罗启芳,2002),真菌在凯氏氮的去除中发挥了主要作用(李科得和胡正嘉,1995)。研究发现,微生物的硝化与反硝化占潜流湿地氮去除率的 60% 以上(刘树元,2011)。

微生物对磷的去除机理是同化作用和过量积累。湿地中附着在基质、植物上和悬浮在水中的微生物,在生长繁殖过程中可以吸收和利用污水中的无机磷酸盐;好氧条件下聚磷菌可以过量摄取无机磷,在微生物细胞内将磷合成 ATP、DNA 和 RNA 等有机成分(And and Song,1999)。表面流人工湿地中大约 14% 的磷被微生物吸收(Wang and Mitsch,2000),相比基质吸附,微生物除磷仅占人工湿地除磷量的一小部分。但微生物生化作用可将有机磷酶促水解为无机磷,促进磷的植物吸收和基质吸附。研究发现,微生物的作用占潜流湿地磷总去除率的 22.4% 以上(刘树元,2011)。

微生物对重金属的去除原理包括:① 微生物自身对重金属离子的吸收作用;② 微生物

的代谢产物对重金属离子的吸附与螯合作用。有研究发现,一种抗镉的柠檬酸细菌能分泌酸性磷酸酯酶,其与重金属可形成难溶的磷酸盐(谭长银等,2003)。另外,很多微生物能分泌高分子的胞外聚合物,如多糖、糖蛋白等,它们含有较多的酚基、酚羟基和羟基等活性基团,对重金属有较强的螯合与络合能力。

8.2.3 人工湿地的功能

人工湿地的主要功能包括水质净化、生态服务、美化景观、科普教育四个方面。一般情况下,人工湿地在设计之初就被赋予了主要功能,多以一种或两种功能为主,其他功能为辅。

8.2.3.1 水质净化功能

水质净化功能是人工湿地最主要的功能,根据人工湿地的净化机理和大量工程实例,人工湿地主要用于处理以下几种类型的污(废)水。

(1)人工湿地净化景观水体

目前,随着《水污染防治行动计划》(简称"水十条")的实施,人工湿地被大量用于城市景观水体的污染防治,城市景观水体包括流经城区的人工或天然河流、湖泊、护城河、运河等。一般情况下,对于污染程度较轻的景观水体,表面流人工湿地与生态氧化塘结合就能实现对污染的控制;对于污染程度较重的水体,通常采用多级潜流人工湿地与表面流人工湿地相结合的方式。在人工湿地设计之初,除考量其净化功能外,还需注重其景观美学价值(张丽丽等,2006;彼得·布林和邹珊,2014),一般将水质净化功能区布置在生态景观功能区中或不影响主体美观的区域(徐栋等,2006)。常用的水质净化湿地植物除芦苇、香蒲、菖蒲和芦竹等挺水植物外,还包括开花植物美人蕉、再力花、凤眼莲、莲、荇菜等,它们的美学价值更高。基质类型也因不同功能区而存在差异,生态景观区主要选用当地土壤,水质净化区选用砾石、蛭石、炉渣、沸石、粗砂子等(徐栋等,2006)。

(2)人工湿地处理污水处理厂尾水

人工湿地常作为生活污水深度处理措施用于城市生活污水处理厂尾水的三级处理,进一步降低磷酸盐、氨氮、悬浮物和 COD 等的负荷与浓度(周卿伟等,2018),这类人工湿地多采用潜流人工湿地,以发挥更好的处理效果(余芮飞等,2015)。由于污水处理厂的水量较大,为了避免基质堵塞,多选用砾石、蛭石、炉渣、沸石和木炭等有一定孔隙度的填料作为基质(蒋岚岚等,2009;周卿伟等,2018)。受气候影响,我国北方地区多选用芦苇、香蒲、菖蒲、千屈菜、薏草、水葱和凤眼莲等耐寒可越冬的草本植物作为人工湿地植物,而南方地区还可选用美人蕉、风车草等(周卿伟等,2018;余芮飞等,2015)。这类人工湿地进水水质一般为:$COD < 60 \text{ mg} \cdot L^{-1}$、氨氮 $< 8 \text{ mg} \cdot L^{-1}$、总磷 $< 1.0 \text{ mg} \cdot L^{-1}$。出水去除率为:COD 25%~70%、氨氮 40%~90%、总磷 25%~80%(余芮飞等,2015;Wu et al.,2017;Arden and Ma,2018;Li et al.,2018)。

(3)人工湿地处理农村生活污水

农村生活污水不适宜采用污水处理厂工艺进行集中处理,人工湿地因建设运行成本低、运行维护方便成为绝佳的替代工艺(Li et al.,2018)。污水在进入人工湿地前需要预处理(王桂芳等,2010;陈思莉等,2012),在初级过滤系统(沉沙池、隔栅池)中去除大颗粒及悬浮物,随后进入复氧池或厌氧水解酸化池(COD 较高,将污染物大分子断链为小分子,提高其可生化性)(陈鸣等,2014)。当水质水量变化较大时,在进入人工湿地前还应设置调节池。这类人工湿地多以潜流湿地为主,湿地植物多选择适应当地气候的常见物种,基质多选用砾石、炉渣和碎石等具有一定透水能力的填料。

(4) 人工湿地处理难降解废水

目前,关于人工湿地处理含盐、重金属、农药、抗生素等难降解废水的工程实例报道不多,多数停留在实验室模拟阶段。在处理含盐废水方面,通过筛选耐盐植物、优化湿地结构与运行参数(进水 pH 值和温度)等可有效提高人工湿地的处理效果(Liang et al.,2017a,2017b)。在处理含重金属废水方面,人工湿地对 Cd、Pb、Cu、Zn、Se 等重金属均有一定的去除能力(Gill et al.,2017),且植物地上部分的吸收积累起到了十分重要的作用(Vymazal and Brezinova,2016;Guittonny-Philippe et al.,2014)。在处理含农药废水方面,现已发现人工湿地对农田径流和排水中的 87 种农药(涵盖有机磷、有机氯、菊酯等类型的除草剂、杀螨剂、杀虫剂)具有降解效果(Vymazal and Brezinova,2015),基质吸附、植物吸收、微生物降解、水解和光解是农药的主要降解途径(Tang et al.,2016)。在处理抗生素废水方面,现有研究已证明了人工湿地可用于去除磺胺类、大环内酯类、喹诺酮类和四环素类抗生素(Dan et al.,2013)。植物类型、基质类型、微生物群落结构、酶活性、温度、光照、pH 值等因素都会影响抗生素的去除效果(Li et al.,2014;Nolvak et al.,2013;程宪伟等,2017)。除此之外,人工湿地对石油化工、食品、酿酒、造纸、制革、纺织、钢铁和制药等类型的工业废水也有一定的降解效果(廖颉等,2010)。

8.2.3.2　生态服务功能

人工湿地不仅可以净化水体,其自身也是一个人造生态系统,可以为湿地系统内的微生物、植物和动物提供生存环境。表面流人工湿地中的藻类、昆虫幼卵等可作为鱼类和鸟类的食物来源。湿地植物进行光合作用,吸收 CO_2,释放 O_2,将无机碳捕集并转化成有机物储存起来,发挥人工湿地固有的固碳功能。人工湿地作为海绵城市的建设内容之一,还具有一定的蓄水能力,能够拦蓄地表径流,减缓洪峰。

8.2.3.3　美化景观功能

人工湿地可为人们提供一个漫步、踏青赏景的休闲环境。在表面流人工湿地中种植挺水、浮水和沉水植物,如美人蕉、再力花、月季、凤眼莲和荷花等(王圣瑞等,2004),利用湿地植物花期与花色的差异营造不同的景观。同时,良好的自然环境也吸引了野鸭等水禽栖息。人们可以走在贯穿湿地的青石小道和木桥之上,呼吸清新空气,欣赏人与自然的和谐共处,放松心情,陶冶情操。

8.2.3.4　科普教育功能

科普教育也是人工湿地的功能之一。人们在优美的自然环境中可以了解和认识各种湿地植物和鸟类。在游玩间学习,加深对自然的认识,也可以激发青少年探索自然科学的兴趣。人工湿地虽然经过几十年的不断发展与完善,在设计、施工、运行及维护方面取得了一定经验,但仍缺乏长期、系统的实测数据,对运行的人工湿地进行长期定位跟踪监测,建立监测网络,为科学研究、设计优化和运维管理提供详细的数据支撑也是人工湿地的重要功能。

8.3 湿地对气候变化的适应策略

8.3.1 气候变化影响的驱动机制

气候变化能够显著影响湿地的水文情势,诱发侵蚀并改变湿地沉积速率,导致湿地景观面积的动态变化,成为控制湿地面积扩张与萎缩的主要因素(孟焕等,2016;张仲胜等,2015)。气候变化通过气温改变、降水量变化对湿地生态系统产生影响。湿地面积一般与气温和降水量分别呈负相关和正相关关系,然而在不同的地区,因湿地水源补给方式的不同,气候变化对不同地区湿地面积的消长影响迥异。干旱、半干旱地区的湿地对全球变暖极为敏感。如在扎龙湿地,1979—2006年沼泽湿地面积收缩,在一定程度上是对气候向暖干方向发展的响应(沃晓棠等,2014;李亚芳等,2016)。松嫩平原嫩江下游地区的莫莫格湿地,由于1999—2001年连续3年的干旱,加上上游水库的修建和不合理抽取地下水,湿地地表已经完全干涸,地下水位从3~5 m下降到12 m左右,大片的芦苇、薹草湿地退化为碱蓬湿地甚至盐碱地(李惠芳和章光新,2013;崔桢等,2016)。类似的情况也出现在柴达木盆地,中西部湿地萎缩,而边缘地区湿地面积略微增加(张继承等,2009)。全球气候变化通过蒸散、水汽输送、径流等环节引起水资源在时空上的重新分布,导致大气降水的形式和量发生变化,使地表水或地下水位产生波动,从而对湿地水文过程产生深刻的影响,主要表现在两个方面:第一,加速大气环流和水文循环过程,通过干旱、暴风雨、洪水等极端事件的发生影响湿地的水能收支平衡,进而影响湿地的水循环过程;第二,气温升高或因此导致的干旱增加社会和农业的用水需求,从而更多地挤占湿地用水,间接地导致湿地水资源短缺,从而改变湿地的蒸散、水位和周期等水文过程(Dong et al.,2017)。

8.3.2 对气候变化的适应性

湿地在全球碳循环中起着举足轻重的作用。虽然泥炭地只占陆地面积的3%,却储存了约4500亿吨的碳。在气候变化的情况下,位于高纬度的泥炭地仍然可以通过限制营养物转化和有机物质分解,实现碳汇功能。尽管泥炭地碳累积速率每年不足1 mm,形成有规模的碳库可能需要数千年的时间,但与其他陆地生态系统的动态碳库不同,泥炭地的碳汇是没有上限的,世界各地的泥炭地每年可以储存30亿吨碳,而总储碳量更是达到了5500亿吨,比世界上其他所有植被类型的碳总和还要多(朱耀军等,2020)。

湿地本身在调节小气候和降低城市热岛效应方面具有显著作用。湿地植被通过叶面蒸腾作用和水面、土壤的蒸发作用,与大气之间不断地进行热量和水分交换,进而调节局部地区的空气湿度和气温。湿地具有强大的蓄水功能,沼泽湿地的土壤具有海绵状结构,孔隙度大,持水能力强,比一般矿质土壤高2~8倍,发挥着补水和维持区域水平衡的功能。红树林湿地和其他滨海湿地生态系统可以在干旱时防止海水入侵,同时也为沿海鱼类提供栖息和繁殖场所,确保渔业和养殖业不受影响。

湿地的防洪作用也是适应气候变化的重要方面之一,在洪水来临时,湿地可以截留并储存一定的水量,再通过地表径流或地下渗透缓慢释放到河流中,通过控制洪峰来降低洪水的危害。鄱阳湖湿地是长江中游的天然水量调节器,起着调蓄洪水的重要作用。上游河流注入鄱阳湖的最大流量的多年平均值为 30400 $m^3 \cdot s^{-1}$,而湖口相应出流的最大流量的多年平均值为 15700 $m^3 \cdot s^{-1}$,洪水流量平均被削减 14700 $m^3 \cdot s^{-1}$,削减百分比为 48.4 %。如果没有鄱阳湖的调蓄,长江中下游的洪水灾害将更为频繁和严重。此外,湿地能够移除和固定营养物、有毒物质和沉积物,从而降低洪水带来的污染。

湿地对气候变化的适应也体现在提供可持续的产品和生计的供给功能上。例如,作为最重要的人工湿地,水稻田是东南亚许多国家农业生产的基础和农户收入的重要来源。湿地产品(包括柴火、淡水、稻米、水产品和泥炭)及附属的休闲旅游产业也对推动经济发展起到重要作用。因此,湿地对气候变化的适应性直接关系到将湿地作为主要资源的居民和社区对气候变化的适应性(雷茵茹等,2016)。

8.3.3　适应气候变化的理论基础

(1) 湿地生态系统自然地理环境地域分异规律

我国湿地生态系统分布受自然条件的影响和自然分异规律的控制,具有一定的地域分异规律,影响因素有两种:一是太阳辐射,二是地球的内能。它们在自然地理环境的空间上或时间上的作用都是不平衡的,其作用的效应呈现出显著的矛盾性。两者在地表自然界中的异质的特殊作用决定了湿地生态系统地域分异的两个最基本的、最普遍的规律性,即地带性与非地带性。我国有些湿地类型仅分布在一定的气候和水文条件下,也有些湿地类型广泛分布于水文状况相似的不同地域中,如芦苇湿地,在温带和亚热带的湖边、河边和河流入海口处乃至在世界屋脊青藏高原上均广泛分布。

(2) 湿地生态系统演替理论

湿地生态系统处于不断发展和演替中,随着时间推移,湿地生态系统的类型会按照一定的顺序发生演替。湿地生态系统的演替存在初级和次级等多种模式。初级演替是在起初没有生命的地方发生的演替,如在从来没有生长过任何植物的裸地、裸岩或沙丘上开始的演替;而如果原来有湿地生物群落存在,后来由于各种原因,原有群落消亡或受到严重破坏,在这些地方发生的演替为次级演替,如在发生过火灾的芦苇沼泽地、过量砍伐后的红树林湿地和弃耕的水稻田上开始的演替(崔丽娟等,2011)。在湿地恢复时,应按照湿地演替方向、速度和阶段来合理设计恢复方案。演替理论有助于对气候变化背景下自然生态系统和人工生态系统进行有效的控制和管理,并且指导退化湿地生态系统的恢复和重建。

(3) 湿地生态系统稳定性理论

湿地生态系统的稳定性包含两方面内容:一是湿地生态系统因受外界干扰而产生的抵抗力;二是湿地生态系统受到干扰后恢复到初始状态的恢复力。当湿地生态系统受到自然和人为因素干扰超过阈值而不能通过自身调节功能消除影响时,原有的稳定性被破坏,发生演替,进而形成新的稳定性。决定湿地生态系统稳定性的主要因素包括内部特征因素(如形态、结构、功能和发育阶段等)与外部胁迫因素(气候变化、水文条件改变和土地利用等)两大类。一般来说,湿地生态系统的物种多样性越高、系统成分和营养结构越复杂、生产力越高,其稳定性就越大,对气候扰动的抵抗能力也越强,生态阈值也就越高。相反,某些自然生态系统和部分人工生态系统,由于组分单调,结构简单,稳定性较低,生态阈值也就较低(柳新伟等,2004)。对于气候变化,湿地生态系统稳定性的高低都是相对而言的,它只是湿地生态系统不同时空尺度下适应气候变化能力的综合体现。

(4) 湿地生态限制因子理论

湿地生态系统中生物的生存和繁殖依赖于各种生态因子的综合作用,湿地生物与环境的关系往往是复杂的,但在一定条件下对特定湿地生物来说,并非所有因子都具有同样的重要性,其中限制生物生存和繁殖的关键性因子就是限制因子。任何一种生态因子只要接近或超过生物的耐受范围,就会成为这种生物的限制因子。生态因子限制作用主要是指生态系统中的生态因子存在量的变化,大于或小于湿地生物所能忍受的限度,并超过因子间的补偿调节作用时,就会影响湿地生物的生长和分布,甚至导致湿地生物死亡。Liebig 根据生物所需因子的最小量提出了利比希最小因子定律(Liebig's law of the minimum),Shelford 将此观点发展为生物所能忍受因子的最大量和最小量,提出了谢尔福德耐受性定律(Shelford's law of tolerance)。除最大量和最小量之外,Shelford 还提出了最适度的概念,认为生物对某项环境因子的需要有一个最适宜的程度。若环境因子超过这些适应范围,达到生物体不能忍受的程度,则称为忍耐的最大限度。反之,若环境因子降至该生物体不能忍受的程度,则称为忍耐的最小限度。温度、水分和辐射等都是生物的重要限制因子,影响生物的分布和生命周期。气候变化及其引起的环境因子变化超过生态系统组成要素的忍耐阈值时,就会引起生态系统变化。湿地生态系统适应性技术应考虑系统要素对各种生态因子的忍耐限度(崔丽娟等,2011)。

(5) 湿地生态位理论

湿地生态位是某个湿地物种所处的湿地环境及其自身生活习性的总称。每个湿地物种都有自己独特的生态位,各种环境因子(温度、食物、水位等)的综合作用构成了该湿地物种特定的生态位空间。根据生态位理论,每种环境因子为一个维度,考虑的维度越多,生态位之间的差别就越明显,从而占据该生态位的湿地物种就越容易被区分(崔丽娟等,2011)。在湿地生态修复过程中,首先要调查修复区的生态环境条件,根据生态环境因子选择适当的湿地生物种类,同时避免只引进生态位相同或者相似的湿地物种,使得各湿地种群在群落中拥有自己的生态位,避免或者减少种群间的竞争,实现物种间共存,维持湿地生态系统的长期稳定(付战勇等,2019)。

(6) 湿地生态系统优先适应性理论

不同湿地生态系统及同一湿地生态系统不同过程、组分等对气候变化适应能力不同,所表现出来的脆弱程度也不同。对气候变化的适应是一个渐进的过程,脆弱性程度高、价值大(最重要)的湿地生态系统及同一湿地生态系统部分过程、组分等应优先采取适应性技术。湿地生态系统某个组分或某个过程在生态系统中可能起到关键作用(刘强和叶思源,2009)。对于湿地生态系统中关键物种或关键过程采取优先适应,才能更好地维持生态系统发展。例如,通过湿地植物重建可直接恢复湿地,即把湿地物种的生活史作为湿地植被恢复的重要因子,通过干扰物种生活史的方法可加快湿地植被的恢复。

8.3.4　适应气候变化的技术要点

气候变化本身是一个复杂过程,在不同区域表现出不同特征;同时,不同湿地生态系统或同一湿地生态系统的不同状态对气候变化的响应也不同。因此,在开展适应气候变化技术的研究时,要综合分析,具有针对性。主要技术要点如下。

（1）观测到的变化及其归因分析

整合观测到的湿地生态系统变化信息,分析观测到的气候变化对湿地生态系统的影响。定量评估生态系统面对气候变化的脆弱性,确定生态系统脆弱性程度。识别气候变化下生态系统的敏感因子和暴露因子,建立脆弱性评价指标。通过定量评估湿地生态系统应对气候变化的主要敏感因子和暴露因子,包括湿地生态系统对气候变化的响应和气候变化对湿地生态系统的潜在影响程度,确定生态系统脆弱度,划分脆弱性等级,为制定脆弱性适应技术提供依据。

（2）气候变化风险评价

气候变化风险评价是在生态风险评价的基础上发展而来的,即评估未来气候变化对湿地生态系统所带来的风险、影响以及生态后果,分析湿地生态系统长期变化趋势,以及不可逆变化和突变风险,主要评估技术和步骤包括:① 定性、定量描述气候变化风险,选取气候变化风险指标;② 确定并描述可能受影响的湿地生态系统;③ 建立气候变化情境;④ 运用适宜的评估模型并获得数据,评估受影响湿地生态系统的时空分布;⑤ 定量确定气候变化情境中湿地生态系统与气候变量之间的相互关系,确定阈值并得出风险评价。气候变化对湿地最直观与最明显的影响是改变湿地分布及面积。气候变化与湿地面积的关系的研究表明,湿地分布及其面积对气候变化具有较高的敏感性,可作为表征气候变化对湿地生态系统影响的合适指标。

（3）适应性技术筛选与技术体系建立

分析未来降低气候变化风险的适应和减缓途径的特性以及相关的挑战、限制和效益,评估现有的相关技术,根据湿地生态系统气候变化脆弱性评估结果,依据生态重要程度、可行性与成本,对已有相关技术进行筛选,确定适应技术,建立体系,并对确定的气候变化适应技术进行试验示范。在试验示范过程中加强监测,并对技术效果进行评估,对试验示范过程中发现的技术不完善的地方及时进行修正和调整。

8.3.5　适应气候变化的技术措施

早在 1990 年 IPCC 的首次评估报告中就明确将适应与减缓列为应对气候变化的两项基本策略。适应技术的选择之所以关键,基于很多理由:第一,众所周知,因为温室气体排放及由此带来的气候变化之间存在时间差,气候可能已经发生了变化,所以,无论采取了何种限制排放的行动,实施适应措施都是必要的;第二,自然的气候变化本身也需要适应。此外,一旦不利的气候变化发生,减缓和适应必须作为一个整体策略加以考虑,两者相辅相成以尽可能地降低成本。真正的综合管理应当意识到,控制不同的气体排放可能对不同自然资源的适应能力产生不同的影响(陶蕾,2014)。2000 年以前,气候变化谈判主要关注气候变化减缓问题,与适应相关的内容集中在资金机制及技术开发和转让机制方面。2000年以后,随着人们对气候变化影响和脆弱性认识的不断深入,谈判内容涉及越来越多具体的适应计划和行动。回顾国际气候变化适应政策的发展历程可以看出,进入21世纪以来,适应在应对气候变化行动中已经获得了与减缓同等的重要地位。多数发达国家从2006年开始制定专门的气候变化适应政策,包括法律、框架、战略、规划等,发展中国家在公约资金机制的支持下也相继开展了国家适应行动方案和国家适应规划的编制工作,因此制定专门的气候变化适应政策已经成为必然趋势(张雪艳等,2015)。2020年9月,中国向世界郑重宣布"双碳"目标,即二氧化碳排放力争于2030年前达到峰值,努力争取2060年前实现碳中和,充分体现了中国的责任与担当,是以实际行动推动构建人类命运共同体的具体体现,赢得了国际社会的广泛关注和高度认可。

经过长期的探索实践,我国初步走出了一条适合我国国情的湿地保护道路,为应对全球气候变化,推动全球湿地保护和合理利用事业积累了宝贵经验:① 坚持政府主导、部门推动与社会参与相结合。各级政府在湿地保护中充分发挥主导作用,加强组织领导,加大投入力度,完善政策措施,强化部门协调,充分调动社会各界力量广泛参与湿地保护事业。② 坚持生态优先,坚持保护生态与改善民生相结合。始终把改善生态作为湿地保护的首要任务,在确保生态受保护的前提下,合理开发利用湿地资源,增加群众收入,改善民生福祉。③ 坚持工程带动、项目突破和规划区划相结合。通过实施重点生态工程,在重要湿地区和湿地集中分布区开展湿地保护示范项目建设,并把湿地保护纳入主体功能区、国土利用、水资源保护、水污染防治等重要区划规划,构建全国湿地保护空间格局。④ 坚持开放合作、国际履约和自我完善相结合。始终认真履行国际义务,积极开展国际合作与交流,引进国外资金、技术和先进管理理念,开展湿地保护示范项目,促进国内湿地保护管理科学化、规范化,提高湿地保护管理水平。

(1)促进我国湿地保护依法开展

自1992年成为拉姆萨尔《湿地公约》的缔约方后,我国始终把应对气候变化、开展湿地保护管理视作自身可持续发展的内在要求和构建人类命运共同体的责任担当,近年来已有多个省(自治区、直辖市)颁布了《湿地保护管理办法》《泥炭资源保护管理办法》等一系列配套保护政策。2021年12月24日,第十三届全国人民代表大会常务委员会第三十二次会议表决通过《中华人民共和国湿地保护法》(简称《湿地保护法》),自2022年6月1日起施行。我国湿地保护进入新时代高质量发展阶段。

(2)完善湿地保护体系,增强湿地适应全球变化的能力

强化湿地保护管理,完善湿地保护体系,提高湿地保护管理监督水平,夯实湿地保护管理工作。进一步完善以湿地自然保护区为主体,湿地公园和自然保护区并存的湿地保护体系,加大湿地自然保护区、湿地公园和自然保护小区建设力度,扩大湿地保护范围,提高湿地保护成效。加强各级湿地保护管理机构建设,强化湿地保护管理的组织、协调、指导、监督工作,提高湿地保护管理能力。力争到2025年全国湿地保护率提升至55%。从国家尺度增加湿地尤其是泥炭地的全球变化适应能力。

(3)加大科技支撑力度,提高湿地保护科技含量

为了2060年实现碳中和的承诺,我国应加强湿地系统的科学研究,保护现存湿地生态系统结构与功能的完整性,恢复和重建受损湿地生态系统,增强其碳汇等生态服务功能,在保护生态系统的同时受惠于增汇固碳。因此,有效地评估湿地的碳汇能力、固碳潜力和生态系统服务功能,是制定减排增汇措施的重要手段,也是各国政府制定应对气候变化行动计划的理论依据,更是我国实现碳中和目标的重要基础。建立健全湿地保护科技支撑体系,加大投入,加强湿地研究能力建设,积极引进人才,提高科研能力,增大湿地保护科技含量。开展湿地重点领域科学研究,依托科研院所对湿地保护与恢复、湿地与气候变化等课题进行攻关。扩大湿地保护与恢复科技试点示范的范围,建立适合不同类型湿地的恢复模式,全面推进湿地保护恢复工作。建立健全科学决策咨询机制,为湿地保护决策提供技术咨询服务。

(4) 开展湿地生态监测与评估,提升湿地保护管理水平

开展湿地资源和生态状况的监测与评估,加强国家级、省级层次湿地监测能力建设,指导建立重要湿地监测站点,初步建立湿地专项监测网络,建立湿地生态状况、服务功能价值评估体系,构建全国湿地资源信息系统,及时动态掌握我国湿地资源与生态状况的变化情况,为科学决策提供有力支撑,提升湿地保护管理能力。应加强国际重要湿地网络和其他保护地网络建设,确立保护框架。将湿地保护融入联合国 2015 年后发展议程和"联合国可持续发展目标"之中,有助于实现湿地的合理利用。

(5) 开展湿地生态系统稳定性区划研究,规划湿地保护和恢复空间布局

党的十九大报告明确提出,建设生态文明是中华民族永续发展的千年大计。湿地作为重要的自然资源和生态系统,在生态文明建设中占有十分重要的地位。加大湿地保护恢复力度,增强湿地生态系统的稳定性,已成为全面建成小康社会的新要求之一。结合国家主体功能区划、地区土地利用总体规划和各保护区总体规划,合理布局湿地保护空间和恢复空间,严格保护湿地生态空间。

(6) 提升湿地生态功能,满足国家"双碳"目标

我国已经确定了碳达峰和碳中和目标,这是中国对世界的庄严承诺,也是中国立足新发展阶段、贯彻新发展理念、构建新发展格局、推动高质量发展的内在要求。作为世界上最大的发展中国家,中国将用 30 年左右的时间完成全球最大碳排放强度降幅,用最短的时间实现从碳达峰到碳中和。湿地自然生态系统在实现碳达峰和碳中和的目标上能够发挥重要作用。从发挥湿地生态服务功能和碳汇潜力的角度讲,湿地具有较强的储碳与固碳功能。泥炭地是最为典型和重要的湿地类型,其单位面积碳储量最大,碳密度是全球平均土壤碳密度的 3~6 倍,是减缓全球大气 CO_2 浓度升高的最重要的碳汇之一。但由于气候变化及人类不合理利用的影响,目前我国泥炭地面积锐减,有机碳储量减少了 60% 以上。遭到破坏或退化的泥炭地由"碳汇"转变为"碳源",目前正以惊人的速度向大气中释放 CO_2,占全球 CO_2 释放量的 10% 左右。2019 年 1 月,联合国环境规划署提出"泥炭地不断消失"已经成为全球即将面对的 5 个关键新兴环境问题之一。因此加强泥炭地保护对我国应对气候变化和碳减排履约具有重要意义。

党的十八大以来,湿地保护被提升到新的高度,我国先后提出了"到 2020 年,全国湿地面积不低于 8 亿亩①"的生态文明建设目标,以及"科学划定湿地等领域生态红线,严格自然

---

① 1 亩 = 666.7 m²。

生态空间征(占)用管理,有效遏制生态系统退化的趋势"等明确要求。应分区、分类提出湿地环境质量规划和目标,逐步提升我国湿地环境质量,提高单位面积湿地的碳储量和生物多样性存量,研发具有高科技附加值的湿地保护和恢复技术。例如,针对具有巨大碳汇功能的泥炭沼泽,应当因地制宜,组织对退化泥炭沼泽进行修复,并根据泥炭沼泽的类型、发育状况和退化程度等,采取相应的修复措施。

8.4　湿地生态系统保护

8.4.1　概念

湿地是一种重要的资源,不仅具有涵养水源、净化水质、蓄洪抗旱和调节气候等巨大的生态功能,同时也是生物多样性富集的地区,是世界上最具活力的生态系统(王学雷等,2006)。但长期以来湿地的价值不为人们所知,湿地成为近代史上遭受人类活动破坏最为严重的生态系统,是继农地、森林、沙漠等之后,人类最晚重视的一种资源(Williams,1991)。湿地的丧失和退化已经严重损害了人类的福祉,湿地保护已成为世界许多国家进行环境保护的重点(张永民等,2008)。我国湿地资源丰富,湿地资源的利用对推动我国区域发展发挥了重大作用,但湿地生态环境破坏、湿地资源退化的问题也普遍存在。为尽快扭转我国湿地面积减少、生态功能退化的局面,2003年国务院批准的《全国湿地保护工程规划(2002—2030年)》,提出了湿地保护的指导思想、任务目标、建设重点和主要措施。2004年国务院办公厅发布《国务院办公厅关于加强湿地保护管理的通知》,全国各地开始重视和加强湿地保护工作。基于我国开展多年的湿地保护实践,总结得出湿地保护的定义:根据湿地生态系统固有的生态规律与外部扰动的反应,采取各种调控措施,从而达到系统总体最优的过程。

人类对湿地的使用与管理经历了过度开垦和破坏、保护与控制利用、全面保护与科学恢复3个阶段。随着人类对湿地研究和认识的不断深入,近十年里,政策制定者、机构管理者和科学研究者都对基于生态系统的湿地管理表现出浓厚的兴趣(Arkema et al.,2006),以湿地资源、生态环境和社会经济可持续发展为目标的湿地生态系统管理理念,已被澳大利亚、美国和英国等发达国家广泛接受。生态系统管理不同于传统的资源管理,它将整个生态系统作为管理对象,研究具体区域内人类和自然生态系统的相互作用规律。它充分考虑资源利用过程中的环境、生态和人类活动各个因素,考察利益相关者的参与,用以解决复杂的社会经济和生态环境问题,重视所研究的整个区域地理范畴而非单个物种或单一事件(杨颖,2015)。在此基础上,现代湿地管理的定义是在湿地保护的前提下,对湿地资源的权属和利用、湿地内部或者附近的水利水电设施、道路建筑、社区居民生产活动、污染、湿地旅游等加以监督和管理,对湿地开展调查和科学研究,减少对湿地的危害,避免或尽量减少湿地退化现象,使湿地生态功能和价值发挥至最高水平。

8.4.2 保护方法

生态系统的保护起源于传统的自然资源管理和利用领域,形成于 20 世纪 90 年代。湿地生态系统的保护是基于对生态系统组成、结构和功能过程的最佳理解,在一定的时空尺度范围内将人类价值和社会经济条件整合到生态系统经营中,以恢复或维持生态系统整体性和可持续性。其主要方法包括基于生态特征的湿地保护、基于流域管理的湿地保护和基于问题导向的湿地保护。

8.4.2.1 基于生态特征的湿地保护

湿地生态特征是湿地生态系统组分、生态过程和生态系统服务三大部分在特定时间点的组合。湿地生态特征的驱动因素包括自然驱动因素与人为驱动因素。其中,自然驱动因素主要指水文、地质、气候和植被等生态特征变化;而人为驱动因素是指政治、社会和经济等驱动因素,这些因素对湿地保护的影响会随着社会经济的发展逐渐增强。基于生态特征的湿地保护主要包括以下几个方面。

(1) 确定和描述关键生态特征

生态特征描述是指在一个特定的时间点,对一块湿地的生态系统服务以及对这些湿地生态系统服务起支持作用的生态组分和生态过程进行描述。生态特征描述被认为是湿地生态系统重要的参考指标,特别是国际重要湿地的生态特征是各缔约方向《湿地公约》提供的基准信息。关键生态特征包括:对国际重要湿地的独特性起重要决定作用的生态特征,对满足国际重要湿地指定标准起重要决定作用的生态特征,在短期或中长期时间尺度内(<100年)有可能发生变化的生态特征,以及一旦发生变化将会造成重大负面影响的生态特征。

(2) 建立湿地生态特征的概念模型

生态特征概念模型用来解释生态系统中不同组成要素及其服务功能间的联系,以及阐明生态系统中物质循环与能量流动的过程。一个或一系列湿地生态特征概念模型是用来理解和表示某一湿地最重要的生态组分、生态过程、生态系统服务功能及它们之间的相互关系的,它们有助于我们更为深刻地理解湿地的结构和功能。概念模型就是在生态系统管理理论指导下,将这些要素及其关系抽象化并提取出来,以"驱动—胁迫—效应—表征"为主线,判断系统变化与演化背后存在的因果关系,构建能够反映系统变化与演化特征和规律的结构性关系网络模型(王建华等,2009)。建立湿地生态特征的概念模型,有助于从不同角度理解湿地生态系统的概念框架,深度剖析湿地的结构和功能,为湿地的保护提供科学支撑。

(3) 确定可接受的生态特征变化范围

只要湿地生态特征发生的变化在一个特定的尺度范围内,这种变化就不会使湿地的价值或功能受到损失,而一旦发生的变化超出这一特定的范围,就会使湿地的功能减少或价值降低(关蕾等,2011)。在进行湿地保护时,需描述生态特征并给出可接受的变化范围,这会对湿地的保护起到针对性的作用。此外,国际重要湿地生态特征可接受变化范围的设定将会以"维持其被纳入《国际重要湿地名录》时的湿地生态特征状态"为原则,依据的材料信息主要包括:被指定为国际重要湿地时的生态特征基准信息,即《国际重要湿地信息表》;在重要湿地内采集的信息数据,如监测工作获得的信息数据、相关科研单位在国际重要湿地内开展科研工作获得的信息数据(关蕾等,2011)。

(4) 确定生态特征面临的威胁因素

根据世界自然保护联盟(IUCN)评估生态系统受威胁状况的标准,可以判定湿地生态特征正在面临或有可能出现的威胁因素。全球湿地生态系统类型较多,其面临的威胁因素也具有多样化的特点,国际上通常选取统一标准来评估湿地生态系统受威胁的风险,即生境范围退化、生境限制分布、非生物环境退化、生物过程退化和威胁定量分析。其中,生境范围退化是以生境面积在指定的时间框架下的退化率来表征,生态系统面积的减少会导致生态位的宽度大幅度收缩,同时降低生态系统维持生物多样性的能力;生境限制分布是描述生态系统空间分布的限制程度,表征威胁因子在生境斑块间的传播能力以及生境的承载力;非生物环境退化是指生态系统的环境要素和生物过程对威胁的响应,用生态系统关键的非生物环境要素的退化程度来表征;生物过程退化用来描述生物间相互作用的关键变量的退化情况;威胁定量分析是用模型定量描述生态系统以及受干扰过程,模拟生态系统对威胁的响应(谭剑波等,2017)。只有基于不同威胁类别判断威胁因素,才能提出合理的保护管理规划建议,为湿地的健康发展创造有利条件。

(5) 开展针对性的湿地保护管理

影响湿地生态系统的主要因素为植物群落组成和种群数量、湿地水文、生物地球化学过程、水质与水循环等。各种自然因素的干扰和人类活动的加剧对湿地能量平衡和生态功能造成了负面影响,因此,有针对性地开展保护工作需要在以往仅仅强调静态的物种及其生境保护的基础上,突出对生态过程的保护以及生态系统服务对国民经济发展的影响。区域经济的发展不仅加剧了人类活动对湿地生态平衡的影响,也加剧了湿地生态系统的脆弱性,同时反映了湿地生态系统格局下社会经济发展制约的演变规律,只有对症下药才能制定出湿地保护及修复的合理方案。

针对性的湿地保护管理主要内容包括:实施动态功能区管理,保护湿地生态系统的完整性、原生性、多样性和特有性,增强保护管理的能力和资源可持续性利用;监测主要保护对象和水生态的变化,准确评估湿地的多种效益,为湿地生态补偿提供公开、透明的依据;开展适度干扰和修复工程建设,对退化的沼泽、河流、湖泊和滨海湿地采取植被恢复、鸟类栖息地恢复、生态补水、污染防治等手段;推广3S技术,建立湿地智能管理信息系统,实时、全面地掌握湿地生态系统的动态变化,更高效地对湿地进行保护;合理利用湿地资源,使社区受益,在社会上形成珍视湿地、爱护湿地、保护湿地、支持做好湿地保护管理工作的良好社会氛围。

8.4.2.2　基于流域管理的湿地保护

湿地是流域的重要组成部分,对流域健康有着极大的影响作用,湿地可以为流域提供许多效益,如蓄水防洪、调节径流、补给地下水和维持区域水平衡等。湿地保护要遵从流域管理的原则,充分考虑集水区或流域内影响湿地生态系统的因子,系统规划湿地保护与恢复工程项目的建设目标和建设内容。主要包含以下几个方面。

(1) 从流域防洪减灾出发,充分发挥湿地削减流量、滞后洪峰的功能

河流流域内的各种类型湿地共同发挥功能,将会使各支流的洪峰同步发生的概率下降,从而降低主河道的洪峰流量和强度,充分发挥湿地的生态效益。湿地生态系统如同海绵,可以在一定程度上、一定时间内吸收和储存上游河道来水,并且湿地植物因其对水流的阻力,发挥着降低地表径流和滞迟下游洪峰形成的重要作用。而一个特定的湿地在削减流量方面的效力取决于一系列的因素,包括湿地面积、形状和地形、河网、在流域内的位置、土壤和底土层的特性、土壤饱和程度等(邓侃,2013)。

湿地具有重要的调蓄洪水能力已经被广泛证实。鄱阳湖正常情况下可削减洪峰流量15% ～30%,从而直接减轻长江下游的洪水灾害威胁,特别是 1954 年暴发的特大洪水,鄱阳湖湿地调蓄洪水的削减率高达 53%(赵欣胜等,2016);而 1998 年发生在长江和嫩江流域的特大洪水再一次从反面证实了湿地的滞洪蓄水功能(张明祥,2008)。沼泽湿地因其土壤具有较强的蓄水和透水能力,可以延长泄洪时间,而湖泊和水库湿地具有较大的容积,可以在汛期大量蓄积洪水,达到削减洪水的目的。充分发挥湿地生态功能,调蓄河道水量,避免或减少丰水季节发生洪水灾害,保证干旱季节湿地内有稳定的水源供给,实现良性循环。

(2)从流域水量平衡出发,有效利用湿地蓄纳洪水和补给地下水的功能

湿地通过蒸腾作用能够产生大量水蒸气,不仅可以提高周围地区空气湿度,减少土壤水分丧失,还可诱发降雨,增加地表和地下水资源,使区域水资源得到不断更新。此外,湿地在调节区域水循环动态平衡过程中,进行了大量的能量交换和物质转移,反映出湿地生态系统的渗透能力和蓄水能力,在减少并滞后洪水、调节水文方面发挥着重要作用。另一方面,湿地能促进水资源的优化配置,是除了旱地天然降水渗透补给地下水以外的重要的地下水补给源,有效维持了水资源的科学合理利用(崔丽娟等,2017)。

当湿地水位低于周围陆地潜水面时,就会产生地下水入流;如果湿地的水位高于周围潜水面,地下水就会流出湿地。湿地中同时存在地下水入流和地下水出流,这类湿地可接受地下水,并能将过剩水输出到外界;有些湿地只接受地下水补给,如果湿地的地表水(地下水)水位高于该地区地下水位,则湿地补给地下水。湿地补给地下水一般有直接补给和间接补给两种类型:直接补给是指水分通过土壤垂直渗透进入蓄水层;间接补给是指水分首先水平运动,通过土壤进入位于可渗透的土壤或者岩石之上的河流或湿地,然后通过河流或湿地的基底补给地下水(邓侃,2013)。从水量平衡的角度出发,通过对湿地蓄水以及地下水和大气间的相互影响过程进行研究,可以为湿地生态系统保护提供多样化的视角。

(3)从流域环境健康出发,充分利用湿地净化水质和污染控制的功能

湿地具有净化水质的作用,尤其是对氮、磷等营养元素以及重金属元素的吸收、转化和滞留有较高的效率,能有效低其在水体中的浓度。该过程既有物理的作用,也有化学和生物的作用。物理作用主要是湿地的过滤、沉积和吸附作用;化学作用主要是吸附于湿地孔隙中的微生物提供酸性环境,转化和降解水中的重金属;生物作用包括微生物作用和植物作用,前者是指湿地土壤和根际土壤中的微生物(如细菌)对污染物的降解作用,后者是指大型植物(如芦苇、香蒲以及藻类)在生长过程中从污水中汲取营养物质,从而净化污水。

此外,湿地植物以及生物地球化学过程能够吸收、固定、转化土壤和流域中的有害物质,降解有毒和污染物质。许多自然湿地生长的植物、微生物会通过物理过滤、生物吸收和化学合成与分解等过程把排入湖泊、河流的有毒有害物质降解和转化为无毒无害甚至有益的物质。在湿地保护过程中,还可通过水质净化工程的建设,利用湿地植物和微生物的物理过滤、吸收和分解功能使流域中的有害物质得到有效降解,充分发挥湿地的自然降解功能,体现湿地生态系统的自我净化能力。在认识到湿地的净化作用后,人们有目的地为处理污水建造了人工湿地。人工湿地在净化污水等方面显示出廉价高效的特点和巨大的潜力,是今后湿地保护与修复的重要方向(李秀芹等,2008)。

(4) 从维持和改善区域生态安全出发,充分利用湿地调节气候的功能

湿地土壤积水经常处于过饱和状态,并生长着湿地植物,满足了水分蒸发的两大特点,即供水充分和强烈的植物蒸腾,这决定了湿地水分蒸发量比水面蒸发量多 1~2 倍,因此湿地对气候变化更为敏感(陈刚起和吕宪国,1993)。湿地热容量大,地表增温困难,通过植物蒸腾把大量水分送回大气,导致近地层空气湿度增加,从而进一步使该区气温和湿度等气候条件得到改善。湿地对调节区域气候有较大的影响,《湿地公约》和《联合国气候变化框架公约》均特别强调了湿地对调节区域气候的重要作用。

在调节降雨方面,湿地的水分蒸发与湿地植物的蒸腾作用有利于保持当地的湿度,湿地产生的晨雾可减少周围土壤水分的丧失。一般情况下,湿地区域降雨次数、降雨强度和降雨量明显高于相邻地区。在调节气温方面,湿地水平方向的热量与水分交换,使周围地区比其他地区温度低、湿度大。此外,湿地生态系统通过光合作用和呼吸作用与大气交换 CO_2 和 O_2,减缓地球温室效应,有效调节和平衡区域小气候。特别是在城市中,由于人类的生产活动频繁,建筑、路面改变了原有环境的特性,使得气温通常高于郊区,形成了所谓的"热岛效应",而城市湿地的存在,能够显著降低其周边环境的气温,在热岛中创造出凉爽之地。

8.4.2.3　基于问题导向的湿地保护

针对具体湿地、自然保护区和湿地公园等面临的威胁和问题实施保护措施,以解决问题为根本目标。通过实地调查、调研、座谈、访问等方法对问题进行分析、归纳,针对存在的威胁和问题,提出相应的保护策略、规划方案和工程措施。

(1) 问题分析

问题分析主要指通过分析确定湿地资源及其管理存在的问题。发现问题是解决问题的前提,要看到问题本质,辩证地、理性地分析问题。明确分析、科学分析就是要审视湿地保护管理过程中的问题,权衡利弊,精准"号脉",进而寻求解决方法。目前湿地保护存在的主要问题是湿地的不合理利用和日益突出的环境问题导致湿地逐渐退化消失,生态功能下降,从而导致生物多样性逐渐降低,生态系统受到严重威胁,植被退化、土壤盐碱化、水土流失等频发。当前湿地管理工作存在的主要问题有:管理地位不突出,不能有效指导湿地生态和资源保护与修复工作;管理人员素质不高,进行的管理不适合实际工作的具体要求;管理机制不科学,导致工作人员不能全身心投入自身工作,管理队伍不能留住优秀人才,导致管理质量和水平徘徊不前。只有详细分析在湿地保护管理过程中所出现的具体问题,才能找到根本原因。

(2) 问题确定

问题确定的重点放在能够在日常保护管理中加以改进或完善的方面。这就需要讲究策略上的科学性和措施上的可执行性,要立足于工作实际,对其深入研究,从组织变革、环境优化、工作建设和工作治理等层面入手,才能找到切实可行的解决方法和策略。一般地,通过实地调查和实验方法来收集相关的信息,然后将所有的资料进行整合和分析,最终确定拟解决的问题。实地调查的特点是:能搜集到第一手资料,研究正在发生的现象或行为,以及这些现象或行为发生时的特殊环境和气氛;有利于对研究对象进行全面、细致、纵深的考察,从而发现隐藏在现象背后的事物本质和规律。而实验方法的特点是:反映湿地生态系统中生物与环境之间的关系,注重还原所研究现象的"真实性";条件控制严格,结果分析比较可靠,重复性强;强调在一个自然环境里研究湿地生态系统,较少受到人为因素的影响。只有在对目标进行充分调研、分析的基础上,才可以确定湿地在保护过程中所面临的问题,从而对症下药。

(3) 问题排序

问题排序是指对分析得出的结论进行排序,将那些严重影响保护管理有效性的、经过人为努力有可能解决的问题排在优先地位。在湿地保护的过程中,问题排序通常包含两个层次的比较和选择:第一是总体战略层次的优先排序,即以湿地生态系统保护的战略目标为基本准则,对需要进行的潜在湿地保护或修复问题,特别是严重影响湿地生态系统循环的问题进行优先排序,需要首先解决这些问题;而未直接对湿地生态系统保护目标产生影响的问题,可根据其资源占用情况选择执行或者放弃。第二是对正在解决或者即将处理的问题进行优先排序,确定这些问题的优先级别,级别越高者越应当优先完成,并且在项目资源的分配上也应适当优先安排。

(4) 解决方案

针对问题提出解决方案,并根据问题的轻重缓急进行排序。在实施层面,排序需要解决的是湿地保护问题之间的"先做"和"后做"、"多做"和"少做"的关系。谭云涛等(2005)认为,如果一个地区人力资源、资金或设备等各项资源都很充裕,能够保证所提出的问题在规定的期限内都按时解决,则不需要进行优先排序,而只需要进行多个资源之间的优化即可。但是从目前我国湿地保护的总体实际情况来看,需要对所需资源进行合理优化,对实施问题解决方案进行优先排序。提出解决方案以地区现有资源为约束条件,方案优化的目标是解决问题的总时间最短。从总体上看,现阶段解决我国湿地保护管理问题的主要方案包括:健全湿地保护的法律和政策体系,在法律法规中明确湿地的内涵、外延及其生态功能,确立湿地生态系统的整体概念;建立湿地保护与可持续利用的部门协调机制,通过加强政府部门间的统筹协调,有效地解决目前我国湿地保护管理中的矛盾和冲突,最终形成高效率、高质量的解决方案(姜宏瑶和温亚利,2010);因地制宜地实施湿地保护措施,各地区在把握总体原则的基础上,根据所产生具体问题的实际情况,采用适宜的解决方案,分步推进。

8.4.3　保护措施

8.4.3.1　就地保护

建立国家公园、自然保护区、自然公园和湿地保护小区等,可以较直接地对湿地资源、生物多样性、景观和环境等加以保护。

(1) 就地保护的原则

保护生境的完整性　引起珍稀濒危植物丧失的最主要因素是生境的破坏,其最根本的原因是人类的干扰。自然保护区的建立大大降低了人类的干扰破坏,故能有效地保护珍稀濒危植物。自然保护区不同的功能区内,人为干扰程度存在差异,因此保护效果不一样。

保护珍稀濒危植物种群的完整性 珍稀濒危植物种群减少或消失的一个重要原因是人类的乱采滥伐及其他破坏行为。在自然保护区内,不允许乱采滥伐等破坏活动,珍稀濒危植物得以安全生长。

研究珍稀濒危植物的可持续利用 保护的目的是利用,但人类利用方式的不合理导致的最终结果是无资源可以利用。竭泽而渔、杀鸡取卵式的资源开发利用方式使得珍稀濒危植物的种群数量锐减。自然保护区具有对珍稀濒危植物进行监测和研究的功能,在充分了解珍稀濒危植物现状的基础上,在掌握了它们的生物学和生态学习性的前提下,就能实现可持续利用。

通过科普教育提高公众保护珍稀濒危植物的自觉性 科普教育是自然保护区的重要功能之一。大力发展生态旅游,开展环境教育,使广大公众对保护生物多样性有深刻的认识和了解,自觉地加入保护生物多样性的行列中。

(2) 就地保护的措施

就地保护最主要的措施就是建立自然保护区。对自然保护区的建设和有效管理能够使生物多样性得到切实的人为保护。我国初步形成的湿地保护体系是:湿地自然保护区为主体,湿地公园和保护小区两者为辅,其他保护形式互为补充的多方式共存体系。就地保护不仅保护了生境中的物种个体、种群和群落,而且维持了所在区域生态系统中能量和物质运动的过程,保证了物种的正常发育进程以及物种与环境间的生态学过程,保护了物种在原生环境下的生存能力和种内遗传变异度。

湿地自然保护区的建立有效地保护了湿地生态系统、湿地资源以及湿地区域的生物多样性,使湿地区的水资源、土壤和保护区周边的环境状况有了明显的改善。保护区的基础设施得到了不同程度的发展,保护方法、规划目标也都得到了落实。保护区与社区共管,使得社会的安定秩序得以加强,同时也增强了人类对环境保护方面的认识,保护区及其周边区域的经济状况也得到了显著的提高。

8.4.3.2 迁地保护

迁地保护是指当物种丧失在野生环境中生存的能力,或者其栖息地完全被破坏,在野生状态下即将灭绝时,将该物种迁移到人工环境中或异地实施保护。这是对湿地生物多样性保护的一个有效措施。

(1) 迁地保护的必要性和局限性

因为就地保护存在局限性,所以迁地保护便有了必要性,并成为人类保护、管理植物资源的主要措施之一。但由于对植物实行迁地保护要耗费较多的资源,而且使受保护植物离开了原来的生态系统,所以,它仅是植物多样性保护的一种辅助手段。

(2) 模拟原生环境是迁地保护的重要手段

在自然界,植物均分布在一定的地理区域内,生长繁衍在一定的生态环境中。对它们实行迁地保护就要让它们离开其自然生态环境,到一个新的地域、新的环境,即使与原生环境分布在同一气候区内,其环境条件总有一定的差异。若环境条件差异太大,就会造成"水土不服"。因此,模拟原生环境是迁地保护的重要手段。

（3）选择适宜物种是迁地保护成功的关键

选择适宜物种是引种驯化的原则，我们在进行迁地保护时仍要注意这个原则，即将植物引种到符合它们的生态特性的生境中去。珍稀濒危植物的适应性如何是迁地保护成功与否的关键。而适应性的主要依据是植物的生物学和生态学特性，因此，在进行迁地保护之前，必须充分了解欲引种植物的生物学和生态学特性（黄忠良和王俊浩，1998）。

（4）种群数量是迁地保护成功的保证

进行珍稀濒危植物迁地保护的时候，一定要考虑种群数量，必须以种群最小存活数量为依据。对某一个物种仅引种几株个体，对保存物种的意义有限。一个物种种群最好来自不同地区，以丰富物种遗传多样性。如果种群太小，近亲繁殖将导致它们的后代越来越弱，并逐渐走向衰亡。

8.4.3.3　《湿地保护法》

《湿地保护法》分为总则、湿地资源管理、湿地保护与利用、湿地修复、监督检查、法律责任和附则 7 章，共 65 条。主要内容包括以下几方面。

（1）明确湿地概念及管理体制

湿地的定义是湿地立法过程中争议最大、矛盾焦点最突出的问题之一。《湿地保护法》对湿地的概念予以明确："本法所称湿地，是指具有显著生态功能的自然或者人工的、常年或者季节性积水地带、水域，包括低潮时水深不超过六米的海域，但是水田以及用于养殖的人工的水域和滩涂除外。"《湿地保护法》对湿地的定义既与《湿地公约》关于湿地的定义相衔接，有利于我国履行国际义务，也考虑到我国粮食安全和人们对水产品的实际需求，符合我国生态文明建设的需要，同时与我国现有的湿地保护管理现状相衔接，有利于湿地的全面保护。

在科学的湿地定义基础上，《湿地保护法》明确了我国的湿地管理体制："国务院林业草原主管部门负责湿地资源的监督管理，负责湿地保护规划和相关国家标准拟定、湿地开发利用的监督管理、湿地生态保护修复工作。国务院自然资源、水行政、住房城乡建设、生态环境、农业农村等其他有关部门，按照职责分工承担湿地保护、修复、管理有关工作。国务院林业草原主管部门会同国务院自然资源、水行政、住房城乡建设、生态环境、农业农村等主管部门建立湿地保护协作和信息通报机制。"

（2）加强湿地资源基础管理

加强湿地保护与修复工作，首先要摸清"家底"，掌握湿地资源现状及其动态变化情况。《湿地保护法》按照生态文明制度建设的总体要求，突出湿地保护的基础制度建设，建立了湿地资源调查评价、湿地标准制定、湿地确权登记、湿地动态监测评估预警以及有害生物监测等制度，有力夯实了我国湿地保护的基础。

（3）发挥规划引领作用

湿地保护是一项长期而艰巨的任务，必须规划先行，加强统筹。《湿地保护法》规定："国务院林业草原主管部门应当会同国务院有关部门，依据国民经济和社会发展规划、国土空间规划和生态环境保护规划编制全国湿地保护规划，报国务院或者其授权的部门批准后组织实施。县级以上地方人民政府林业草原主管部门应当会同有关部门，依据本级国土空间规划和上一级湿地保护规划编制本行政区域内的湿地保护规划,报同级人民政府批准后组织实施。湿地保护规划应当明确湿地保护的目标任务、总体布局、保护修复重点和保障措施等内容。经批准的湿地保护规划需要调整的,按照原批准程序办理。编制湿地保护规划应当与流域综合规划、防洪规划等规划相衔接。"

(4)实行湿地面积总量管控

必须从维护经济社会可持续发展出发,坚决制止乱占湿地和破坏湿地的行为,确保湿地面积不减少。为此,《湿地保护法》规定了以下重要制度:一是实行湿地面积总量管控,将湿地面积总量管控目标纳入湿地保护目标责任制,提出管控要求;二是严格控制占用湿地,对建设项目占用湿地提出严格要求,严格限制占用重要湿地;三是规定经批准占用湿地的单位,应当恢复或者重建与所占湿地面积和质量相当的湿地,没有条件恢复的,应当缴纳湿地恢复费。

(5)完善湿地分级分类保护制度

《湿地保护法》考虑到我国湿地的不同类型、不同保护要求以及部门职责分工,在此基础上完善湿地分级分类管理制度,形成部门分工协作的保护工作机制。① 将湿地分为国家重要湿地、省级重要湿地和一般湿地,建立湿地名录制度,明确湿地名录的确定主体和要求,并将国家重要湿地、省级重要湿地纳入生态保护红线,进行重点保护。② 对湿地实行分类保护,充分发挥有关部门对河湖湿地、滨海湿地、城市湿地、红树林湿地、泥炭沼泽保护的职能作用。

(6)强化湿地生态功能和生物多样性保护

湿地生态系统是生物赖以生存的基础,湿地保护对生物多样性保护具有极其重要的意义。《湿地保护法》通过明确湿地保护与以国家公园为主体的自然保护地体系建设之间的衔接关系,充分发挥自然保护地体系建设对湿地生态系统的保护作用,并通过保障湿地生态用水、设置严格的禁止行为确保湿地生态系统功能不被破坏。同时,通过加强对湿地野生动植物和鸟类及水生生物生存环境的保护,强化对湿地水鸟、水生生物"三场一通道"(产卵场、索饵场、越冬场和洄游通道)的保护。

(7)规范引导湿地的合理利用

《湿地保护法》在最大限度保护湿地生态系统的同时,充分考虑了湿地合理利用和可持续保护的现实需要,保护农业、养殖业等行业的合法权益,坚持在保护中发展,提出了合理利用湿地、促进绿色发展的具体要求。

(8)科学推进湿地修复工作

《湿地保护法》坚持问题导向,因地制宜推进湿地修复工作,明确了自然恢复为主、自然恢复与人工修复相结合的湿地修复原则,区分不同情况,明确湿地修复责任主体,区分不同类型,明确湿地修复要求。

(9)完善湿地保护支持措施

《湿地保护法》要求将湿地保护纳入国民经济和社会发展规划,并将开展湿地保护工作所需经费按照事权划分原则纳入预算。通过建立湿地生态保护补偿制度,加大湿地保护转移支付力度,鼓励开展地区间生态保护补偿。同时,《湿地保护法》要求建立湿地保护目标责任制、约谈制度和领导干部自然资源离任审计等制度,全方位保障湿地保护工作的开展。

此外,《湿地保护法》通过加强宣传教育、表彰奖励、重视科学研究与人才培养、推动国际合作等条款的设置,力争在全社会营造一种保护湿地的良好风气。法律还明确规定了湿地保护工作开展过程中的专家咨询机制,鼓励地方根据本地实际情况,制定湿地保护具体办法,因地制宜地保护本行政区域内的湿地生态系统。

8.4.3.4　公众保护意识

借助媒体、宣传教育画册、展览馆与标本馆以及与政府或其他机构合作,通过开展与湿地保护相关的宣传活动(如世界湿地日、爱鸟周等)、教育活动(如培训、学校教育等)提高公众湿地保护意识。

(1) 加强宣传教育与公众参与

加快湿地保护人才队伍建设,加强湿地保护宣传教育,提高公众保护意识,建立公众参与机制。充分考虑湿地自然保护区与周边社区的矛盾与冲突,通过参与式保护活动的开展,能取得意想不到的收获。保护区与周边社区的矛盾和冲突对于保护区的发展、保护目标的实现具有直接和重大的影响。如何将周边社区从原有的保护区威胁因素转变为新的保护力量,参与保护工作,推动保护事业的发展,对于管理部门来说意义重大,也有利于缓解保护区周边社区社会经济水平不高对保护区所构成的威胁和资源压力。对于保护区社会经济水平的提高,保护区也应积极参与,并探索适合本地区经济发展的经营项目,在试点成功的基础上予以推广应用。在短期内,可以注重发展短、平、快项目,诸如农家乐、苹果树高接换头、农作物制种、养鸡等小投入经济活动。这种项目的实施,落脚点在于利用资源丰富活动的类型,以及降低对于某种或某几种资源的高度依赖性。

湿地保护宣传的主要方法包括:① 利用网络、报纸、电视、广播等各种新闻媒体,以世界环境日、国际生物多样性日、爱鸟周、世界湿地日等时间节点,大力宣传湿地生物多样性、生态系统结构与功能保护的重要性。② 湿地宣传教育走进政府机关、社区、企业和农村,以公众喜闻乐见的形式开展各类湿地保护的社会宣教活动。③ 加强生态文明基础教育,在绿色学校和生态文明教育基地的创建过程中,融入湿地教育内容,倡导全社会关注、支持、参与湿地保护工作。

(2) 建立湿地保护公众参与机制

公众参与机制的构建具有急迫性,也具有可行性。其急迫性表现为,湿地保护形势严峻,保护力量较为欠缺。目前,湿地的破坏已经从规模化转变为零碎化,从容易察觉转变为难以发现。湿地遭受的破坏仅靠管理部门有限的人力是难以消除的。其可行性则表现在,社会公众的自然保护意识普遍加强,参与湿地保护的积极性空前高涨。就现行的湿地破坏事件,诸如猎杀水禽、污染水体等,广大公众在监督、举报等方面都作出了积极的贡献。公众参与机制的建立可分为两个层面:① 充分利用报刊、广播、电视和网络等媒体,以及展览馆、博物馆和城市公园等场所进行图片、标本和实物的陈列展览,对公民进行宣传教育,使每一位公民都懂得湿地保护的意义,并进一步加强湿地保护意识和资源忧患意识。② 有组织地开展参与式保护活动,为公众参与湿地保护提供契机,诸如湿地恢复工程实施中的水草种植,可邀请社会公众参与,激发与自愿植树一样的参与热情。

8.4.4　我国湿地保护体系

8.4.4.1　我国湿地保护形势

党的十八大报告明确提出,要"扩大湿地面积,保护生物多样性,增强生态系统稳定性"。党的十九大报告全面总结了党的十八大以来生态文明建设取得的显著成效,对加快生态文明体制改革、建设美丽中国进行了全面部署,提出要"强化湿地保护和恢复",赋予了新时代湿地保护工作新使命、新机遇。

党的十八大以来,党中央高度重视湿地工作,出台了一系列政策文件,做出了一系列决策部署。2008 年到 2018 年的中央一号文件中都明确指出了湿地保护、恢复、生态补偿等工作内容。2015 年中央一号文件提出"扩大退耕还湿试点范围,实施湿地生态效益补偿、湿地保护奖励试点政策,建立健全最严格的湿地保护制度,依法推动湿地滩涂等自然资源的开发保护"。2016 年中央一号文件提出"到 2020 年,全国湿地面积不低于 8 亿亩,实施湿地保护与恢复工程,开展退耕还湿"。2017 年中央一号文件提出"实施湿地保护修复工程"。2018 年中央一号文件提出"强化湿地保护和恢复,继续开展退耕还湿,加快发展森林草原旅游、河湖湿地观光、冰雪海上运动、野生动物驯养观赏等产业"。2019 年中央一号文件提出"开展湿地生态效益补偿和退耕还湿"。2016 年《政府工作报告》中指出要"实施湿地等生态保护与恢复工程"。2018 年《政府工作报告》中指出要"扩大湿地保护和恢复范围"。2019 年《政府工作报告》中指出要"继续开展退耕还林还草还湿"。这些政策推进了我国湿地保护事业的发展。

此外,中央还出台了一系列文件,进一步推进湿地保护建设。2015 年 5 月,中共中央、国务院《关于加快推进生态文明建设的意见》明确把"湿地面积不低于 8 亿亩"列为 2020 年我国生态文明建设的主要目标之一,并纳入国家"十三五"规划纲要。2015 年,《生态文明体制改革总体方案》中明确了"建立湿地保护制度""开展湿地产权确权试点"等 30 多项改革任务。2016 年,"湿地保护率"纳入《绿色发展指标体系》,作为中央对地方绿色发展实行年度评价的依据。2016 年 11 月,中央全面深化改革领导小组第二十九次会议审议通过了《湿地保护修复制度方案》,指出"实行湿地面积总量管控,到 2020 年,全国湿地面积不低于 8 亿亩,其中,自然湿地面积不低于 7 亿亩,新增湿地面积 300 万亩,湿地保护率提高到 50% 以上"。2017 年 2 月,中共中央办公厅、国务院办公厅印发了《关于划定并严守生态保护红线的若干意见》,明确要求将具有特殊重要生态功能、必须强制性严格保护的森林、草原、湿地、海洋等生态空间,统一划入生态保护红线,最终形成生态保护红线全国"一张图"。

2017 年发布的《土地利用现状分类》将具有湿地功能的沼泽地、河流水面、湖泊水面、坑塘水面、沿海滩涂、内陆滩涂、水田、盐田等二级地类归类为湿地大类,突出生态文明建设和生态用地保护需求,加强了对湿地的保护力度。2018 年 7 月 14 日,国务院下发了《关于加强滨海湿地保护严格管控围填海的通知》,文件中指出"严守生态保护红线""强化整治修复""全面强化现有沿海各类自然保护地的管理,选划建立一批海洋自然保护区、海洋特别保护区和湿地公园",开启了全面保护滨海湿地的新篇章。2021 年 12 月 24 日通过了《湿地保护法》,自 2022 年 6 月 1 日起施行。

8.4.4.2　我国湿地保护体系建设

目前,我国湿地保护主要采用以下三种方式:即自然保护区、重要湿地和湿地公园。此外,湿地保护小区、湿地多用途管制区以及森林公园、风景名胜区、水源保护地、水利风景区、海岸公园等,也在一定程度上起到了保护湿地的作用。

（1）自然保护区

我国第一个自然保护区——广东肇庆鼎湖山国家级自然保护区,建于 1956 年。直至 1994 年国务院发布《中华人民共和国自然保护区条例》（简称《自然保护区条例》）,我国才有了真正意义上的自然保护区制度。我国自然保护区分为国家、省、市和县四级保护,而负责各级自然保护区建设管理的包括林业、环保、农业、水利、城建、国土、海洋等多个行政主管部门。虽然我国自然保护区制度并不仅仅针对湿地保护,但由于有相当数量的湿地,特别是自然湿地划入自然保护区范围,并且在《自然保护区条例》中"内陆湿地"被明确为自然保护区的一个类型,因此自然保护区的保护形式在我国湿地保护方面起到了非常重要的作用。截至 2022 年 4 月,我国湿地类型的自然保护区数量已经达到 602 处。

（2）重要湿地

《湿地保护法》规定:"国家对湿地实行分级管理,按照生态区位、面积以及维护生态功能、生物多样性的重要程度,将湿地分为重要湿地和一般湿地。重要湿地包括国家重要湿地和省级重要湿地,重要湿地以外的湿地为一般湿地。重要湿地依法划入生态保护红线。国务院林业草原主管部门会同国务院自然资源、水行政、住房城乡建设、生态环境、农业农村等有关部门发布《国家重要湿地名录》及范围,并设立保护标志。国际重要湿地应当列入《国家重要湿地名录》。省、自治区、直辖市人民政府或者其授权的部门负责发布省级重要湿地名录及范围,并向国务院林业草原主管部门备案。一般湿地的名录及范围由县级以上地方人民政府或者其授权的部门发布。"

国际重要湿地是指符合《湿地公约》相关标准,由中国政府或其授权机构向《湿地公约》指定,并经《湿地公约》秘书处核准后被列入《国际重要湿地名录》的湿地。截至 2022 年 4 月,我国列入《国际重要湿地名录》的湿地已经有 64 处。

湿地的分级管理在我国湿地保护工作中早已有实践经验。2000 年,原国家林业局等国务院 17 个部门共同颁布的《中国湿地保护行动计划》,提出了 173 块中国重要湿地名录（含港、澳、台）,但因其发布较早,第一次、第二次全国湿地资源调查工作还没有开展,所以这些重要湿地资源本底不清,边界不明,与自然保护区等保护地的边界不重合,不能适应湿地保护管理的需要,有必要制定新的重要湿地名录。

2011 年,《国家重要湿地确定指标》（GB/T 26535-2011）从湿地类型的代表性、生态群落、种群、庇护场所、水鸟、水鸟种群数量、鱼类、生态区位、特有物种、历史或文化意义等方面确定了国家重要湿地的指定标准。2019 年 1 月,国家林业和草原局印发了《国家重要湿地认定和名录发布规定》（林湿发〔2019〕10 号）。该规定指出,国家重要湿地是指湿地生态功能和效益具有国家重要意义,符合《国家重要湿地确定指标》（GB/T 26535-2011）,按照有关规定予以保护和管理的特定区域。2020 年 5 月,国家林业和草原局发布《2020 年国家重要湿地名录》（林湿发〔2020〕53 号）,将天津市滨海新区北大港等 29 处湿地列入《国家重要湿地名录》。

（3）湿地公园

湿地公园是自《国务院办公厅关于加强湿地保护管理的通知》（国办发〔2004〕50号）发布后，出现的一种新的湿地保护形式，也是近些年来发展比较快的保护形式，是国家湿地保护体系的重要组成部分。按照批设管理部门的不同，湿地公园可分为国家湿地公园、国家城市湿地公园和地方湿地公园。依照湿地公园管理办法的定义，湿地公园是以保护湿地生态系统、合理利用湿地资源、开展湿地宣传教育和科研监测为目的，并可用于开展生态旅游等活动的区域。截至2022年4月，全国有各级湿地公园共1600多处，其中国家湿地公园899处，湿地公园的建设与管理在保护湿地方面正在起着应有的作用。

（4）其他保护方式

除上述三种主要方式外，由不同行政主管部门批准建立的湿地保护小区、湿地多用途管制区、国家森林公园、国家风景名胜区、国家水利风景区、国家海岸公园、水源保护地等，由于其相应管理办法中均有关于自然生态环境保护的规定，特别是有关水利风景区、水源保护地的管理规定，在各级政府监管到位，主管部门充分履行政府环境保护义务的前提下，一定程度上也起到了保护湿地资源与生态环境的积极作用。

（5）我国湿地保护体系的整合

我国经过60多年的努力，已建立数量众多、类型丰富、功能多样的各级各类自然保护地，在保护生物多样性、保存自然遗产、改善生态环境质量和维护国家生态安全方面发挥了重要作用，但仍然存在重叠设置、多头管理、边界不清、权责不明、保护与发展矛盾突出等问题。为加快建立以国家公园为主体的自然保护地体系，提供高质量生态产品，推进美丽中国建设，2019年6月，中共中央办公厅、国务院办公厅印发了《关于建立以国家公园为主体的自然保护地体系的指导意见》。文件要求按照自然生态系统原真性、整体性、系统性及其内在规律，依据管理目标与效能并借鉴国际经验，将自然保护地按生态价值和保护强度的高低依次分为3类。

国家公园　国家公园是指以保护具有国家代表性的自然生态系统为主要目的，实现自然资源科学保护和合理利用的特定陆域或海域，是我国自然生态系统中最重要、自然景观最独特、自然遗产最精华、生物多样性最富集的部分，保护范围大，生态过程完整，具有全球价值、国家象征，国民认同度高。

自然保护区　自然保护区是指保护典型的自然生态系统、珍稀濒危野生动植物的天然集中分布区、有特殊意义的自然遗迹的区域。具有较大面积，确保主要保护对象安全，维持和恢复珍稀濒危野生动植物种群数量及赖以生存的栖息环境。

自然公园　自然公园是指保护重要的自然生态系统、自然遗迹和自然景观，具有生态、观赏、文化和科学价值，可持续利用的区域。确保森林、海洋、湿地、水域、冰川、草原、生物等珍贵自然资源，以及所承载的景观、地质地貌和文化多样性得到有效保护。包括森林公园、地质公园、海洋公园、湿地公园等各类自然公园。

我国的湿地保护体系将按照文件的要求，对现有的湿地自然保护区、风景名胜区、地质公园、海洋公园、湿地公园、水产种质资源保护区、野生植物原生境保护区（点）、自然保护小区等各类自然保护地开展综合评价，按照保护区域的自然属性、生态价值和管理目标进行梳理调整和归类,逐步形成以国家公园为主体、自然保护区为基础、各类自然公园为补充的湿地保护体系。

8.4.4.3　近年来取得的成就

国家林业和草原局(原国家林业局)全面贯彻党中央、国务院决策部署,深入贯彻习近平总书记系列重要讲话精神和治国理政新理念新思想新战略,紧紧围绕生态文明建设和全面建成小康社会对湿地工作的新任务、新要求,组织指导协调各地区、各有关部门采取了一系列重大举措,我国湿地保护工作取得显著成效。制定了《全国湿地保护规划(2022—2030年)》等,实施了湿地保护修复工程,以大工程带动大发展。中央财政建立完善了湿地补助政策,大幅度增加了湿地保护投入。湿地公园建设快速发展,《湿地公约》履约与国际合作得到强化,出台了国际重要湿地预警机制,开展了一批国际合作项目。

(1) 建立并完善湿地保护体系

我国于 1992 年加入《湿地公约》,按照公约对缔约方提出的义务要求,开始积极推进和扩大我国多种类型湿地的保护工作。1994 年,我国制定发布了《自然保护区条例》,对我国包括湿地类型在内的自然保护区建设事业的健康发展起到了规范与推进的作用。《国务院办公厅关于加强湿地保护管理的通知》特别强调,要通过湿地自然保护区、湿地公园或湿地自然保护小区等多种方式,加快对我国自然湿地的抢救性保护。之后,原国家林业局和原建设部都先后发布了有关湿地公园建设管理的规范与规则,推动了我国湿地公园从无到有、从少到多以及从不成熟逐渐走向成熟的发展之路。

截至 2022 年 4 月,我国已经建成国际重要湿地 64 处,湿地自然保护区 602 处,1600 余处湿地公园和为数众多的湿地保护小区,全国湿地保护总面积 $2700 \times 10^4 \ hm^2$,保护率由 2003 年的 30% 提高到目前的 52.65%,形成了较为完善的湿地保护管理体系。

与此同时,我国已经启动了国际湿地城市认证工作。国际湿地城市是指按照《湿地公约》决议规定的程序和要求,由政府提名,经《湿地公约》国际湿地城市认证独立咨询委员会批准,颁发"国际湿地城市"认证证书的城市。国际湿地城市的建设应当遵循生态文明的理念,在湿地生态保护工作中坚持全面保护、科学修复、合理利用、持续发展的原则。2017 年10 月,我国提名江苏常熟、湖南常德、海南海口等 6 个城市参加全球遴选。2018 年 10 月 25日,《湿地公约》第十三届缔约方大会在迪拜宣布,18 个城市获得首批国际湿地城市认证。我国的海口、哈尔滨、银川、常德、东营和常熟 6 个城市获得国际湿地城市称号。2022 年,全球共 25 个城市获得第二批国际湿地城市称号,其中我国合肥、济宁、梁平、南昌、盘锦、武汉、盐城 7 个城市榜上有名。目前全球共有国际湿地城市 43 个,我国占 13 个,位居第一。

(2) 开展调查,实施湿地保护工程和补助项目

自我国加入《湿地公约》后,原国家林业局分别于 1995—2003 年、2009—2013 年先后两次组织开展了全国范围的湿地资源调查工作,并基本摸清了当时我国湿地资源的基本情况,包括湿地类型、面积、分布及其动植物种类和分布,以及湿地资源面临的问题、湿地资源的变化趋势。

1995—2003 年开展并完成的全国首次湿地资源调查,基本查清了我国面积 $\geqslant 100 \ hm^2$ 的沼泽、湖泊、滨海湿地和人工库塘,以及宽度 $\geqslant 10 \ m$、面积 $\geqslant 100 \ hm^2$ 的河流湿地的总面积

为 3849.55×10⁴ hm²(不包括稻田湿地),其中自然湿地 3620.05×10⁴ hm²,约占全国国土总面积的 3.77%;同时查清了我国湿地高等植物以及两栖类、爬行类、鸟类、兽类和鱼类动物的种类、分布及栖息地状况,较全面地掌握了我国湿地资源情况,填补了我国湿地基础数据方面的空白;此外,还基本查清了我国湿地资源及湿地生态系统面临破坏、干扰、污染及退化的主要原因,为编制与落实我国湿地保护规划、开展湿地保护与恢复工程、制定湿地保护管理制度提供了科学依据。

2009—2013 年启动并完成的全国第二次湿地资源调查,其起调面积为 8 hm² 及以上。本次调查按照《湿地公约》湿地分类标准进一步查实了我国湿地资源的类型、面积、分布和湿地动植物物种情况,以及自全国首次湿地资源调查结束后近 10 年来,全国湿地特别是重点湿地的变化情况。本次调查结果表明,我国 ≥8 hm² 的湖泊、沼泽、河流、滨海湿地、人工湿地的总面积为 5342.06×10⁴ hm²(不包括稻田湿地和港、澳、台数据),其中自然湿地 4667.47×10⁴ hm²,占湿地总面积的 87.37%。此次调查与首次调查相比,在内容上至少具有两个明显区别:① 明确区分并摸清了国有湿地与集体湿地的面积与分布,为之后开展湿地资源确权试点提供了数据支持;② 对 25 个重点生态功能区中的湿地进行重点调查,摸清了其中湿地的类型、面积及湿地与重点生态功能区的功能关系。本次调查至少提供了以下重要信息:① 两次调查间隔期间,全国湿地保护面积增加 525.94×10⁴ hm²,新增国际重要湿地 25 处,新建湿地自然保护区 279 处,新建湿地公园 468 处,初步形成了较为完善的湿地保护体系;② 由于围垦、占用等原因,我国湿地面积仍在减少,特别是自然湿地,十年间减少了 337.62×10⁴ hm²,而且污染、过度放牧、过度捕捞、外来物种入侵等侵害依然相对严重。上述调查结果在充分证明我国近 10 年来湿地保护成效的同时,也证明了我国开展长期的、全方位的湿地保护与恢复工作的必要性。

为全面细化和完善全国土地利用基础数据,掌握翔实准确的全国国土利用现状和自然资源变化情况,2017 年 10 月 8 日启动了第三次全国国土调查,以 2019 年 12 月 31 日为标准时点,2020 年全面完成调查工作。根据调查,全国湿地面积为 2346.93×10⁴ hm²(港、澳、台数据暂缺)。其中,红树林 2.71×10⁴ hm²,占 0.12%;森林沼泽 220.78×10⁴ hm²,占 9.41%;灌丛沼泽 75.51×10⁴ hm²,占 3.22%;沼泽草地 1114.41×10⁴ hm²,占 47.48%;沿海滩涂 151.23×10⁴ hm²,占 6.44%;内陆滩涂 588.61×10⁴ hm²,占 25.08%;沼泽地 193.68×10⁴ hm²,占 8.25%。湿地主要分布在青海、西藏、内蒙古、黑龙江、新疆、四川和甘肃 7 个省(自治区),占全国湿地总面积的 88%。

1994—2000 年,由原国家林业局牵头,连同 16 个部门共同起草完成了《中国湿地保护行动计划》。该行动计划在分析我国湿地保护管理现状及存在问题的前提下,提出了 2005—2020 年的湿地保护行动目标,并制定了包括完善湿地保护立法、健全湿地保护管理协调机制、强化湿地综合保护与治理、加强湿地自然保护区建设、开展湿地资源调查监测等 11 个领域的 78 个优先行动和 40 个优先项目,其中完善立法、建立生态补偿机制、建立部门协调机制、治理与恢复退化湿地、加强湿地自然保护区建设、开展湿地资源调查监测、加强湿地科学研究、促进湿地合理利用等领域工作陆续得到开展;特别是该行动计划指定了分布于全国各地(包括沼泽、湖泊、河流、滩涂等类型在内)的 173 处国家重要湿地。《国家重要湿地名录》的制定,为后来《全国湿地保护工程规划(2002—2030 年)》以及《全国湿地保护工程实施规划(2005—2010 年)》《全国湿地保护工程"十二五"实施规划》《全国湿地保护"十三五"实施规划》和《全国湿地保护"十四五"实施规划》的编制与实施奠定了初步基础。《中国湿地保护行动计划》自此成为我国全面系统开展湿地保护与恢复工作以及湿地保护管理制度建设的纲领性文件。

2003 年,由原国家林业局等 10 个部门共同编制的《全国湿地保护工程规划(2002—2030 年)》经国务院正式批准发布。该规划明确了到 2030 年我国湿地保护恢复工程中湿地保护地数量、国际重要湿地个数、自然湿地保护率、湿地恢复工程规模的总体目标,"十一五"期间具体目标,以及东北、滨海、黄河中下游、长江中下游、云贵高原、青藏高原、西北、东南和南部等湿地区的湿地保护、恢复的重点工程措施。2004—2005 年,原国家林业局会同 8 个部门编制完成,并于 2005—2010 年正式启动并实施了《全国湿地保护工程实施规划(2005—2010 年)》。2009—2010 年编制完成并于 2011—2015 年正式启动并实施了《全国湿地保护工程"十二五"实施规划》。2017 年 3 月,原国家林业局等联合印发了《全国湿地保护"十三五"实施规划》,明确了"十三五"期间各省、自治区、直辖市湿地保有量任务表。"十三五"期间,中央财政投入 98.7 亿元,开展湿地保护与恢复重大工程 、湿地生态效益补偿补助、退耕还湿项目、湿地保护与恢复补助项目、湿地保护奖励项目等,完成退化湿地修复 $38.31 \times 10^4 \ hm^2$、退耕还湿 $9.33 \times 10^4 \ hm^2$、农作物等损失补偿 $95.23 \times 10^4 \ hm^2$,补偿受损农户达 31.52 万户,购置保护、科研监测、宣传教育等设施设备共 4520 套(台、个),完成保护管理局(站、点)建设 $1.82 \times 10^4 \ hm^2$、界碑界桩 9879 个、巡护道路 1732.68 km、监测站(点)143 个。"十三五"期间开展了重要湿地修复工程、湿地生态效益补偿以及扶贫护湿员等工作,将湿地保护与乡村振兴和生态扶贫等国家战略紧密连接在一起。

(3)湿地保护的法律框架已经形成

《中国湿地保护行动计划》特别将"制定专门的湿地保护全国性法律法规"以及"鼓励地方依据国家法律法规,建立、完善湿地保护地方性法规"列入我国湿地保护的优先行动,同时将"现行法律法规及湿地管理体制进行论证,研究制定湿地保护与合理利用专门法律法规"列为我国湿地保护的优先项目。在该行动计划的指引下,自 2000 年开始,从原国家林业局到地方立法机构陆续启动了湿地保护专项立法活动。

自 2002 年黑龙江省率先出台我国第一部地方性湿地保护法律文件——《黑龙江省湿地保护条例》之后十几年间,除山西、湖北、上海等目前尚未制定出台专门的地方性湿地保护法规或政府规章外,27 个省(自治区、直辖市)均已颁布了湿地保护条例,山东省人民政府发布了《山东省湿地保护办法》;此外,济南、青岛、西安、南京、广州、海口等计划单列市,以及云南大理白族自治州、四川阿坝藏族羌族自治州等几个民族自治州,也分别制定发布了市(州)级湿地保护条例或办法。

《湿地保护法》是我国为了强化湿地保护和修复,首次专门针对湿地保护进行立法,旨在从湿地生态系统的整体性和系统性出发,建立完整的湿地保护法律制度体系,为国家生态文明和美丽中国建设提供法治保障。

(4)开展产权登记,落实湿地生态保护红线目标

《关于加快推进生态文明建设的意见》(简称《意见》)根据我国资源环境生态所面临的状况,以及近年来我国生态文明建设情况,提出了到 2020 年我国"生态环境质量总体改善,湿地面积不低于 8 亿亩""自然资源资产产权和用途管制、生态保护红线、生态保护补偿、生态环境管理体制等生态文明重大制度基本确立"的发展目标。2015 年 9 月 22 日,中共中央、国务院又发布了《生态文明体制改革总体方案》(简称《方案》)。《方案》在《意见》内容基础上,进一步明确了未来 5 年间我国生态文明体制改革的目标,即到 2020 年构建起由自然资源资产产权制度、国土空间开发保护制度、资源总量管理和全面节约制度、资源有偿使用和生态补偿制度、生态文明绩效评价考核和责任追究制度,以及环境治理和生态保护市场体系、空间规划体系、环境治理体系共同构成的生态文明制度体系。

2016 年 4 月 28 日,国务院办公厅依据《意见》和《方案》有关内容精神,发布了《关于健全生态保护补偿机制的意见》(国办发〔2016〕31 号)。该意见专门就生态保护补偿机制的建立,提出了到 2020 年实现森林、草原、湿地、荒漠、海洋、水流、耕地等重点领域和禁止开发区域、重点生态功能区等重要区域的生态保护补偿全覆盖的发展目标;其中针对湿地,提出了要稳步推进退耕还湿试点,适时扩大试点范围,探索建立湿地生态效益补偿制度,率先在国家级湿地自然保护区、国际重要湿地、国家重要湿地开展补偿试点的具体要求。随后,2016 年 5 月 30 日,国家发展和改革委员会等 9 个部门也根据《意见》和《方案》的有关内容精神,联合发布了《关于加强资源环境生态红线管控的指导意见》(发改环资〔2016〕1162 号),对能源消耗、水资源消耗、土地资源消耗的上限,大气环境、水环境、土壤环境质量的底线,以及生态红线(包括湿地生态红线)的划定及其管控制度的建立及内容,提出了具体要求。

2016 年 11 月 30 日,国务院办公厅下发了《湿地保护修复制度方案》(国办发〔2016〕89 号)。方案共 7 部分 25 条,逐条落实责任。《湿地保护修复制度方案》是继 2004 年国务院办公厅下发《关于加强湿地保护管理的通知》,做出"抢救性保护湿地"重大举措以来,党中央、国务院关于湿地保护的最新制度设计,开启了"全面保护湿地"的新篇章。

思 考 题

1. 简要说明湿地恢复所要遵循的原则、主要方法与技术。

2. 简述人工湿地的类型及其重要功能。

3. 简述湿地生态系统适应性管理技术要点,并说明如何与我国"双碳"目标结合。

4. 论述我国湿地保护所面临的问题及保护方案。

5. 简述我国湿地保护体系的构成、主要成就及对国际湿地保护的贡献。

参 考 文 献

彼得·布林,邹珊. 2014. 生态型景观-人工湿地在水敏型城市中的应用——墨尔本皇家公园人工湿地与雨水收集回用系统. 中国园林,30:34-38.

陈刚起,吕宪国. 1993. 三江平原沼泽蒸发研究. 地理科学,13:220-226.

陈鸣,周艳文,徐慧. 2014. 接触氧化池与温室型人工湿地联合处理农村生活污水设计实例. 污染防治技术,
　　27:55-56.

陈思莉,江栋,张英民,等. 2012. 人工湿地工艺处理农村生活污水工程实例. 给水排水,S1:221-222.

程宪伟,梁银秀,祝惠,等. 2017. 人工湿地处理水体中抗生素的研究进展. 湿地科学,15:125-131.

崔丽娟,张曼胤,张岩,等. 2011. 湿地恢复研究现状及前瞻. 世界林业研究,24:5-9.

崔丽娟,赵欣胜,李伟,等. 2017. 基于土壤渗透系数的吉林省湿地补给地下水功能分析. 自然资源学报,32:
　　1457-1469.

崔桢,沈红,章光新. 2016. 3 个时期莫莫格国家级自然保护区景观格局和湿地水文连通性变化及其驱动因
　　素分析. 湿地科学,14:866-873.

邓侃. 2013. 湿地水文功能及其保护. 林业资源管理,3:23-27.

冯培勇,陈兆平. 2002. 人工湿地及其去污机理研究进展. 生态科学,3:264-268.

付融冰,杨海真,顾国维,等. 2005. 人工湿地基质微生物状况与净化效果相关分析. 环境科学研究,18:
　　44-49.

付战勇,马一丁,罗明,等. 2019. 生态保护与修复理论和技术国外研究进展. 生态学报,39(23):9008-9021.

关蕾,刘平,雷光春. 2011. 国际重要湿地生态特征描述及其监测指标研究. 中南林业调查规划,30:1-9.

胡沅胜,赵亚乾,Akintunde B,等. 2015. 铝污泥基质潮汐流人工湿地强化除污中试. 中国给水排水,31:
　　116-122.

黄忠良,王俊浩. 1998. 自然保护区-就地保护与植物园-迁地保护. 见:面向 21 世纪的中国生物多样性保
　　护——第三届全国生物多样性保护与持续利用研讨会论文集.

姜宏瑶,温亚利. 2010. 我国湿地保护管理体制的主要问题及对策. 林业资源管理,3:1-5.

姜明,武海涛,吕宪国. 2009. 湿地生态廊道设计的理论、模式及实践——以三江平原浓江河湿地生态廊道
　　为例. 湿地科学,7(2):99-106.

蒋岚岚,刘晋,吴伟,等. 2009. 城北污水处理厂尾水人工湿地处理示范工程设计. 中国给水排水,25:26-29.

雷茵茹,崔丽娟,李伟. 2016. 湿地气候变化适应性策略概述. 世界林业研究,29:36-40.

李惠芳,章光新. 2013. 水盐交互作用对莫莫格国家级自然保护区扁秆藨草幼苗生长的影响. 湿地科学,11:
　　173-177.

李科得,胡正嘉. 1995. 芦苇床系统净化污水的机理. 中国环境科学,15:140-144.

李晓文,李梦迪,梁晨,等. 2014. 湿地恢复若干问题探讨. 自然资源学报,29:1257-1269.

李秀芹,徐庆,张国斌. 2008. 湿地资源禀赋功能及其研究进展. 资源开发与市场,4:334-338+357.

李亚芳,陈心胜,项文化,等. 2016. 不同高程短尖苔草对水位变化的生长及繁殖响应. 生态学报,36:
　　1959-1966.

梁威,胡洪营. 2003. 人工湿地净化污水过程中的生物作用. 中国给水排水,19:28-31.

廖颀,刘迎云,陈小明. 2010. 水平潜流人工湿地在工业废水处理中的应用. 市政技术,28:137-139.

刘东山,罗启芳. 2002. 东湖氮循环细菌分布及其作用. 环境科学,23:29-35.

刘强,叶思源. 2009. 湿地创建和恢复设计的理论与实践. 海洋地质动态,25:10-14.

刘树元. 2011. 人工湿地净化水田排水的模拟研究. 博士学位论文. 长春:中国科学院东北地理与农业生态
　　研究所.

柳新伟,周厚诚,李萍,等. 2004. 生态系统稳定性定义剖析. 生态学报,24:2635-2640.

孟焕,王琳,张仲胜,等. 2016. 气候变化对中国内陆湿地空间分布和主要生态功能的影响研究. 湿地科学,
　　14:710-716.

谭剑波,李爱农,雷光斌,等. 2017. IUCN 生态系统红色名录研究进展. 生物多样性,25:453-463.

谭长银,刘春平,周学军,等. 2003. 湿地生态系统对污水中重金属的修复作用. 水土保持学报,17:67-70.

陶蕾. 2014. 国际气候适应制度进程及其展望. 南京大学学报:哲学·人文科学·社会科学,51:52-60.

汪俊三. 2009. 植物碎石床人工湿地污水处理技术和我的工程案例. 北京:中国环境科学出版社,4-5.

王桂芳,王大义,章志元. 2010. 人工湿地+生态塘处理农村生活污水工程实例. 环境工程,28:6-8.

王建华,田景汉,李小雁. 2009. 基于生态系统管理的湿地概念生态模型研究. 生态环境学报,18:738-742.

王圣瑞,年跃刚,侯文华,等. 2004. 人工湿地植物的选择. 湖泊科学,16:91-96.

王晓明,张华,官宇周. 2009. 几种基质对磷的吸附效果对比研究. 环境科学与技术,32:314-317.

王学雷,许厚泽,蔡述明. 2006. 长江中下游湿地保护与流域生态管理. 长江流域资源与环境,15:564-569.

魏成,刘平. 2008. 人工湿地污水净化效率与根际微生物群落多样性的相关性研究. 农业环境科学学报,1:
    2401-2406.

沃晓棠,孙彦坤,田松岩. 2014. 扎龙湿地景观格局与气候变化. 东北林业大学学报,42:55-59.

吴振斌,詹德昊,张晟,等. 2003. 复合垂直流构建湿地的设计方法及净化效果. 武汉大学学报(工学版),1:
    12-16.

徐栋,成水平,付贵萍,等. 2006. 受污染城市湖泊景观化人工湿地处理系统的设计. 中国给水排水,22:
    40-44.

杨颖. 2015. 论生态系统管理方法在渤海环境立法中的适用与对策. 硕士学位论文. 武汉:华中科技大学.

余苋飞,胡将军,张列宇,等. 2015. 多介质人工湿地提升再生水水质的工程实例. 中国给水排水,31:
    99-101.

张继承,姜琦刚,李涛,等. 2009. 近30年来西藏那曲湿地变化及驱动力探讨. 世界地质,28:371-378.

张丽丽,杨柳,董雪娜,等. 2006. 人工设计的自然生态景观——沈阳市浑南新区人工湿地生态示范工程借
    鉴. 农业科技与信息:现代园林,9:9-11.

张明祥. 2008. 湿地水文功能研究进展. 林业资源管理,10(5):64-69.

张雪艳,何霄嘉,孙傅. 2015. 中国适应气候变化政策评价. 中国人口·资源与环境,25:8-12.

张永民,赵士洞,郭荣朝. 2008. 全球湿地的状况、未来情景与可持续管理对策. 地球科学进展,23:415-420.

张仲胜,薛振山,吕宪国. 2015. 气候变化对沼泽面积影响的定量分析. 湿地科学,13:161-165.

赵欣胜,崔丽娟,李伟,等. 2016. 吉林省湿地调蓄洪水功能分析及其价值评估. 水资源保护,32:27-33+66.

赵岳平. 2014. 湿地保护看欧洲. 浙江林业,11:38-40.

郑雅杰. 1995. 人工湿地系统处理污水新模式的探讨. 环境工程学报,3:1-8.

周卿伟,梁银秀,阎百兴,等. 2018. 冷季不同植物人工湿地处理生活污水的工程实例分析. 湖泊科学,30:
    130-138.

朱耀军,马牧源,赵娜娜. 2020. 若尔盖高寒泥炭地修复技术进展与展望. 生态学杂志,39:4185-4192.

Aber JD, Jordan WR. 1985. Restoration ecology: An environmental middle ground. BioScience, 35:399.

And CJR, Song SQ. 1999. Long-term phosphorus assimilative capacity in freshwater wetlands: A new paradigm for
    sustaining ecosystem structure and function. Environmental Science and Technology, 33:1545-1551.

Andersen R, Farrell C, Graf M, et al. 2017. An overview of the progress and challenges of peatland restoration in
    Western Europe. Restoration Ecology, 25:271-282.

Anderson CJ, Mitsch WJ, Nairn RW. 2005. Temporal and spatial development of surface soil conditions at two crea-
    ted riverine marshes. Journal of Environmental Quality, 34:2072-2081.

Arden S, Ma X. 2018. Constructed wetlands for greywater recycle and reuse: A review. Science of the Total Envi-
    ronment, 630:587-599.

Arkema KK, Abramson SC, Dewsbury BM. 2006. Marine ecosystem-based management: From characterization to implementation. Frontiers in Ecology and the Environment,4:525-532.

Ballantine K,Schneider R. 2009. Fifty-five years of soil development in restored freshwater depressional wetlands. Ecological Applications,19:1467-1480.

Bancroft GT. 1989. Status and conservation of wading birds in the Everglades. American Birds,43:1258-1265.

Batzer DP,Cooper R,Wissinger SA. 2006. Wetland animal ecology. In:Batzer DP,Sharitz RR. Ecology of Freshwater and Estuarine Wetlands. Berkeley:University of California Press,242-284.

Beltman B,Broek T,Barendregt A,et al. 2001. Rehabilitation of acidified and eutrophied fens in the Netherlands: Effects of hydrologic manipulation and liming. Ecological Engineering,17:21-31.

Borger GJ. 1992. Draining-Digging-Dredging:The Creation of A New Landscape in the Peat Areas of the Low Countries. Dordrecht:Springer.

Brinson MM. 1993. A hydrogeomorphic classification for wetlands. US Army Corps of Engineers Waterways Experiment Station,Wetlands Research Program Technical Report WRP-DE-4.

Brix H. 1987. Treatment of wastewater in the rhizosphere of wetland plants-the root-zone method. Waterence and Technology,19:107-118.

Burchell MR,Skaggs RW,Lee CR,et al. 2007. Substrate organic matter to improve nitrate removal in surface-flow constructed wetlands. Journal of Environmental Quality,36:194-207.

Clarke AL,Dalrymple GH. 2003. $7.8 billion for everglades restoration:Why do environmentalists look so worried? Population and Environment,24:541-569.

Dan A,Yang Y,Dai YN,et al. 2013. Removal and factors influencing removal of sulfonamides and trimethoprim from domestic sewage in constructed wetlands. Bioresource Technology,146:363-370.

Davidson NC,Fluet-Chouinard E,Finlayson CM. 2018. Global extent and distribution of wetlands:Trends and issues. Marine and Freshwater Research,69:620-627.

Dong L,Zhang G,Cheng X,et al. 2017. Analysis of the contribution rate of climate change and anthropogenic activity to runoff variation in Nenjiang Basin,China. Hydrology,4:58.

Doren RF, Volin JC, Richards JH. 2009. Invasive exotic plant indicators for ecosystem restoration: An example from the Everglades restoration program. Ecological Indicators, 9: 29-36.

Frenkel RE,Morlan JC. 1991. Can we restore our salt marshes? Lessons from the Salmon River,Oregon. Northwest Environment Journal,7:119-135.

Friberg N,Baattrup-Pedersen A,Kristensen EA,et al. 2014. The River Gelså restoration revisited:Habitat specific assemblages and persistence of the macroinvertebrate community over an 11-year period. Ecological Engineering, 66:150-157.

Gill LW,Ring P,Casey B,et al. 2017. Long term heavy metal removal by a constructed wetland treating rainfall runoff from a motorway. Science of the Total Environment,601-602:32-44.

Guittonny-Philippe A,Véronique M,Patrick H,et al. 2014. Constructed wetlands to reduce metal pollution from industrial catchments in aquatic Mediterranean ecosystems:A review to overcome obstacles and suggest potential solutions. Environment International,64:1-16.

Gumiero B,Mant J,Hein T,et al. 2013. Linking the restoration of rivers and riparian zones/wetlands in Europe: Sharing knowledge through case studies. Ecological Engineering,56:36-50.

Guo PH,Li JY,Wang Y. 2014. Numerical simulations of solar chimney power plant with radiation model. Renewable Energy,62:24-30.

Hiley PD. 1995. The reality of sewage treatment using wetlands. Water Science & Technology, 32: 329-338.

Hinman ML,Klaine S. 1992. Uptake and translocation of selected organic pesticides by the rooted aquatic plant

Hydrilla verticillata Royle. Environmental Science and Technology,26:609-613.

Joosten H,Clarke D. 2002. Wise Use of Mires and Peatlands. International Mire Conservation Group and International Peat Society.

Joyce CB. 2014. Ecological consequences and restoration potential of abandoned wet grasslands. Ecological Engineering, 66: 91-102.

Kadlec RH,Wallace SD. 2008. Treatment Wetlands,2nd ed. Florida:CRC Press.

Kentula ME. 1992. An Approach to Improving Decision Making in Wetland Restoration and Creation. Washington DC:Island Press.

Kentula ME. 2000. Perspectives on setting success criteria for wetland restoration. Ecological Engineering,15: 199-209.

Kolář J,Kučerová A,Jakubec P,et al. 2017. Seed bank of *Littorella uniflora* (L.) Asch. in the Czech Republic, Central Europe:Does burial depth and sediment type influence seed germination? Hydrobiologia,794:347-358.

Kristensen EA,Kronvang B,Wiberg-Larsen P,et al. 2014. 10 years after the largest river restoration project in Northern Europe:Hydromorphological changes on multiple scales in River Skjern. Ecological Engineering,66: 141-149.

Lamers LPM,Smolders AJP,Roelofs JGM. 2002. The restoration of fens in the Netherlands. Hydrobiologia,478: 107-130.

Lamers LPM,Vile MA,Grootjans AP,et al. 2015. Ecological restoration of rich fens in Europe and North America: From trial and error to an evidence-based approach. Biological Reviews,90:182-203.

Li D,Zheng B,Liu Y,et al. 2018. Use of multiple water surface flow constructed wetlands for non-point source water pollution control. Applied Microbiology and Biotechnology,102:5355-5368.

Li Y,Zhu G,Ng WJ,et al. 2014. A review on removing pharmaceutical contaminants from wastewater by constructed wetlands:Design,performance and mechanism. Science of the Total Environment,468-469:908-932.

Liang Y X,Zhu H,Bañuelos,G,et al. 2017a. Constructed wetlands for saline wastewater treatment:A review. Ecological Engineering,98:275-285.

Liang Y X,Zhu H,Bañuelos G,et al. 2017b. Removal of nutrients in saline wastewater using constructed wetlands: Plant species,influent loads and salinity levels as influencing factors. Chemosphere,187:52-61.

Liang Y X, Zhu H, Bañuelosb G, et al. 2018. Removal of sulfamethoxazole from salt-laden wastewater in constructed wetlands affected by plant species, salinity levels and co-existing contaminants. Chemical Engineering Journal, 341: 462-470.

LoSchiavo AJ,Best RG,Burns RE,et al. 2013. Lessons learned from the first decade of adaptive management in comprehensive Everglades restoration. Ecology and Society,18:70-81.

MA. 2005. Wetlands and Water Synthesis. Washington DC:Water Resources Institute.

Moore M,Kröger R,Cooper C,et al. 2009. Ability of four emergent macrophytes to remediate permethrin in mesocosm experiments. Archives of Environmental Contamination and Toxicology,57:282-288.

Moore MT, Cooper CM, Smith S, et al. 2009. Mitigation of two pyrethroid insecticides in a Mississippi Delta constructed wetland. Environmental Pollution, 157: 250-256.

Moore MT, Rodgers JH, Smith S, et al. 2001. Mitigation of metolachlor-associated agricultural runoff using constructed wetlands in Mississippi, USA. Agriculture, Ecosystems & Environment, 84: 169-176.

Moore MT, Schulz R, Cooper CM, et al. 2002. Mitigation of chlorpyrifos runoff using constructed wetlands. Chemosphere, 46: 827-835.

Moreno-Mateos D,Power ME,Comín FA,et al. 2012. Structural and functional loss in restored wetland ecosystems.

Plos Biology, 10: 1-8.

National Research Council. 1992. Restoration of Aquatic Ecosystems: Science, Technology, and Public Policy. Washington DC: National Academies Press.

National Research Council. 2013. Progress toward Restoring the Everglades: The Fourth Biennial Review, 2012. Washington DC: National Academies Press.

Nedland TS, Wolf A, Reed T. 2007. A reexamination of restored wetlands in Manitowoc County, Wisconsin. Wetlands, 27: 999-1015.

Nienhuis PH, Bakker JP, Grootjans AP, et al. 2002. The state of the art of aquatic and semi-aquatic ecological restoration projects in the Netherlands. Hydrobiologia, 478: 219-233.

Nienhuis PH, Gulati RD. 2002. Ecological restoration of aquatic and semi-aquatic ecosystems in the Netherlands: An introduction. Hydrobiologia, 478: 1-6.

Nolvak H, Truu M, Tiirik K, et al. 2013. Dynamics of antibiotic resistance genes and their relationships with system treatment efficiency in a horizontal subsurface flow constructed wetland. Science of the Total Environment, 461-462: 636-644.

Perry W. 2004. Elements of south Florida's comprehensive Everglades restoration plan. Ecotoxicology, 13: 185-193.

Peterson G, Allen CR, Holling CS. 1998. Ecological resilience, biodiversity, and scale. Ecosystems, 1: 6-18.

Prach K, Hobbs RJ. 2008. Spontaneous succession versus technical reclamation in the restoration of disturbed sites. Restoration Ecology, 16: 363-366.

Ramsar Convention Secretariat. 2013. The Ramsar Convention Manual: A Guide to the Convention on Wetlands (Ramsar, Iran, 1971), 6th ed. Ramsar: Ramsar Convention Secretariat.

Riis T, Baattrup-Pedersen A, Poulsen JB, et al. 2014. Seed germination from deposited sediments during high winter flow in riparian areas. Ecological Engineering, 66: 103-110.

Runes HB, Jenkins JJ, Moore JA, et al. 2003. Treatment of atrazine in nursery irrigation runoff by a constructed wetland. Water Research, 37: 539-550.

Schulp CJ, Alkemade R. 2011. Consequences of uncertainty in global-scale land cover maps for mapping ecosystem functions: An analysis of pollination efficiency. Remote Sensing, 3: 2057-2075.

Short FT, Burdick DM, Short CA, et al. 2000. Developing success criteria for restored eelgrass, salt marsh and mud flat habitats. Ecological Engineering, 15: 239-252.

Skelly DK, Werner EE, Cortwright SA. 1999. Long-term distributional dynamics of a Michigan amphibian assemblage. Ecology, 80: 2326-2337.

Smith RD, Ammann A, Bartoldus C, et al. 1995. An approach for assessing wetland functions using hydrogeomorphic classification, reference wetlands, and functional indices. US Army Corps of Engineers Waterways Experiment Station, Wetlands Research Program Technical Report WRP-DE-9.

South Florida Water Management District. 2018. Progress Report on SFWMD Implementation of Senate Bill 10.

Stern CV. 2013. Everglades Restoration: Federal Funding and Implementation Progress. Washington DC: Congressional Research Service.

Stevens CE, Gabor TS, Diamond AW. 2003. Use of restored small wetlands by breeding waterfowl in Prince Edward Island, Canada. Restoration Ecology, 11: 3-12.

Strack M. 2008. Peatlands and Climate Change. Helsinki: IPCC.

Sun G, Gray K, Biddlestone A, et al. 1999. Treatment of agricultural wastewater in a combined tidal flow-downflow reed bed system. Environmental Technology Letters, 20: 233-237.

Tang X, Yang Y, Tao R, et al. 2016. Fate of mixed pesticides in an integrated recirculating constructed wetland (IRCW). Science of the Total Environment, 571:935-942.

Verhoeven JT. 2014. Wetlands in Europe: Perspectives for restoration of a lost paradise. Ecological Engineering, 66:6-9.

Vymazal J, Brezinova T. 2016. Accumulation of heavy metals in aboveground biomass of *Phragmites australis* in horizontal flow constructed wetlands for wastewater treatment: A review. Chemical Engineering Journal, 290: 232-242.

Vymazal J, Brezinova T. 2015. The use of constructed wetlands for removal of pesticides from agricultural runoff and drainage: A review. Environment International, 75:11-20.

Wang GD, Wang M, Lu X, et al. 2017. Duration of farming is an indicator of natural restoration potential of sedge meadows. Scientific Reports, 7:10692.

Wang GD, Wang M, Lu XG, et al. 2015. Effects of farming on the soil seed banks and wetland restoration potential in Sanjiang Plain, Northeastern China. Ecological Engineering, 77:265-274.

Wang N, Mitsch WJ. 2000. A detailed ecosystem model of phosphorus dynamics in created riparian wetlands. Ecological Modelling, 126:101-130.

Wassen MJ, Barendregt A, Schot PP, et al. 1990. Dependency of local mesotrophic fens on a regional groundwater flow system in a poldered river plain in the Netherlands. Landscape Ecology, 5:21-38.

Wetzel PR, Davis III SE, Van Lent T, et al. 2017. Science synthesis for management as a way to advance ecosystem restoration: Evaluation of restoration scenarios for the Florida Everglades. Restoration Ecology, 25:S4-S17.

Wheeler BD, Proctor MCF. 2000. Ecological gradients, subdivisions and terminology of north-west European mires. Journal of Ecology, 88:187-203.

Williams M. 1991. Wetlands: A Threatened Landscape. Oxford: Basil Blackwell.

Wu H, Zhang J, Guo W, et al. 2017. Secondary effluent purification by a large-scale multi-stage surface-flow constructed wetland: A case study in northern China. Bioresource Technology, 249:1092-1096.

Zanou B, Kontogianni A, Skourtos M. 2003. A classification approach of cost effective management measures for the improvement of watershed quality. Ocean and Coastal Management, 46:957-983.

Zhang D, Gersberg RM, Tan SK. 2009. Constructed wetlands in China. Ecological Engineering, 35:1367-1378.

第 9 章

湿地生态学展望

9.1 湿地生态学的发展

湿地生态学作为湿地科学的一门分支学科,过去 50 多年来经历了迅猛的发展(姜明等,2018)。湿地生态学的目标是理解湿地生物体与环境之间的相互关系,解决各种各样的复杂的湿地环境问题(McCallen et al.,2019)。为准确掌握湿地生态学的发展过程,本节使用文献计量学的方法进行湿地生态学文献的提取及分析。

首先进行湿地检索词的确定。利用科技知识组织体系(STKOS)搜索湿地概念词,在《杜威十进分类法》(*Dewey Decimal Classification*)中获得 51 个湿地相关类目,其中涉及湿地概念的类目有两个:湿地、湿地与淹水地。提取相关湿地概念词共计 98 个,并在 Web of Science 数据库中进行检索,统计分析检索结果发现,delta(428712 篇)、flooding(70343 篇)、pond(29210 篇)和 pool(173307 篇)四个词,概念内涵宽泛而且文献量庞大,难以判定其中是否涉及湿地内容,因此予以删除。剩余检索结果为 100979 篇,其中 9 个湿地概念词(wetland、marsh、swamp、mire、bog、peatland、fen、everglades 和 mangrove)的文献量为 82230 篇,占全部文献量的 81.4%,由此确定 wetland、marsh、swamp、mire、bog、peatland、fen、everglades 和 mangrove 为湿地文献检索主题词。

湿地生态学文献数据源的获取方法是,以 9 个湿地概念词为主题词,在 Web of Science [v.5.32]数据库的核心合集中的两个子集[Science Citation Index Expanded(SCIE)—1900 年至今和 Conference Proceedings Citation Index-Science(CPCI-S)—1990 年至今]进行检索,检索时间跨度为 1900—2018 年,分析全部检索结果并利用 Web of Science 类别进行精炼,提取 ECOLOGY 类别文献 22467 篇。

1900—2018 年,湿地科学和湿地生态学从无到有,共同发展,经历了萌发期、发展期和高速发展期三个阶段(图 9.1)。其中,1900—1970 年为湿地科学的萌发期。其间,科学界对湿地生态系统的定义、分类等认识均十分有限,相关研究集中在对沼泽的基本认识,总体年发文量不超过 100 篇,而生态学领域年发文量不超过 20 篇。1971 年 2 月 2 日,来自 18 个国家的代表在伊朗拉姆萨尔签署了一个旨在保护和合理利用全球湿地的《湿地公约》,并对湿地(wetland)进行了科学定义,该定义也被科学界广泛认可和接受。自此,湿地科学和湿地生态学进入了发展期。1971—1990 年,湿地科学和湿地生态学年发文量呈明显上升的趋势,科学界对湿地的认识逐渐深入,并扩展到各种湿地类型。该时期湿地科学领域年发文量不超过 800 篇,而湿地生态学领域年发文量不超过 150 篇。20 世纪 90 年代以来,各国政府及科学界对湿地重要性的认识逐渐深入,我国于 1992 年加入《湿地公约》,湿地科学研究进入高速发展期。1991 年以来,湿地科学和湿地生态学领域年发文量呈现迅猛增长的趋势。2000 年,湿地科学领域年发文量超过 2500 篇,湿地生态学领域年发文量超过 500 篇。2010 年,湿地科学领域年发文量达到 5000 篇,湿地生态学领域年发文量突破 1000 篇。近年来,湿地科学和湿地生态学领域年发文量均保持着快速增长的势头(图 9.1)。

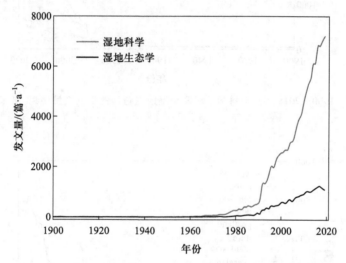

图 9.1　1900—2018 年湿地科学和湿地生态学领域年发文量

　　选取前文所提及的 9 个湿地主题词。从 1900—2018 年在湿地科学领域的发文量可以看出,湿地科学研究最早起源于对草本沼泽(marsh)的研究(图 9.2)。20 世纪 50—60 年代,关于木本沼泽(swamp)和泥炭沼泽(如 bog 和 mire)的研究也逐渐兴起。70 年代,有关红树林(mangrove)、泥炭地(peatland)等不同湿地类型以及大沼泽地(everglades)等特定区域的湿地科学研究全面发展(图 9.2)。同时,伴随着《湿地公约》对湿地(wetland)的定义,"湿地"一词被学术界广泛认可,以其为主题词的发文量迅猛发展。

　　从 9 个湿地主题词 1900—2018 年在湿地生态学领域的发文量可以看出,湿地生态学研究与湿地科学研究整体发展趋势一致(图 9.3)。

　　1900—2018 年,湿地生态学领域累计发文量最多的国际期刊为 *Wetlands* 和 *Ecological Engineering*,两种期刊分别为国际湿地科学家学会(SWS)和国际生态恢复学会(SER)会刊,期刊研究领域相通又各有侧重,代表了国际湿地生态学领域总体研究水平及发展趋势。另外,*Ecology* 和 *Journal of Ecology* 等生态学经典期刊均有大量以湿地为主题的学术论文发表(表 9.1)。

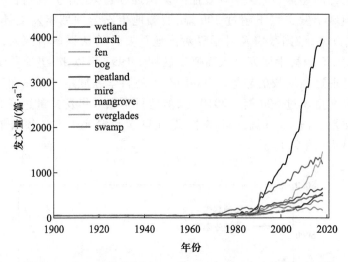

图 9.2　1900—2018 年湿地科学领域 9 个湿地主题词的年发文量（参见书末彩插）

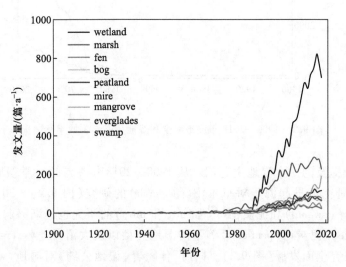

图 9.3　1900—2018 年湿地生态学领域 9 个湿地主题词的年发文量（参见书末彩插）

　　1900—2018 年,湿地生态学领域累计发文量最多的国家为美国,达到 9261 篇,远远高于其他国家。加拿大、中国、英国和澳大利亚排在其后,发文量均在 1000 篇以上。另外,德国、荷兰、法国、西班牙和瑞典等欧洲国家发文量较大。除此之外,亚洲的日本、南美洲的巴西以及非洲的南非等国家发文量也较大。总体来说,过去一个多世纪,湿地生态学领域研究集中在北美、欧洲和澳大利亚等国家和地区。近年来,中国、日本、巴西和南非等国家湿地生态学研究发展势头迅猛(表 9.2)。

表 9.1　1900—2018 年湿地生态学领域累计发文量最多的 20 种国际 SCI 期刊

期刊名称	发文量	影响因子（2018 年）
Wetlands	2139	1.811
Ecological Engineering	2055	3.023
Marine Ecology Progress Series	729	2.276
Ecology	577	4.617
Biological Conservation	552	4.661
Journal of Ecology	520	5.172
Oecologia	457	3.127
Journal of Wildlife Management	454	2.055
Journal of Experimental Marine Biology and Ecology	424	1.990
Global Change Biology	398	8.997
Biogeosciences	384	3.441
Ecological Applications	365	4.393
Ecological Modelling	358	2.507
Freshwater Biology	338	3.767
Restoration Ecology	315	2.544
Biodiversity and Conservation	283	2.828
Journal of Applied Ecology	277	5.742
Plant Ecology	276	1.759
Journal of Vegetation Science	266	2.658
Oikos	256	3.709

　　1900—2018 年,湿地生态学领域累计发文量最多的研究机构为美国地质调查局,承担了美国乃至整个北美地区的滨海、内陆湿地和水域生态系统的研究、管理和决策咨询工作。其中以下设的湿地与水生生物研究中心(原美国国家湿地研究中心)最为著名,其次为美国佛罗里达大学,以佛罗里达大沼泽地、红树林和滨海盐沼湿地的研究闻名。中国科学院累计发文量排名第三,是唯一一家发文量排名前十的美国以外的研究机构。其中以中国科学院东北地理与农业生态研究所最为著名,为中国科学院湿地研究中心及中国科学院湿地生态与环境重点实验室的挂靠单位,主要以中国沼泽湿地的研究闻名。除此之外,发文量较多的其他几家研究机构均为美国著名的大学或科研管理机构(表 9.3)。

表 9.2   1900—2018 年湿地生态学领域累计发文量最多的 20 个国家

排名	国家	发文量	排名	国家	发文量
1	美国	9261	11	日本	477
2	加拿大	1604	12	意大利	395
3	中国	1595	13	巴西	394
4	英国	1418	14	芬兰	359
5	澳大利亚	1320	15	瑞士	313
6	德国	918	16	丹麦	311
7	荷兰	872	17	比利时	298
8	法国	738	18	捷克	289
9	西班牙	617	19	波兰	289
10	瑞典	526	20	南非	256

表 9.3   1900—2018 年湿地生态学领域累计发文量最多的 10 家研究机构

排名	研究机构	发文量	排名	研究机构	发文量
1	美国地质调查局	729	6	美国威斯康星大学	250
2	美国佛罗里达大学	558	7	美国鱼类及野生动植物管理局	224
3	中国科学院	531	8	美国北卡罗来纳大学	221
4	美国路易斯安那州立大学	362	9	美国佛罗里达国际大学	216
5	美国佐治亚大学	299	10	美国明尼苏达大学	210

9.2   湿地生态学研究主题及前沿探索

9.2.1   湿地生态学研究主题

目前,湿地生态学的研究主题已经涵盖了不同时间、空间和理论尺度。例如,湿地生态学的研究领域已经涉及从经典理论研究(如食物链、生活史和生物多样性)到当代热点研究(如气候变化、海平面上升和生物入侵),从微观尺度研究(如细胞生物学和微生物生态学)到宏观尺度研究(如生物地理学和长期生态学),从基础理论研究(如竞争和承载力)到实践应用研究(如保护、管理和政策)等方方面面(图 9.4)。

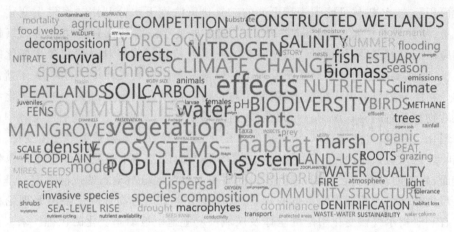

图 9.4　1900—2018 年湿地生态学领域文献热点关键词云图

　　湿地生态学经典理论研究主题主要涉及食物链、群落结构和过程、生物多样性、行为和繁殖等。其中,以植物为主题的群落结构和过程研究是湿地生态学研究的核心内容。近年来,遥感等地理空间技术的进步和大尺度生态数据的积累使湿地生态学研究的尺度逐渐扩大,以湿地物种分布、宏观进化、大尺度环境格局和过程为主题的宏观尺度的生态学研究逐渐兴起。随着研究的时空尺度的扩展,科学界越来越关注对于跨尺度的湿地生态学问题的理解,关于生物学、地球物理学、社会经济学多过程相互作用以及格局形成、尺度依赖的研究将逐渐增多。另一方面,新一代基因测序技术等新兴技术的进步使得涉及微生物生态学、遗传学、细胞生物学等微观尺度的湿地生态学研究逐渐增多。同时,湿地生态学研究越来越关注人类活动引起的变化,例如气候变化、海平面上升和物种入侵,反映了人类活动对全球湿地生态系统的影响,同时也表明湿地生态学研究需要深刻理解人类引起的变化在湿地生态系统中的作用。另外,涉及湿地恢复、保护、政策和管理的研究增多,反映了全球变化背景下加强湿地生态系统保护研究的迫切需求以及湿地生态学越来越倾向于基础研究与应用实践并重的发展趋势(图 9.4)。

9.2.2　湿地生态学前沿探索

9.2.2.1　湿地与全球变化

(1)气候变化与湿地植被分布

　　湿地植物对气候变化极为敏感。大气二氧化碳浓度、大气和海洋温度、降水等多因素相互作用,可能会显著影响全球或区域尺度湿地生态系统的空间分布,同时影响其结构和功能。目前的监测结果显示,在热带、亚热带地区已出现红树林入侵盐沼湿地的现象。大气二氧化碳可能通过影响植物光合作用速率和水分利用效率直接影响红树林和滨海盐沼湿地植物生长及其种间竞争的过程。同时,低温可能会限制红树林的分布,而气候变暖可能会引起红树林向盐沼的入侵。另外,温度升高会引起区域尺度降水变化和红树林适宜栖息生境的变化,而干旱同样是影响全球红树林分布的又一个决定性指标。极端干旱事件会引起盐沼植物大面积死亡,红树林可能因为在更高的二氧化碳浓度下水分利用效率发生变化而得以缓解干旱,最终利于扩张(Middleton,2012)。国内外关于滨海盐沼和红树林对二氧化碳变化的响应研究目前已经逐渐开展,但是缺乏滨海湿地植物群落应对温度和降水变化的长期连续数据,对许多问题的理解局限于个别干旱或寒冷事件的观察研究。同时,关于盐沼湿地植物的分布限制的研究仍十分缺乏,限制了对目前植被动态的解释及关于气候变化背景下滨海湿地物种分布的科学预测。与此类似,监测结果显示,气候变暖已经引起全球中高纬度冻土区退化,湿地植被的适宜水、土生境发生变化,进而导致湿地植被类型发生变化,如我国大兴安岭地区以及长白山区出现灌木入侵草本泥炭地以及草本植物入侵山地苔原带等现象。然而,目前的研究缺乏长期系统监测,同时缺乏对湿地植被动态的机制探究。基于宏观与微观尺度相结合的长期观测数据的积累,以及基于生态位与物种耐受限制等理论机制的探究将有利于揭示气候变化引起的全球及区域尺度湿地植被动态变化的机理。未来在加强野外长期监测及温室综合模拟和控制实验的同时,应重点开展多途径多气候变化驱动因子协同实验,并充分利用模型开展相关模拟预测。

(2)海平面上升与滨海湿地动态

IPCC第五次评估报告数据显示,1993—2014年全球海平面上升速率为 3.2 mm·a^{-1}(IPCC,2014)。全球模型预测显示,至2080年,全球将有多达20%的滨海湿地因海平面上升而最终消失。海平面上升对全球滨海湿地造成了严重的威胁,因此,滨海湿地应对海平面上升的方法及其脆弱性成为国内外生态学家普遍关注的研究热点。湿地土壤表面高程变化是否能够跟上不断上涨的海平面成为滨海湿地成功应对海平面上升的关键。湿地土壤表面高程变化是地表和地下多种过程在垂直方向综合作用的结果。由于地质作用下的深层沉陷相对一致且影响十分微小,因此滨海湿地土壤表面高程变化过程主要受到地表过程和浅层地下过程的影响。这些过程可能涉及表层泥沙淤积和侵蚀、浅层沉陷、地下根系生长与分解等物理或生物过程。近年来,科学家利用新兴的地面高程监测系统-水平标志层(surface elevation table-marker horizon,SET-MH)等技术手段,结合对滨海湿地土壤物理和生物学过程的研究,同时通过模型模拟,已经初步分析了滨海盐沼和红树林湿地如何响应海平面上升,尤其是初步揭示了地理、水文和生物过程对滨海土壤表面高程的影响机制等生态学问题(Webb et al.,2013)。未来的研究将注重从景观及更大的空间尺度结合泥沙沉积、潮汐变化、全球及区域气候变化等地理变量来综合预测未来海平面上升情景下的滨海盐沼和红树林湿地的动态及其脆弱性。

9.2.2.2 湿地与生物多样性保护

(1)生物多样性与湿地生态系统多功能性

全球变化和人类活动引起的生物多样性丧失将会对湿地生态系统功能产生诸多不利影响,如生产力下降、养分循环失衡、传粉能力下降等。人类社会的幸福感依赖于湿地等生态系统提供的产品和服务,而这些则直接来自生态系统功能。因此,始于20世纪90年代的生物多样性与生态系统功能研究已成为湿地生态学界关注的热点(Etienne et al.,2014)。目前多数实验结果认为,植物多样性越高,群落生产力越高,湿地生态系统稳定性和抗入侵能力等也越强。然而,随着研究的深入,人们逐步认识到湿地生态系统并非仅仅提供单个生态系统功能,而是能同时提供多个功能,即湿地生态系统具有多功能性。与此同时,如何量化多样性丧失对湿地生态系统多功能性的影响,以及生物多样性对多个湿地生态系统功能的响应与其对单个湿地生态系统功能的响应是否一致等问题应运而生(徐炜等,2016)。2007年之前,大部分研究都只考虑了生物多样性对单一生态过程的影响,即使有研究测定了多个生态系统功能,但对每个功能仍是独立地进行分析。直到2007年,研究者才开始定量描述生物多样性与生态系统多功能性的关系,发现维持生态系统多功能性比维持单个生态系统功能需要更多的物种。由此,生物多样性与生态系统多功能性的研究才受到人们的关注,逐渐成为当前生态学研究的热点。目前,与生物多样性对单个生态系统功能影响的探索相比,关于生物多样性与湿地生态系统多功能性研究的数据仍相对缺乏,但已有一些显著进展,主要表现在时空尺度、实验设计、测度多功能性的方法等方面。然而,相关研究仍存在许多问题,如缺少公认的测定多功能性指数的测度标准,湿地生态系统不同功能之间的权衡制约着多功能性的客观评价,缺少在不同时空尺度上的研究,有关地下生态系统多功能性的研究相对缺乏等。因此,未来将在建立及优化湿地生态系统多功能性综合评价指标的基础上,继续开展全球变化背景下不同时空尺度下不同维度的多样性(物种多样性、功能多样性、谱系多样性)与湿地生态系统多功能性的关系及其影响机制研究,同时关注多样性丧失对湿地生态系统多功能性的影响及不同生态系统功能间的权衡关系。

（2）生物入侵与湿地生物多样性及人类健康

生物入侵是一个影响深远的全球性问题,其对生态系统、环境和社会经济的影响也日益明显。生物入侵不仅会导致湿地生态系统组成和结构的改变,而且能彻底改变湿地生态系统的基本功能和性质,最终导致本地种的绝灭、群落多样性降低,并给社会经济造成重大损失。例如,香蒲对薹草沼泽的入侵已经引起了全球范围内薹草沼泽生态系统结构和过程的改变,导致薹草沼泽物种丰度与生物多样性减少。目前,生物入侵与湿地生物多样性保护已成为湿地生态学研究的热点领域。经过近些年的发展,入侵生态学在湿地生态系统生物入侵机理(如遗传学、适应性进化、生理响应、种间互作和群落可侵入性)、入侵后效(如生态系统结构、生物多样性和人类健康)以及入侵种对环境变化的响应等方面都取得了很多成果。但是,由于影响生物入侵的因素有很多,湿地入侵生态学研究仍然面临很多挑战。例如,如何综合多重因素建立针对湿地生态系统的入侵生态学框架,以及如何更加精细地确定影响入侵的因素等。另外,由于全球变化和人类活动影响的加剧,某些本地种同样表现出极强的入侵特性。然而,与外来种入侵相比,由于本地种具有较强的隐蔽性,所以其入侵并没有引起足够的重视,而对湿地生态系统造成的危害甚至更大(Carey et al.,2012;王国栋等,2018)。如何区别及揭示外来种−本地种入侵机理、入侵后效及其防控机制将成为研究的热点。近年来,生物地理学、遗传学和进化学等学科的发展及技术的进步为湿地入侵生态学研究提供了新的机遇。将这些交叉学科的新理论和新技术有机地融合起来,运用到湿地生态系统生物入侵机理和生态学后效的研究中,将有助于湿地入侵生态学理论的发展(吴昊和丁建清,2014)。例如,表观遗传学、代谢组学和转录组学的迅猛发展为研究湿地生态系统入侵生物的遗传和进化提供了新技术和新方法;全球变化生物学的发展则从宏观尺度上为预测湿地生态系统入侵生物的地理格局变化提供了新视角和新思路。除了继续探讨入侵机制和生态学后效外,湿地生态系统入侵生物对人类健康的影响将继续成为今后的研究重点。

尽管目前已有部分研究揭示了湿地生态系统入侵生物对人类媒介性疾病的影响,但是媒介生物种类繁多,而且入侵物种与媒介生物之间的相互作用过程目前尚未明晰。未来应该从媒介生物的宿主选择性、入侵生物微环境条件以及两者的互作关系等角度来更深入地阐明入侵生物与人类健康的关系。此外,其他一些对人类健康有直接或间接危害的有毒有害动植物将成为今后研究的重点。

9.2.2.3　湿地退化过程与生态恢复机制

20 世纪,由于气候变化和人类活动的叠加影响,全球沼泽湿地生态系统严重退化,面积减少了近 60%,远超过其他陆地生态系统退化和丧失的速度。2003—2013 年,我国自然湿地面积减少了 $337.62×10^4 hm^2$,减少率为 9.33%。20 世纪 80 年代以来,世界范围内进行了大规模的湿地恢复工作。美国于 1988 年提出并实施了"零净损失"的湿地保护政策,对于不可避免的湿地丧失必须通过湿地恢复或重建进行补偿,该政策被加拿大、德国、澳大利亚和英国等作为湿地保护政策目标引入。我国为湿地恢复研究提出了明确目标与迫切需求,党的十八大和十九大分别明确提出"实施重大生态修复工程,扩大湿地面积"和"强化湿地保护和恢复"等政策,国务院 2016 年颁发了《湿地保护修复制度方案》。恢复和重建受损的湿地生态系统已经受到国际社会前所未有的广泛关注和重视(Zhang et al.,2010)。

世界各国开展了关于沼泽、河流、湖泊以及滨海湿地等各类湿地类型的退化机理研究,其中以美国佛罗里达州大沼泽地、巴西潘塔纳尔沼泽地、欧洲莱茵河流域、北美五大湖和美国墨西哥湾滨海湿地等世界重要湿地分布区为热点区域。目前关于湿地退化机理的探究已深入生态学、生物学、土壤学以及生物地球化学等领域,并在遥感技术支持下,注重宏观退化过程与微观退化机理的结合。虽然我国的湿地退化与恢复研究起步较晚,但发展迅速,研究覆盖了东北三江平原沼泽湿地、四川若尔盖高原湿地、青海三江源湿地、黄河三角洲湿地、辽河三角洲湿地、东南沿海滨海红树林湿地以及太湖、洞庭湖、白洋淀等湖泊湿地(刘兴土,2017)。然而,退化机理研究大多为宏观、定性的退化过程与机理研究,而较少从生理生化过程、生物地球化学过程、土壤生物化学过程等方面开展退化微观过程与机理研究,阻碍了对湿地退化机理的深入认识。

当前国际上湿地恢复机制研究由注重单要素的恢复过程机制向微观机理与宏观过程相结合的多目标兼顾的综合恢复机制发展。既注重湿地结构的恢复,又强调湿地功能的提升。以美国大沼泽湿地为例,20 世纪 80 年代开始进行了一系列恢复与治理研究与示范工程,探明了流域尺度水资源分配不均和来源于农业施肥的磷污染是大沼泽地退化的关键胁迫因子,并利用横跨时空尺度特征的"系统性生态指标"对河湖连通等水利工程和本地种恢复等生物措施的过程进行动态跟踪监测研究,综合评估洪水控制、水质净化和生物多样性维持等湿地功能的恢复机理与效果(Mitsch and Gosselink,2015)。我国目前的研究更多侧重水、土、生物等单要素、单目标的恢复,近年来逐渐开始注重基于多要素的生态系统修复机制及流域尺度功能提升的优化管理研究。例如,中国科学院东北地理与农业生态研究所近年来在三江平原和松嫩平原沼泽湿地多年植被和水文恢复研究的基础上,重点开展了水文-生物-栖息地多途径协同恢复机理研究,并逐渐探索以湿地生态系统功能提升为目标的沼泽湿地恢复机制。在我国大江大河湿地水污染修复与水环境治理过程中,我国科学家在单要素、单过程、局部性修复的基础上,正逐步探讨针对复杂流域系统全要素、全流域、全过程的流域综合修复机制。

我国湿地类型丰富,面积广阔,但依然面临着严峻的湿地退化问题。深入揭示不同湿地类型退化机理与修复机制,既是适应我国湿地生态学这一新兴学科自身不断发展完善的理论需要,同时也是服务我国"退耕还湿""退田还湖"等重大国家生态战略的实践需求。未来的湿地退化与生态恢复研究,将在遥感、生态模型等新技术和新手段的支持下,不断加深针对不同湿地类型的宏观退化过程和微观退化过程与机理及其定量化的研究,在此基础上,注重结构恢复和功能提升的多目标兼顾的流域尺度综合恢复机制,完善湿地生态恢复理论。同时,适应国家生态战略需求,开展流域尺度多因子驱动、多目标兼顾的适应性退化湿地生态恢复技术研发与示范,并逐渐建立完善的湿地生态恢复效果评价机制。另外,适时开展湿地生态产业模式研发与市场化、多元化生态补偿机制的探索。

9.3 湿地生态学发展建议

9.3.1 积极促进学科交叉融合,培育新的学科增长点

经历过去50多年迅猛的发展,湿地生态学已经从以植物为主题的经典理论研究学科扩展到注重强化科学发现与机理认识,强调多过程、多尺度、多学科综合研究,关注系统模拟与科学预测,重视服务社会需求的基础理论研究与实践应用研究相结合的一门综合学科(王国栋等,2022)。同时出现了 *Wetlands*、*Wetlands Ecology and Management* 和《湿地科学》《湿地科学与管理》等专业学术期刊。在受气候变化和人类活动深刻影响的背景下,湿地科学研究需要综合生态学、地理学、水文学、遗传学、土壤学、生物学、环境学和地球化学等学科的理论和方法,解决全球变化背景下湿地生态系统面临的复杂生态学问题(冷疏影,2016)。例如,现代遥感技术及遗传学分析技术手段的进步使得生态学家得以从宏观和微观两种不同空间尺度分析全球湿地生态系统面临的生物入侵现象,并从基因层面探讨生物入侵的分子基础,认识入侵种表型可塑性的分子调控机制,揭示外来生物入侵的生态遗传学基础,最终促进了湿地入侵生态学的迅猛发展。再如,湿地水鸟生态学的研究与分子生态学、进化生态学、行为生态学、景观生态学和保护生物学的研究交叉,使得科学家得以更深入地探索湿地鸟类生态学现象、过程和规律的内在分析与进化机制及其理论。3S技术、无线电追踪、稳定同位素、卫星追踪等不同学科高新技术的发展,显著提高了湿地水鸟区系分布、种群生态和数量、繁殖、行为、栖息地和迁徙等水鸟生态学领域的研究水平。调查技术不断更新的同时,聚类分析、偏对应分析、主分量分析等多元数据分析方法被应用到湿地水鸟生态学的研究当中(何小芳等,2013)。总之,多学科交叉的研究是现代生态学的最基本特征之一,目前我国的湿地生态学研究还处于起步和综合研究阶段。因此,湿地生态学研究需加强多学科交叉研究,并注重方法学的研究,借鉴先进理论、技术与经验,促进湿地生态学的蓬勃发展。

9.3.2　采用新兴技术和分析工具，助力学科建设发展

湿地生态学研究越来越依赖大型、复杂数据集和专业技术。其中技术的进步（如全基因组测序的遗传学研究、空中和卫星传感器监测湿地生态系统、同位素示踪）和统计的改进（如贝叶斯建模、机器学习）为湿地生态学家提供了快速生成大量数据的工具。例如，在湿地监测研究中，监测的方法和手段是关键。20 世纪初，由于受技术条件限制，湿地监测基本采取定点、定时的人工实地采样方法，湿地监测内容相对简单，基本限于对湿地的分类、分布和数量的调查，因而其相关研究是零星的和非系统的。随着技术的发展，自动化仪器逐渐被应用于湿地监测中，主要体现在湿地面积监测、水质监测和气象监测等方面。航空遥感技术的出现，基本解决了湿地分布偏远、环境高湿低温等难题。在 20 世纪 60 年代，湿地监测进入了卫星遥感监测阶段。与航空遥感监测相比，卫星遥感对湿地监测具有宏观性、实时性、连续性、经济性和数据综合性等诸多优点。雷达遥感技术和高光谱遥感技术将会在湿地监测中得到更广泛的应用，成为对湿地实现全天候监测的主要技术手段。湿地监测研究已经逐渐形成体系，湿地监测从零星的野外监测点，到非系统的湿地监测站，再发展到大型的湿地监测台站，目前已经逐渐发展为网络化的监测台站和众多研究网络。湿地监测的内容不断丰富，从最初的湿地类型、湿地面积等较为单一的监测到目前的湿地景观变化、湿地植物以及湿地土壤流失、湿地沙化等较为系统的监测。湿地监测的手段不断改进，从最初单纯的湿地野外综合考察到现代遥感技术与 GIS 技术支持下的湿地动态监测，监测研究不断趋于定量化、准确化和网络化。高空间分辨率和高光谱分辨率将是卫星遥感监测总体发展趋势，其中，在湿地遥感分类技术上，从传统的目视解译方法逐步发展到统计学分类（监督分类和非监督分类）、人工智能分类（神经网络、专家系统和蚁群算法分类）、支持向量机分类、决策树分类和面向对象分类等方法。监测指标也从常见作物长势指标［如叶面积指数（LAI）、归一化植被指数（NDVI）等］扩展为湿地植物长势指标、气候指标和物候指标等。再如，在滨海湿地生态学研究中，海平面上升和湿地地面高程的年际变化十分微小，两者的年平均变化速率均在毫米尺度。然而，目前流行的卫星/机载雷达测高、激光测高（LiDAR）、GPS 测高等测绘技术可提供滨海湿地区域数字高程模型（DEM）等三维基层立体图，不同时间序列的数据可以识别大时间尺度下滨海湿地演化导致的地形的空间异质性，为研究滨海湿地应对海平面上升提供重要的基线图，但这些技术均无法满足湿地地面高程变化年际尺度的测量精度。为满足毫米尺度高精度湿地地面高程变化的研究需求，美国地质调查局于 21 世纪初研发了 SET-MH 技术，用以进行湿地地面高程变化过程和土壤垂向沉积过程的高精度实时监测。SET-MH 技术可以满足区域湿地地面高程变化的高精度重复监测的需求，测量精度为 ±1.3 mm，成为目前唯一满足滨海湿地应对海平面上升研究需求的高精度水准监测技术。近年来，SET-MH 技术已经开始应用于全球红树林和滨海盐沼湿地应对海平面上升的生态学研究中（Webb et al.，2013）。另外，湿地生态学越来越注重使用模型作为统计学工具来分析复杂数据。因此，丰富的复杂数据和先进的分析能力可以将湿地生态学推向一个数据驱动的多学科交叉的新时代。可视化、描述和分析数据的模式将成为理解湿地生态学相关机制的重要基石。

9.3.3　加强国际合作研究,实施国际湿地研究计划

自 1971 年《湿地公约》签署以来,湿地保护和研究日益受到国际关注。目前《湿地公约》已成为国际上重要的自然保护公约之一,缔约方达 170 个,全球有 2309 处湿地被列入《国际重要湿地名录》。国际生态学会(INTECOL)已经先后召开了 10 届国际湿地大会。我国政府与湿地生态学家高度重视国际合作研究。2018 年,"湿地与生态文明国际学术研讨会"在长春举办,吸引了来自《湿地公约》组织、湿地国际、国际湿地科学家学会、韩国湿地学会、美国地质调查局国家湿地研究中心、罗马尼亚多瑙河三角洲研究所等 120 余家国际湿地组织、国内外知名研究机构和高等院校,包括 6 位中国科学院院士和中国工程院院士在内的 400 余位科学家参会并进行学术交流。会议期间,我国科学家联合各方共同发起"建立国际湿地研究联盟"倡议,呼吁加强湿地与全球变化、湿地生物多样性保护、湿地恢复与资源合理利用等研究,维护湿地不可替代的重要生态功能,搭建湿地生态学领域的高水平国际合作研究平台。

国际上许多科学计划与湿地生态学研究相关。2005 年,千年生态系统评估(MA)对湿地与水的综合报告为合理利用湿地的理念提供了有力的理论依据,同时也提出了众多湿地生态学问题。这些国际研究计划为湿地生态学研究提供了理想场所、契机和平台。我国政府高度重视湿地保护,湿地生态学研究也得到跨越式发展。我国急需开展湿地的全球尺度对比研究,提出并牵头相关国际湿地研究计划,以早日实现引领国际湿地科学研究的目标。2017 年,我国科学家联合美国地质调查局国家湿地研究中心、密西西比河下游海湾水科学中心、美国路易斯安那州立大学共同承担了国家自然科学基金重点国际合作研究项目"北方冻土区沼泽湿地退化过程及恢复机制研究",中美双方科学家对我国黑龙江流域湿地和美国密西西比河流域湿地进行了多次大规模野外联合科学考察,开展了湿地的全球尺度对比研究,针对高强度人类活动和气候变化叠加影响下中高纬度冻土区湿地退化关键过程与恢复机制这一国际生态学前沿问题,开展了多年联合攻关。该项目打造了一支沼泽湿地退化与恢复国际化联合研究团队,提升了我国冻土区沼泽湿地生态学领域的科学研究水平,引领了国际湿地生态学研究。

21 世纪被誉为湿地保护与恢复的世纪,我国开启了一系列涉及湿地的重大科学研究计划。例如,国家 973 计划、国家重点研发计划、国家科技基础性工作专项等,为湿地保护与恢复提供了强有力的科技支撑。近年来,湿地生态学研究正受到科学界、社会公众、非政府组织和政府管理部门越来越多的关注和重视。在国际湿地生态学研究热持续升温的大背景下,我国湿地生态学研究逐渐形成了自己的特色,已取得长足进展。在生态文明新时代,湿地生态学进入蓬勃发展的新阶段。

思　考　题

1. 湿地生态学经历了哪几个发展阶段?

2. 湿地生态学发展过程中的研究主题有哪些变化?
3. 湿地生态学研究目前有哪些前沿热点?
4. 如何促进湿地生态学的高质量发展?

参 考 文 献

何小芳,吴法清,贺锋,等. 2013.中国水鸟研究现状及展望. 环境科学与技术,36:301-305.

姜明,邹元春,章光新,等. 2018. 中国湿地科学研究进展与展望——纪念中国科学院东北地理与农业生态研究所建所 60 周年. 湿地科学,16:279-287.

冷疏影. 2016. 地理科学三十年——从经典到前沿. 北京:商务印书馆.

刘兴土. 2017. 中国主要湿地区湿地保护与生态工程建设. 北京:科学出版社.

王国栋,姜明,何兴元,等. 2018. 香蒲入侵薹草沼泽的机制研究进展. 湿地科学,16:288-293.

王国栋,姜明,盛春蕾,等. 2022. 湿地生态学的研究进展与展望. 中国科学基金,26(3):364-375.

吴昊,丁建清. 2014. 入侵生态学最新研究动态. 科学通报,59:438-448.

徐炜,马志远,井新,等. 2016. 生物多样性与生态系统多功能性:进展与展望. 生物多样性,24:55-71.

Carey MP,Sanderson BL,Barnas KA,et al. 2012. Native invaders—challenges for science,management,policy,and society. Frontiers in Ecology and the Environment,10:373-381.

Etienne L,Graham Z,Turner BL. 2014. Environmental filtering explains variation in plant diversity along resource gradients. Science,345:1602-1605.

IPCC. 2014. Climate Change 2014:Synthesis Report. Contribution of Working Groups Ⅰ, Ⅱ and Ⅲ to the Fifth Assessment Report of the Intergovernmental Panel on Climate Change. Geneva:IPCC.

McCallen E,Knott J,Nunez-Mir G,et al. 2019. Trends in ecology:Shifts in ecological research themes over the past four decades. Frontiers in Ecology and the Environment,17:109-116.

Middleton BA. 2012. Climate change and the function and distribution of wetlands. Dordrecht,Heidelberg,New York,London:Springer.

Mitsch WJ,Gosselink JG. 2015. Wetlands,5th ed. Hoboken:John Wiley and Sons.

Webb EL,Friess DA,Krauss KW,et al. 2013. A global standard for monitoring coastal wetland vulnerability to accelerated sea-level rise. Nature Climate Change,3:458-465.

Zhang L,Wang MH,Hu J,et al. 2010. A review of published wetland research,1991—2008:Ecological engineering and ecosystem restoration. Ecological Engineering,36:973-980.

(a)　　　　　　　　　　　　　　　(b)

图 3.1　两种常见泥炭藓植物:中位泥炭藓(a)和锈色泥炭藓(b)
（卜兆君摄）

图 3.2　球面状的泥炭藓表面利于保持水分(卜兆君摄)

图 3.3　塔藓每年产生新的生长片段,不断向上生长,能有效地避免被植物残体掩埋
(卜兆君摄)

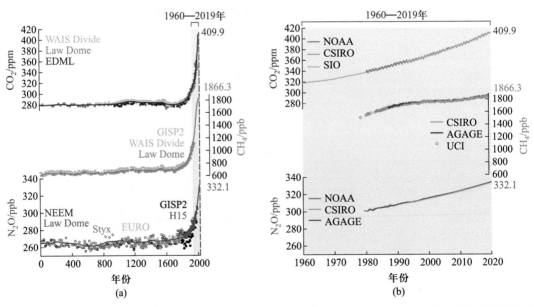

(a)　　　　　　　　　　　(b)

图 6.9　全球三大温室气体的平均浓度变化情况(Pörtner et al.,2022)。(a) 通过多个冰芯信息描述了19 世纪以来 CO_2、CH_4 和 N_2O 的变化趋势;(b) 1960—2019 年,几个高精度的全球网络测量了 CO_2、CH_4 和 N_2O 的表面浓度。目前的浓度高于过去在冰芯中测量到的浓度。不同颜色的线条表示不同的数据来源